Future Skills: Nachhaltiges und naturbasiertes Ressourcen- und Stressmanagement

Kristin Köhler

Future Skills: Nachhaltiges und naturbasiertes Ressourcen- und Stressmanagement

Mentale Gesundheit im Sinne von Planetary Health

Kristin Köhler
VERDE GESUND – für Gesundheit
in Natur Leipzig
Sachsen, Deutschland

ISBN 978-3-662-71604-5   ISBN 978-3-662-71605-2   (eBook)
https://doi.org/10.1007/978-3-662-71605-2

Die Deutsche Nationalbibliothek verzeichnet diese Publikation in der Deutschen Nationalbibliografie; detaillierte bibliografische Daten sind im Internet über ▶ https://portal.dnb.de abrufbar.

© Der/die Herausgeber bzw. der/die Autor(en), exklusiv lizenziert an Springer-Verlag GmbH, DE, ein Teil von Springer Nature 2025

Das Werk einschließlich aller seiner Teile ist urheberrechtlich geschützt. Jede Verwertung, die nicht ausdrücklich vom Urheberrechtsgesetz zugelassen ist, bedarf der vorherigen Zustimmung des Verlags. Das gilt insbesondere für Vervielfältigungen, Bearbeitungen, Übersetzungen, Mikroverfilmungen und die Einspeicherung und Verarbeitung in elektronischen Systemen.
Die Wiedergabe von allgemein beschreibenden Bezeichnungen, Marken, Unternehmensnamen etc. in diesem Werk bedeutet nicht, dass diese frei durch jede Person benutzt werden dürfen. Die Berechtigung zur Benutzung unterliegt, auch ohne gesonderten Hinweis hierzu, den Regeln des Markenrechts. Die Rechte des/der jeweiligen Zeicheninhaber*in sind zu beachten.
Der Verlag, die Autor*innen und die Herausgeber*innen gehen davon aus, dass die Angaben und Informationen in diesem Werk zum Zeitpunkt der Veröffentlichung vollständig und korrekt sind. Weder der Verlag noch die Autor*innen oder die Herausgeber*innen übernehmen, ausdrücklich oder implizit, Gewähr für den Inhalt des Werkes, etwaige Fehler oder Äußerungen. Der Verlag bleibt im Hinblick auf geografische Zuordnungen und Gebietsbezeichnungen in veröffentlichten Karten und Institutionsadressen neutral.

Covermotiv: © stock.adobe.com/Smileus/ID 255174366

Springer ist ein Imprint der eingetragenen Gesellschaft Springer-Verlag GmbH, DE und ist ein Teil von Springer Nature.
Die Anschrift der Gesellschaft ist: Heidelberger Platz 3, 14197 Berlin, Germany

Wenn Sie dieses Produkt entsorgen, geben Sie das Papier bitte zum Recycling.

der
natur
gewidmet,
um uns, in uns,
der natur, die wir sind,
dem leben, das in uns form findet
das sich mit jedem neuen tag
auf wunderbare weise,
um und mit uns neu entfaltet,
auf dass wir wach werden, diesen reichtum
zu begreifen, genießen und zu bewahren

Geleitwort Lea Dohm

» *Die Klimakrise ist nicht nur eine ökologische oder politische Herausforderung.
– sie ist auch eine psychologische Krise.*

Als Psychologin, Mitgründerin von Psychologists for Future und Mitarbeiterin der Deutschen Allianz Klimawandel und Gesundheit (KLUG e. V.) beschäftige ich mich seit Jahren mit den inneren Auswirkungen äußerer Krisen. Es wird immer deutlicher: Die Art, wie wir mit planetaren Belastungen umgehen, hat tiefgreifende Folgen für unsere psychische Gesundheit, unsere Beziehungen und unsere gesellschaftliche Handlungsfähigkeit.

Dabei können uns die bestehenden Strukturen, in denen wir leben und arbeiten, auf vielfältige Weise belasten oder krank machen. Umso wichtiger ist es, Wege zu finden, die nicht in Überforderung, Ohnmacht oder Entfremdung führen, sondern in Verbindung, Regeneration und gemeinsame Verantwortung. Eine gute Verbundenheit mit einer intakten Natur kann dabei eine entscheidende Ressource sein – eine Tatsache, die wir zwar oft theoretisch kennen, deren volle Kraft jedoch leicht unterschätzt wird.

Deshalb ist es so bedeutsam, dass es dieses Buch gibt: In „Future Skill – Nachhaltiges und naturbasiertes Stress- und Ressourcenmanagement" zeigt Dr. Kristin Renate Köhler eindrücklich, wie umfassend unsere Gesundheit und äußere Mitwelt miteinander verwoben sind. Sie entwickelt daraus einen innovativen, systemischen Ansatz, der weit über herkömmliche Stressbewältigung hinausgeht und Natur nicht nur als Kulisse, sondern als aktive Partnerin für individuelle und kollektive Heilungsprozesse begreift.

Das Buch bietet einen konkreten, konstruktiven Gegenentwurf zu der Erfahrung, von der Komplexität und Dramatik unserer Zeit überwältigt zu werden. Es lädt dazu ein, bewusst Resonanzräume zu schaffen: mit der Natur, mit den eigenen Ressourcen, mit der Mitwelt. Es zeigt praxisnah, wie wir mentale Gesundheit, Nachhaltigkeit und soziale Verantwortung gemeinsam denken und gestalten können.

Dieses Buch ist eine Einladung – an alle, die Menschen und Organisationen begleiten, beraten oder behandeln –, neue Wege der Transformation und Regeneration zu beschreiten. Wege, die nicht in Rückzug und Abschottung, sondern in bewusste, lebensfördernde Verbindung führen. Es bietet nicht nur Fachwissen, sondern auch Inspiration und konkrete Handlungsimpulse, wie wir Gesundheit in einer krisenhaften Welt neu denken und leben können.

Ein starker, notwendiger Schritt auf dem Weg zu persönlicher Resilienz und kollektiver Zukunftsfähigkeit.

Lea Dohm
Psychologin, Mitgründerin von Psychologists for Future,
Mitarbeiterin der Deutschen Allianz Klimawandel und Gesundheit – KLUG e. V.

Geleitwort Gerhard Reese

Alles ist miteinander verbunden.

Das klingt fast ein wenig plump und dennoch ist dieser Satz die Grundlage für die desaströse Situation, in die ein verhältnismäßig kleiner Teil der Menschheit den Planeten manövriert hat. Sei es die Klimakrise, der Verlust biologischer Vielfalt oder der Eintrag von Plastik und anderen Chemikalien in unsere Umwelt: Nichts davon bleibt ohne Folgen für den Planeten. Und wenn es dem Planeten nicht gutgeht, dann wird es sehr vielen Menschen auf der Welt ebenfalls nicht gutgehen: der Klimawandel erhöht die Wahrscheinlichkeit für Überschwemmungen und Dürren, der Verlust biologischer Vielfalt erleichtert es gemeinen Viren, schneller auf den Menschen überzugehen, und Mikroplastik im Boden und in Tieren hat längst den Weg in unsere Körper gefunden – was es dort anrichten können wir bisher nur erahnen.

Als ich begann, mich mit den psychologischen Konsequenzen solcher Krisen wissenschaftlich zu befassen, war noch ein ziemlich individualisiertes Paradigma vorherrschend: Wir müssten nur das Umweltbewusstsein schärfen und positive Einstellungen gegenüber Natur und Umwelt entwickeln – dann würden wir uns schon umweltbewusst verhalten. Doch leider ist Wissen und Bewusstsein nur eine notwendige Bedingung, aber keine hinreichende: Fehlender öffentlicher Nahverkehr, das Überangebot tierischer Lebensmittel im Supermarkt oder die Komplexität nachhaltigen Investierens sind überfordernd und auch frustrierend und führen oft zu Resignation.

Dabei ist Wirksamkeit – individuell und kollektiv zu erleben, dass wir etwas verändern können – ein wichtiger Schlüssel für zukunftsorientiertes Engagement.

» *Wie können wir die für dieses Engagement notwendigen Fähigkeiten finden und nutzen?*

Das Buch Future Skills zeigt äußerst zugänglich und geschickt auf, wie das gelingen kann. Es ist **systemisch** und **innovativ** dort, wo es um das Verständnis der komplexen Zusammenhänge geht.

Und es ist **konkret** und **zielorientiert**, wenn es darum geht, was ich und jede:r Einzelne tun kann, um sich der Verantwortung für unseren Planeten bewusst(er) zu sein.

Zu Beginn rät Kristin Köhler, das Buch weniger als klassischen Ratgeber, sondern als Landkarte zu verstehen: Man schaut, wo es für einen selbst schön ist, wo es einem gefällt und überlegt, wie man dort hinkommt. Der Weg liegt in jedem selbst und doch kann das Buch Leitplanken bieten – die Toolkits sind dabei ein Vehikel, die möglichen Pfade zu beschreiten.

Gleichzeitig ist es ein Buch, das überblickt und Überblick schafft, welches die Trennschärfe unserer komplexen Verständnisse von Natur und Mitwelt in den Vordergrund rückt. Systeme, Modelle, Konzepte werden gegenübergestellt und das auch über unsere westlichen Verständnisgrenzen hinaus: Wer z. B. Ubuntu bisher nur als linuxbasiertes Betriebssystem verstand, wird eine Epiphanie erleben.

Ohne moralischen Zeigefinger zeigt uns dieses Buch, dass wir selbst aktiv sein können und den Planeten als das sehen, was er ist: Unser einziges und einzigartiges Zuhause, das genau wie unser Geist Pflege und Zuneigung benötigt.

Ob wir all das dann GAIA oder System nennen, ist am Ende zweitrangig.

Prof. Dr. Gerhard Reese
Umwelt- und Sozialpsychologe,
Mitbegründer der Interessengruppe „Mensch-Klima-Nachhaltigkeit"
der Deutschen Gesellschaft für Psychologie

Gesundheit systemisch verstehen

> „*Beziehungen sind alles, was es gibt.*
> *Alles im Universum existiert nur, weil es in Beziehung zu allem anderen steht.*
> *Nichts existiert in Isolation.*
> *Wir müssen aufhören, so zu tun, als wären wir Individuen, die es allein schaffen."*
> - Magaret J. Wheatley (2002, S. 19)

Gesundheit ist mehr als die Abwesenheit von Krankheit (WHO, 1946); sie ist ein dynamischer Prozess der kontinuierlichen Selbstregulation in einem komplexen Wechselspiel zwischen Körper und Geist, Individuum und Mitwelt, inneren Zuständen und äußeren Anforderungen. Angesichts der Zunahme psychischer Belastungen, globaler Krisen und ökologischer Instabilität wird deutlich: Neue Wege zur Resilienz und Regeneration sind notwendig.

Während Achtsamkeits-Apps boomen, betriebliche Gesundheitsprogramme expandieren und Resilienztrainings zum Standardrepertoire moderner Selbstoptimierung gehören, steigt die Prävalenz psychischer Erkrankungen kontinuierlich an. Die gängigen Modelle zur Stressbewältigung – oft funktional, individualisiert und auf Leistungsfähigkeit ausgerichtet – geraten angesichts systemischer Belastungen zunehmend an ihre Grenzen.

Parallel dazu eskaliert die ökologische Krise: Artensterben, Klimastress und planetare Übernutzung wirken als kollektive Stressoren, die sich wechselseitig mit psychosozialen Belastungen verschränken. Die vermeintlichen Lösungen operieren jedoch meist im Individuum, während die Ursachen zunehmend struktureller und ökosystemischer Natur sind. Neurowissenschaftliche und umweltpsychologische Studien zeigen hingegen: Naturkontakt wirkt direkt auf unsere biopsychosoziale Gesundheit (Ulrich et al., 1991). In der Praxis wird dieser Zusammenhang jedoch selten systematisch berücksichtigt. Genau hier setzt dieses Buch an. Es möchte zu einem vertieften, systemisch fundierten Verständnis von Stress und Gesundheit beitragen – und eine Brücke schlagen zwischen individueller Gesundheitsförderung, ökologischer Resilienz und gesellschaftlicher Verantwortung.

Im Zentrum steht ein Zukunftskompetenz-Konzept: ein nachhaltiges und naturbasiertes Stress- und Ressourcenmanagement – als ein Beitrag zu den **Future Skills** für das 21. Jahrhundert. Dieser Ansatz geht über individuelle Resilienz hinaus. Er betrachtet den Menschen als Teil ökologischer und sozialer Netzwerke und versteht Belastung als Ausdruck gestörter Beziehungen – persönlich, gesellschaftlich und planetar (Whitmee et al., 2015).

Ein integratives Ressourcenmanagement muss daher sowohl körperliche, psychische, soziale als auch ökologische Rhythmen berücksichtigen. Dieses Buch verknüpft daher klassische Stressmodelle (Selye, 1956; Lazarus & Folkman, 1984; Antonovsky, 1979) mit Konzepten wie naturbasierten und nachhaltigen Interventionen (NNBI), Planetary Health und regenerativen Systemansätzen.

Diese interdisziplinäre Integration ist kein Selbstzweck, sondern eine Antwort auf unsere komplexe Realität: Klimakrise, Biodiversitätsverlust, soziale Fragmentierung und mentale Erschöpfung überlagern sich zu einer Metakrise – einer kumulativen Überforderung auf verschiedenen Ebenen (Steffen et al., 2018; Gislason, 2021). Dieses Buch versteht sich als Reaktion darauf – und als Einladung zur Rückverbindung: zwischen Mensch und Natur, zwischen Körper und Mitwelt, zwischen individueller Erfahrung und kollektiver Verantwortung.

Es ist kein klassischer Ratgeber. Vielmehr bietet es eine wissenschaftlich fundierte, praxisnahe und reflexive Landkarte für alle, die Gesundheit nicht nur individuell, sondern als Teil eines größeren ökologisch-sozialen Gefüges verstehen – und gestalten wollen.

Ein Schlüssel zur Zukunftsfähigkeit im Zeitalter von Planetary Health liegt in der Verbindung von Resilienz, Naturverbundenheit und nachhaltiger Transformation. Dieses Buch ist die erste umfassende, anwendungsnahe und systemisch nachhaltige Darstellung nachhaltiger und naturbasierter Gesundheitsförderung für eine Welt im Stress – zugänglich für Praktiker:innen, tiefgründig für Suchende, transformativ für unsere gemeinsame Zukunft.

Danksagung an mein soziales Ökosystem

Ich möchte mich zu Beginn bei allen bedanken, die maßgeblich zur Entstehung dieses Buches beigetragen haben.

Mein besonderer Dank gilt G.G., meinem Ehemann, der stetig ermutigt, meiner Intuition zu folgen – auch wenn das bedeutete, altvertraute Sicherheiten dysfunktionaler Systeme loszulassen und unsichere Schritte ins Neue zu gehen.

S.D. danke ich für die kluge Begleitung in diesem Prozess, für die gute Erinnerung an ein nachhaltiges Ressourcenmanagement im Inneren und Äußeren in mir.

Auch meiner Mentorin und Freundin E.U. danke ich, die mich bestärkt hat, dieses Projekt überhaupt ernst zu nehmen – und den Mut aufzubringen, mein Manuskript dem Springer Verlag vorzuschlagen.

A.B. und A.K. danke ich für ihre Unterstützung während des Schreibprozesses – für ihre freundliche Präsenz, ihre klugen Rückfragen und die Ermutigung, weiterzumachen.

K.P., M.W., P.A., S.K., R.R. und M.D. danke ich für ihre klugen und kritischen Rückmeldungen, die dazu beigetragen haben, die inhaltliche und sprachliche Qualität des Buches zu schärfen.

A.C.A. waren in der intensiven Schreibphase eine wichtige Konstante, die mir half, im Alltag verankert zu bleiben. O. danke ich für die wohlwollende Hartnäckigkeit, mich immer wieder zu Outdoor-Pausen zu zwingen – fast immer, obwohl ich lieber weitergearbeitet hätte. In den Momenten, in denen mich dieses Buchprojekt an die Grenze der Erschöpfung brachte und mein eigener Umgang mit Ressourcen wenig vorbildlich war, danke ich C.K. – der mich mit einem Lächeln und dem Satz „Don't do what I do. Do what I say." daran erinnerte, dass kollektive Transformation ein Prozess ist – und ich selbst nicht außerhalb, sondern mitten in diesem Lern- und Entwicklungsprozess stehe.

KI-Kennzeichnung

Bei der Erstellung dieses Werks wurden KI-gestützte Tools unterstützend verwendet: NotebookLM (Google) unterstützt bei der Analyse und Synthese eigener Forschungsnotizen sowie bei der thematischen Gliederung. Perplexity AI wurde genutzt, um effizient Literatur zu recherchieren und relevante Quellen zu identifizieren. ChatGPT (GPT-4) und Google Geminis wurde verwendet, zur Quellenrecherche, um Textentwürfe zu erstellen sowie Formulierungen zu verbessern und zu lektorieren und für die Optimierung der Lesedidaktik. Bei der Kontrolle fachlicher Begriffe und der Gliederung methodischer Abschnitte half DeepSeek Chat.

Die Autorin hat alle durch KI generierten Inhalte einer kritischen Prüfung unterzogen, inhaltlich angepasst und mit ihrem eigenen Fachwissen validiert. Die Autorin trägt die alleinige Verantwortung für die abschließende Darstellung und die Richtigkeit der Aussagen.

Fallgeschichten als Spiegel systemischer Dynamiken

Dieses Buch verknüpft wissenschaftlich fundierte Konzepte mit wahren Geschichten. Die zugrunde liegenden Persönlichkeiten – wie **Louisa Dellert**, **Suzanne Simard** oder **Kumi Naidoo** – sind keine erfundenen Fallstudien, sondern reale Menschen, deren Lebensgeschichten öffentlich bekannt sind. Sie stehen stellvertretend für wesentliche Herausforderungen unserer Zeit – für die oft unausgesprochene Kluft zwischen Anpassung und Authentizität, Wirksamkeit und Selbstfürsorge sowie Erkenntnis und verkörperter Veränderung. Die Erzählungen wurden nicht erfunden, sondern sorgfältig aus Interviews, Vorträgen und öffentlich zugänglichen Medienbeiträgen repräsentativ rekonstruiert – respektvoll und ohne Preisgabe intimer oder geschützter Informationen. In diesem Buch dienen sie nicht als Testimonials oder Idealbilder, sondern als resonante Spiegelbilder: lebendige, kraftvolle und verletzliche Menschen, die unter systemischer Überforderung oder Erkrankung litten und einen eigenen, naturbasierten Transformationsweg erfolgreich beschritten haben, und dadurch regenerative Wirkkraft wiederfanden.

Drei Gesichter einer erschöpften Gesellschaft als Vorlage für unsere Lern-Personas

Immer mehr Menschen stoßen nicht an ihre persönlichen Grenzen, weil sie versagen – sondern weil sie in Systemen leben, die Dysfunktionalität zur Norm und Regeneration zum Luxus gemacht haben: Systeme, die äußere Leistung messen, aber nachhaltiges Ressourcenmanagement – körperlich, psychisch, sozial, ökologisch und ökonomisch – systematisch ausblenden.

Drei prominente Figuren unserer Zeit veranschaulichen, was es bedeutet, in diesem Spannungsfeld zu leben – und im Umbruch inneres Wachstum zu erleben. Die Persönlichkeiten, die hier als Beispiele genannt werden – Louisa Dellert, Suzanna Simard und Kumi Naidoo – sind echte Menschen unserer Zeit mit realen Erfahrungen.[1] Sie haben erlebt, was viele von uns fühlen: Dass es irgendwann Grenzen gibt – körperlich, seelisch, existenziell, ökologisch –, wenn Leben im Dauer-Funktionieren-Modus läuft.

Doch alle drei fanden – zum Teil nach großer Erschöpfung oder Erkrankung – einen Wendepunkt: eine bewusste Rückkehr zur Natur, zu Stille, zu ihrem Körper

---

1 Die Rekonstruktion ihrer Fallvignetten erfolgte selektiv und sorgfältig auf Basis öffentlicher Quellen wie Interviews, Vorträgen oder Medienbeiträgen. Die Nennung erfolgt mit größtem Respekt für die Personen.
    Private oder nichtöffentliche Aspekte wurden nicht verwendet.
    Die fiktiven Avatare (Nina, Jana, Lukas) sind inspiriert von, aber nicht identisch mit realen Persönlichkeiten.

und zu einem neuen Lebensrhythmus, der nicht mehr auszehrt, sondern nährt und wieder wirkstark werden ließ. Ihre Rückverbindung ermöglichte ihnen eine gesunde Regeneration und das Wiederentdecken von Wirksamkeit – in Verbundenheit mit der Natur und im Einklang mit dem Leben.

Landkarte für eine gemeinsame Lernreise

Aus den Erfahrungen dieser drei öffentlichen Persönlichkeiten heraus begeben wir uns in diesem Buch auf eine Lernreise, die sich mit den Herausforderungen unserer Zeit auseinandersetzt:
− Wie gehen Menschen mit systemischer Erschöpfung um?
− Welche Arten der Regeneration sind nachhaltig?
− Und wie können nachhaltige Gesundheits- und Wirkmodelle innovativ gedacht werden?

Dieses Buch bietet die Möglichkeit, evidenzbasierte Einsichten, praxisnahe Methoden sowie naturorientierte und nachhaltige Ansätze zu vereinen – und daraus Anregungen für einen gesunden, resilienten und effektiven Umgang mit sich selbst, anderen und der Umwelt abzuleiten.

Um jedoch die Integrität und Privatsphäre der drei realen Personen zu wahren, wurden drei symbolische PERSONAS konstruiert, die exemplarisch für verschiedene berufliche und gesellschaftliche Kontexte und deren systemische Stressbelastungen stehen. Sie sind Reflexionsfiguren, die diese Reise durch den Alltag, die therapeutische Praxis und organisationale Veränderungen begleiten.

- **Louisa Dellert inspirierte zur PERSONA der Nina Bergmann**

Louisa Dellert, eine Social-Media-Unternehmerin und Aktivistin, die sich ständig im digitalen Bereich engagiert, zeigte sich sichtbar, diszipliniert und leistungsstark.

Hinter der Fassade jedoch entwickelte sich eine stille, chronische Erschöpfung – bis zur Depression. U.a. durch Erfahrungen in der Natur, Innehalten und Entschleunigung konnte sie zu sich selbst zurückfinden – zu ihrem Körper, zu ihren Bedürfnissen und zu einem respektvollen Umgang mit ihren Grenzen.

> **Nina Bergmann – steht für die ambitioniertes Multitasking**
>
> Nina verkörpert den inneren Konflikt vieler Menschen, die in Systemen leben, in denen Selbstfürsorge keinen Raum findet, und zu einem schlechten Gewissen führt: zwischen Care-Last, People Pleaser und Selbstaufgabe, zwischen Verantwortungsgefühl und der Sehnsucht nach Leichtigkeit und Selbstverwirklichung. Nina fragt sich, wie kann Selbstfürsorge und Selbstverwirklichung gelingen in einem System, das sie kaum erlaubt – obwohl dies doch die Grundlage für gesunde Beziehungen und echte Wirksamkeit ist und das hohe Leistungen und Perfektion belohnt?

- **Dr. Suzanne Simard (wood wide web)[2] inspirierte zur PERSONA der Dr. Jana Hellwig**

Dr. Suzanne Simard, renommierte Forstwissenschaftlerin aus Kanada, hat große Teile ihres Berufslebens in den Wäldern verbracht – oft unter herausfordernden Bedingungen, körperlich wie emotional. In einer Zeit schwerer gesundheitlicher Belastung wurde der Wald für sie nicht nur Arbeitsort, sondern auch Rückzugsraum. Die Natur half ihr, zur Ruhe zu kommen, Klarheit zu finden und neue Kraft zu schöpfen und zu gesunden.

Ihre Geschichte zeigt, wie eine tiefe Verbindung zur Mitwelt gerade für Menschen in anspruchsvollen helfenden und forschenden Berufen eine wertvolle Ressource sein kann.

Dr. Jana Hellwig – Professionelle Helferin im Gesundheitswesen

Die Figur der Jana personifiziert das Dilemma vieler Ärzt:innen, Therapeut:innen, Pfleger:innen und Coaches, die für andere oder für engagierte Projekte da sind und sich dabei selbst verlieren: Sie verfügen über professionelle Fachkompetenz; im Angesicht von Ressourcenknappheit werden sie überbeansprucht und im Funktionieren brennen sie langsam aus. Ihre Geschichte stellt die Frage: Wie ist Gesundung möglich, wenn Ressourcen knapp sind, in einem überstrapazieren System?

- **Dr. Kumi Naidoo inspirierte zur PERSONA Lukas Klingenberg**

Dr. Kumi Naidoo, ein promovierter Politologe, globaler Klimaaktivist und ehemaliger Generalsekretär von Greenpeace sowie Amnesty International, führte internationale Bewegungen – mit Leidenschaft, sichtbar und unermüdlich. Sein Wunsch, die Welt zu retten, brachte ihn jedoch an den Rand der Erschöpfung. Heilung fand er erst durch einen radikalen Rückzug – in die Natur, in die Stille, in die Selbstfürsorge. Heute stellt er einen neuen Führungsstil dar: compassionate activism – Veränderung, die aus Verbundenheit und nicht aus Pflichtbewusstsein erwächst. Die Hinwendung zu einem regenerativen, naturverbundenen Umgang mit der Welt trug nicht nur zu seiner persönlichen Gesundung bei, sondern wurde auch zur Grundlage eines globalen Bewusstseinswandels über den Wert lebendiger Ökosysteme.

Lukas Klingenberg – Motivierter Möglichmacher und professioneller Aktivist

Die Figur **Lukas Klingenberg** wurde aus der Geschichte von Dr. Kumi Naidoo entwickelt.

Er ist der motivierte Möglichmacher im Bereich nachhaltiger Transformation – gefangen zwischen Idealismus und Systemgrenzen, zwischen Verantwortung und Erschöpfung. Lukas repräsentiert diejenigen, die den Wandel nicht nur einfordern,

---

2 *„Finding the Mother Tree: Discovering the Wisdom of the Forest"* (2021) – eine Mischung aus Memoir und Wissenschaft.

> sondern auch mittragen – häufig zum Nachteil ihrer eigenen Gesundheit. Seine Geschichte stellt die Frage: Wie kann man echte Veränderung erreichen, ohne sich selbst zu verlieren und daran zu wachsen?

Die Erzählungen dieser drei Figuren veranschaulichen eine wesentliche Einsicht dieses Buches: Innere und äußere Ressourcen stehen in einer engen Verbindung zueinander.

Kompass für regenerative Praxis

Die Krisen unserer Zeit – ökologische, soziale und psychische – sind keine getrennten Phänomene. Sie spiegeln eine tiefere Dynamik: die zunehmende Entkopplung des Menschen von seiner natürlichen und sozialen Mitwelt. Diese Entfremdung zeigt sich in erschöpfenden Arbeitskulturen, einem reduzierten Gesundheitsverständnis und dem Verlust gemeinsamer Orientierung.

Dieses Buch versteht Gesundheit deshalb nicht als rein individuellen Zustand, sondern als ökosoziale Beziehungsqualität – verwoben mit natürlichen Rhythmen, sozialen Gefügen und systemischen Strukturen. Es lädt ein, Gesundheit als Beziehungspraxis zu begreifen – als bewusste Gestaltung von Verbindung: zum eigenen Körper, zur Mitwelt, zum Arbeitskontext.

Gerade im beruflichen und organisationalen Alltag braucht es dafür neue Formen von Orientierung:
- Wie kann gesunde Praxis auch unter strukturellen Belastungen möglich werden?
- Wie lässt sich Selbstfürsorge leben, ohne sich zu entziehen?
- Wie gelingt nachhaltige Wirksamkeit – ohne auszubrennen?

Die folgenden Toolkits bieten konkrete Anregungen, diese Verbindung Schritt für Schritt zu gestalten: alltagstauglich, reflektiert und kontextsensibel.

Sie sind die ersten Schritte auf der Landkarte für eine regenerative Gesundheitspraxis.

Toolkits und Übungsimpulse

Erste Schritte zu mehr Verbindung im Lebens- und Berufsalltag

Die in den Kapiteln eingebetteten Toolkits, Reflektionen und Übungen, als auch der gesamte Praxisteil im 4. Kapitel sind eine Einladung zur konkreten Umsetzung: Sie bieten kleine, machbare naturbasierte Schritte für mehr Lebendigkeit, Klarheit und Regeneration – im persönlichen Alltag, im Teamkontext und in organisationalen Prozessen.

Diese Landkarte ist bewusst pragmatisch gedacht. Sie zeigt nicht den perfekten Weg, sondern eröffnet Möglichkeiten, sich dem Thema Resonanz von unterschiedlichen Ausgangspunkten zu nähern.

- **Resonanz zwischen Anspruch und Realität**

Viele der Impulse – kurze Naturmomente, einfache Reflexionsfragen, achtsame Rituale – sind alltagstauglich und wissenschaftlich fundiert. Doch sie entfalten ihre Wirkung nicht im luftleeren Raum. Ihre Umsetzbarkeit hängt stark davon ab, in welchem kulturellen, sozialen und strukturellen Kontext sie eingebettet sind.

Organisationspsychologisch wirken die Übungen dort am stärksten, wo Vertrauen, Selbstverantwortung und Offenheit gelebt werden. In stark hierarchisch oder funktional gesteuerten Unternehmen sind sie erklärungsbedürftig und brauchen eine gute Übersetzung in die Sprache und Dynamik des jeweiligen Systems. Hier lohnt es sich, niedrigschwellig zu starten – etwa in Pilotteams oder über Einzelpersonen mit Gestaltungswillen.

Umweltpsychologisch stehen die Methoden auf solidem Fundament: Sie orientieren sich z. B. an der Attention Restoration Theory (Kaplan), an der Biophilia-Hypothese (siehe Kapitel 2 zu den theoretischen Grundlagen) und an multisensorischen Wahrnehmungsprozessen. Schon kleine Naturreize können hier viel bewirken. Zugleich ist klar: In urbanisierten, digitalisierten oder stark reglementierten Lebens- und Arbeitswelten ist echter Naturkontakt nicht immer gegeben. In solchen Fällen braucht es kreative und hybride Übersetzungen – durch Räume, Bilder, haptische Anker oder virtuell-visuelle Resonanzpunkte.

Arbeitspsychologisch sind viele Tools unmittelbar einsetzbar: zehnminütige Naturpausen, suffizienzorientierte Mini-Impulse oder achtsame Übergänge zwischen Aufgaben. Ihre Wirkung zeigt sich besonders dort, wo sie nicht als „add-on", sondern als integraler Bestandteil einer gesunden, vertrauensbasierten Arbeitskultur verstanden werden. Andernfalls riskieren sie, als oberflächliche Selbstoptimierung oder als Symbolhandlung missverstanden zu werden – mit entsprechend geringer Wirkung.

In der Unternehmensrealität lassen sich diese Ansätze insbesondere in transformierenden Organisationen implementieren – etwa Green Start Ups, in Sozialunternehmen, Nichtregierungsorganisationen, zukunftsorientierten Klein- und Mittelständigen Unternehmen oder im Bildungsbereich. In klassischen, ergebnisfokussierten oder stark regulierten Systemen erscheinen sie häufig als idealistisch. Doch selbst dort können erste transformative Schritte möglich sein – wenn sie klug eingebettet, klar kommuniziert und durch glaubwürdige Haltung getragen werden.

Auf der Ebene der individuellen Lebensrealität schließlich zeigen sich weitere Spannungsfelder: Menschen mit Care-Verantwortung, in prekären Arbeitsverhältnissen oder in Erschöpfungszuständen benötigen nicht zusätzliche Aufgaben, sondern niedrigschwellige, wirklich entlastende Angebote, die sich vorerst organisch an Abläufe anpassen – und dann aber langfristig Ressourcen aktivieren, um strukturelle Veränderung zu bewirken.

- **Resonanz gestalten – mit dem, was da ist**

Das Buch will keine perfekte Route vorgeben. Es möchte Orientierung geben inmitten von Komplexität – und Mut machen, erste Schritte zu gehen. Ob du allein startest oder mit einem Team oder mit VERDE GESUND, ob du eine Übung in deinen Alltag integrierst oder ein ganzes Programm etablieren willst: Es geht nicht darum, alles umzusetzen. Es geht darum, etwas zu beginnen – bewusst, stimmig und im Einklang mit deiner Realität.

Vielleicht ist es ein stiller Moment am offenen Fenster. Ein bewusster Atemzug vor dem nächsten Meeting. Oder ein Gespräch über Werte im Kolleg:innenkreis. Resonanz entsteht dort, wo etwas in dir in Berührung kommt – und du dieser Berührung Raum gibst.

An wen richtet sich dieses Buch?

Dieses Buch richtet sich an Menschen, die Gesundheit, Nachhaltigkeit und Resilienz ökosystemisch denken – und praktisch mitgestalten wollen.
Es spricht insbesondere:
- **Betroffene Menschen mit chronischem Stress oder Erschöpfung**,
die nach alltagstauglichen, regenerativen Wegen zu Selbstregulation und Sinn suchen.
- **Ärzt:innen, Coaches, Psycholog:innen, Psychotherapeut:innen, Ergo-, Logo und Physiotherapeut:innen und Gesundheitsfachkräfte**,
die naturbasierte und systemisch fundierte Ansätze in ihre Praxis integrieren möchten.
- **Verantwortliche, Führungskräfte und Betriebliches Gesundheitsmanagement Organisationsentwickler:innen**,
die Gesundheit und Nachhaltigkeit als Führungsaufgabe verstehen.
- **Changemaker:innen, Umweltberater:innen, Aktivist:innen und Pädagog:innen**,
die Resilienz, Naturverbindung und gesellschaftlichen Wandel verbinden wollen.
- **Lehrende und Forschende in Planetary Health, Systemwissenschaft und Umweltpsychologie**,
die integrative Perspektiven in Wissenschaft, Bildung und Praxis einbringen möchten.

Für alle, die wissen:

» *Zukunft entsteht nicht durch Selbstoptimierung – sondern durch Verbindung, Regeneration und gestaltende Verantwortung.*

Literatur

Antonovsky, A. (1979). *Health, stress and coping*. Jossey-Bass.
Antonovsky, A. (1987). *Unraveling the mystery of health – How people manage stress and stay well*. Jossey-Bass.

Antonovsky, A. (1990). A somewhat personal odyssey in studying the stress process. *Stress Medicine, 6*(2), 71–80.
Antonovsky, A. (1993). The structure and properties of the sense of coherence scale. *Social Science and Medicine, 36*(6), 725–733.
Gislason, M. K., Kennedy, A. M., & Witham, S. M. (2021). The Interplay between Social and Ecological Determinants of Mental Health for Children and Youth in the Climate Crisis. *International Journal of Environmental Research and Public Health, 18*(9), 4573. ► https://doi.org/10.3390/ijerph18094573MDPI.
Lazarus, R. S., & Folkman, S. (1984). *Stress, appraisal, and coping*. Springer Publishing Company Stress, Appraisal, and Coping – ResearchGate.
Meadows, D. H. (2008). *Thinking in Systems: A Primer*. Chelsea Green Publishing. Dancing With Systems – Donella Meadows Project.
Selye, H. (1956). *The stress of life*. McGraw-Hill. Stress and the General Adaptation Syndrome – PMC.
Steffen, W., Rockström, J., Richardson, K., Lenton, T. M., Folke, C., Liverman, D., & Schellnhuber, H. J. (2018). Trajectories of the Earth System in the Anthropocene. *Proceedings of the National Academy of Sciences, 115*(33), 8252–8259 ► https://doi.org/10.1073/pnas.1810141115.
Ulrich, R. S., Simons, R. F., Losito, B. D., Fiorito, E., Miles, M. A., & Zelson, M. (1991). Stress recovery during exposure to natural and urban environments. *Journal of Environmental Psychology, 11*(3), 201–230.► https://doi.org/10.1016/S0272-4944(05)80184-7
Wheatley, M. J. (2002). *Turning to one another: Simple conversations to restore hope to the future*, S. 19.
Whitmee, S., Haines, A., Beyrer, C., Boltz, F., Capon, A. G., de Souza Dias, B. F., Ezeh, A., Frumkin, H., Gong, P., Head, P., Horton, R., Mace, G. M., Marten, R., Myers, S. S., Nishtar, S., Osofsky, S. A., Pattanayak, S. K., Pongsiri, M. J., Romanelli, C., … Yach, D. (2015). Safeguarding human health in the Anthropocene epoch: Report of The Rockefeller Foundation-Lancet Commission on planetary health. *The Lancet, 386*(10007), 1973–2028. ► https://doi.org/10.1016/S0140-6736(15)60901-1.

Inhaltsverzeichnis

1	**Stress im System**	1
1.1	Stress als relationale Reaktion – ein systemisches Verständnis	6
1.1.1	Natur, Umwelt, Mitwelt – Drei Perspektiven auf unsere planetare Beziehung	7
1.2	**Was ist ein System? – Grundlagen Systemisches Denkens**	11
1.2.1	Ordnung, Dynamik und Grenzen	11
1.2.2	Systeme im Wechselspiel – Interdependenzen und Rückkopplung	14
1.3	**Stress in lebenden Systemen – Von innerer Balance und äußerer Belastung**	15
1.3.1	Strukturelle Parallelen zwischen Mensch und Natur	17
1.3.2	Anpassung oder Zusammenbruch – Strategien lebender Systeme	17
1.3.3	Ressourcenmanagement als Grundlage von Resilienz	18
1.3.4	Der Mensch als Stressfaktor im Anthropozän	18
1.3.5	Verantwortung und Handlungsspielraum	20
1.4	**Wie wir Stress verstehen – Modelle, Konzepte, Perspektiven**	21
1.4.1	Historische Entwicklung und Grundlagen	24
1.4.2	Ressourcen- und Bewältigungsorientierte Modelle	25
1.5	**Systemischer Stress im Anthropozän**	26
1.5.1	Was bedeutet Umweltstress – Symptome eines überforderten Planeten	26
1.5.2	Drei prägende Perspektiven des Stressverständnisses	26
1.5.3	Ökologischer Stress als Systemphänomen	26
1.6	**Die überforderte Gesellschaft – Stress als globale Gesundheitskrise**	28
1.6.1	Nationale Perspektive	29
1.6.2	Globale Perspektive	29
1.6.3	Klimastress und Psychologie	30
1.6.4	Naturentfremdung und Stressverarbeitung	30
1.6.5	Die Doppelspirale der Überlastung	30
1.6.6	Das VUKA-Modell als Stressmatrix der Gegenwart	31
1.6.7	Psychische und planetare Krisen – zwei Seiten derselben Medaille	31
1.7	**Wenn der Körper reagiert – Stress in physiologischer Dimension**	31
1.7.1	Das Stress-Toleranz-Fenster	31
1.8	**Stress – bis das System kippt**	33
1.8.1	Kipppunkte: Wenn Regulation versagt	33
1.9	**Wenn Systeme kollabieren – Kipppunkte der Erde**	35
1.9.1	Neun planetare Systeme im Belastungstest	35
1.9.2	Klimastress als systemischer Kipppunkt	37
1.10	**Gaia als Abbildung eines belasteten Systems**	38
1.11	**Beziehungskrise mit der Erde – Wenn Verbundenheit verloren geht**	39
1.11.1	Warum Wissen allein nicht reicht: Die „Dragons of Inaction" nach Gifford	41
1.11.2	Entfremdung als systemische Beziehungskrise	42
1.12	**Von der Wachstumsillusion zur regenerativen Zukunft**	43
	Literatur	45

2	**Auf dem Weg zu einer regenerativen Zukunft: Wissenschaftliche Grundlagen nachhaltiger und naturbasierter Interventionen (NNBI)**	51
2.1	Einführung in ein ökosystemisches Gesundheitsverständnis	55
2.2	Entwicklung eines erweiterten Gesundheitsverständnisses	56
2.3	Von der individuellen zur systemischen Perspektive	58
2.3.1	Systemisches Gesundheitsverständnis	58
2.3.2	Historische Entwicklung ökosystemischer Gesundheitskonzepte	59
2.4	**Wissenschaftliche Modelle und Theorien**	59
2.4.1	Biopsychosoziales Modell	60
2.4.2	Ökologische Modelle (Bronfenbrenner und Latour)	61
2.4.3	Gaia-Hypothese und Resonanztheorie	61
2.4.4	Tiefenökologie: Natur nicht nur als Ressource, sondern als Wert an sich	62
2.5	**Planetary Health und ökologische Gesundheit**	64
2.5.1	Einführung in Planetary Health	64
2.5.2	Kernprinzipien der planetaren Gesundheit	64
2.5.3	Biodiversität und Ökosystemleistungen	67
2.5.4	Förderung der Mensch-Mitwelt-Beziehung	71
2.5.5	Nationale und internationale Initiativen zur Verbindung von Umwelt und Gesundheit	72
2.5.6	Ökosalute Politik in Deutschland: Integrative Ansätze von Umwelt- und Gesundheitspolitik	74
2.5.7	Gesunde Erde, gesunde Menschen (WGBU, 2023)	74
2.5.8	Das Konzept „Teil der Natur sein" im Zusammenhang mit ökosystemischer Gesundheit	77
2.5.9	Ein Lösungsansatz: Natur – mehr als eine Gesundheitsressource	80
2.6	**Theoretische Basis klassischer naturbasierter Interventionen (NBI)**	81
2.6.1	Biophilie-Hypothese	81
2.6.2	Regenerative Theorien: ART, SRT & CRT	82
2.6.3	Stärkung der Resilienz durch die Natur: Nature-based Biopsychosocial Resilience Theory (NBBR)	85
2.6.4	Affect Regulation Theory (ART)	85
2.6.5	Therapeutische Landschaften	86
2.7	**Naturverbundenheit und Wohlbefinden**	90
2.7.1	Naturverbundenheit: Definition und Dimensionen	90
2.7.2	Die drei ABC-Dimensionen der Verbindung zur Natur	91
2.7.3	Naturentfremdung: Ursachen und Auswirkungen	93
2.8	**Nachhaltigkeit als Basis ökosystemischer Gesundheit**	95
2.8.1	Begriffsklärung	95
2.8.2	Dimensionen der Nachhaltigkeit (Ökologie, Ökonomie, Soziales)	96
2.8.3	Prinzipien der Nachhaltigkeit (Suffizienz, Effizienz, Konsistenz)	97
2.8.4	Nachhaltigkeit und psychische Gesundheit (Polyvagal-Theorie)	99
2.8.5	Post-Growth, Commons und transformative Bildung als systemische Grundlage regenerativer Gesundheit	102

2.9	**Fazit**	102
2.9.1	Zusammenfassung	102
2.9.2	Ausblick	103
	Literatur	106
3	**Nachhaltige und naturbasierte Interventionen (NNBI)**	**113**
3.1	**Naturbasierte Interventionen und die Erweiterung zu NNBI**	116
3.1.1	Nachhaltige naturbasierte Interventionen als Antwort auf multiple Krisen	117
3.1.2	Interdependentes Gesundheitsverständnis durch NNBI	119
3.2	**Das trianguläre Interaktionsmodell der NNBI**	120
3.2.1	Zentrale Akteur:innen in der NNBI	120
3.2.2	Der Mensch-Natur-Raum im NNBI: Multimodalität, Dynamik und Wechselwirkung	122
3.3	**Theoretische Grundlagen naturbasierter und nachhaltiger Interventionen**	123
3.3.1	Bottom-up – Vom Körper zum Kopf	124
3.3.2	Top-down – Vom Kopf zum Körper	126
3.3.3	Integral: Verbundenheit von Geist – Körper – Raum	129
3.3.4	Zusammenfassung der drei Interventionsebenen	131
3.4	**Green-Health-Modell für ökosystemische Stresskompetenz**	132
3.4.1	Modellstruktur	132
3.5	**Die Future-Skills-Kompetenzmatrix für regenerative Gesundheitskompetenz**	135
3.5.1	Implementierung in Alltag, Therapie und Organisation	138
3.5.2	Zielgruppen und Anwendungsfelder nachhaltiger naturbasierter Interventionen	143
3.5.3	Präventionsleitlinien und Nachhaltigkeit im Gesundheitswesen	145
3.5.4	NNBI bei der Gestaltung des Lebens- und Arbeitsumfeldes	148
3.5.5	Rechtliche Rahmenbedingungen für NNBI für die Nutzung von Grünflächen und Wäldern	149
3.5.6	Herausforderungen bei der Umsetzung von NNBI	150
3.5.7	Ethik nachhaltiger naturbasierter Interventionen	151
3.5.8	Resümee der wesentlichen Erkenntnisse	152
	Literatur	155
4	**Praxisteil**	**159**
4.1	**Multimodalen Stressmanagement durch NNBI erweitert**	161
4.1.1	Mentales Stressmanagement im Dialog mit der Natur – Welche Lösungen findet die Natur für das „Problem"?	163
4.1.2	Instrumentelles Stressmanagement am Modell der Natur lernen. Wie sieht naturbasiertes Management aus?	173
4.1.3	Regeneratives und palliatives Stressmanagement – Out of the box into nature – Im Natur-Raum im Körper ankommen	192
4.2	**Achtsamkeit in und mit Natur**	206
4.2.1	Einführung in das Konzept der Achtsamkeit	206
4.2.2	Der Wirkkreis der Achtsamkeit nach Daniel Siegel (2010)	207
4.2.3	Das Kreuz der Achtsamkeit	207
4.2.4	Achtsamkeit als informelle Meditation im Alltag	208
4.2.5	Achtsamkeit und Stressbewältigung	208
4.2.6	Innere Haltung und physiologische Effekte	209

4.2.7	Achtsamkeit in verschiedenen Lebensbereichen	209
4.2.8	Achtsamkeit und nachhaltiges Verhalten	209
4.3	**Resilienztraining in und mit Natur**	220
4.3.1	Die 7 Säulen der Resilienz – Erweiterung des klassischen Resilienzmodells durch biomimetische Prinzipien	227
4.4	**Bildung für nachhaltige Entwicklung am Vorbild der Natur**	231
4.4.1	Die Natur als Vorbild für umfassende Nachhaltigkeit und Gesundheit	231
4.4.2	Interdependenz – Ein naturbasierter Ansatz über wechselseitige Verbundenheit und Zusammenarbeit	234
	Literatur	247
5	**Ausblick und kritische Analyse – Perspektiven für nachhaltige und naturbasierte Interventionen (NNBI)**	249
5.1	Nature-Based Prescribing – Internationale Konzepte und Erfahrungen	252
5.2	**Digitale Naturzugänge – Potenziale und Grenzen**	253
5.2.1	App Nature Notes	254
5.2.2	App NatureDose®	254
5.2.3	Hybride Modelle und Virtual-Reality-Anwendungen	255
5.3	**Biophile Raumgestaltung für urbane Arbeits- und Lebenswelten**	256
5.3.1	Biophile Stadträume	256
5.3.2	Biophile Innenraumgestaltung	260
5.4	**Soziale Gerechtigkeit und Teilhabe durch NNBI**	260
5.4.1	Barrierefreie Naturzugänge, partizipative Planung und Co-Creation	261
5.5	**Planetary Health als Leitbild für zukünftige Gesundheitsstrategien**	262
5.5.1	Resilienzförderung durch nachhaltige und naturbasierte Ansätze	263
5.5.2	Ein zukunftsfähiges integratives Gesundheitsverständnis	263
5.6	**Forschungsstand, Kritik und Weiterentwicklung von NBI zu NNBI**	263
5.6.1	Kritische Analyse bisheriger NBI-Forschung	263
5.6.2	Aktuell laufende Forschungsprojekte	264
5.6.3	Begriffsvielfalt und Kontextsensibilität in der NBI-Forschung	267
5.6.4	Forschungslücken und Weiterentwicklungsbedarf bei naturbasierten Ansätzen	267
5.7	**Fazit: Naturverbundenheit und Nachhaltigkeit als Schlüsselkompetenzen für Planetary Health**	268
5.7.1	Natur jenseits der Romantisierung: Zwischen Gesundung, Gefahr und planetarer Verantwortung	268
5.7.2	Manifest der ökosystemischen Gesundheit	270
5.8	**Wegweiser für eine regenerative Zukunft – Executive Summary**	272
5.8.1	Wiederverbindung von Mensch und Natur als Basis für Gesundheit und Resilienz	272
5.8.2	Systemisches Denken: Gesundheit als Netzwerk verstehen und gestalten	273
5.8.3	Prävention neu definieren: Regeneration statt Reparatur	273
5.8.4	Integriertes Handeln: Brücken zwischen Sektoren bauen	273
5.8.5	Planetare Verantwortung: Gesundheit als ethisches Zukunftsprojekt	274
5.8.6	Key Learnings	274
5.9	**Tooltkit IV – Dein Future-Skill-Impuls**	274
	Literatur	276

Serviceteil

Glossar – Schlüsselbegriffe für ökosystemische Gesundheit und Systemtransformation.. 280
Cluster 1 280
Cluster 2 286
Cluster 3 290
Cluster 4 293
Cluster 5 298
Begriffslandkarte 301
Gesundheit & Stress 301
Naturbasierte Regeneration 302
Planetary Health & Nachhaltigkeit 302
Systemisches Denken 302
Bildung & Transformation 302
Psychologische & ethische Dimensionen 303
Verbindende Achsen & Schlüsselrelationen 303
Literatur 304

Über die Autorin

Dr. med. Kristin Köhler
ist Ärztin, Unternehmerin und Universitätsdozentin in den Bereichen Umweltpsychologie und Planetary Health Communication. Sie ist Gründerin von VERDE GESUND (▶ www.verde-gesund.de), einem Beratungsunternehmen für Green Mental Health und nachhaltige Transformation in Organisationen. In ihrer Arbeit verbindet sie medizinisches Wissen mit systemischem Denken, Naturverbundenheit und nachhaltigkeitsorientierter Prozessbegleitung.

Als Dozentin an der Universität Erfurt (Institute for Planetary Health Behavior) und an der Rheinland-Pfälzischen Technischen Universität gestaltet sie Bildungsangebote an der Schnittstelle von mentaler Gesundheit, Naturverbundenheit, Nachhaltigkeit und Planetary Health. Ihr Fokus liegt auf der Vermittlung nachhaltiger und naturbasierter Interventionen für Gesundheit im Kontext ökologischer Herausforderungen.

Dr. Köhler ist Mitglied der Deutschen Allianz für Klimawandel und Gesundheit (KLUG e. V.) sowie im Netzwerk Health for Future aktiv. Sie engagiert sich für einen gesamtgesellschaftlichen Wandel hin zu einer regenerativen Gesundheitskultur – sowohl in der individuellen Begleitung von Menschen als auch in der Entwicklung resilienzfördernder Strukturen in Unternehmen und Bildungskontexten.

Mit „Future Skill – Nachhaltiges und naturbasiertes Stress- und Ressourcenmanagement" legt sie ein Grundlagenwerk vor, das mentale Gesundheit, Naturverbindung und Nachhaltigkeit erstmals systemisch integriert – und Wege aufzeigt, wie Gesundheit im 21. Jahrhundert neu gedacht und gelebt werden kann.

▶ https://verde-gesund.de/fachbuch&fortbildung

Abkürzungsverzeichnis

ABC-Dimensionen	Affektive, behaviorale und kognitive Komponenten der Naturverbindung		ditionierte Erholungswirkung durch Naturreize)
ANT	Akteur-Netzwerk-Theorie	CSR	Corporate Social Responsibility (unternehmerische Verantwortung für Nachhaltigkeit)
ART	Attention Restoration Theory (Theorie der Aufmerksamkeitsregulation)	EGGSAMPLE	Modellbegriff für innere Antreiberdynamiken (verwendet in Übungen)
ATT	Affect Regulation Theory (Theorie der Affektregulation)	GREENME	Green Mental Health in Europe (EU-Forschungsprojekt)
BGM	Betriebliches Gesundheitsmanagement	Green HRM	Nachhaltige Personalentwicklung im Rahmen ökologischer Unternehmensführung
BNE	Bildung für nachhaltige Entwicklung		
C2C	Cradle to Cradle (Kreislaufwirtschaft ohne Abfall)	IPBES	Intergovernmental Science-Policy (Platform on Biodiversity and Ecosystem Services)
CBD	Convention on Biological Diversity (UN-Konvention zur biologischen Vielfalt)	IPCC	Intergovernmental Panel on Climate Change (Weltklimarat)
CCT	Compassionate Climate Tools (Mitfühlende Strategien im Umgang mit Klimakrise)	KLUG	Deutsche Allianz Klimawandel und Gesundheit e. V.
Co-Creation	Kollaborative Lösungsentwicklung in sozialen oder organisationalen Prozessen	MS-I	Instrumentelles Stressmanagement (z. B. Zeitmanagement, Planung)
CRT	Conditioned Restoration Theory (kon-	MS-M	Mentales Stressmanagement (z. B. Kognition, Selbstge-

MS-PR	spräch) Palliativ-regeneratives Stressmanagement (Entspannung, Erholung)		velopment Goals (Nachhaltigkeitsziele der Vereinten Nationen)
NBBRT	Nature-Based Biopsychosocial Resilience Theory.	Self-Compassion	Mitgefühl mit sich selbst.
NBI	Nature-Based Intervention (naturbasierte Gesundheitsintervention)	Solastalgie	Ökopsychologischer Begriff für Umwelttrauer
		SRT	Stress Recovery Theory (Erholung durch Naturkontakt)
NatureLAB	Labor für hybride naturbasierte Intervention und Forschung	TN Transdisziplinarität	Teilnehmer:innen Zusammenarbeit über Disziplinen und gesellschaftliche Sektoren hinweg
NGO	Nichtregierungsorganisation.	Ubuntu	Afrikanisches Beziehungsprinzip: „Ich bin, weil wir sind"
NNBI/NNBIs	Naturbasierte und nachhaltige Intervention(en)	VUCA/VUKA	Volatility, Uncertainty, Complexity, Ambiguity (Flüchtigkeit, Unsicherheit, Komplexität, Ambiguität) (Merkmale globaler Krisen)
OE	Organisationsentwicklung		
ÖSG	Ökosystemische Gesundheit		
PH/PHC	Planetary Health/ Planetary Health Communication	WCED	World Commission on Environment and Development (Brundtland-Kommission)
PMR	Progressive Muskelrelaxation		
PTG	Posttraumatisches Wachstum		
RECETAS	EU-Projekt zur sozialen Naturverschreibung	WEQ	We-Intelligence Quotient (Systemisch-kollektive Intelligenz)
RESONATE	Resilience-Oriented Social Nature-based Tools for Europe (EU-Projekt)	WHO	World Health Organization (Weltgesundheitsorganisation)
SDGs	Sustainable De-		

Abbildungsverzeichnis

Abb. 1.1	(Quelle: aus Eine-Welt-Presse 1/2024 „Schutz der Natur und Biodiversität", herausgegeben von der Deutschen Gesellschaft für die Vereinten Nationen e. V. (DGVN), ▶ www.dgvn.de/eine-welt-presse; Copyright: Cornelia Agel/DGVN. Mit freundlicher Genehmigung)	9
Abb. 1.2	Nachhaltigkeit weiter denken. (Eigene Darstellung, erstellt mit Canva. © Dr. med. Kristin Köhler, 2025)	11
Abb. 1.3	Stressspiralen beim Menschen und Planeten. *VUKA: V = Volatilität (Schnelle, unvorhersehbare Veränderungen, Instabilität) U = Unsicherheit (Mangel an Vorhersagbarkeit, Unklarheit über Entwicklungen) K = Komplexität (Vielschichtige Zusammenhänge, schwer durchschaubare Wechselwirkungen) A = Ambiguität (Mehrdeutigkeit unterschiedliche Interpretationen möglich, keine eindeutigen Antworten.* (Eigene Darstellung, erstellt mit Canva. © Dr. med. Kristin Köhler, 2025)	12
Abb. 1.4	Der Stresskreislauf. (Eigene Darstellung, erstellt mit Canva. © Dr. med. Kristin Köhler, 2025)	16
Abb. 1.5	Übersicht der Konzepte zu Umweltstress. (Eigene Darstellung, erstellt mit Canva. © Dr. med. Kristin Köhler, 2025)	21
Abb. 1.6	Übersicht der Stresskonzepte (Eigene Darstellung, erstellt mit Canva. © Dr. med. Kristin Köhler, 2025)	22
Abb. 1.7	Stress-Toleranz-Fenster nach Daniel J. Siegel – mit Kipppunkten in Hyper- und Hypoarousal. (Eigene Darstellung nach Siegel, erstellt mit Canva. © Dr. med. Kristin Köhler, 2025)	32
Abb. 1.8	Der aktuelle Stand der neun Systeme und Prozesse mit planetaren Grenzen. Daten aus dem Planetary Health Check 2024. In dieser Darstellung repräsentiert die Länge der „Tortenstücke" den aktuellen Zustand in Bezug auf die planetare Grenze *(grüne Linie)* und die Hochrisikolinie *(orange Linie)*. Ein *weiches Auslaufen* der Länge deutet den Unsicherheitsbereich an. *Schraffierung* bedeutet, dass jenseits der planetaren Grenze keine quantitative Bestimmung des aktuellen Zustands möglich ist. Mit freundlicher Genehmigung des Potsdamer Institutes für Klimafolgenforschung. ▶ https://www.pik-potsdam.de/de/produkte/infothek/planetare-grenzen/bilder	36
Abb. 1.9	Zusammenhänge von Klimawandel und Gesundheit. Mit freundlicher Genehmigung von Health for Future (2025)	37
Abb. 2.1	Trennung von Mensch und Natur. (Eigene Darstellung in Anlehnung an Latour, 1993 und Merchant, 1980, erstellt mit Canva. © Dr. med. Kristin Köhler, 2025	57
Abb. 2.2	Entwicklung des ökosystemischen Gesundheitsverständnisses. (Eigene Darstellung, erstellt mit Canva. © Dr. med. Kristin Köhler, 2025)	60

Abb. 2.3	Entfaltung des ökologischen Selbst. (Mit freundlicher Genehmigung von F.T. Gottwald und A. Klepsch (1995))	63
Abb. 2.4 5	Handlungskorridore CO-BENEFITS. (Eigene Darstellung, erstellt mit Canva. © Dr. med. Kristin Köhler, 2025)	65
Abb. 2.5	Was die Biodiversität für uns tut. (Aus Eine-Welt-Presse 1/2024 „Schutz der Natur und Biodiversität", herausgegeben von der Deutschen Gesellschaft für die Vereinten Nationen e. V. [DGVN], ▶ www.dgvn.de/eine-welt-presse; Copyright: Cornelia Agel/DGVN. Mit freundlicher Genehmigung)	69
Abb. 2.6	Ökosalute Politik – Synergien zwischen Naturschutz und Gesundheit besser nutzen. (Aus SRU 2023, Abb. 9.1. Mit freundlicher Genehmigung)	75
Abb. 2.7	Schutz und Förderung von Biodiversität und Green Care. Mit freundlicher Genehmigung der WGBU.	76
Abb. 2.8	Fraktale. (Eigene Darstellung, erstellt mit Canva. © Dr. med. Kristin Köhler, 2025)	88
Abb. 2.9	ABC-Modell der Naturverbundenheit. (Eigene Darstellung, erstellt mit Canva. © Dr. med. Kristin Köhler, 2025)	92
Abb. 2.10	„17 Ziele für nachhaltige Entwicklung", herausgegeben von der Deutschen Gesellschaft für die Vereinten Nationen e. V. (DGVN). (Aus Eine-Welt-Presse 2/2022, ▶ www.dgvn.de/eine-welt-presse; Copyright: Cornelia Agel/DGVN)	96
Abb. 2.11	3 Dimensionen der Nachhaltigkeit, 3 Prinzipien der Nachhaltigkeit. (Eigene Darstellung, erstellt mit Canva. © Dr. med. Kristin Köhler, 2025)	97
Abb. 3.1	Nachhaltigkeitsprinzipien. (Eigene Darstellung, erstellt mit Canva. © Dr. med. Kristin Köhler, 2025)	116
Abb. 3.2	Handlungspyramide von nachhaltigen und naturbasierten Interventionen. (Eigene Darstellung, erstellt mit Canva. © Dr. med. Kristin Köhler, 2025)	119
Abb. 3.3	Trias naturbasierter Interventionen. (Eigene Darstellung, erstellt mit Canva. © Dr. med. Kristin Köhler, 2025)	121
Abb. 3.4	TIB-Wirklogik (Top-down, Integral & Bottom-up). *NNBI* naturbasierte und nachhaltige Interventionen. (Eigene Darstellung, erstellt mit Canva. © Dr. med. Kristin Köhler, 2025)	124
Abb. 3.5	Bottom-up-Wirkebene. (Eigene Darstellung, erstellt mit Canva. © Dr. med. Kristin Köhler, 2025)	125
Abb. 3.6	Top-down-Wirkebene. (Eigene Darstellung, erstellt mit Canva. © Dr. med. Kristin Köhler, 2025)	127
Abb. 3.7	Integrale Wirkebene. (Eigene Darstellung, erstellt mit Canva. © Dr. med. Kristin Köhler, 2025)	129
Abb. 3.8	Green Health. Ökosystemische Stresskompetenz. *NNBI* nachhaltige und naturbasierte Intervention (Eigene Darstellung, erstellt mit Canva. © Dr. med. Kristin Köhler, 2025)	133
Abb. 3.9	**a** Future-Skills-Kompetenzmatrix. (Eigene Darstellung, erstellt mit Canva. © Dr. med. Kristin Köhler, 2025)	136

Abbildungsverzeichnis

Abb. 3.9	**b** Überblick der Future-Skills-Kompetenzmatrix. (Eigene Darstellung, erstellt mit Canva. © Dr. med. Kristin Köhler, 2025)	137
Abb. 4.1	Beispiel Kiefer – Bottom-up. (Eigene Darstellung, erstellt mit Canva. © Dr. med. Kristin Köhler, 2025)	194
Abb. 4.2	Kiefer – Top-down-Beispiel. *NNBI* (Eigene Darstellung, erstellt mit Canva. © Dr. med. Kristin Köhler, 2025)	195
Abb. 4.3	Die 5 Sphären des regenerativen Wandels. (Eigene Darstellung, erstellt mit Canva. © Dr. med. Kristin Köhler, 2025)	200
Abb. 4.4	Ausrichtung der Achtsamkeit. (Eigene Darstellung, erstellt mit Canva. © Dr. med. Kristin Köhler, 2025)	207
Abb. 4.5	Kreuz der Achtsamkeit. (Eigene Darstellung, erstellt mit Canva. © Dr. med. Kristin Köhler, 2025)	208
Abb. 4.6	Achtsamkeit in der Bildung ABiK. (Fotograf: Christian Hüller)	210
Abb. 4.7	Eierschachtel Spiel EGGSAMPLE. (Eigene Darstellung, erstellt mit Canva. © Dr. med. Kristin Köhler, 2025)	227
Abb. 5.1	App Nature Notes. (Quelle: Miles Richardson. Mit freundlicher Genehmigung)	254
Abb. 5.2	Natureindrücke abfotografieren. (Quelle: Kristin Köhler, 2025)	255
Abb. 5.3	App NatureDose®. (Quelle: Jared Hanley, NatureQuant. Mit freundlicher Genehmigung)	256
Abb. 5.4	Exemplarisch: Meta-Quest-Technologie für virtuelle Naturerfahrungen. (Quelle: Kristin Köhler, 2025)	257
Abb. 5.5	Kö-Bogen II in Düsseldorf. (Quelle:© HGEsch Photography, ingenhoven associates. Mit freundlicher Genehmigung)	259
Abb. 5.6	Marina One in Singapur. (Quelle:© HGEsch Photography ingenhoven associates. Mit freundlicher Genehmigung)	259
Abb. 5.7	Gemeinschaftsgartenimpressionen. (Mit freundlicher Genehmigung von Bunte Gärten Leipzig e. V. [bunte gärten leipzig])	261
Abb. 5.8	Umweltbundesamt. (Quelle: Martin Stallmann/Umweltbundesamt. Mit freundlicher Genehmigung)	262
Abb. 5.9	Logo „resonate". (Quelle: Mit freundlicher Genehmigung)	265
Abb. 5.10	Logo „GreenME". (Quelle: Mit freundlicher Genehmigung)	266
Abb. 5.11	Logo „RECETAS". (Mit freundlicher Genehmigung)	266
Abb. 5.12	Logo „NATURELAB". (Quelle: Mit freundlicher Genehmigung)	266
Abb. 5.13	Ökosystemisches Gesundheitsmanifest. (Eigene Darstellung, erstellt mit Canva. © Dr. med. Kristin Köhler, 2025)	270

Tabellenverzeichnis

Tab. 1.1	Vergleich von Natur-, Umwelt-, Mitwelt- und Ökosystemkonzepten	8
Tab. 1.2	Vergleich der Stressreaktionen im Menschlichen und Planetaren Systemen	17
Tab. 1.3	Ressourcentypen in lebenden Systemen – Vergleich zwischen menschlichem und ökologischem System	19
Tab. 1.4	Stressmodelle im Vergleich	25
Tab. 1.5	Stressmanifestationen in verschiedenen Organsystemen des Menschen	33
Tab. 1.6	Parallelen zwischen psychischen und ökologischen Kipppunkten	34
Tab. 1.7	Stressmanifestationen in den Erdsystemen (Zusammengefasst nach Rockström et al., 2009a; Steffen et al., 2018)	38
Tab. 1.8	Analogie – Die Erde als Organismus. (Modifiziert nach Lovelock, 1979; Capra, 1996; Zedler & Kercher, 2005; Rahmstorf, 2006)	39
Tab. 2.1	*Beispiele indigener und regionaler Philosophien und Lebensweisen: Transformation von Werten und Lebensformen im Sinne der Nachhaltigkeit* [Infografik]. In: IPBES Values Assessment Report. Intergovernmental Science-Policy Platform on Biodiversity and Ecosystem Services. (Ergänzt auf Grundlage von IPBES, 2022. ▶ https://ipbes.net)	78
Tab. 3.1	NNBI-Abgrenzung zu verwandten Konzepten	118
Tab. 3.2	Übersicht Naturwirkungen	126
Tab. 3.3	Vergleich der 3 Wirkebenen von NNBI	131
Tab. 3.4	Erfahrungsachsen	135
Tab. 3.5	Future-Skills-Kompetenzmatrix für regenerative Gesundheitskompetenz	138
Tab. 3.6	Future-Skills-Kompetenzmatrix für Stressbelastungen im Berufsalltag	140
Tab. 3.7	Future-Skills-Kompetenzmatrix in Prävention, Therapie und Coaching	142
Tab. 3.8	Future-Skills-Kompetenzmatrix für Unternehmen und Organisationen	144
Tab. 4.1	Stressoren in Natur visualisieren, begreifen und bearbeiten	165
Tab. 4.2	EGGSAMPLE – Antreiber	167
Tab. 4.3	Beschriftung der Eierschachtel „Mentale Gesundheit/Nachhaltigkeit"	168
Tab. 4.4	Was ist wirklich wichtig?	169
Tab. 4.5	WALK your WAY in 3 steps (Vision, Purpose, Mission)	170
Tab. 4.6	Der Jahreskreis des Lebens	175
Tab. 4.7	Verschiedenen Variationen von Zeit – Überblick	176
Tab. 4.8	Im Fluss der Zeit	178
Tab. 4.9	Eisenhower-Prinzip (wichtig vs. dringend)	179
Tab. 4.10	Pareto-Prinzip (80/20-Regel)	181
Tab. 4.11	Loslassen (Suffizienz)	182

Tabellenverzeichnis

Tab. 4.12	Grenzen in der Natur – Überblick	184
Tab. 4.13	Territorium und Ressourcen – Grenzen setzen in der Natur	187
Tab. 4.14	Mein sicherer Ort in der Natur	190
Tab. 4.15	Susi Sonnenschein (People Pleaser)	191
Tab. 4.16	Überblick Entspannung	204
Tab. 4.17	Nicht-Bewerten (Non-Judging)	212
Tab. 4.18	Gelassenheit – Indifferenz – Geduld	213
Tab. 4.19	Kindliche Neugier (Beginner's Mind)	216
Tab. 4.20	Verbundenheit und Mitgefühl (Springbrunnenübung)	218
Tab. 4.21	Loslassen in der Natur – Überblick	219
Tab. 4.22	Loslassen (Dinge loslassen können)	220
Tab. 4.23	Desidentifikation (Fluss der Gedanken)	221
Tab. 4.24	Äußere Achtsamkeit (5 Sinne Achtsamkeit)	222
Tab. 4.25	Naturprinzipien für Resilienz	229
Tab. 4.26	Resilienzfaktoren in der Natur	230
Tab. 4.27	Ameisenhaufen – Kooperation	232
Tab. 4.28	Resilienz am Beispiel eines Baumes erlernen	233
Tab. 4.29	Überblick Interdependenz	235
Tab. 4.30	Interdependenz – Wechselseitige Abhängigkeit in der Natur	239
Tab. 4.31	Eingebundensein in ein lebendiges Netzwerk	240
Tab. 4.32	Der Atem des Baumes (Eingebundensein in Kreisläufe)	242
Tab. 4.33	Imaginationsreise Der Fluss des Lebens	243
Tab. 4.34	Teil der Natur sein – Überblick	244
Tab. 4.35	Ein Brief an die Natur (Naturverbundenheit)	245
Tab. 4.36	Waldsoziogramm (Lernen von der Natur)	246

Stress im System

Inhaltsverzeichnis

1.1 Stress als relationale Reaktion – ein systemisches Verständnis – 6
1.1.1 Natur, Umwelt, Mitwelt – Drei Perspektiven auf unsere planetare Beziehung – 7

1.2 Was ist ein System? – Grundlagen Systemisches Denkens – 11
1.2.1 Ordnung, Dynamik und Grenzen – 11
1.2.2 Systeme im Wechselspiel – Interdependenzen und Rückkopplung – 14

1.3 Stress in lebenden Systemen – Von innerer Balance und äußerer Belastung – 15
1.3.1 Strukturelle Parallelen zwischen Mensch und Natur – 17
1.3.2 Anpassung oder Zusammenbruch – Strategien lebender Systeme – 17
1.3.3 Ressourcenmanagement als Grundlage von Resilienz – 18
1.3.4 Der Mensch als Stressfaktor im Anthropozän – 18
1.3.5 Verantwortung und Handlungsspielraum – 20

1.4 Wie wir Stress verstehen – Modelle, Konzepte, Perspektiven – 21
1.4.1 Historische Entwicklung und Grundlagen – 24
1.4.2 Ressourcen- und Bewältigungsorientierte Modelle – 25

© Der/die Autor(en), exklusiv lizenziert an Springer-Verlag GmbH, DE, ein Teil von Springer Nature 2025
K. Köhler, *Future Skills: Nachhaltiges und naturbasiertes Ressourcen- und Stressmanagement*,
https://doi.org/10.1007/978-3-662-71605-2_1

1.5	Systemischer Stress im Anthropozän – 26
1.5.1	Was bedeutet Umweltstress – Symptome eines überforderten Planeten – 26
1.5.2	Drei prägende Perspektiven des Stressverständnisses – 26
1.5.3	Ökologischer Stress als Systemphänomen – 26
1.6	Die überforderte Gesellschaft – Stress als globale Gesundheitskrise – 28
1.6.1	Nationale Perspektive – 29
1.6.2	Globale Perspektive – 29
1.6.3	Klimastress und Psychologie – 30
1.6.4	Naturentfremdung und Stressverarbeitung – 30
1.6.5	Die Doppelspirale der Überlastung – 30
1.6.6	Das VUKA-Modell als Stressmatrix der Gegenwart – 31
1.6.7	Psychische und planetare Krisen – zwei Seiten derselben Medaille – 31
1.7	Wenn der Körper reagiert – Stress in physiologischer Dimension – 31
1.7.1	Das Stress-Toleranz-Fenster – 31
1.8	Stress – bis das System kippt – 33
1.8.1	Kipppunkte: Wenn Regulation versagt – 33
1.9	Wenn Systeme kollabieren – Kipppunkte der Erde – 35
1.9.1	Neun planetare Systeme im Belastungstest – 35
1.9.2	Klimastress als systemischer Kipppunkt – 37
1.10	Gaia als Abbildung eines belasteten Systems – 38
1.11	Beziehungskrise mit der Erde – Wenn Verbundenheit verloren geht – 39

1.11.1 Warum Wissen allein nicht reicht: Die „Dragons of Inaction" nach Gifford – 41
1.11.2 Entfremdung als systemische Beziehungskrise – 42

1.12 Von der Wachstumsillusion zur regenerativen Zukunft – 43

Key Learnings – 43

Toolkit I – Systemüberlastung erkennen – Resonanzräume öffnen – nachhaltige Selbstführung etablieren – 44

Literatur – 45

Trailer

Stress ist ein universelles biologisches und soziales Phänomen, das als Reaktion auf innere oder äußere Belastungen verstanden wird (Lazarus & Folkman, 1984). Dieses Kapitel stellt zentrale Mechanismen vor, wie Stress sowohl menschliche als auch ökologische Systeme beeinflusst – als Grundlage für nachhaltiges Ressourcenmanagement, das an systemischen Ursachen ansetzt.

Das erste Kapitel Stress im System fokussiert auf die allgegenwärtige Zunahme von Stressbelastungen in biologischen, sozialen und ökologischen Kontexten. Es vermittelt ein Verständnis dafür, wie Stress – als Antwort auf Stressoren – das Gleichgewicht menschlicher und planetarer Systeme zunehmend destabilisiert und sich auf verschiedenen Ebenen negativ auswirkt. Beim Menschen kann chronischer Stress zu erheblichen somatischen und psychischen Erkrankungen führen (IPBES, 2019; Steffen et al., 2018).

Darüber hinaus beleuchtet dieses Kapitel Synergieeffekte im Umgang mit Stress und Ressourcen, die zur Erhaltung und Wiederherstellung der Gesundheit von Mensch und Planet beitragen können. Es verfolgt einen interdependenten Ansatz, der die wechselseitige Beziehung zwischen menschlichem Wohlbefinden und ökologischer Stabilität betont (Whitmee et al., 2015).

❓ Einleitungsfragen

1. Was hat mein Stress mit der Klimakrise zu tun?
2. Welche Gemeinsamkeiten können zwischen menschlichen Stressreaktionen und Stressreaktionen ökologischer Systeme gezogen werden?
3. Welche Gemeinsamkeiten gibt es zwischen dem Burnout beim Menschen und der planetaren Klimakrise?

❗ Stress ist ein universelles Systemphänomen. Sowohl natürliche als auch menschliche Systeme verfügen über begrenzte Anpassungsfähigkeit. Wird die Belastungsgrenze dauerhaft überschritten, kommt es zu irreversiblen Funktionsverlusten – etwa in Form von Burnout beim Individuum oder des ökologischen Kippens globaler Systeme (Lenton, 2008; McEwen & Stellar, 1993).

▪ Wenn Systeme umschlagen – vom Golfstrom zur Burnout-Spirale

Denken Sie an das Eis am Nordpol: Es schmilzt schon seit vielen Jahren … Diese Entwicklung hat Auswirkungen auf die Atlantische Meridionale Umwälzströmung (AMOC), deren Destabilisierung in aktuellen Klimamodellen als möglicher Kipppunkt angesehen wird (IPCC, 2021; Caesar et al., 2018).[1] In den Sommermonaten leitet es große Mengen von Schmelzwasser in den Nordatlantik. Was dabei kaum bemerkt wird: Der Salzgehalt des Meerwassers nimmt stetig ab, wodurch die Dichte des Wassers sinkt. Diese auf den ersten Blick geringfügige

---

1 **AMOC als Kipppunkt:** Siehe z. B. *AR6 WG I, Chapter 9, S. 121 ff.* (Online).

Änderung hat weitreichende Konsequenzen: Sie verringert die Stärke dieses Wasserkreislaufsystems sukzessiv. Diese gigantische Meeresströmung treibt das globale Klimasystem maßgeblich an.

Wird dieser „Motor" aber allmählich zu schwach, droht ein Versiegen der Strömung mit dramatischen Folgen: Wenn die warme Strömung aus dem Süden nicht mehr vorhanden wäre, könnte Europa in eine neue Eiszeit eintreten.

Was wie Science-Fiction anmutet, wird in der Klimaforschung bereits ernsthaft diskutiert. AMOC gehört zu den Kipppunkt-Systemen: Es kann viel ertragen, aber wenn eine bestimmte Schwelle überschritten wird, gibt es kein Zurück mehr. Es kollabiert.

Chronischer Stress im menschlichen System verhält sich ähnlich. Auch hier wirken über längere Zeit kleine, oft nicht ernst genommene Stressoren auf unsere Funktionskreisläufe ein: Arbeitsverdichtungen, zunehmende soziale Spannungen, emotionale Überforderung durch Multitasking und fehlende Regeneration. Zunächst gleichen wir aus – so wie die Strömung weiterhin noch umwälzt, aber mit schwächerer Kraft. Und irgendwann kommt der Moment, an dem die kompensierende Kraft aufgebraucht ist. Die Konsequenz: psychische Erschöpfung, Burnout, Depression – ein Kollaps des seelischen Gleichgewichts.

Das menschliche Energiesystem funktioniert genau so.

Es ist nicht nur ein einziger Konflikt, der uns aus dem Gleichgewicht bringt. Es sind die zahlreichen kleinen, unauffälligen zunehmenden ToDos, die uns Tag für Tag zusetzen: die E-Mails am späten Abend, die kritischen Blicke im Teammeeting und das Gefühl, nicht zu genügen. Die Aufgaben, die zunehmen, und der Schlaf, der keinen Erholungseffekt hat. Die Aufgaben häufen sich, der Atem wird flacher – und es fällt kaum auf, weil man ja immer noch weiter läuft.

Ein Beispiel: Nina Bergmann hetzt. Zwischen der Kita und dem Konferenzraum, zwischen Care-Arbeit und der Freigabe von Terminen im Kalender. Sie ist engagiert, empathisch und kompetent – und müde. Ihre Tage sind geprägt von Anforderungen: beruflich sichtbar sein, privat verfügbar, nach außen hin souverän, leistungsstark. Ihre Pausen? Sie werden optimiert. Ihr Gefühlsleben? In Funktion gesetzt. Sie denkt immer wieder: „Wenn ich noch ein wenig durchhalte, wird es besser." Aber das „besser" erfolgt nicht. Vielmehr fließt die Energie aus ihrem Körper ab wie Süßwasser in den Ozean. Ihre Balance wird gefährdet. Als sie eines Morgens nicht mehr aufstehen kann, ist das keine Überraschung, sondern die logische Konsequenz einer langen Selbstvergessenheit.

Wie der Golfstrom das Klima beeinflusst, so ist die Selbstregulation für unser Inneres: ein unsichtbarer, stabilisierender Rhythmus. Wenn er ins Wanken gerät, sind die ersten Anzeichen kein großes Drama, sondern ein leises Verschwinden: der Appetit, der schwindet. Die Freude, die nicht eintritt. Das Lächeln, das sich als anstrengend erweist.

Ein Burnout ist nicht mit einem plötzlichen Zusammenbruch zu verwechseln. Es handelt sich um einen schleichenden Verlust an Vitalität.

Stress im System – Wenn Mensch und Erde aus der Balance geraten

- Stress im Anthropozän – 6 wissenschaftlich fundierte Kernaussagen

Die globale Prävalenz von Stress ist hoch und weiter steigend. Über 70 % der Erwachsenen weltweit berichten regelmäßig über Stresssymptome. In Europa zählt psychischer Stress zu den häufigsten Ursachen für Arbeitsunfähigkeit (World Health Organization, 2022a, b ,[2] 2023).

Sechs der neun planetaren Belastungsgrenzen sind bereits überschritten. Die Stabilität des Erdsystems ist gefährdet. Überschreitungen betreffen unter anderem das Klima, die Biodiversität, Stickstoffkreisläufe und Landnutzung (Richardson et al., 2023).

Ein Mangel an Naturkontakt wirkt sich negativ auf die physiologische Stressregulation aus. Menschen in naturarmen Lebensumfeldern zeigen erhöhte Cortisolwerte, eingeschränkte kognitive Flexibilität und eine höhere Prävalenz stressbedingter Erkrankungen (Kaplan & Berman, 2010).

Naturverbundenheit ist positiv mit psychischer Resilienz assoziiert. Empirische Studien zeigen signifikante Zusammenhänge mit Affektregulation, Lebenszufriedenheit, Prosozialität und Stressresistenz (Mayer & Frantz, 2004).

Prävention ist unterfinanziert – trotz hoher Wirksamkeit. Trotz der hohen Wirksamkeit präventiver Maßnahmen fließt weltweit nur ein Bruchteil der Gesundheitsausgaben in Prävention und Gesundheitsförderung. Dies steht im Widerspruch zur zunehmenden Krankheitslast durch verhaltens- und umweltbedingte chronische Erkrankungen (The Lancet Commission, 2022).

Regeneration gilt als zentrale Zukunftskompetenz des 21. Jahrhunderts. In ökologischen wie neurobiologischen Kontexten gilt Adaptation und Regeneration als systemisch eingebettete Selbstregulationsleistung (McEwen, 2007). Institutionen wie OECD, UNESCO und das World Economic Forum betonen Self-Regulation, Ecological Literacy und Well-being Literacy als Schlüsselkompetenzen (OECD, 2022). In ökologischen wie neurobiologischen Kontexten gilt Regeneration als systemisch eingebettete Selbstregulationsleistung (McEwen, 2007).

1.1 Stress als relationale Reaktion – ein systemisches Verständnis

» *„Die Natur ist kein Gegenstand, sondern ein Kollektiv, in dem wir selbst Mitglieder sind."* – Bruno Latour (1995, 2004).

Diese Aussage von Bruno Latour, einem der einflussreichsten Philosophen und Pioniere der Wissenschaftssoziologie, eröffnet eine tiefgreifende Perspektive auf die grundlegende Verbundenheit des Menschen mit seiner natürlichen Mit-

---

[2] Mental health at work. WHO 2022 ▶ https://www.who.int/news-room/fact-sheets/detail/mental-health-at-work

welt. Latour zufolge sind wir nicht nur Bewohner der Erde – wir sind Teil eines komplexen Netzwerks wechselseitiger Beziehungen, das unsere Existenz überhaupt erst ermöglicht und gleichzeitig formt (Latour, 2017).

Natur ist demnach nicht bloß die grüne Kulisse unseres Lebens, sondern die lebendige Grundlage von Gesundheit, Stabilität und Sinn. Diese systemische Eingebundenheit zeigt sich in grundlegenden biologischen Prozessen wie Atmung, Ernährung und Immunregulation. Gerät das ökologische Gefüge aus dem Gleichgewicht, sind auch menschliche Gesundheit und Resilienz gefährdet. Die Einsicht ist ebenso simpel wie bedeutsam: **Ohne Bäume kein Sauerstoff. Ohne intakte Ökosysteme keine intakte menschliche Gesundheit.**

Der Wissenschaftliche Beirat der Bundesregierung Globale Umweltveränderungen (WBGU) formulierte 2023 in seinem Gutachten Gesund leben auf einer gesunden Erde[3] ein Gesundheitsverständnis, das diese wechselseitige Beziehung ausdrücklich berücksichtigt. Gesundheit wird darin nicht länger als rein individuelles Gut betrachtet, sondern als integrales Zusammenspiel von sozialer, ökologischer und planetarer Stabilität (WBGU, 2023).

> **Mitwelt**
>
> Der Begriff Mitwelt bezeichnet die lebendige, wechselseitige Bezogenheit des Menschen zu anderen Lebewesen und seiner natürlichen Umgebung. Anders als der Begriff Umwelt, der häufig ein außenstehendes, passives Gegenüber suggeriert, betont Mitwelt die Eingebundenheit des Menschen in ein soziales, biologisches und ökologisches Beziehungsgeflecht (von Uexküll, 2010; Heidegger, 2006).
> Bereits der Biologe Jakob von Uexküll (2010) beschrieb in seiner Umweltlehre, dass jedes Lebewesen über eine subjektive, erfahrbare – eine sogenannte *Umwelt* – verfügt. Martin Heidegger (2006) differenzierte später zwischen *Umwelt* (physisch), *Mitwelt* (sozial) und *Selbstwelt* (innerlich-existenziell). In der aktuellen ökologischen Debatte gewinnt der Begriff *Mitwelt* zunehmend an Bedeutung, weil er deutlich macht, dass ökologische Krisen nicht nur Umweltfragen sind – sondern Beziehungskrisen zwischen Mensch und Erde (Gebhard, 2013; Koger & Winter, 2010; Giersch, 2020).

1.1.1 Natur, Umwelt, Mitwelt – Drei Perspektiven auf unsere planetare Beziehung

Das Verhältnis des Menschen zur ihn umgebenden Welt ist tief geprägt von seinem Weltbild – sei es als Beobachter:in, Nutzer:in oder als eingebundenes Mitwesen. In wissenschaftlichen und philosophischen Diskursen haben sich drei zentrale Konzepte etabliert, die unterschiedliche Formen dieser Beziehung be-

---

3 Gesund leben auf einer gesunden Erde. WGBU Gutachten ▶ https://www.wbgu.de/fileadmin/user_upload/wbgu/publikationen/hauptgutachten/hg2023/pdf/wbgu_hg2023.pdf

■ **Tab. 1.1** Vergleich von Natur-, Umwelt-, Mitwelt- und Ökosystemkonzepten. (Nach Merchant, Bronfenbrenner, Odum, Capra, Haraway, Whyte, Rockström et al., Wilson, Macy & Johnstone, Meadows)

Kriterium	Natur	Umwelt	Mitwelt	Ökosystem
Begriffskern	Das Ursprüngliche, Nicht-Menschengemachte (Merchant, 1980)	Externe Bedingungen, die auf ein Lebewesen einwirken (Bronfenbrenner, 1979)	Gegenseitige Bezogenheit zwischen Mensch, Natur, Tier und Pflanze (Naess, 1973; Plumwood, 1993)	Dynamisches Zusammenspiel biotischer und abiotischer Komponenten (Odum, 1971; Capra, 1996)
Beziehungsform zum Menschen	Mensch als externer Beobachter oder Beherrscher (Descartes, 1637)	Umwelt als politisches Konstrukt, das Mensch und Nichtmensch künstlich trennt (Latour, 2004)	Mensch als Beziehungswesen im Netzwerk des Lebens (Kimmerer, 2013)	Mensch als Akteur in adaptiven Rückkopplungssystemen (Folke et al., 2006; Meadows, 2008)
Inhalte/ Elemente	Tiere, Pflanzen, Landschaften, „Wildnis" (Wilson, 1984)	Soziotechnische und natürliche Lebensbedingungen (Rockström et al., 2009)	Andere Lebewesen als Mitwesen, Verbundenheit und Verantwortung (Haraway, 2016)	Stoffkreisläufe, Biodiversität, Energieflüsse, funktionale Beziehungen (IPBES, 2019; Capra, 1996)
Disziplinäre Verankerung	Naturphilosophie, Biologie, Ökologie	Umweltpsychologie, Umweltpolitik, Systemtheorie	Tiefenökologie, ökologische Anthropologie, indigene Epistemologien (Whyte, 2018)	Systemökologie, Planetary Health, Resilienz- und Klimafolgenforschung (Holling, 1973; Steffen et al., 2015)
Anthropologische Haltung	Distanzierte Betrachtung, Romantisierung (Thoreau, 1854)	Technisch-funktionaler Zugang, Kontrollorientierung (Hardin, 1968)	Relationalität, Empathie, Koexistenz (Macy & Johnstone, 2012)	Interdependenz, systemisches Eingebundensein und Co-Evolution (Capra, 2002; Meadows, 2008)

schreiben: Natur, Umwelt und Mitwelt, die in der ■ Tab. 1.1 als Grundlage dargestellt werden (■ Abb. 1.1).

In Anbetracht der zunehmenden Destabilisierung unserer planetaren Lebensgrundlagen sowie der wachsenden Belastungen für die psychische Gesundheit wird eine Erweiterung unseres Gesundheitsverständnisses unumgänglich.

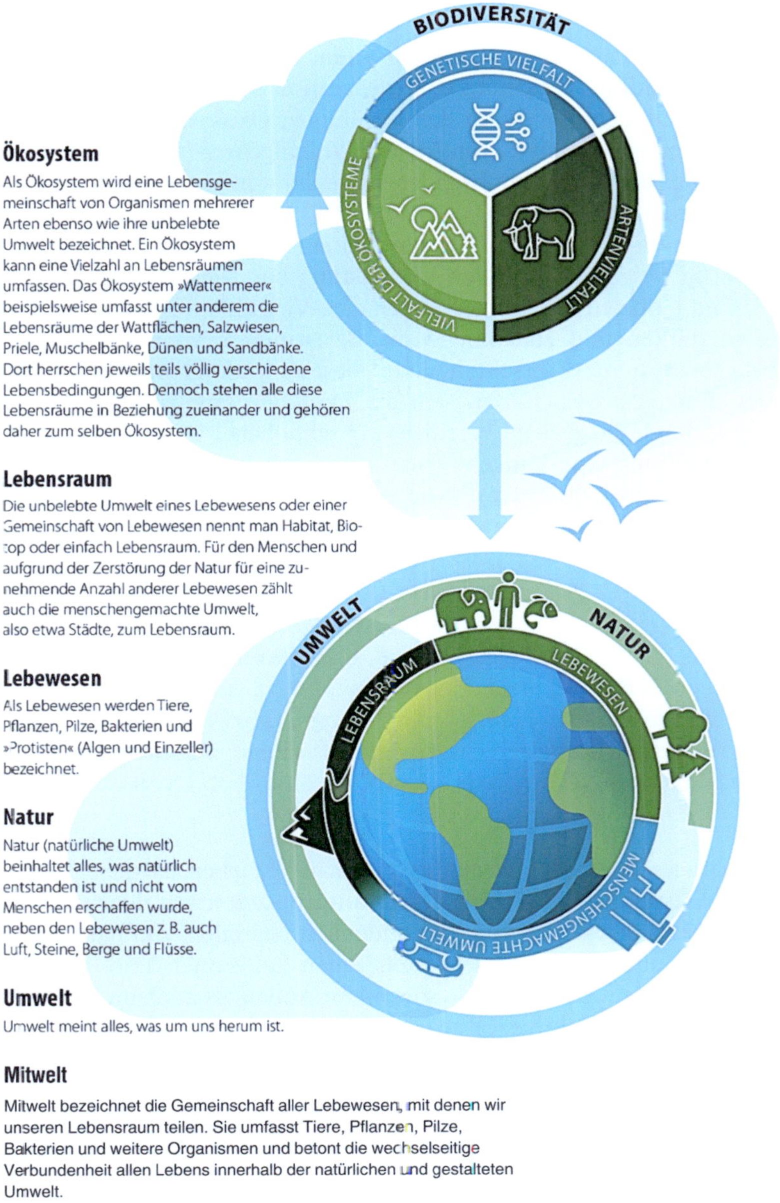

1.1 · Stress als relationale Reaktion – ein systemisches Verständnis

Ökosystem

Als Ökosystem wird eine Lebensgemeinschaft von Organismen mehrerer Arten ebenso wie ihre unbelebte Umwelt bezeichnet. Ein Ökosystem kann eine Vielzahl an Lebensräumen umfassen. Das Ökosystem »Wattenmeer« beispielsweise umfasst unter anderem die Lebensräume der Wattflächen, Salzwiesen, Priele, Muschelbänke, Dünen und Sandbänke. Dort herrschen jeweils teils völlig verschiedene Lebensbedingungen. Dennoch stehen alle diese Lebensräume in Beziehung zueinander und gehören daher zum selben Ökosystem.

Lebensraum

Die unbelebte Umwelt eines Lebewesens oder einer Gemeinschaft von Lebewesen nennt man Habitat, Biotop oder einfach Lebensraum. Für den Menschen und aufgrund der Zerstörung der Natur für eine zunehmende Anzahl anderer Lebewesen zählt auch die menschengemachte Umwelt, also etwa Städte, zum Lebensraum.

Lebewesen

Als Lebewesen werden Tiere, Pflanzen, Pilze, Bakterien und »Protisten« (Algen und Einzeller) bezeichnet.

Natur

Natur (natürliche Umwelt) beinhaltet alles, was natürlich entstanden ist und nicht vom Menschen erschaffen wurde, neben den Lebewesen z. B. auch Luft, Steine, Berge und Flüsse.

Umwelt

Umwelt meint alles, was um uns herum ist.

Mitwelt

Mitwelt bezeichnet die Gemeinschaft aller Lebewesen, mit denen wir unseren Lebensraum teilen. Sie umfasst Tiere, Pflanzen, Pilze, Bakterien und weitere Organismen und betont die wechselseitige Verbundenheit allen Lebens innerhalb der natürlichen und gestalteten Umwelt.

◘ **Abb. 1.1** (Quelle: aus Eine-Welt-Presse 1/2024 „Schutz der Natur und Biodiversität", herausgegeben von der Deutschen Gesellschaft für die Vereinten Nationen e. V. (DGVN), ▶ www.dgvn.de/eine-welt-presse; Copyright: Cornelia Agel/DGVN. Mit freundlicher Genehmigung)

Es gilt, das mechanistische Gesundheitsdenken, das komplexe Zusammenhänge in einzelne Einheiten (z. B. Silos, Organe, Fachdisziplinen) zerlegt, durch eine organische, interdependente und transdisziplinäre ökosystemische Perspektive zu bereichern.

Die Natur dient hierbei als Vorbild: In kaum einem anderen System ist die Fähigkeit zur Adapation, Kooperation, Regeneration und Co-Evolution in solch reichhaltiger Vielfalt sichtbar wie in den unzähligen Ökosystemen der Erde. Sie fungieren als lebendige Archive evolutionärer Intelligenz – reich an Antworten auf Fragen, die uns angesichts wachsender Stressphänomene in Mensch und Mitwelt drängender denn je erscheinen.

Aber der Mensch ist nicht nur Bestandteil sozialökologischer Systeme – er trägt gegenwärtig wesentlich zu deren Überlastung bei. Menschliche Aktivitäten (überwiegend im globalen Norden) erzeugen eine Vielzahl an Stressoren, die sich gegenseitig verstärken und zunehmend die Belastungsgrenzen natürlicher und gesellschaftlicher Systeme überschreiten. In dieser Dynamik liegt ein kritischer Wendepunkt: Entweder verschärfen sich die Destabilisierungsprozesse weiter – oder es gelingt, durch die gezielte Verringerung schädlicher Einflüsse und eine regenerative Ausrichtung eine Umkehr einzuleiten. Die kommenden Jahre stellen hierbei ein historisches Zeitfenster dar, in dem über die Richtung und Tragweite dieser Entwicklung entschieden wird (◘ Abb. 1.2).

> **Regeneration**
> Regeneration ist die Fähigkeit eines Systems, nach Belastung, Störung oder Erschöpfung in einen funktionalen und gesundheitsförderlichen Zustand zurückzukehren. Sie bedeutet nicht nur die Wiederherstellung eines früheren Gleichgewichts, sondern beinhaltet auch Erneuerung und Transformation.[5] Diese Eigenschaft ist entscheidend für die Zukunftsfähigkeit sozialer und ökologischer Systeme.

Ein nachhaltiges oder gar regeneratives Zusammenleben ist dabei nur möglich, wenn wir Gesundheit nicht länger rein anthropozentrisch denken, sondern als Ausdruck einer ökosystemischen Verbundenheit begreifen. Ein naturbasierter, ganzheitlicher Gesundheitsansatz lehrt uns einen achtsamen und beziehungsorientierten Umgang mit Ressourcen – sowohl im Außen als auch im Innen.

Diese erweiterte Perspektive öffnet den Blick auf eine klimagerechte Zukunft, die sowohl dem Menschen als auch der Natur gerecht wird. Sie strebt ein neues Gleichgewicht an – zwischen menschlichem Wohlergehen und der Integrität unserer ökologischen Mitwelt (◘ Abb. 1.3).

---

5 White paper of Regenerative Capitalism 2015 ► https://capitalinstitute.org/wp-content/uploads/2015/04/2015-Regenerative-Capitalism-4-20-15-final.pdf

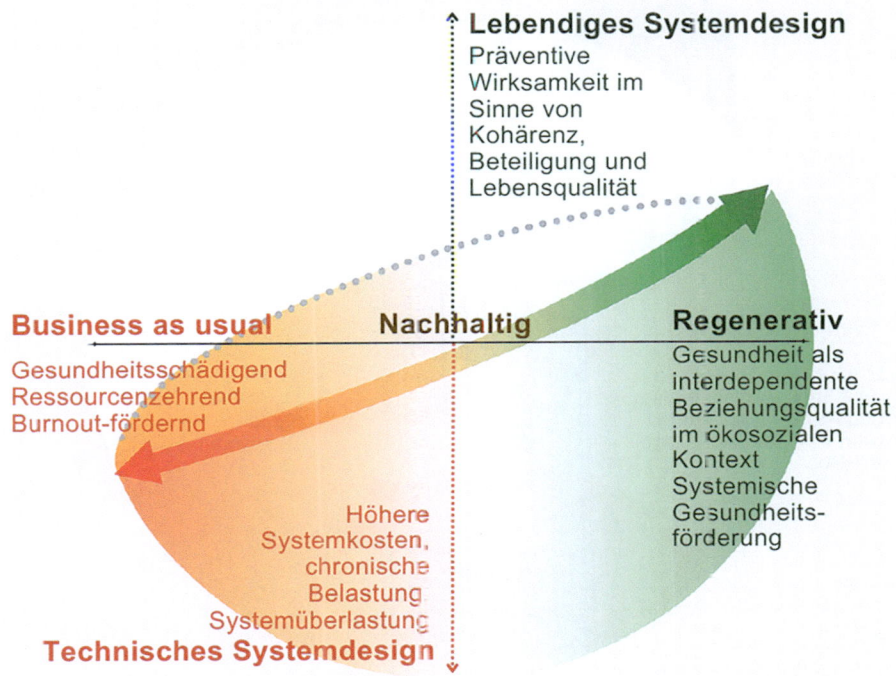

● Abb. 1.2 Nachhaltigkeit weiter denken. (Eigene Darstellung, erstellt mit Canva. © Dr. med. Kristin Köhler, 2025)

1.2 Was ist ein System? – Grundlagen Systemisches Denkens

> **Reflektionsfrage**
> Wo bin ich in meinem Alltags-, Familien- oder Arbeitsleben Teil eines überlastenden Systems, das seine Grenzen überschreitet?

1.2.1 Ordnung, Dynamik und Grenzen

Ein System ist mehr als die Summe seiner Teile (Aristoteles). Es besteht aus einer organisierten Gruppe von Elementen, die miteinander in Beziehung stehen und gemeinsam eine funktionale Einheit bilden. Systeme zeichnen sich durch Ver-

Stressspiralen beim Menschen und Planeten
Mißregulation von inneren und äußeren Ressourcen

- Multiple Belastungenen
- Zunehmede Beschleunigung und Arbeitsverdichtung
- Komplexitätssteigerung
- VUKA

- Ausbeutung von Ressourcen
- Umweltverschmutzung
- Habitats- und Biodiversitätsverlust

- Metakrise von Mensch und Planeten

Abb. 1.3 Stressspiralen[4] beim Menschen und Planeten. *VUKA: V = Volatilität (Schnelle, unvorhersehbare Veränderungen, Instabilität) U = Unsicherheit (Mangel an Vorhersagbarkeit, Unklarheit über Entwicklungen) K = Komplexität (Vielschichtige Zusammenhänge, schwer durchschaubare Wechselwirkungen) A = Ambiguität (Mehrdeutigkeit, unterschiedliche Interpretationen möglich, keine eindeutigen Antworten)* (Eigene Darstellung, erstellt mit Canva. © Dr. med. Kristin Köhler, 2025)

netzung, Austauschprozesse und Selbstorganisation aus – Eigenschaften, die ihnen Dynamik und Anpassungsfähigkeit verleihen (Bertalanffy, 1968).

Während klassische mechanistische Modelle Systeme als linear-kausale Abfolgen von Ursache und Wirkung betrachteten, erkannte Bertalanffy (1968) früh, dass lebendige Systeme nichtlinear, komplex und selbstorganisierend sind.

Fritjof Capra (1996, 2002) betont, dass es nicht die Einzelteile, sondern deren Beziehungen sind, die ein System definieren. Diese bilden Netzwerke von Interdependenz, durch die Energie, Information und Materie zirkulieren – ganz gleich,

---

4   VUKA (Vertiefung in Abschn. 1.6.6) steht für:
1. **Volatilität** – Schwankungen, Instabilität, schnelle Veränderungen (z. B. Märkte, Technologien, Gesellschaft).
2. **Unsicherheit** – Fehlende Vorhersehbarkeit, mangelnde Klarheit über zukünftige Entwicklungen.
3. **Komplexität** – Vielschichtige, miteinander verflochtene Faktoren ohne einfache Ursache-Wirkung-Beziehungen.
4. **Ambiguität** – Mehrdeutigkeit, Situationen mit widersprüchlichen Informationen oder Interpretationen.

ob es sich um ein neuronales Netzwerk, ein Waldökosystem oder den globalen Kohlenstoffkreislauf handelt.

Systemdenken

Systemdenken ist ein integrativer Denkansatz, der komplexe Systeme ganzheitlich betrachtet – mit besonderem Fokus auf Rückkopplungsschleifen, Verzögerungseffekte und nichtlineare Dynamiken. Anstatt einzelne Elemente isoliert zu betrachten, analysiert er Muster, Strukturen und Beziehungsgefüge (Meadows, 2008; Sterman, 2000).

Konzepte systemischen Denkens sind:
- **Feedbackschleifen:**
  Rückkopplungen können stabilisierend (negativ) oder destabilisierend (positiv) wirken.
- **Verzögerungen:**
  Zwischen Ursache und Wirkung besteht häufig ein zeitlicher Abstand.
- **Emergenz:**
  Eigenschaften entstehen auf Systemebene durch das Zusammenspiel einzelner Elemente.
- **Systemarchetypen:**
  Typische, wiederkehrende Strukturen in Systemdynamiken, die charakteristische Verläufe erzeugen.

Grundprinzipien systemischer Strukturen sind:
- **Ganzheitlichkeit:**
  Ein System weist Eigenschaften auf, die nicht aus der Summe seiner Teile ableitbar sind.
- **Interdependenz:**
  Systemelemente stehen in wechselseitiger Beziehung zueinander.
- **Rückkopplung:**
  Systeme regulieren ihr Verhalten durch zyklische Informationsflüsse.
- **Nichtlinearität:**
  Systemreaktionen verlaufen disproportional zur Stärke der Einwirkung.
- **Netzwerkstruktur:**
  Funktionalität ergibt sich aus der Konnektivität und Struktur der Beziehungen zwischen den Elementen.

Gesundheit ist das Ergebnis vernetzter Systeme – von Rückkopplung, Dynamik und Adaptivität.

Essenzielle systemische Prinzipien sind:
- **Ganzheitlichkeit:** Ein System ist mehr als die Summe seiner Teile.
- **Interdependenz:** Elemente stehen in wechselseitiger Beziehung.
- **Rückkopplung:** Systeme regulieren sich durch Schleifen (Feedback).
- **Nichtlinearität:** Kleine Veränderungen können große Effekte haben.

— **Netzwerkstruktur:** Stabilität entsteht aus Beziehungen, nicht aus Einzelkomponenten.

Diese Prinzipien sind die Basis für das "System Thinking", das vor allem in der Gesundheits- und Umweltforschung eine Rolle spielt (Meadows, 2008).

1.2.2 Systeme im Wechselspiel – Interdependenzen und Rückkopplung

a) **Erdsystem als globales Netzwerk**
Lebendige Systeme sind nie isoliert – sie stehen in einem ständigen Austausch mit ihrer Mitwelt. Ob im menschlichen Organismus, in einem Waldökosystem oder im globalen Klimasystem: Es sind Rückkopplungsschleifen und dynamische Wechselwirkungen, die ihre Stabilität und Anpassungsfähigkeit prägen.

Beispielhafte Rückkopplung im Erdsystem:
Destabilisierend: Eisschmelze → Albedo[6] nimmt ab → Erwärmung beschleunigt sich.
Stabilisierend: Böden binden CO_2 → Klima wird reguliert → nachhaltige Landwirtschaft wird gefördert.

b) **Ökosysteme als dynamische Netzwerke**
Ökosysteme bestehen aus Gemeinschaften von Organismen und ihrer Mitwelt, die durch Kooperation, Stoffkreisläufe und evolutionäre Anpassung miteinander verflochten sind. Laut Capra (1996) sind sie keine statischen Gebilde, sondern Netzwerke des Lebens, die sich durch ihre Beziehungsdichte definieren.

Beispielhafte Interdependenzen:
— **Mykorrhiza-Netzwerke** (wood wide web) verbinden Pflanzen und Pilze und ermöglichen Nährstoffaustausch (Simard et al., 1997).
— **Biodiversität** erhöht die Resilienz – je vielfältiger ein Ökosystem, desto stabiler seine Reaktion auf Stressoren (IPBES, 2019).

c) **Körpersysteme als dynamische Netzwerke**
Auch der menschliche Körper ist ein hochkomplexes Netzwerk interagierender Subsysteme: z. B. Nervensystem, endokrines System, Immunsystem, Kreislauf und Mikrobiom stehen in ständiger Kommunikation – über neuronale,

---

6   Albedo ist der quantitative Maßstab für die Rückstrahlfähigkeit der Erdoberfläche. Wenn sie abnimmt, absorbiert die Erde mehr Sonnenenergie, was den globalen Erwärmungsprozess selbstverstärkend beschleunigt – ein klassischer positiver Rückkopplungseffekt im Klimasystem. Eis und Schnee haben eine hohe Albedo (viel Reflexion, wenig Absorption). Wasser oder dunkler Boden haben eine niedrige Albedo (wenig Reflexion, viel Absorption).

hormonelle und zelluläre Signalwege. Diese Rückkopplungsschleifen ermöglichen es, auf interne und externe Veränderungen adaptiv zu reagieren. Gesundheit wird heute nicht mehr als starrer Gleichgewichtszustand verstanden, sondern als *dynamische Regulation* im Sinne von **Allostase** – der Fähigkeit, Stabilität durch Veränderung zu sichern (McEwen & Stellar, 1993; McEwen, 2007).

> *Gesundheit ist kein Zustand – sie ist ein dynamisches Gleichgewicht eingebunden in ein lebendiges Netzwerk.*

Beispielhafte Rückkopplungen im Körpersystem:
- Der **Vagusnerv** reguliert autonom Herzfrequenz und Entzündungsreaktionen.
- Das **Mikrobiom** beeinflusst Verdauung, Immunabwehr und sogar neurokognitive Prozesse.
- **Chronischer Stress** verändert die hormonelle Achse (HPA-Achse) und das neuronale Stressnetzwerk – mit Auswirkungen auf nahezu alle Körpersysteme (Sapolsky, 2004).

Allostase versus Homöostase

Die klassische *Homöostase* (Cannon, 1932) beschreibt die Aufrechterhaltung eines inneren Gleichgewichts – etwa bei Blutdruck, Temperatur oder Blutzucker – durch das Zusammenspiel körpereigener Regulationssysteme. Heute gilt dieses Modell als erweitert: Die moderne Stress- und Gesundheitsforschung spricht von *Allostase* – der Fähigkeit biologischer Systeme, Stabilität durch Veränderung zu sichern (McEwen & Stellar, 1993). Allostase umfasst komplexe Anpassungsprozesse an psychische, soziale und ökologische Stressoren. Dabei steht nicht das starre Gleichgewicht im Fokus, sondern dynamische Flexibilität.
Ein zentrales Konzept im Kontext Stress ist die *allostatische Last:* Chronisch überforderte Anpassungssysteme erhöhen das Risiko für Erkrankungen.
Fazit:
- Homöostase = statisches Gleichgewicht
- Allostase = dynamische Resilienz

- **Rückkopplung zwischen Mensch und Planet**

Die Grenzen zwischen biologischen und ökologischen Systemen sind fließend. Mensch und Mitwelt stehen in einem dynamischen Beziehungsgeflecht, in dem Stress, Resilienz und Regeneration wechselseitig bedingt sind.

1.3 Stress in lebenden Systemen – Von innerer Balance und äußerer Belastung

▶ Mikroübung
Nimm dir jetzt einen Moment Zeit und lenke deine Aufmerksamkeit vom Außen ins Innen.
Frage dich: Wie und wo spüre ich Stress in meinem System?
- Im Körper: als Anspannung, Müdigkeit, körperliche Symptome?

- Im Denken: als Druck, Getriebenheit, Unruhe?
- Im Handeln: als Überanpassung, Beschleunigung, Reizbarkeit, Erschöpfung?
- In Beziehungen: Rückzug, Reibung, Gleichgültigkeit?

(Siehe ◘ Abb. 1.4).

Stress kann als grundlegendes Reaktionsprinzip lebender Systeme verstanden werden. Er beschreibt Prozesse, die als Antwort auf äußere oder innere Reize aktiviert werden, wenn das bestehende Gleichgewicht gestört ist und Anpassung erforderlich wird. Solche Reaktionen lassen sich auf verschiedenen Ebenen beobachten – von der Zelle über den Gesamtorganismus bis hin zu komplexen Ökosystemen. Wird die Fähigkeit zur Regulation dauerhaft überfordert, kann dies zu einem Zustand funktionaler Instabilität führen. In vielen Systemen zeigen

◘ **Abb. 1.4** Der Stresskreislauf. (Eigene Darstellung, erstellt mit Canva. © Dr. med. Kristin Köhler, 2025)

sich dabei vergleichbare Muster: Zunächst wird die Störung kompensiert, dann kommt es zur Überlastung und schließlich zu tiefgreifenden strukturellen Veränderungen (McEwen, 1998; Odum, 1985; Capra & Luisi, 2014).

> *Stress ist keine Schwäche – er ist eine Form von Beziehungskommunikation.*

1.3.1 Strukturelle Parallelen zwischen Mensch und Natur

Auch wenn sich der Kontext unterscheidet, bestehen deutliche strukturelle Ähnlichkeiten in den Reaktionsmustern beider Systeme. Die folgende Vergleichstabelle verdeutlicht die parallelen Stressreaktionen psychologischer und ökologischer Systeme (◘ Tab. 1.2).

1.3.2 Anpassung oder Zusammenbruch – Strategien lebender Systeme

Die Fähigkeit zur Anpassung entscheidet in lebenden Systemen über Stabilität oder Dysregulation. In psychologischen wie ökologischen Kontexten zeigt sich: Erfolgreiche Stressbewältigung setzt eine effiziente und regenerative Nutzung verfügbarer Ressourcen voraus.

Individuen greifen auf Copingstrategien zurück, um emotionale, mentale und körperliche Belastungen auszugleichen. Dazu zählen etwa Zeitmanagement, soziale Unterstützung oder achtsamkeitsbasierte Regulationsmechanismen (Lazarus & Folkman, 1984). Langfristig erhöht dies die individuelle Resilienz.

◘ Tab. 1.2 Vergleich der Stressreaktionen im Menschlichen und Planetaren Systemen

Aspekt	Menschliches System (Psychologie)	Planetarisches System (Ökologie)	Gemeinsamkeit
Reaktion auf Belastung	Individuen reagieren auf wahrgenommene Bedrohungen (Lazarus & Folkman, 1984)	Ökosysteme reagieren auf Umweltveränderungen (Paine, 1966; Mooney & Canadell, 2000)	Stress ist Reaktion auf externe Anforderungen, die die Stabilität gefährden
Störung des Gleichgewichts	Überforderung bringt physiologische und emotionale Systeme aus der Balance (Selye, 1974)	Umweltstress stört Struktur und Funktion von Ökosystemen (Holling, 1973)	Gleichgewichtsverlust als zentrales Stressmerkmal
Anpassungsbedarf	Individuelle Copingstrategien zur Stabilisierung erforderlich	Ökologische Anpassung durch Resilienzprozesse oder Systemveränderung	Anpassung als zentrale Antwortstrategie
Langzeitfolgen	Chronischer Stress begünstigt Erkrankungen (Sapolsky, 2004)	Dauerstress verringert Biodiversität und destabilisiert Ökosysteme	Langfristige Dysregulation und Funktionseinbußen

Ökosysteme wiederum passen sich durch natürliche Resilienzprozesse an: Artenmigration, Biodiversitätsausgleich oder Veränderungen der trophischen Netzwerke sichern ihre Funktionalität. Menschliche Maßnahmen wie Renaturierung oder Habitatwiederherstellung können zusätzlich die Anpassungsfähigkeit fördern (Walker & Salt, 2006).

1.3.3 Ressourcenmanagement als Grundlage von Resilienz

Ressourcen bilden die Grundlage zur Aufrechterhaltung der Funktionsfähigkeit von Individuen wie auch von Ökosystemen. Sie umfassen physische, psychische, soziale und ökologische Komponenten, deren nachhaltige Nutzung entscheidend für langfristige Stabilität ist. Nachhaltige Ressourcennutzung orientiert sich an den Prinzipien ökologischer Systeme, in denen Materialien und Energie über Rückkopplungsschleifen und zyklische Prozesse reguliert werden – im Gegensatz zu linearen Verbrauchsmodellen, die langfristig zu Instabilität führen (Odum & Barrett, 2005; Meadows, 2008; Rockström et al., 2009; ◘ Tab. 1.3).

Während ein utilitaristischer Blick Ressourcen primär unter dem Aspekt kurzfristiger Verfügbarkeit betrachtet, fordert ein systemisches Verständnis einen regenerativen, verantwortungsvollen Umgang mit ihnen. Nachhaltigkeit bedeutet hier: Ressourcenerhalt über Generationen hinweg – auf individueller wie globaler Ebene.

> **Resilienz versus Regeneration**
> Resilienz beschreibt die Fähigkeit eines Systems, nach einer Störung in seinen ursprünglichen Zustand zurückzufinden. Der Begriff stammt aus der Materialforschung und wurde in Psychologie und Stressforschung als *Widerstandsfähigkeit* etabliert.
> Regeneration geht weiter: Sie meint die Fähigkeit zur Erneuerung und Transformation – durch Rückbindung an natürliche Rhythmen, Ressourcen und Beziehungen.
> Während Resilienz oft auf Stabilität zielt („zurück zur alten Form"), eröffnet Regeneration einen Wachstums- und Lernraum: Sie ist zyklisch, prozessorientiert und systemisch verankert.

1.3.4 Der Mensch als Stressfaktor im Anthropozän

Stress wird nicht nur empfunden, sondern verursacht – insbesondere durch den Menschen als dominante Kraft im Anthropozän. Die aktuelle Erdepoche ist geprägt von einer massiven Übernutzung ökologischer Ressourcen, dem dramatischen Verlust an Biodiversität und einer klimatischen Destabilisierung, deren Auswirkungen längst in biologische wie psychische Systeme hineinwirken.

Tab. 1.3 Ressourcentypen in lebenden Systemen – Vergleich zwischen menschlichem und ökologischem System

Ressourcentyp	Menschliches System mit Bsp.:	Ökologisches System mit Bsp.:
Physisch	Ernährung, Schlaf, Bewegung, Regeneration, Sauerstoffzufuhr	Wasser, Böden, Sonnenlicht, Biomasse, Klima, Nährstoffverfügbarkeit
Psychisch/sozial	Emotionale Stabilität, soziale Bindung, Sinn, Selbstwirksamkeit	Biodiversität, Resilienzmechanismen, Habitatvielfalt, Artenvielfalt
Kognitiv/kulturell	Bildung, Werte, Erfahrungswissen, Sprache, kulturelle Narrative	Evolutionäres Wissen, genetische Vielfalt, Kooperationsmuster
Energetisch	Kalorienzufuhr, metabolische Energie, Erholungspausen	Energieflüsse (Sonnenlicht → Photosynthese), trophische Ebenen
Zeitlich/rhythmisch	Chronobiologie, Schlaf-Wach-Zyklen, Regenerationszeiten	Jahreszeiten, Wachstumszyklen, ökologische Rhythmen
Systemisch-funktional	Homöostase, Selbstregulation, Rückkopplung, Anpassungsfähigkeit	Stoffkreisläufe, Nahrungsnetze, Klima- und Wasserregulation

Die ressourcenintensive Lebensweise des globalen Nordens übersteigt die planetaren Belastungsgrenzen bei Weitem. Der jährliche Earth Overshoot Day zeigt dies deutlich: Bereits Mitte des Jahres 2024 waren alle regenerativen Ressourcen der Erde für das Jahr verbraucht. Dies ist nicht nur ein ökologisches Schuldenkonto – sondern ein systemischer Alarm.

» *Je früher der Overshoot Day, desto ernster der Burnout des Planeten.*

Burnout

Burnout oder Erschöpfung ist keine individuelle Schwäche, sondern ein emergentes Phänomen kollektiver Überforderung. Es entsteht dort, wo Leistungssysteme entkoppelt von Regeneration funktionieren, wo Beziehung durch Funktion ersetzt wird und natürliche Rhythmen verloren gehen.
Burnout folgt einem typischen Verlauf:
— Zunächst dominiert Engagement,
— dann Überforderung,
— schließlich Erschöpfung, Entfremdung und Funktionsverlust.

Diese Logik findet sich auch in ökologischen Systemen wieder. Dort, wo Diversität schrumpft, Rückkopplungsschleifen abbrechen und natürliche Regeneration ausbleibt, kippt das System – oft irreversibel.

» *Burnout kann als innerer Overshoot Day verstanden werden – das Überschreiten der psychischen Belastungsgrenze.*

Die Parallele ist nicht zufällig. Beide Phänomene sind Symptome desselben Musters: Chronischer Dysregulation in überlasteten Systemen.

1.3.5 Verantwortung und Handlungsspielraum

Die Menschheit – und vor allem die Gesellschaften des globalen Nordens – haben sich vom natürlichen Rhythmus entkoppelt. Sie verbrauchen mehr, als das System bereitstellen kann, exportieren ökologische Folgekosten in den globalen Süden und fördern Strukturen, die auf Expansion statt auf Erhalt beruhen.

Gleichzeitig zeigt die Geschichte, dass systemischer Wandel möglich ist. Das Montreal-Protokoll[7] zum Schutz der Ozonschicht gilt als Beispiel für gelungene internationale Umweltpolitik: evidenzbasiert, kooperativ und effektiv.

>> *Verantwortung bedeutet nicht Last – sondern die Fähigkeit zur bewussten Antwort.*

Stressmodelle

Klassische Stressmodelle wie das von Selye oder Lazarus denken Stress als linearen Prozess: Reiz → Bewertung → Reaktion. Doch lebendige Systeme sind nicht linear, sondern komplex, rückgekoppelt und adaptiv. Ein systemisches Verständnis betrachtet Stress als emergentes Phänomen, das aus gestörten Beziehungen zwischen Körper, Psyche, sozialem Umfeld und Umweltbedingungen entsteht. Damit wird Stress nicht als individuelles Defizit gedeutet – sondern als Signalfunktion eines Systems, das seine Regulationsfähigkeit verliert. Stress ist somit nicht nur ein individuelles, sondern auch ein ökologisches und soziales Phänomen.

(Siehe ◘ Abb. 1.5 und 1.6).

---

[7] ► https://www.unep.org/ozonaction/resources

Abb. 1.5 Übersicht der Konzepte zu Umweltstress. (Eigene Darstellung, erstellt mit Canva. © Dr. med. Kristin Köhler, 2025)

1.4 Wie wir Stress verstehen – Modelle, Konzepte, Perspektiven

Stress ist ein vielschichtiges Phänomen, das sich sowohl physiologisch als auch psychologisch manifestiert. Verschiedene theoretische Modelle tragen zum Verständnis bei, wie Stress entsteht, verarbeitet und bewältigt wird – und liefern damit auch Impulse, wie systemisches Gleichgewicht wiederhergestellt werden kann.

Diese Modelle sind nicht konkurrierend zu verstehen, sondern ergänzen sich – wie verschiedene Perspektiven auf ein komplexes Phänomen. Sie bieten jeweils spezifische Zugänge, abhängig von Kontext, Ziel und Erkenntnisinteresse.

Abb. 1.6 Übersicht der Stresskonzepte. (Eigene Darstellung, erstellt mit Canva. © Dr. med. Kristin Köhler, 2025)

1.4 · Wie wir Stress verstehen – Modelle, Konzepte, Perspektiven

Nina

Ich funktioniere einfach. Ich bin eben belastbar. Ich brauche keine Pause.
Ich funktioniere einfach. Ich bin eben belastbar. Ich brauche keine Pause.
Ich funktioniere einfach. Ich bin eben belastbar. Ich brauche keine Pause.
Es war kein großer Knall. Es war eher wie ein stilles Leerlaufen. Wie eine Batterie, die jeden Tag ein Prozent verliert, aber nie vollständig auflädt. Ein Leben im Akkord, pausenlos, ohne Erholung. Nina war gut strukturiert, effizient und vertrauenswürdig – wie eine Maschine, nur mit mehr Freundlichkeit. Der Kalender ist taktvoll gefüllt, mit jeder Stunde sinnvoll genutzt: Projektkoordination, Strategie-Calls, Präsentationen und Feedback-Schleifen plus Mutter, Ehefrau, Hausbesitzerin und Tochter – Immer im Dauerbetrieb. Auch heute. Sie fuhr nach Hause, sammelte unterwegs die Kinder ein, dachte im Auto bereits an das Abendessen, die Hausaufgaben und das Elternportal. Geschirrspüler leeren, Wäsche falten, Lunchboxen überprüfen, E-Mails abarbeiten, Morgen planen. Es war nicht tragisch. Nur eine große Menge. Zu jeder Zeit. Ein kontinuierlicher Fluss kleiner Aufgaben, durch den sie sich selbst immer mehr verlor – nicht plötzlich, sondern allmählich. Wie eine Stimme, die allmählich verstummt, bis man sich nicht mehr an sie erinnert.
Und dann, an einem völlig gewöhnlichen Abend, auf dem Rückweg von der Arbeit, passiert es. Mitten im Strom dieser Abläufe. Nichts Ernstes – nur ein merkwürdiges Flirren am Rand ihres Sichtfeldes. Dann ein Schwindelgefühl. Wie wenn der Boden sich ein wenig bewegte. Sie kann die Straße nicht mehr fokussieren. Ihr Herz macht einen Sprung. Sie schafft es gerade noch anzuhalten. Einfach raus aus dieser unaufhörlichen Bewegung. Ein Parkplatz am Rande des Waldes. Sie fährt heran, schaltet den Motor aus und steigt aus. Ihr Kopf dröhnt, ihr Herz schlägt schnell. Torkeln, so schwer sind ihre Beine auf einmal. Stehen geht nicht mehr. Sie muss sich setzen. Der Boden bietet Halt, das Gras kühlt ihre Handflächen. Endlich Ruhe.
Und dann, auf einmal, ist alles vorhanden. Der Wind berührt ihre Haut. Das sanfte Licht, das sich zwischen den Bäumen hindurch schlängelt. Ihr System fängt allmählich an, sich zu beruhigen. Doch beim Hochblicken sieht sie nicht das erholsame Grün eines gesunden Waldes. Sie sieht: Monokultur Fichte. Von Borkenkäfern zerfressen, ausgehöhlte Baumstämme, kahle Äste. Ein ausgezehrtes Ökosystem, das an seinen Grenzen existiert. Und sie erkennt sich selbst. In jenem Wald. Auch sie – überfordert, entleert, dauerhaft stark geblieben, über einen zu langen Zeitraum. Wie der Wald hat auch sie zu lange einseitig gelebt, sich abgewirtschaftet, es mangelte an Vielfalt und Erholung, und es waren zu viele Jahre im Modus: weiter, noch mehr, durchhalten. Und ihr ist klar: So kann es nicht weitergehen. Das Grün tut ihr gut. Die Pause. Sie will wöchentlich hierher. Rein in den Wald. Nicht für die Aufgabenliste. Nur für sich selbst. Allein für sich. Um zu verschnaufen. Um sich wieder zu spüren und neu auszurichten und ihr System zu regenerieren.

- Woran würdest du merken, dass du nur noch funktionierst?
- Wenn dein Alltag ein Stück Landschaft wäre – wie wäre er überweidet, ausgebrannt oder versiegelt? Oder üppig und fruchtbar?
- Wo in der Natur wärst du bereit, einen Moment innezuhalten – um dich selbst wieder zu spüren?

1.4.1 Historische Entwicklung und Grundlagen

Kampf-oder-Flucht-Reaktion – Walter Cannon

Der US-amerikanische Physiologe Walter B. Cannon beschrieb zu Beginn des 20. Jahrhunderts eine erste biologisch fundierte Stressantwort: die sogenannte **Fight-or-Flight Response**. Sie ist eine evolutionär verankerte Reaktion auf Gefahr – ausgelöst über das autonome Nervensystem (Cannon, 1932).

> *Der Körper mobilisiert Energie, um zu kämpfen oder zu fliehen – das ist die universelle Sprache im Kreislauf des Lebens.*

Allgemeines Anpassungssyndrom – Hans Selye

Der Begründer der modernen Stressforschung, Hans Selye, systematisierte dann 1956 die physiologischen Stressreaktionen in drei Phasen (Selye, 1956):
1. **Alarmreaktion** (Akutreaktion auf Stressor),
2. **Widerstandsphase** (Anpassung),
3. **Erschöpfungsphase** (Kollaps bei chronischer Überlastung).

Transaktionales Stressmodell – Lazarus & Folkman

Mit dem transaktionalen Modell (Lazarus & Folkman, 1984) wurde der Fokus vom Reiz auf die **individuelle Bewertung** verschoben: Entscheidend ist hier nicht der Stressor selbst, sondern, wie er subjektiv eingeschätzt wird – und ob ausreichend Ressourcen zur Verfügung stehen.

Das Modell unterscheidet zwischen:
- **primärer Bewertung** (Bedrohung, Herausforderung oder irrelevant),
- **sekundärer Bewertung** (Verfügbare Bewältigungsressourcen),
- und der **Bewältigung** (Coping).

Allostatisches Stressmodell – Bruce McEwen

Die moderne Stressforschung nach Bruce McEwen (2017) erweitert heute diese Konzepte um entscheidende Dimensionen:
- **Allostatische Last:** Kumulative physiologische Kosten chronischer Stressbelastung
- **Neuroplastische Veränderungen:** Strukturelle Anpassungen des Gehirns
- **Individuelle Vulnerabilität:** Genetische und epigenetische Einflussfaktoren

1.4.2 Ressourcen- und Bewältigungsorientierte Modelle

Ressourcenverlusttheorie – Stevan Hobfoll

Hobfoll (1989) argumentierte in seiner *"Conservation of Resources Theory"*, dass Stress immer dann entsteht, wenn wertvolle Ressourcen verloren gehen, bedroht sind oder nicht ausreichend wiedergewonnen werden können. Ressourcen umfassen dabei materielle, soziale, psychologische und kulturelle Elemente.

> *Nicht nur Belastung erzeugt Stress – sondern auch fehlende Ressourcenregneration.*

Salutogenese – Aaron Antonovsky

Antonovsky (1987) entwickelte mit dem Konzept der Salutogenese eine revolutionäre Perspektive: Statt nach den Ursachen von Krankheit (Pathogenese) fragte er nach den Bedingungen von Gesundheit.

Kern seiner Theorie ist der *„Sense of Coherence"* (Kohärenzgefühl), bestehend aus:
1. **Verstehbarkeit** – die Welt ist nachvollziehbar,
2. **Handhabbarkeit** – ich habe Einflussmöglichkeiten,
3. **Sinnhaftigkeit** – mein Tun ist bedeutungsvoll.

Menschen werden nicht nur krank, weil sie Stress erleben – sondern weil ihnen der Lebens-Sinn inmitten des Stresses verloren geht.

(Siehe ◘ Tab. 1.4).

◘ **Tab. 1.4** Stressmodelle im Vergleich

Modell	Fokus	Beitrag zum Verständnis
Cannon (1932)	Biologische Alarmreaktion (Homöostase)	Akutreaktion auf Gefahr
Selye (1956)	Chronischer Verlauf	Drei-Phasen-Modell der Belastung
Lazarus und Folkman (1984)	Subjektive Bewertung	Bedeutung von Coping und Kontrolle
McEven (1993)	Allostase	Stress als dynamischer Prozess
Hobfoll (1989)	Ressourcenhaushalt	Verlustangst als zentrale Stressquelle
Antonovsky (1987)	Kohärenzgefühl	Sinn, Ordnung und Einfluss als Schutzfaktoren

1.5 Systemischer Stress im Anthropozän

1.5.1 Was bedeutet Umweltstress – Symptome eines überforderten Planeten

Ökologischer Stress beschreibt die Beeinträchtigung von Struktur, Funktion und Regenerationsfähigkeit natürlicher Systeme durch äußere Einflüsse. Diese Einflüsse können physikalisch (z. B. Temperaturveränderungen), chemisch (z. B. Verschmutzung) oder biologisch (z. B. Invasionsarten) sein – und treten häufig in kombinierter, kumulativer Weise auf (Odum, 1985).

1.5.2 Drei prägende Perspektiven des Stressverständnisses

Robert T. Paine – Schlüsselarten als Stresssensoren
Paine (1966) prägte das Konzept der „Keystone Species" – also Arten, deren Verlust ein gesamtes Ökosystem destabilisieren kann. Umweltstress zeigt sich hier über das Verschwinden einzelner Arten mit systemischer Wirkung. Eine biologische Reduktion kann also ein ganzes Netz aus dem Gleichgewicht bringen.

Gene E. Likens – Stoffkreisläufe und Langzeitstress
Im Rahmen der Hubbard Brook Ecosystem Study (1963–1972) dokumentierte Likens die Folgen von Umwelteinflüssen wie Säureregen. Er zeigte: Bereits geringe chemische Belastungen verändern langfristig Wasser- und Nährstoffkreisläufe – mit tiefgreifenden Folgen für die Resilienz von Waldökosystemen.

C. S. Holling – Resilienz und Kipppunkte
Holling (1973) untersuchte, wie Systeme auf Störungen reagieren – nicht als lineare Reaktion, sondern als dynamische Anpassung oder strukturelle Transformation. Seine Konzepte von Panarchie und adaptiven Zyklen sind bis heute zentrale Denkfiguren der Resilienzforschung.

1.5.3 Ökologischer Stress als Systemphänomen

Ökosysteme sind keine starren Gebilde, sondern dynamische, nichtlineare Systeme. Werden ihre Belastungsgrenzen dauerhaft überschritten, verlieren sie ihre Regulationsfähigkeit. Symptome dafür sind:
- Rückgang der Biodiversität,
- Fragmentierung von Habitaten,
- Verschlechterung von Boden-, Luft- und Wasserqualität,
- Verschwinden natürlicher Rückkopplungsschleifen.

Diese Entwicklungen geschehen oft schleichend – bis ein Kipppunkt erreicht ist.

1.5 · Systemischer Stress im Anthropozän

> *Der ökologische Kollaps beginnt selten mit einem Knall – sondern mit dem Verstummen von Rückmeldungen.*

- **Umweltstress**

Umweltstress kann kurzfristig ausgeglichen werden, aber bei chronischer Exposition kommt es zu Stabilitätsverlust, Funktionseinbußen oder strukturellen Veränderungen. Wie ein System auf Umweltstress reagiert, ist entscheidend von seiner Resilienz abhängig. Damit ist gemeint, wie gut es sich nach einer Störung reorganisieren kann, ohne dabei seine Grundfunktionen zu verlieren. Neuere systemökologische Studien[8] (u. a. IPCC, IPBES, Rockström et al., 2023) bestätigen diese grundlegenden Annahmen auf globaler Ebene: Umweltstressoren wie der Verlust der Biodiversität, Klimawandel oder Stickstoffeinträge überschreiten die planetaren Belastungsgrenzen und verursachen zunehmend irreversible Systemveränderungen. Auch hier wird die Bedeutung der Konzepte von Paine, Likens und Holling deutlich – sowohl für die Untersuchung lokaler Ökosysteme als auch im Kontext des globalen Erdsystems.

- **Klimastress**

Klimastress, eine besondere Art des Umweltstresses, bezieht sich auf die Belastungen, die durch klimatische Veränderungen auf natürliche und menschliche Systeme einwirken. Der Weltklimarat der Vereinten Nationen definiert Klimastress als die Folgen von Temperaturerhöhungen, veränderten Niederschlagsmustern und extremen Wetterereignissen für verschiedene Systeme (IPCC, 2021). Laut Michael Hulme beschreibt Klimastress die Anpassungsanforderungen, die sich aus klimatischen Veränderungen und extremen Wetterereignissen ergeben und sowohl Umwelt- als auch soziale Dimensionen betreffen (Hulme, 2009). Aus dieser Definition wird ersichtlich, dass Klimastress ebenso als Antwort auf Veränderungen zu verstehen ist, die das Gleichgewicht der betroffenen Systeme beeinträchtigen.

- **Systemische Erkenntnis**

Ob es sich um den Regenwald oder ein Korallenriff handelt: Stressreaktionen in Ökosystemen zeigen sich ähnlich wie bei Menschen – mit Symptomen wie:
- Dysregulation der Stoffwechselkreisläufe,
- Verlust der Anpassungsfähigkeit,
- struktureller Degeneration.

---

8 ▶ https://www.stockholmresilience.org/research/planetary-boundaries.html 24.04.2025

1.6 Die überforderte Gesellschaft – Stress als globale Gesundheitskrise

> **Jana**
>
> *Dr. Jana Hellwig kennt die Fachliteratur. Stress, Erschöpfung, affektive Störungen – ICD-10-Diagnosen, denen sie täglich begegnet. Sie leitet eine psychosomatische Abteilung, forscht, lehrt, berät. Ihre Analysen sind präzise, ihre Vorlesungen voll. Nur die eigene Energie verrinnt leise, kaum merklich, wie Sand durch die Finger.*
> *Sie koordiniert ein Team, das auch selbst an der Last eines dysfunktionalen Systems krankt. Der Personalmangel wächst, die Taktung verdichtet sich, die Anforderungen steigen. Und auch wenn sie es selten zugibt: Manchmal spürt sie es selbst – in der Ungeduld mit ihren Patient:innen, in der Müdigkeit beim Zuhören, in der inneren Leere trotz äußerem Funktionieren.*
>
> **Heute war so ein Tag**
> *Die Gruppentherapie zieht sich, der Laptop unter dem Arm, der Weg zur Vorlesung führt über den Campus. Da kommt der Sommerregen – plötzlich, durchdringend. Sie flüchtet unter eine alte Eiche. Der Blick fällt auf Felder hinter dem Klinikzaun. Landwirtschaftliche Monokulturen – wie sein Inneres: effizient, erschöpft, ausgezehrt.*
> *Und da ist es – ein Moment der Irritation. Das Wasser auf ihrer Haut macht sie durchlässig. Zum ersten Mal seit Langem spürt sie sich wieder. Nicht als Funktionsträgerin, sondern als Mensch. Traurigkeit steigt auf. Eine leise Erkenntnis:*
>
> » *„Ich denke, also bin ich" – kann einfach nicht alles sein.*
>
> **Was fehlt? Lebendigkeit. Kongruenz. Resonanz**
> *Sie legt die Hand auf den rauen Stamm der Eiche, in die tiefen Kerben der Rinde, lehnt sich an. Und wagt den Gedanken: „Wenn Menschen an einem dysfunktionalen System erkranken – bedarf dann nicht eigentlich das System einer Transformation, statt der Menschen einer immerwährenden Anpassung oder gar einer Reparatur? Und bin ich nicht selbst Teil dieses Systems – eine Stütze, die es aufrechterhält und selbst daran krankt?"*
> - *Wo in deinem beruflichen Wirken fehlt dir das, was du anderen vermitteln willst?*
> - *Lehrst du Selbstfürsorge – und bist dabei chronisch unterversorgt?*
> - *Welcher „weiße Kittel" schützt dich – und hindert dich gleichzeitig daran, dich wirklich zu zeigen?*
> - *Welche „Monokulturen" hast du in deinem Denken, Handeln oder Alltag etabliert?*
> - *Wo fehlt Dir Vielfalt – an Perspektiven, an Resonanz, an Rhythmen?*

Psychischer Stress ist kein individuelles Randphänomen mehr – er ist zu einem globalen Gesundheitsproblem avanciert (World Health Organization, 2023).[9] In vielen Industrienationen ist Stress inzwischen eine der Hauptursachen für Arbeitsunfähigkeit.

> *Wenn ganze Gesellschaften überlastet sind, wird Stress zur Systemdiagnose – nicht zur Persönlichkeitsfrage*

1.6.1 Nationale Perspektive

In Deutschland fühlt sich laut einer Umfrage der Techniker Krankenkasse (2021) jede vierte Person regelmäßig gestresst. Ursachen reichen von hoher Arbeitsbelastung über digitale Dauererreichbarkeit bis hin zu sozialem Druck, sich permanent selbst zu optimieren. Die COVID-19-Pandemie hat diese Tendenz verstärkt: Der BKK-Dachverband (2021) meldet, dass 41 % der Befragten eine Verschlechterung ihres psychischen Wohlbefindens wahrgenommen haben – insbesondere junge Menschen, Eltern und Berufstätige.

1.6.2 Globale Perspektive

Laut aktuellen Daten der Weltgesundheitsorganisation (World Health Organization [WHO], 2022) lebten im Jahr 2019 weltweit rund 970 Mio. Menschen mit einer psychischen Störung – am häufigsten waren Depressionen und Angststörungen (Global Burden of Disease Collaborative Network, 2021). Besonders vulnerabel sind Bevölkerungsgruppen in Regionen mit hoher Umweltbelastung und unzureichender Gesundheitsinfrastruktur. So zeigt der South African Medical Research Council (SAMRC, 2022), dass in Subsahara-Afrika sozioökonomischer Stress, Umweltbelastungen und eingeschränkter Zugang zu psychischer Gesundheitsversorgung die Prävalenz psychischer Erkrankungen signifikant erhöhe. Auch in Lateinamerika lassen sich enge Zusammenhänge zwischen psychischer Gesundheit, klimatischen Extremereignissen und sozialer Ungleichheit feststellen. Der Bericht der Pan American Health Organization (PAHO, 2022) dokumentiert, dass diese Belastungen durch die COVID-19-Pandemie zusätzlich verstärkt wurden und besonders marginalisierte Gruppen betreffen.

---

9   WHO-Faktenblatt zur psychischen Gesundheit am Arbeitsplatz: ▶ https://www.who.int/news-room/fact-sheets/detail/mental-health-at-work
    WHO-Bericht zur psychischen Gesundheit junger Menschen: ▶ https://www.who.int/docs/librariesprovider2/default-document-library/rapidevidencesynthesisdraft-for-consultation_final.pdf

1.6.3 Klimastress und Psychologie

Die Klimakrise hat längst auch eine emotionale Dimension: Angst (Hickman et al., 2021), Ohnmacht (Stoknes, 2015), Schuld (Rees & Bamberg, 2014) und Hoffnungslosigkeit (Ojala, 2012) nehmen zu – insbesondere bei jungen Menschen. Dieses Phänomen wird als „Climate Anxiety" oder „Klimaangst" bezeichnet. Die Psychologin Susan Clayton und ihr Kollege Brian T. Karazsia entwickelten 2020 die „Climate Change Anxiety Scale" (CAS),[10] um die psychologischen Auswirkungen des Klimawandels zu messen. Die CAS identifiziert zwei Hauptdimensionen: kognitive Beeinträchtigung (z. B. Konzentrationsschwierigkeiten) und funktionale Beeinträchtigung (z. B. Schwierigkeiten im sozialen oder beruflichen Alltag; Clayton & Karazsia, 2020).

> **Reflexionsfrage**
> Wie geht es Dir damit, wenn du in den Nachrichten Berichte über die Klimakrise siehst oder die Hitzewellen am eigenen Leibe spürst?

1.6.4 Naturentfremdung und Stressverarbeitung

Ein bedeutender Stressfaktor im Spiegel unserer Zeit ist der zunehmende Verlust an Naturkontakt. Im Kontrast dazu ist jedoch ist belegt, dass Naturkontakt:
- Cortisol senkt,
- Aufmerksamkeit stärkt,
- und Resilienz fördert (Kaplan & Berman, 2010; Mayer & Frantz, 2004).

» *Wenn wir Natur verlieren, verlieren wir nicht nur eine zentrale Quelle für Erholung und Regeneration – wir entziehen uns selbst die Grundlage unserer Existenz. Denn wir sind keine Außenstehenden, sondern integraler Teil eines vernetzten, lebendigen Systems. Wir sind Natur.*

1.6.5 Die Doppelspirale der Überlastung

Diese Entwicklungen führen zu einer **doppelten Stressspirale:**
- **Intrapsychisch:** Entkopplung von biologischen Rhythmen, emotionale Dauerbelastung, zunehmende Erschöpfung.
- **Systemisch:** Zerstörung von Lebensgrundlagen, Verlust ökologischer Resilienz, eskalierende Kipppunkte.

» *Je mehr das Außen kollabiert, desto verletzlicher wird das Innen – und umgekehrt.*

---

10 Climate Change Anxiety Scale (CAS) 25.04.25

1.6.6 Das VUKA-Modell als Stressmatrix der Gegenwart

Unsere Welt ist geprägt von VUKA-Bedingungen: Volatilität, Unsicherheit, Komplexität und Ambiguität (Bennett & Lemoine, 2014). Diese vier systemischen Kräfte beschreiben treffend, wie viele Menschen ihre Lebensrealität heute erleben – und liefern zugleich Hinweise, warum die klassische Stressbewältigung oft nicht mehr ausreicht.

> *Die Klimakrise ist auch eine Beziehungskrise – zwischen Mensch und Welt, zwischen Wissen und Handeln.*

1.6.7 Psychische und planetare Krisen – zwei Seiten derselben Medaille

Die gleichzeitige Überforderung des Klimas und der Psyche ist kein Zufall. Beides sind Symptome eines Systems, das seine Beziehungsfähigkeit verloren hat – nach innen wie nach außen. Ein Lebensstil, der auf Wachstum ohne Grenzen basiert, kollidiert mit den Grenzen der Belastbarkeit – des Körpers wie des Planeten.

1.7 Wenn der Körper reagiert – Stress in physiologischer Dimension

Stress wirkt sich nicht nur auf die Psyche aus – er formt auch den Körper. Die physiologischen Reaktionen auf Stress umfassen das Zusammenspiel von Nerven-, Hormon- und Immunsystem, beeinflussen nahezu alle Organsysteme und sind insbesondere bei chronischer Belastung tiefgreifend. Der menschliche Körper reagiert auf wahrgenommene Bedrohungen mit einer Aktivierung des Sympathikus, eines Teils des autonomen Nervensystems. Dies führt zur Ausschüttung von Stresshormonen wie Adrenalin, Noradrenalin und Cortisol – ein Zustand erhöhter Leistungsbereitschaft, bekannt als „Kampf-oder-Flucht-Modus" (Cannon, 1932; McEwen, 1998).

1.7.1 Das Stress-Toleranz-Fenster

Neuere neurobiologische Konzepte wie das **„Window of Tolerance"** (Siegel, 2012) beschreiben die Bandbreite, in der ein Mensch emotional und physiologisch reguliert bleiben kann. Wird dieses Fenster dauerhaft überschritten, kippt das System in:
- **Hyperarousal** (z. B. Angst, Reizbarkeit, Herzrasen),

– oder **Hypoarousal** (z. B. Erschöpfung, Dissoziation, Taubheit).

Jenseits der Toleranzgrenze verlieren wir nicht nur die Kontrolle – sondern den Kontakt zu uns selbst.

> Psychische und planetare Gesundheitskrisen sind Symptome desselben systemischen Ungleichgewichts.

(Siehe ◘ Abb. 1.7 und ◘ Tab. 1.5).

Die physiologischen Stressmuster lassen sich in ihrer Logik auf größere Systeme übertragen: Auch Ökosysteme zeigen bei Überlastung zunächst kompensatorische Reaktionen – und bei chronischer Belastung Funktionseinbußen oder Systemkollaps.

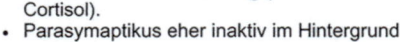

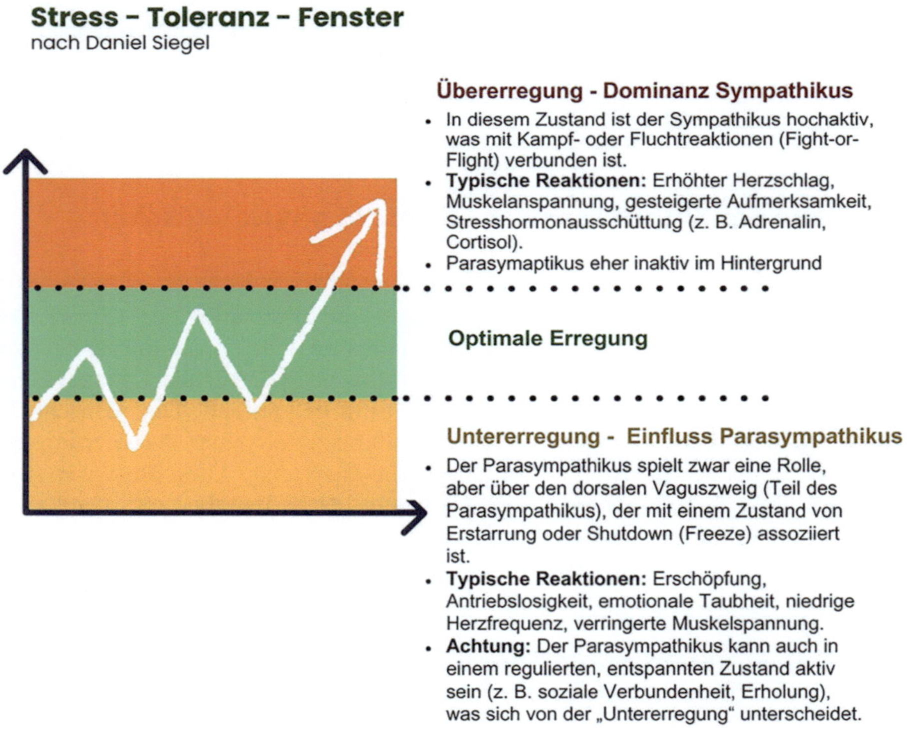

◘ **Abb. 1.7** Stress-Toleranz-Fenster nach Daniel J. Siegel – mit Kipppunkten in Hyper- und Hypoarousal. (Eigene Darstellung nach Siegel, erstellt mit Canva. © Dr. med. Kristin Köhler, 2025)

Tab. 1.5 Stressmanifestationen in verschiedenen Organsystemen des Menschen

Organsystem	Stressreaktionen
Atmungssystem	Tachypnoe, Hyperventilation, Thoraxenge (Bronchokonstriktion; Sapolsky, 2004)
Kardiovaskuläres System	Akut: ↑Herzfrequenz & ↑Blutdruck; chronisch: Endothelschäden, Atherosklerose (Chrousos, 2009)
Endokrines System	HPA-Achsen-Aktivierung, Cortisolanstieg, Schilddrüsen-Dysregulation (Tsigos & Chrousos, 2002)
Immunsystem	Akut: ↑Entzündungsmarker; chronisch: ↓Lymphozyten, ↓zelluläre Immunität (Dhabhar, 2014)
Muskuloskelettales System	↑Muskeltonus, Triggerpunkte, Spannungskopfschmerz (Bendtsen & Jensen, 2006)
Zentrales Nervensystem	↑Amygdala-Aktivität, ↓präfrontaler Kortex, Neuroinflammation (Arnsten, 2015)
Psychische Gesundheit	Erhöhtes Risiko für Depression, Angststörungen, erhöhte Allostase-Last (Lupien et al., 2009)
Reproduktionssystem	↓GnRH, ↓LH/FSH, Zyklusstörungen, Libidoverlust, erektile Dysfunktion (Toufexis et al., 2014)
Gastrointestinaltrakt	↓Darmmotilität, ↑Permeabilität, Mikrobiom-Dysbiosen (Mayer, 2011)

1.8 Stress – bis das System kippt

Stress ist kein gleichmäßig ansteigender Prozess. Vielmehr folgt er der Logik nichtlinearer Systeme: Bis zu einem bestimmten Punkt können Systeme Belastung kompensieren – aber wenn ein Schwellenwert überschritten wird, kippen sie abrupt in einen anderen Zustand. Dieser Übergang ist oft irreversibel.

> *Systeme brechen nicht, weil sie schwach sind – sondern weil ihre Belastungsschwelle dauerhaft ignoriert wurde.*

1.8.1 Kipppunkte: Wenn Regulation versagt

Ein **Kipppunkt** (engl. tipping point) beschreibt in der Systemtheorie den Moment, an dem sich ein System nicht mehr durch innere Mechanismen stabilisieren kann – mit der Folge eines plötzlichen Strukturwandels.

In der **Medizin** bedeutet das:
- Chronischer Stress kann zu psychischen oder somatischen Erkrankungen führen, z. B. Depression, Burnout, Bluthochdruck oder Erschöpfungssyndrome (McEwen & Stellar, 1993).

In der **Ökologie** bedeutet es:

Tab. 1.6 Parallelen zwischen psychischen und ökologischen Kipppunkten

Aspekt	Psychologisches System	Ökologisches System
Frühwarnzeichen	Schlaflosigkeit, Gereiztheit, Erschöpfung	Rückgang der Biodiversität, instabile Kreisläufe
Kompensationsstrategien	Aushalten, Perfektionismus, Rückzug	Natürliche Regeneration, Migration von Arten
Kipppunkt	Zusammenbruch der Selbstregulation → Burnout, Depression	Überschreiten von Belastungsgrenzen → ökologischer Kollaps
Langzeitfolgen	Chronische Erkrankung, soziale Isolation	Verlust von Lebensräumen, irreversible Veränderungen

– Die Regenerationsfähigkeit eines Ökosystems ist überschritten, z. B. durch Klimaveränderung, Artensterben oder Verlust von Rückkopplungsschleifen – bis hin zum Kollaps (Lenton et al., 2008; ◘ Tab. 1.6).

> **Kipppunkte**
> Kipppunkte sind kritische Schwellenwerte in dynamischen Systemen. Werden sie überschritten, gerät das System in einen neuen Zustand, der häufig irreversibel ist. In der Klimawissenschaft versteht man unter Kippelementen irreversible Prozesse wie die Destabilisierung des Grönländischen Eisschildes oder die großflächige Degradation tropischer Regenwaldökosysteme, deren Dynamik durch selbstverstärkende Rückkopplungsmechanismen gekennzeichnet ist (Lenton et al., 2008). Auch im biopsychosozialen Kontext treten Kipppunkte auf: etwa dann, wenn anhaltender psychischer Stress die Selbstregulationsfähigkeit eines Individuums übersteigt und zum Burnout-Syndrom oder somatischen Zusammenbrüchen führt (McEwen & Stellar, 1993). Wenn aus einem *„Ich halte noch durch"* ein *„Ich kann nicht mehr"* wird.

Wichtig ist: Der Kipppunkt selbst wirkt oft dramatisch – aber die Entwicklung dorthin ist leise schleichend. Kleine Stressoren summieren sich über Zeit, während das System weiterhin „funktioniert". Doch innerlich verliert es bereits seine Stabilität.

> *Burnout ist der innere Overshoot Day. Er markiert den Moment, an dem ein Mensch mehr verbraucht hat, als er regenerieren kann.*

1.9 Wenn Systeme kollabieren – Kipppunkte der Erde

Mit der fortschreitenden Übernutzung natürlicher Ressourcen durch den menschengemachten Klimawandel geraten planetare Systeme zunehmend unter chronischen Stress. Die Folge ist eine abnehmende Widerstandsfähigkeit von Ökosystemen, wodurch sie sich Schwellwerten nähern, deren Überschreiten abrupte und oft irreversible Kippeffekte auslöst (Lenton et al., 2008; Steffen et al., 2015)

1.9.1 Neun planetare Systeme im Belastungstest

Wissenschaftler:innen rund um Johan Rockström und das Potsdam-Institut für Klimafolgenforschung haben neun zentrale Systeme identifiziert, die für die **Stabilität des Erdsystems** unerlässlich sind. Werden deren Belastungsgrenzen überschritten, steigt das Risiko systemischer Destabilisierung dramatisch (Rocabilisierung dramatisch; Rockström et al., 2009; Richardson et al., 2023). Es ist entscheidend, klar zwischen einem Kipppunkt und einer Belastungsgrenze zu unterscheiden. Während eine Belastungsgrenze die Schwelle markiert, ab der ein System zunehmend instabil wird, bezeichnet ein Kipppunkt den Moment, an dem ein System irreversibel in einen neuen Zustand kippt.

Laut dem neuesten „Earth Commission Report – *'A just world on a safe planet: a Lancet Planetary Health – Earth Commission report on Earth-system boundaries, translations, and transformations'*" (2024) gelten sechs dieser neun Grenzen bereits als überschritten.[11]

Die ◘ Abb. 1.8 illustriert die Belastung aller Erdsysteme und die damit verbundenen Risiken. In der ◘ Tab. 1 7. werden die jeweiligen Auswirkungen aufgeführt.

Die Klimakrise ist eine der größten Herausforderungen unserer Zeit. Sie beschreibt die immer problematischer werdende Lage, die durch den anthropogenen Klimawandel verursacht wurde und die neben ökologischen auch politische und gesellschaftliche Dimensionen umfasst.

Die Klimakrise wird hauptsächlich durch den enormen Anstieg von Treibhausgasen in der Atmosphäre, vor allem CO_2 und Methan, verursacht, der durch menschliche Aktivitäten wie die Verbrennung fossiler Brennstoffe und Veränderungen in der Landnutzung hervorgerufen wird. Die globale Durchschnittstemperatur hat das vorindustrielle Niveau Copernicus-Klimawandeldienst bereits 2024 um etwa 1,6 Grad überschritten, was weitreichende Folgen für Mensch und Umwelt hat. Johan Rockström, Leiter des Potsdam-Instituts für Klimafolgenforschung, spricht eine ernsthafte Warnung aus: „Wir bewegen uns auf dünnem Eis". „Jedes Zehntel Grad ist entscheidend, und wir kommen gefährlichen Kipppunkten im Erdsystem näher." Diese Warnung betont die Notwendigkeit sofortiger Maßnahmen.

---

11 Während der Redaktion dieses Buches wurde bekannt gegeben, dass nunmehr 7 Systeme überschritten sind. Die Übersäuerung der Meere hat auch die kritische Grenze überschritten. ► https://www.planetaryhealthcheck.org/ 29.9.2025.

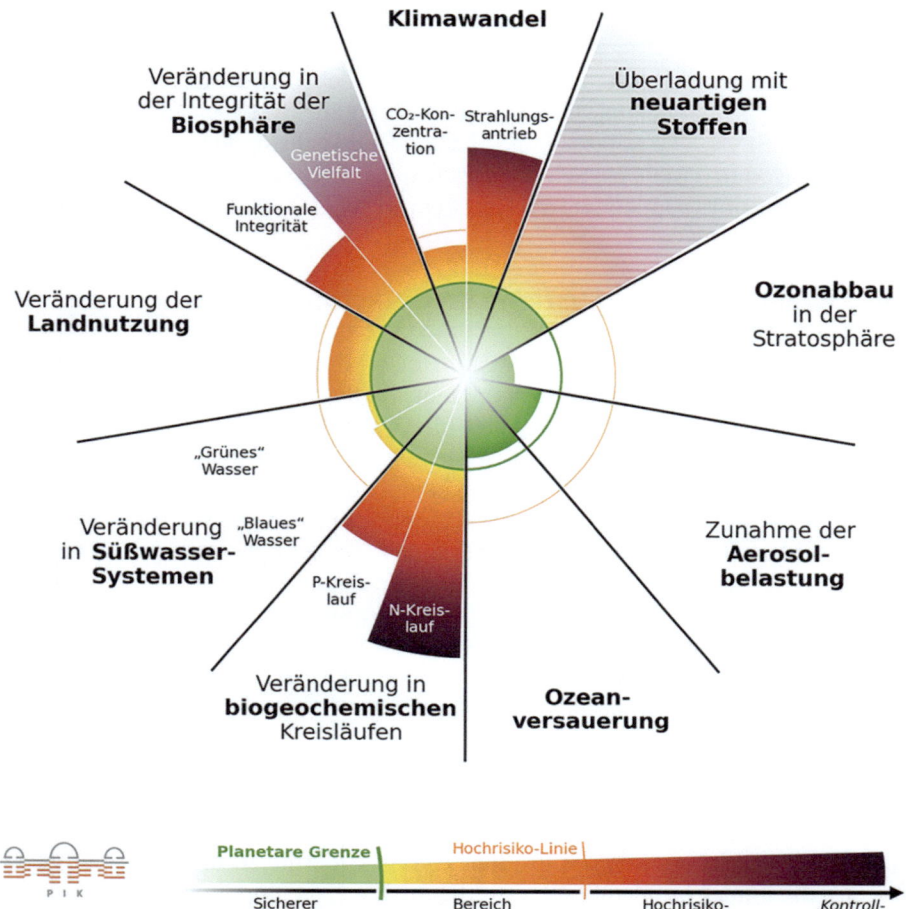

Abb. 1.8 Der aktuelle Stand der neun Systeme und Prozesse mit planetaren Grenzen. Daten aus dem Planetary Health Check 2024. In dieser Darstellung repräsentiert die Länge der „Tortenstücke" den aktuellen Zustand in Bezug auf die planetare Grenze *(grüne Linie)* und die Hochrisikolinie *(orange Linie)*. Ein *weiches Auslaufen* der Länge deutet den Unsicherheitsbereich an. *Schraffierung* bedeutet, dass jenseits der planetaren Grenze keine quantitative Bestimmung des aktuellen Zustands möglich ist. Mit freundlicher Genehmigung des Potsdamer Instituts für Klimafolgenforschung. ▶ https://www.pik-potsdam.de/de/produkte/infothek/planetare-grenzen/bilder

Die Folgen der Klimakrise sind bereits fühlbar. Extreme Wetterereignisse wie Hitzewellen, Dürren, Starkregen und Überschwemmungen nehmen zu. Der Meeresspiegel steigt an und Küstengebiete sind bedroht. Die Artenvielfalt geht zurück und die Ökosysteme werden zunehmend destabilisiert. Ernteausfälle und Wassermangel bedrohen zunehmend die Ernährungssicherheit. Dies verursacht ökonomische Schäden im Milliardenbereich (◘ Abb. 1.9).

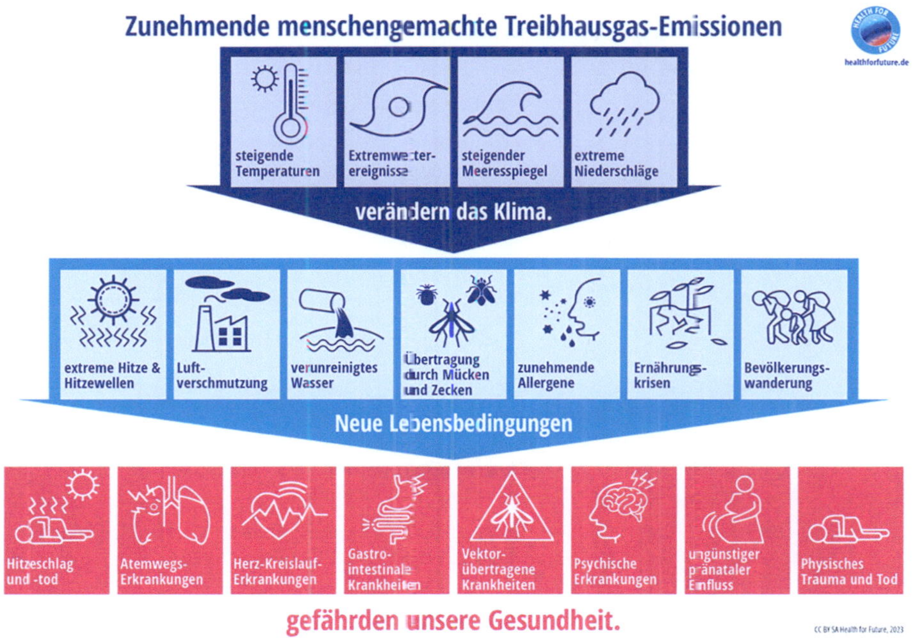

Abb. 1.9 Zusammenhänge von Klimawandel und Gesundheit. Mit freundlicher Genehmigung von Health for Future (2025)

Die Klimakrise erfordert ein radikales Umdenken – in Politik, Wirtschaft und Gesellschaft. Es ist nur mit abgestimmten, weltweiten Maßnahmen möglich, die Herausforderungen zu meistern und dafür zu sorgen, dass die Zukunft für die nächsten Generationen lebenswert bleibt. Wie die bekannteste Klimaaktivistin Deutschlands und Publizistin Luisa Neubauer, unterstreicht: *„Wir sind die Ersten, die die Klimakrise zu spüren bekommen und die Letzten, die noch etwas ändern können"*. (◘ Tab. 1.7)

1.9.2 Klimastress als systemischer Kipppunkt

Der Klimawandel wird zunehmend als Multiplikator für andere Kipppunkte verstanden. Steigende Temperaturen destabilisieren andere Systeme – z. B. Permafrostböden, Waldökosysteme oder die Atlantische Umwälzströmung (AMOC; Caesar et al., 2018). Der Klimawandel wirkt dabei wie ein Beschleuniger, der bestehende Schwächen in Systemen verschärft. Viele dieser Systeme können über

Tab. 1.7 Stressmanifestationen in den Erdsystemen (Zusammengefasst nach Rockström et al., 2009a; Steffen et al., 2018)

Erdsystem	Auswirkungen bei Überschreitung
Klimawandel	Überschreitung der CO_2-Grenze, Gefahr von Eiskappenkollaps, Temperaturanstieg über 1,5 °C
Biosphären-Integrität	Biodiversitätsverlust, Zusammenbruch ökologischer Netzwerke, Schwächung natürlicher Regulationen
Landnutzung	Abholzung, Bodenversalzung, Verlust fruchtbarer Böden, Urbanisierung natürlicher Lebensräume
Süßwassersysteme	Rückgang von Grund- und Oberflächenwasser, globale Wasserknappheit, Nahrungskrisen
Stickstoff-/Phosphorkreisläufe	Überdüngung, Eutrophierung, Sauerstoffmangel in Gewässern
Chemikalien/neuartige Stoffe	Mikroplastik, Pestizide, hormonaktive Substanzen – oft schwer quantifizierbar
Ozeanversauerung	Anstieg der CO-Konzentration in Meeren, Schädigung mariner Ökosysteme, Korallensterben
Aerosolgehalt in der Atmosphäre	Beeinträchtigung regionaler Wettermuster, Luftqualität und Gesundheit
Stratosphärischer Ozonabbau	Teils erholt durch internationale Maßnahmen (z. B. Montreal-Protokoll), aber weiterhin relevant

Jahre hinweg externe Belastung abpuffern. Doch wenn sie kippen, ist der Wandel abrupt und oft irreversibel – ähnlich wie ein plötzlicher Burnout nach Jahren der Überlastung.

» *Der Klimawandel ist kein isoliertes Problem – er ist der Taktgeber einer globalen Destabilisierung.*

1.10 Gaia[12] als Abbildung eines belasteten Systems

In den 1974 formulierten der Atmosphärenforscher James Lovelock und die Mikrobiologin Lynn Margulis die *Gaia-Hypothese* – ein paradigmatischer Perspektivwechsel in der Umweltforschung. Sie betrachteten die Erde nicht als Ansammlung isolierter Komponenten, sondern als ein integriertes, selbstregulierendes System, das aktiv Bedingungen aufrechterhält, die Leben ermöglichen (Lovelock & Margulis, 1974).

» *Gaia denkt nicht in Kategorien – sie atmet in Kreisläufen.*

---

[12] Der Begriff Gaia stammt aus der griechischen Mythologie und bezeichnet die Erdgöttin Gaia (Γαῖα, Gēa oder Gaia), die als personifizierte Erde und Mutter aller Lebewesen gilt. Mythologisch betrachtet ist Gaia die Urmutter, aus der alles Leben entspringt. Sie steht für die Idee einer lebendigen, selbstregulierenden Erde.

Tab. 1.8 Analogie – Die Erde als Organismus. (Modifiziert nach Lovelock, 1979; Capra, 1996; Zedler & Kercher, 2005; Rahmstorf 2006)

Funktion	Beschreibung im planetaren Kontext
Die „Lunge" der Erde	Wälder und Ozeane absorbieren CO_2 produzieren Sauerstoff – lebenswichtige Klimaregulatoren
Das „Herz-Kreislauf-System"	Die globale Ozeanzirkulation verteilt Wärme, Sauerstoff und Nährstoffe – entscheidend für Klimastabilität
Das „Nervensystem"	Biodiversität steuert Anpassungsfähigkeit – vergleichbar mit neuronalen Netzwerken
Die „Nieren"	Feuchtgebiete und Wassersysteme filtern Schadstoffe und regulieren den Wasserkreislauf
Das „Verdauungssystem"	Böden zersetzen organische Substanz, recyceln Nährstoffe, speichern Kohlenstoff

Die Gaia-Hypothese ist kein metaphorisches Erklärmodell im engen Sinn, sondern ein systemisches Denkbild: Sie erlaubt, die Erde als kooperatives Netzwerk biologischer, chemischer und physikalischer Prozesse zu begreifen, in dem alles mit allem verbunden ist. Damit wird ein tiefes Verständnis ökologischer Interdependenz ermöglicht. Die aktuelle Forschung spricht in Bezug auf die planetare Belastung zunehmend von einem multifaktoriellen Systemkollaps – oder metaphorisch: einem planetaren Multiorganversagen (Barnosky et al., 2012; Steffen et al., 2015). Dieser Begriff verweist auf die gleichzeitige Überlastung mehrerer Erdsysteme – ähnlich wie bei einer Intensivpatientin, bei der Herz, Lunge, Nieren und Gehirn gleichzeitig ausfallen (◘ Tab. 1.8).

Wie ein lebender Organismus verfügt auch die Erde über funktionale Entsprechungen zentraler Organsysteme: Wälder und Ozeane wirken als Lungen, Meeresströmungen als Herz-Kreislauf, Biodiversität als neuronales Netzwerk, Feuchtgebiete als Nieren und Böden als Verdauungssystem. Diese Analogie, inspiriert durch die Gaia-Hypothese (Lovelock, 1979) und systemökologische Perspektiven (Capra, 1996; Zedler & Kercher, 2005; Rahmstorf, 2006), verdeutlicht die fragile Interdependenz planetarer Prozesse. Die Gaia-Hypothese zeigt: Ein planetarisches System ist mehr als die Summe seiner Teile – es ist ein lebendiges, kooperatives Ganzes.

1.11 Beziehungskrise mit der Erde – Wenn Verbundenheit verloren geht

» "The times are urgent; let us slow down."
– Bayo Akomolafe, o.J., A slower urgency

In der Mitte sich verstärkender ökologischer Krisen erscheint dieser Satz wie ein Widerspruch. Er weist jedoch auf eine wesentliche Erkenntnis hin: Echte Transformation kommt nicht durch Beschleunigung zustande, sondern durch Verlangsamung, Beziehung und Reflexion. Die Umweltkrise stellt keine allein technische

Herausforderung dar, sondern ist auch Ausdruck einer gestörten Beziehung zwischen Mensch und Erde – einer Beziehung, die immer mehr belastet wird.

> „Der Mensch wird in ökologischen Diskursen immer wieder als krankhafter Störfaktor oder krebsgleiches Wachstum beschrieben, das den Gesamtorganismus Erde gefährdet (Ehrlich, 1968; Lovelock, 1979; Naess, 1989; Fridays for Future, 2021)".

Diese provokante Diagnose benennt eine zentrale Dynamik des Anthropozäns: Der Mensch hat sich nicht nur von der Natur entfremdet – er hat die Beziehung selbst instrumentalisiert. Er konsumiert, nutzt, optimiert – aber er hört nicht mehr zu. Er lebt in der Welt, aber nicht mehr mit ihr.

Lukas

Lukas Klingenberg, Leiter der Stabsstelle Nachhaltigkeit in einem namhaften Unternehmen, hat Großes bewegt: CO_2-App, Jobräder, grüne Kantine, Green Human Resource (Green HR). Applaus im Vorstand. Doch kaum schließt er seine Bürotür hinter sich, spürt er ihn wieder – diesen permanenten inneren Druck. Eine Enge, die sich festgesetzt hat, in seinem Brustkorb, im Nacken. „Es reicht einfach nicht." Sein Körper kennt diesen Satz längst.
Er scrollt durch Social Media: Trump. China. Kipppunkte. Rückschritte. Alles, was er längst weiß – und doch, heute trifft es ihn unverhofft. Er ist wütend, traurig und hilflos, kein Stolz über das Erreichte, nur dieser stille Absturz in eine immense Überforderung. Eine lähmende Schwere breitet sich in ihm aus: „Wir verlieren zu viel Zeit. Wir sind zu langsam. Ich bin zu langsam." Der Druck wird stärker.
Er braucht frische Luft zum Atmen.
Am offenen Fenster blickt er auf einen Baum, den Himmel, Weite. Eine kleiner Vogel landet. Eine zarte Geste. Die Wolken ziehen. Wind, Rhythmus, Leben. Alles wirkt verbunden, getragen.
Er atmet durch. Sein System reguliert sich wieder. Nicht gelöst, aber klarer.
Und er fragt sich: Wie schafft es dieser Baum, so viel zu tragen – ohne daran zu zerbrechen? Was gibt ihm die Kraft, Stürme zu überstehen und dennoch Lebensraum für so viele zu sein?
Inwiefern ist meine eigene Arbeitsweise – inklusive meiner Reaktionsmuster auf Überforderung – selbst noch Produkt eines Systems, das menschliche und natürliche Ressourcen ausbeutet?
Und wie kann ich Regenerationsräume schaffen – inmitten eines Systems, das auf Kontrolle, Output und Performanz programmiert ist – und zugleich neue Resonanzachsen aufbauen, die Wandel ermöglichen, ohne mich selbst zu verlieren?
Welche kleinen kulturellen Kipppunkte – in Meetings, Sprache, Führungsstilen – könnten den Unterschied machen, damit Nachhaltigkeit und Regeneration nicht nur Inhalt bleibt, sondern zu Haltung und Identität wird?

> *In lebendigen Systemen trägt nie nur ein Teil allein. Es gibt Netzwerke, Rhythmen, Resonanz.*

1.11.1 Warum Wissen allein nicht reicht: Die „Dragons of Inaction" nach Gifford

Trotz fundierter Informationen über die Klimakrise fällt es vielen Menschen schwer, ihr Verhalten entsprechend anzupassen. Der Umweltpsychologe **Robert Gifford** hat dieses Phänomen mit dem Konzept der **„Dragons of Inaction"** beschrieben – psychologische Barrieren, die verhindern, dass Wissen in Handlungsfähigkeit übersetzt wird (Gifford, 2011). Diese „Drachen" lassen sich in sieben übergeordnete Kategorien gliedern:

1. **Begrenzte kognitive Kapazitäten:** Menschen neigen dazu, komplexe Probleme wie den Klimawandel zu vereinfachen oder auszublenden, insbesondere wenn sie nicht direkt erlebbar sind.
   (Beispiel: „Klimawandel? Das betrifft vielleicht irgendwann die Eisbären, aber nicht meinen Alltag.")
2. **Ideologische Überzeugungen:** Politische oder weltanschauliche Grundhaltungen können dazu führen, dass wissenschaftliche Erkenntnisse abgewehrt oder relativiert werden.
   (Beispiel: „Ich glaube nicht an staatliche Eingriffe – der Markt wird das schon regeln.")
3. **Soziale Vergleiche:** Das Verhalten anderer wird als Maßstab genommen, insbesondere wenn es um Konsum, Mobilität oder Energieverhalten geht.
   (Beispiel: „Warum soll ich auf Fleisch verzichten, wenn meine Nachbarn dreimal die Woche grillen?")
4. **Risikowahrnehmung und Verlustangst:** Veränderungen werden als Bedrohung empfunden – sei es für den eigenen Lebensstandard oder die wirtschaftliche Sicherheit.
   (Beispiel: „Wenn wir jetzt strengere Umweltgesetze machen, gefährden wir unsere Arbeitsplätze.")
5. **Geringes Gefühl von Selbstwirksamkeit:** Viele Menschen zweifeln daran, dass ihr eigenes Verhalten einen Unterschied macht – besonders angesichts globaler Dimensionen.
   (Beispiel: „Was bringt es, wenn ich das Auto stehen lasse – China produziert doch viel mehr CO_2 als ich?")
6. **Alltagsroutinen und Gewohnheiten:** Eingespielte Verhaltensmuster sind schwer zu ändern, auch wenn sie als umweltschädlich erkannt werden.
   (Beispiel: „Ich weiß, Fliegen ist klimaschädlich – aber mein Mallorca-Urlaub gehört einfach dazu.")
7. **Misstrauen gegenüber Institutionen:** Zweifel an der Effektivität oder Glaubwürdigkeit politischer Akteure und Systeme können zu Resignation führen.

(Beispiel: „Die da oben machen ja sowieso nichts – da lohnt es sich nicht, bei mir selbst anzufangen.")

Diese „Drachen" sind keine Zeichen von Gleichgültigkeit, sondern Ausdruck tief verankerter psychischer Schutzmechanismen. Sie dienen kurzfristig der emotionalen Entlastung – etwa vor Angst, Schuld oder Kontrollverlust – führen langfristig jedoch zu Passivität, Distanzierung und kollektiver Handlungsunfähigkeit.

Giffords Modell bietet eine hilfreiche Grundlage, um diese inneren Barrieren nicht nur zu erkennen, sondern gezielt zu adressieren – etwa in der Bildungsarbeit, politischen Kommunikation oder bei der Entwicklung nachhaltigkeitsfördernder Interventionen.

1.11.2 Entfremdung als systemische Beziehungskrise

» *Regeneration und Gesundung beginnen dort, wo Beziehung wieder möglich wird – mit uns selbst, mit der Erde, mit dem Leben.*

In der Entfremdung zeigt sich nicht nur eine ökologische Schieflage, sondern eine gestörte Beziehungskonstellation – zwischen Mensch und Mitwelt sowie zwischen Subjekt und System. Die Erde wird nicht mehr als lebendiger Organismus angesehen, sondern als Kulisse oder Ressource. Es mangelt an Resonanz, Rückmeldung und einem gemeinsamen Zukunftsplan. Ein nachhaltiger Umgang mit der Erde ist kein technisches Toolset, sondern auch eine Beziehungsqualität. Die Fähigkeit, Resonanz zu spüren, Rücksicht zu nehmen, mit der Welt statt gegen sie zu leben, bildet die Grundlage für wechselseitig gesunde Routinen.

Wie David Abram sinngemäß formuliert, führt die Verweigerung, der Erde ihren Subjektstatus zuzuerkennen, zu einer Schwächung unserer eigenen Fähigkeit, die Welt emotional und erkenntnismäßig zu erfassen (Abram, 1996).

Es geht also um ein tiefgreifendes kulturelles Relearning – nicht im Sinne naturverklärender Romantik und Bäume umarmen, sondern ein radikales Wieder-Erinnern an unsere eingebettete Zugehörigkeit zur lebendigen Mitwelt. Dieses Relearning wird heute zunehmend getragen von Ansätzen der **Umweltpsychologie, der Tiefenökologie, der planetaren Gesundheit** sowie von **indigenen Epistemologien,** die relationales Denken, wechselseitige Verantwortung und spirituellökologische Verbundenheit in den Mittelpunkt stellen (Kimmerer, 2013; Macy & Johnstone, 2012).

> **Shifting-Baseline-Syndrome**
>
> Das Shifting-Baseline-Syndrome (SBS) beschreibt ein Phänomen, bei dem sich die Wahrnehmung dessen, was als normal angesehen wird, im Laufe der Zeit verschiebt – oft ohne dass dies bewusst bemerkt wird und basierend auf individuellen oder gesellschaftlichen Erfahrungen. Es tritt besonders dann auf, wenn sich Menschen an veränderte Umweltbedingungen anpassen und frühere gesunde oder stabile Zustände nicht mehr als Referenzrahmen betrachten. (Pauly, 1995; Alleway et al., 2023). Zelenski und Nisbet (2014) zeigen empirisch, dass eine geringere

> Naturverbundenheit mit einem reduzierten Umweltengagement einhergeht und die ökologischen Krisen verschärft.
> *Mit unserem wachsenden Verständnis der Natur erkennen wir immer deutlicher ihre wechselseitige Verbundenheit. Nimmt jedoch die Komplexität und Vielfalt der Umwelt ab, verlieren wir unsere emotionale und psychologische Bindung zu ihr.*
> – nach E.O. Wilson, 1984

1.12 Von der Wachstumsillusion zur regenerativen Zukunft

Bereits im Jahr 1972 veröffentlichte der Club of Rome mit *The Limits to Growth* einen bahnbrechenden Bericht, der erstmals systematisch aufzeigte, dass exponentielles Wirtschaftswachstum in einem endlichen System unweigerlich an ökologische und soziale Grenzen stößt (Meadows et al., 1972). Damals noch als dystopisch belächelt, hat sich vieles aus dem Szenario längst bewahrheitet.

Trotz technologischen Fortschritts und besserer Datenlage bleibt eine zentrale Einsicht bestehen. Biophysikalische Grenzen der Erde machen ein unendliches wirtschaftliches oder materielles Wachstum unmöglich (Rockström et al., 2009, Planetary Boundaries).

Heute erkennen wir: Die ökologischen Krisen sind eng verknüpft mit einer sozialen und psychischen Erschöpfung. Die Beschleunigung unserer Lebensweise, die Entfremdung von der Natur und die Zersplitterung von Zusammenhängen führen zu einer kollektiven Dysregulation – innen wie außen.

» *Gesundheit braucht Beziehung. Nachhaltigkeit braucht Resonanz. Zukunft braucht Mut zur Begrenzung um Raum für Regeneration möglich zu machen.*

Key Learnings

- Stress ist ein universelles Phänomen, das sowohl Individuen als auch ökologische Systeme betrifft.
- Chronischer Stress signalisiert Dysregulation und weist auf notwendige Anpassungs- oder Regenerationsprozesse hin.
- Psychische Belastungen und Umweltstress sind interdependent und verstärken sich gegenseitig.
- Wiederherstellung der Balance des Systems erfordert systemisches Denken und nachhaltige sowie regenerative Ressourcenstrategien auf individueller und planetarer Ebene.

- Stresskompetenz und Umweltbewusstsein sind Schlüsselfaktoren, um kollektive Resilienz in einer komplexen, dynamischen Welt zu fördern.

Toolkit I – Systemüberlastung erkennen – Resonanzräume öffnen – nachhaltige Selbstführung etablieren

Toolkit für Nina – Systemstress im Alltag entkoppeln
Stopp-Check statt Schuldschleife
➜ Bei Überforderung innerlich stoppen: „Bin ich überlastet – oder ist das System um mich herum dysfunktional?"
→ *Entkräftet das „Ich bin das Problem-Narrativ" – öffnet Handlungsraum.*
Mini-Reset durch Naturkontakt
➜ 3 × täglich Naturimpuls (z.B. Balkon, Himmel, Naturild, Vogelstimmen):
Woran erinnert mich die Natur im Bezug auf den Umgang mit meinen inneren Ressourcen wie Zeit oder Gesundheit?
→ *Externe Rhythmen erinnern das innere System an seine Regenerationsfähigkeit.*
„Ich trage nicht alles" – Resonanz-Mantra im Haushalt.
➜ Post-it sichtbar platzieren: „Das System ist zu viel – nicht ich zu wenig."
→ *Verlagert den Druck vom Selbstoptimierungs- in den Regenerationsmodus.*

Toolkit für Jana – Systemdysfunktion im Praxisalltag durch Resonanz balanciere
Belastungsmarker in Echtzeit benennen dürfen
➜ Vor Teamrunden/Supervision: eine Minute für *„Was sagt mein Körper gerade über die Systemlage?"*
→ *Legitimation somatischer Rückmeldungen im professionellen Raum.*
System-Screening statt Selbstoptimierung
➜ Wöchentlich reflektieren: *„Wo bin ich erschöpft, weil ich kompensiere, was das System nicht leistet?"*
→ *Erkennt strukturelle Lücken – ermöglicht kollektive Gegenbewegung.*
Therapeutische Praxis als Ökosystem denken
➜ Fragen im Alltag verankern: „Was braucht dieses System (ich, Klient:in, Organisation) zur Selbstregulation?"
→ *Verbindet individuelles Handeln mit systemischer Verantwortung.*

> **Toolkit für Lukas – Überlastete Systeme sichtbar und gestaltbar machen**
> **Systemenergie-Check im Team etablieren**
> → 1×/Woche kollektive Frage: „Wo zeigt sich Überlastung – sowohl individuell als auch im System?"
> Enttabuisierung.
> → *Von der Erschöpfung zur strukturellen Diagnose und Handlungsmotivation*
> **Organisationspuls per Resonanzfrage messen**
> → In Meetings bewusst fragen: „Was fehlt uns als Team/Unternehmen gerade als lebendigem System, damit Regeneration möglich wird?"
> → *Team als ökologisches System begreifen – mit Belastungszyklen und Erholungsbedarf.*
> **Regeneration als Führungsaufgabe modellieren**
> → Monatlich einen sichtbaren Akt der Entschleunigung setzen (z. B. Meetings als Common Offline Outdoors ersetzen ersetzen, Outdoor Mittagspause, Walk and Talk)) – mit Botschaft: „Natur tut uns als Team gut."
> → *Verändert Leadershipkultur vom Leistungssymbol zur Resonanzpraxis.*

> *We are the system we want to transform.*
> – nach Otto Scharmer, 2009

Literatur

Akomolafe, B. (o.J.). *A slower urgency*. Blogbeitrag. ► https://www.bayoakomolafe.net/post/a-slower-urgency?utm

Alleway, H. K., et al. (2023). The shifting baseline syndrome as a connective concept for more informed and just environmental management. *People and Nature, 5*(1), 1–12. ► https://doi.org/10.1002/pan3.10473.

Antonovsky, A. (1987). *Unraveling the mystery of health – How people manage stress and stay well*. Jossey-Bass.

Arnsten, A. F. T. (2015). Stress weakens prefrontal networks: Molecular insults to higher cognition. *Nature Neuroscience, 18*(10), 1376–1385. ► https://doi.org/10.1038/nn.4087.

Barnosky, A. D., Hadly, E. A., Bascompte, J., Berlow, E. L., Brown, J. H., Fortelius, M., & Smith, A. B. (2012). Approaching a state shift in Earth's biosphere. *Nature, 486*(7401) 52–58. ► https://doi.org/10.1038/nature11018.

Bennett, N., & Lemoine, G. J. (2014). What VUCA really means for you. *Harvard Business Review, 92*(1/2), 27.

Bendtsen, L., & Jensen, R. (2006). Tension-type headache: The most common, but also the most neglected, headache disorder. *Current Opinion in Neurology, 19*(3), 305–309. ► https://doi.org/10.1097/01.wco.0000227043.00824.a9.

von Bertalanffy, L. (1968). *General system theory: Foundations, development, applications*. George Braziller.

Bronfenbrenner, U. (1979). *The ecology of human development: Experiments by nature and design*. Harvard University Press.

Caesar, L., Rahmstorf, S., Robinson, A., Feulner, G., & Saba, V. (2018). Observed fingerprint of a weakening Atlantic Ocean overturning circulation. *Nature, 556*(7700), 191–196. ► https://doi.org/10.1038/s41586-018-0006-5.

Cannon, W. B. (1932). *The wisdom of the body*. Norton & Company.
Capra, F. (1996). *The web of life: A new scientific understanding of living systems*. Anchor Books.
Capra, F. (2002). *The hidden connections: Integrating the biological, cognitive, and social dimensions of life into a science of sustainability*. Doubleday.
Capra, F., & Luisi, P. L. (2014). *The Systems View of Life: A Unifying Vision*. Cambridge University Press.
Clayton, S., & Karazsia, B. T. (2020). Development and validation of a measure of climate change anxiety. *Journal of Environmental Psychology, 69*, Article 101434. ▶ https://doi.org/10.1016/j.jenvp.2020.101434.
Chrousos, G. P. (2009). Stress and disorders of the stress system. *Nature Reviews Endocrinology, 5*(7), 374–381. ▶ https://doi.org/10.1038/nrendo.2009.106.
Convention on Biological Diversity (CBD). (1992). *United Nations convention on biological diversity*. United Nations Environment Programme (UNEP). ▶ https://www.cbd.int/doc/legal/cbd-en.pdf
Dhabhar, F. S. (2014). Effects of stress on immune function: The good, the bad, and the beautiful. *Immunologic Research, 58*(2–3), 193–210. ▶ https://doi.org/10.1007/s12026-014-8517-0.
Descartes, R. (2006). *Discourse on method* (J. Veitch, Trans.). Oxford University Press. (Original work published 1637).
Ehrlich, P. R. (1968). *The population bomb*. Ballantine Books.
Engel, G. L. (1977). The need for a new medical model: A challenge for biomedicine. *Science, 196*(4286).
Folke, C., et al. (2006). Resilience thinking: Integrating resilience, adaptability and transformability. *Ecology and Society, 15*(4), Article 20.
Fridays for Future. (2021, July 19). *Sommer der Utopien – Eckart von Hirschhausen*. Retrieved September 29, 2025, from ▶ https://fridaysforfuture.de/sommer-der-utopien-hirschhausen/.
Gupta, J., Bai, X., Liverman, D. M., Rockström, J., Qin, D., Stewart-Koster, B., Rocha, J. C., Jacobson, L., Abrams, J. F., Andersen, L. S., Armstrong McKay, D. I., Bala, G., Bunn, S. E., Ciobanu, D., DeClerck, F., Ebi, K. L., Gifford, L., Gordon, C., Hasan, S., & Zimm, C. (2024). A just world on a safe planet: A Lancet Planetary Health-Earth Commission report on Earth-system boundaries, translations, and transformations. *The Lancet Planetary Health, 8*(10), e813–e873. ▶ https://doi.org/10.1016/S2542-5196(24)00042-1.
Fullerton, J. (2015). *Regenerative capitalism: How universal principles and patterns will shape our new economy*. Capital Institute. ▶ https://capitalinstitute.org/wp-content/uploads/2015/04/2015-Regenerative-Capitalism-4-20-15-final.pdf.
Gifford, R. (2011). The dragons of inaction: Psychological barriers that limit climate change mitigation and adaptation. *American Psychologist, 66*(4), 290–302. ▶ https://doi.org/10.1037/a0023566.
Global Burden of Disease Collaborative Network. (2021). *Global Burden of Disease Study 2019*. (GBD 2019). ▶ https://www.healthdata.org/gbd/2019
Hardin, G. (1968). The tragedy of the commons. *Science, 162*(3859), 1243–1248. ▶ https://doi.org/10.1126/science.162.3859.1243.
Haraway, D. J. (2016). *Staying with the trouble: Making kin in the Chthulucene*. Duke University Press.
Hickman, C., Marks, E., Pihkala, P., Clayton, S., Lewandowski, R. E., Mayall, E. E., Wray, B., Mellor, C., & van Susteren, L. (2021). Climate anxiety in children and young people and their beliefs about government responses to climate change: A global survey. *The Lancet Planetary Health, 5*(12), e863–e873.
Hobfoll, S. E. (1989). Conservation of resources: A new attempt at conceptualizing stress. *American Psychologist, 44*(3), 513–524. ▶ https://doi.org/10.1037/0003-066X.44.3.513.
Holling, C. S. (1973). Resilience and stability of ecological systems. *Annual Review of Ecology and Systematics, 4*, 1–23.
Horton, R., Beaglehole, R., Bonita, R., Raeburn, J., McKee, M., & Wall, S. (2014). From public to planetary health: A manifesto. *The Lancet, 383*(9920), 847. ▶ https://doi.org/10.1016/S0140-6736(14)60409-8.
Hulme, M. (2009). *Why We Disagree About Climate Change: Understanding Controversy, Inaction and Opportunity*. Cambridge University Press.

Literatur

Intergovernmental Science-Policy Platform on Biodiversity and Ecosystem Services (IPBES). (2019). Global assessment report on biodiversity and ecosystem services: Summary for policymakers. ▶ https://doi.org/10.5281/zenodo.3831673

Intergovernmental Panel on Climate Change (IPCC). (2021). Climate Change 2021: The Physical Science Basis. Contribution of Working Group I to the Sixth Assessment Report of the Intergovernmental Panel on Climate Change. Cambridge University Press. ▶ https://doi.org/10.1017/9781009157896.

Intergovernmental Panel on Climate Change (IPCC). (2022). Climate Change 2022: Impacts, Adaptation and Vulnerability. Contribution of Working Group II to the Sixth Assessment Report of the Intergovernmental Panel on Climate Change. Cambridge University Press. ▶ https://www.ipcc.ch/report/ar6/wg2/

Kaplan, R. (1995). The restorative benefits of nature. *JEP, 15*(3), 169–182. ▶ https://doi.org/10.1016/0272-4944(95)90001-2.

Kaplan, S., & Berman, M. G. (2010). Directed attention as a common resource for executive functioning and self-regulation. *Perspectives on Psychological Science, 5*(1), 43–57. ▶ https://doi.org/10.1177/1745691609356784.

Kimmerer, R. W. (2013). *Braiding sweetgrass: Indigenous wisdom, scientific knowledge and the teachings of plants*. Milkweed Editions.

KLUG e. V. ▶ https://www.klimawandel-gesundheit.de/planetary-health/ 24.04 2025

Latour, B. (1995). *Wir sind nie modern gewesen: Versuch einer symmetrischen Anthropologie* (G. Schiemann, Übers.). Akademie Verlag.

Latour, B. (2004). *Politics of nature: How to bring the sciences into democracy* (C. Porter, Trans.). Harvard University Press.

Latour, B. (2017). *Facing Gaia: Eight Lectures on the New Climatic Regime* (C Porter, Trans.). Polity Press. (Chapter 4)

Lazarus, R. S., & Folkman, S. (1984). *Stress, appraisal, and coping*. Springer Publishing Company Stress, Appraisal, and Coping – ResearchGate

Lenton, T. M., Held, H., Kriegler, E., Hall, J. W., Lucht, W., Rahmstorf, S., & Schellnhuber, H. J. (2008). Tipping elements in the Earth's climate system. *Proceedings of the National Academy of Sciences, 105*(6), 1786–1793. ▶ https://doi.org/10.1073/pnas.0705414105.

Likens, G. E., Driscoll, C. T., & Buso, D. C. (1996). Long-term effects of acid rain: Response and recovery of a forest ecosystem. *Science, 272*(5259), 244–246. ▶ https://doi.org/10.1126/science.272.5259.244.

Lovelock, J. (1979). *Gaia: A new look at life on Earth*. Oxford University Press.

Lovelock, J. E., & Margulis, L. (1974). Atmospheric homeostasis by and for the biosphere: The Gaia hypothesis. *Tellus, 26*(1–2), 2–10.

Lupien, S. J., McEwen, B. S., Gunnar, M. R., & Heim, C. (2009). Effects of stressthroughout the lifespan on the brain, behaviour and cognition. *Nature Reviews Neuroscience, 10*(6), 434–445. ▶ https://doi.org/10.1038/nrn2639.

Macy, J., & Johnstone, C. (2012). *Active hope: How to face the mess we're in without going crazy*. New World Library.

Mayer, E. A. (2011). Gut feelings: The emerging biology of gut-brain communication. *Nature Reviews Neuroscience, 12*(8), 453–466. ▶ https://doi.org/10.1038/nrn3071.

Mayer, F. S., & Frantz, C. M. (2004). The connectedness to nature scale: A measure of individuals' feeling in community with nature. *Journal of Environmental Psychology, 24*(4), 503–515. ▶ https://doi.org/10.1016/j.jenvp.2004.10.001.

McEwen, B. S., & Stellar, E. (1993). Stress and the individual: Mechanisms leading to disease. *Archives of Internal Medicine, 153*(18), 2093–2101. ▶ https://doi.org/10.1001/archinte.1993.00410180039004.

McEwen, B. S. (2007). Physiology and neurobiology of stress and adaptation: Central role of the brain. *Physiological Reviews, 87*(3), 873–904. ▶ https://doi.org/10.1152/physrev.00041.2006.

McEwen, B. S. (1998). Protective and damaging effects of stress mediators. *New England Journal of Medicine, 338*(3), 171–179. ▶ https://doi.org/10.1056/NEJM199801153380307.

Meadows, D. H., Meadows, D. L., Randers, J., & Behrens III, W. W. (1972). *The limits to growth: A report for the Club of Rome's project on the predicament of mankind*. Universe Books.
Meadows, D. H. (2008). *Thinking in systems: A primer*. Chelsea Green Publishing.
Merchant, C. (1980). *The death of nature: Women, ecology, and the scientific revolution*. HarperOne.
Mooney, H. A., & Canadell, J. G. (2000). The terrestrial biosphere and global change: Implications for natural and managed ecosystems. *Science, 290*(5490), 2089–2090.
Naess, A. (1973). The shallow and the deep, long-range ecology movement. *Inquiry, 16*(1–4), 95–100. ▶ https://doi.org/10.1080/00201747308601682.
Naess, A. (1989). *Ecology, community and lifestyle: Outline of an ecosophy*. Cambridge University Press.
OECD. (2022). OECD Skills Outlook 2022: Lifelong Learning for Resilience and Adaptability. *OECD Publishing*. ▶ https://doi.org/10.1787/0e557228-en.
Odum, E. P. (1971). *Fundamentals of ecology* (3rd ed.). Saunders.
Odum, E. P. (1985). Trends expected in stressed ecosystems. *BioScience, 35*(7), 419–422. ▶ https://doi.org/10.2307/1310021.
Ojala, M. (2012). Hope and climate change: The importance of hope for pro-environmental engagement among young people. *Environmental Education Research, 18*(5), 625–642.
Paine, R. T. (1966). Food web complexity and species diversity. *The American Naturalist, 100*(910), 65–75. ▶ https://doi.org/10.1086/282400
Paine, R. T. (1969). A note on trophic complexity and community stability. *The American Naturalist, 103*(929), 91–93. ▶ https://doi.org/10.1086/282586.
Pan American Health Organization. (2022). Health in the Americas 2022. ▶ https://hia.paho.org/en/covid-2022/health
Pauly, D. (1995). Anecdotes and the shifting baseline syndrome of fisheries. *Trends in Ecology & Evolution, 10*(10), 430. ▶ https://doi.org/10.1016/S0169-5347(00)89171-5.
Plumwood, V. (1993). *Feminism and the mastery of nature*. Routledge.
Pörtner, H. O., Scholes, R. J., Agard, J., Archer, E., Arneth, A., Bai, X., et al. (2021). *IPBES-IPCC co-sponsored workshop report on biodiversity and climate change*. Zenodo. ▶ https://doi.org/10.5281/zenodo.4782538
Richardson, K., Steffen, W., Rockström, J., Lucht, W., Cornell, S. E., Fetzer, I., ... & Winkler, K. J. (2023). Earth beyond six of nine planetary boundaries. Science Advances, 9(37), eadh2458. ▶ https://doi.org/10.1126/sciadv.adh2458.
Rockström, J., Steffen, W., Noone, K., Persson, Å., Chapin, F. S., Lambin, E. F., & Foley, J. A. (2009a). A safe operating space for humanity. *Nature, 461*(7263), 472–475. ▶ https://doi.org/10.1038/461472a.
Scheffer, M., Carpenter, S. R., Foley, J. A., Folke, C., & Walker, B. (2001). Catastrophic shifts in ecosystems. *Nature, 413*(6856), 591–596. ▶ https://doi.org/10.1038/35098000.
Siegel, D. J. (2012). *The developing mind: How relationships and the brain interact to shape who we are* (2. Aufl.). Guilford Press.
South African Medical Research Council. (2022). HERStory 2: The intersection of COVID-19 and mental health in adolescent girls and young women. ▶ https://www.samrc.ac.za/sites/default/files/attachments/2022-09/HERStory2ResearchBriefCOVIDMentalHealth.pdf.

Rees und Bamberg (2014) – Schuld

Rees, J. H., & Bamberg, S. (2014). Climate protection needs societal change: Determinants of intention to participate in collective climate action. *European Journal of Social Psychology, 44*(5), 466–473.
Rockström, J., et al. (2009). Planetary boundaries: Exploring the safe operating space for humanity. *Ecology and Society, 14*(2), Article 32. ▶ https://doi.org/10.5751/ES-03180-140232.
Sapolsky, R. M. (2004). *Why zebras don't get ulcers* (3. Aufl.). Henry Holt.
Simard, S. W., Perry, D. A., Jones, M. D., Myrold, D. D., Durall, D. M., & Molina, R. (1997). Net transfer of carbon between ectomycorrhizal tree species in the field. *Nature, 388*(6642), 579–582. ▶ https://doi.org/10.1038/41557.

Literatur

Steffen, W., et al. (2015). Planetary boundaries: Guiding human development on a changing planet. *Science, 347*(6223), 1259855. ▶ https://doi.org/10.1126/science.1259855.

Steffen, W., Rockström, J., Richardson, K., Lenton, T. M., Folke, C., Liverman, D., & Schellnhuber, H. J. (2018). Trajectories of the earth system in the anthropocene. *Proceedings of the National Academy of Sciences, 115*(33), 8252–8259. ▶ https://doi.org/10.1073/pnas.1810141115.

Sterman, J. D. (2000). *Business dynamics: Systems thinking and modeling for a complex world*. Irwin/McGraw-Hill.

Stoknes, P. E. (2015). *What we think about when we try not to think about global warming: Toward a new psychology of climate action*. Chelsea Green Publishing.

The Lancet Global Health Commission. (2022). Financing primary health care: Putting people at the centre. *The Lancet Global Health, 10*(5), e715–e772. ▶ https://doi.org/10.1016/S2214-109X(22)00005-5.

Thoreau, H. D. (2004). *Walden (Original work published 1854)*. Princeton University Press.

Toufexis, D., Rivarola, M. A., Lara, H., & Viau, V. (2014). Stress and the reproductive axis. *Journal of Neuroendocrinology, 26*(9), 573–586. ▶ https://doi.org/10.1111/jne.12179.

Tsigos, C., & Chrousos, G. P. (2002). Hypothalamic-pituitary-adrenal axis, neuroendocrine factors and stress. *Journal of Psychosomatic Research, 53*(4), 865–871. ▶ https://doi.org/10.1016/S0022-3999(02)00429-4.

Walker, B., & Salt, D. (2006). *Resilience thinking: Sustaining ecosystems and people in a changing world*. Island Press.

Whitmee, S., Haines, A., Beyrer, C., Boltz, F., Capon, A. G., de Souza Dias, B. F., & Yach, D. (2015). Safeguarding human health in the Anthropocene epoch: Report of The Rockefeller Foundation-Lancet Commission on planetary health. *The Lancet, 386*(10007), 1973–2028. ▶ https://doi.org/10.1016/S0140-6736(15)60901-1.

Whyte, K. P. (2018). Indigenous science (fiction) for the Anthropocene. *Environment and Planning E: Nature and Space, 1*(1–2), 224–242. ▶ https://doi.org/10.1177/2514848618777621.

Wilson, E. O. (1984). *Biophilia*. Harvard University Press.

Wissenschaftlicher Beirat der Bundesregierung Globale Umweltveränderungen (WBGU). (2023). Gesund leben auf einer gesunden Erde: Hauptgutachten. WBGU. ▶ https://www.wbgu.de/fileadmin/user_upload/wbgu/publikationen/hauptgutachten/hg2023/pdf/wbgu_hg2023.pdf.

World Health Organization. (2022). *World mental health report: Transforming mental health for all*. World Health Organization.

World Health Organization. (2022b). Mental disorders. ▶ https://www.who.int/news-room/fact-sheets/detail/mental-disorders.

Zedler, J. B., & Kercher, S. (2005). Wetland resources: Status, trends, ecosystem services, and restorability. *Annual Review of Environment and Resources, 30*, 39–74. ▶ https://doi.org/10.1146/annurev.energy.30.050504.144248.

Zelenski, J. M., & Nisbet, E. K. (2014). Happiness and feeling connected: The distinct role of nature relatedness. *Environment and Behavior, 46*(1), 3–23. ▶ https://doi.org/10.1177/0013916512451901.

Weiterführende Literatur

Heinrich-Böll-Stiftung. (2019, November 18). Luisa Neubauer: Vom Ende der Klimakrise. Eine Geschichte unserer Zukunft. ▶ https://greencampus.boell.de/de/afar/event%3Aluisa-neubauer-vom-ende-der-klimakrise-eine-geschichte-unserer-zukunft.

Neubauer, L., & Repenning, A. (2019). *Vom Ende der Klimakrise: Eine Geschichte unserer Zukunft*. Klett-Cotta. ISBN: 978-3-608-50455-2

Auf dem Weg zu einer regenerativen Zukunft: Wissenschaftliche Grundlagen nachhaltiger und naturbasierter Interventionen (NNBI)

Inhaltsverzeichnis

2.1	Einführung in ein ökosystemisches Gesundheitsverständnis – 55	
2.2	Entwicklung eines erweiterten Gesundheitsverständnisses – 56	
2.3	Von der individuellen zur systemischen Perspektive – 58	
2.3.1	Systemisches Gesundheitsverständnis – 58	
2.3.2	Historische Entwicklung ökosystemischer Gesundheitskonzepte – 59	
2.4	Wissenschaftliche Modelle und Theorien – 59	
2.4.1	Biopsychosoziales Modell – 60	
2.4.2	Ökologische Modelle (Bronfenbrenner und Latour) – 61	
2.4.3	Gaia-Hypothese und Resonanztheorie – 61	
2.4.4	Tiefenökologie: Natur nicht nur als Ressource, sondern als Wert an sich – 62	

© Der/die Autor(en), exklusiv lizenziert an Springer-Verlag GmbH, DE, ein Teil von Springer Nature 2025
K. Köhler, *Future Skills: Nachhaltiges und naturbasiertes Ressourcen- und Stressmanagement*,
https://doi.org/10.1007/978-3-662-71605-2_2

2.5	Planetary Health und ökologische Gesundheit – 64
2.5.1	Einführung in Planetary Health – 64
2.5.2	Kernprinzipien der planetaren Gesundheit – 64
2.5.3	Biodiversität und Ökosystemleistungen – 67
2.5.4	Förderung der Mensch-Mitwelt-Beziehung – 71
2.5.5	Nationale und internationale Initiativen zur Verbindung von Umwelt und Gesundheit – 72
2.5.6	Ökosalute Politik in Deutschland: Integrative Ansätze von Umwelt- und Gesundheitspolitik – 74
2.5.7	Gesunde Erde, gesunde Menschen (WGBU, 2023) – 74
2.5.8	Das Konzept „Teil der Natur sein" im Zusammenhang mit ökosystemischer Gesundheit – 77
2.5.9	Ein Lösungsansatz: Natur – mehr als eine Gesundheitsressource – 80
2.6	Theoretische Basis klassischer naturbasierter Interventionen (NBI) – 81
2.6.1	Biophilie-Hypothese – 81
2.6.2	Regenerative Theorien: ART, SRT & CRT – 82
2.6.3	Stärkung der Resilienz durch die Natur: Nature-based Biopsychosocial Resilience Theory (NBBR) – 85
2.6.4	Affect Regulation Theory (ART) – 85
2.6.5	Therapeutische Landschaften – 86
2.7	Naturverbundenheit und Wohlbefinden – 90
2.7.1	Naturverbundenheit: Definition und Dimensionen – 90
2.7.2	Die drei ABC-Dimensionen der Verbindung zur Natur – 91
2.7.3	Naturentfremdung: Ursachen und Auswirkungen – 93

2.8		Nachhaltigkeit als Basis ökosystemischer Gesundheit – 95
	2.8.1	Begriffsklärung – 95
	2.8.2	Dimensionen der Nachhaltigkeit (Ökologie, Ökonomie, Soziales) – 96
	2.8.3	Prinzipien der Nachhaltigkeit (Suffizienz, Effizienz, Konsistenz) – 97
	2.8.4	Nachhaltigkeit und psychische Gesundheit (Polyvagal-Theorie) – 99
	2.8.5	Post-Growth, Commons und transformative Bildung als systemische Grundlage regenerativer Gesundheit – 102
2.9		Fazit – 102
	2.9.1	Zusammenfassung – 102
	2.9.2	Ausblick – 103

Key Learnings – 103

Toolkit II – Naturprinzipien in Systemgestaltung und Rückkopplung – 104

Literatur – 106

Trailer

In Kap. 2 wird ein ökosystemisches Verständnis von Gesundheit entwickelt, das die fundamentale Wechselbeziehung zwischen Mensch und Natur in den Mittelpunkt stellt. Naturbasierte Ansätze zur Förderung psychischer Gesundheit werden auf wissenschaftlicher Grundlage betrachtet, eingebettet in den Kontext der planetaren Gesundheitsdebatte (Planetary Health) sowie sozialökologischer Resilienzkonzepte.

Dabei werden zentrale Modelle wie die Attention Restoration Theory (Kaplan & Kaplan, 1989), die Stress Recovery Theory (Ulrich, 1984) und die Biophilie-Hypothese (Wilson, 1984) vorgestellt, die den Einfluss naturnaher Umgebungen auf menschliche Regenerationsprozesse wissenschaftlich fundieren.

Das Kapitel legt einen besonderen Fokus auf naturbasierte Interventionen im Kontext der mentalen Gesundheit und diskutiert die Bedeutung von Naturkontakt in Zeiten zunehmender Urbanisierung und Klimakrise. Gesundheit wird dabei nicht als isoliertes individuelles Phänomen verstanden, sondern als emergente Qualität dynamischer Mensch-Natur-Systeme.

Die Gesundheit des Menschen kann nicht länger getrennt von der Gesundheit des Planeten betrachtet werden (Whitmee et al., 2015).

Kap. 2 zeigt Wege auf, wie naturbasierte Ansätze nicht nur zur individuellen Stressreduktion, sondern auch zur Stärkung planetarer Resilienz beitragen können – und lädt ein, Gesundheit als regenerativen, integrativen Prozess zu verstehen.

❓ Einleitungsfragen

1. Wie kann eine tiefere Verbindung zur Natur individuelle Gesundungsprozesse unterstützen und zu einem nachhaltigen Lebensstil beitragen?
2. Welche Bedeutung hat regelmäßiger Naturkontakt für die Entwicklung psychischer Resilienz angesichts urbaner Verdichtung, digitaler Reizüberflutung und klimabedingter Zukunftsängste?
3. Wie kann ein ökosystemisch fundiertes Gesundheitsverständnis dazu beitragen, kollektive Stressphänomene zu verstehen und gesamtgesellschaftliche Transformationsprozesse anzustoßen?
4. Wie lassen sich gesundheitsförderliche Naturerfahrungen strukturell so gestalten, dass sie allen Menschen – unabhängig von sozialem Status, Herkunft oder Wohnort – nachhaltig zugänglich sind?

💬 These

Regeneration ist keine Erholungspause – sie ist ein aktiver Prozess lebendiger Systeme, der Gesundheit, Sinn und Zukunftsfähigkeit zugleich ermöglicht.

▶ Die Wirkung von Natur auf unser Erleben

Stellen Sie sich vor: Sie sitzen an einem Arbeitstag an Ihrem Schreibtisch. Durch das Fenster fällt Ihr Blick auf eine lebendige, grüne Landschaft – Bäume wiegen sich sanft im Wind, Vögel zwitschern, das Licht spielt auf den Blättern.

Wie fühlen Sie sich?
Welche Emotionen steigen auf?
Wie verändert sich Ihre Konzentration, Ihre Atmung, Ihre Stimmung?

Nun stellen Sie sich eine alternative Szene vor: Das gleiche Büro, aber der Blick fällt auf eine Betonwand, grau und strukturlos. Kein Baum, kein Vogel, kein Lichtspiel – nur starre, kalte Fläche.

Erinnern Sie sich an Ihre Empfindungen in beiden Szenen. Vielleicht bemerken Sie, wie Ihr Körper in der Naturansicht zur Ruhe kommt, Ihre Gedanken freier fließen, während die Betonwand Enge, Anspannung oder Erschöpfung auslöst.
Diese unmittelbare Erfahrung verweist auf eine grundlegende Wahrheit: Der Mensch ist evolutionär darauf angelegt, in resonanter Beziehung mit der lebendigen Mitwelt zu existieren.
Kap. 2 lädt Sie ein, diese Verbindung wissenschaftlich zu erkunden – und Wege zu finden, sie in Ihrem eigenen Leben bewusst zu kultivieren.

Die Natur besitzt eine transformative und regenerierende Kraft – sowohl für uns Menschen als auch für die Welt um uns herum. Indem wir uns achtsam auf die regenerativen Kräfte der äußeren Natur einlassen, können wir entdecken, dass wir Teil dieses Kreislaufs sind und dieselben Kräfte in uns tragen. Nachhaltige und naturbasierte Interventionen bieten uns die Möglichkeit, in der äußeren Natur unsere Beziehung zu unsere inneren Natur neu zu entdecken: Sie laden uns ein, zu unserer grundlegenden Verbundenheit und der Weisheit natürlicher Rhythmen und nachhaltigem Ressourcenmanagement zurückzukehren, die in uns und um uns herum wirken.

> „Ich bin Leben, das leben will, inmitten von Leben, das leben will"
> - Albert Schweitzer, 1923

Dieses zentrale Zitat von Albert Schweitzers Ehrfurcht vor dem Leben betont die fundamentale Verknüpfung des Menschen mit dem lebendigen Geflecht des Lebens und erinnert zugleich an die natürliche Essenz des Menschseins. Schweitzer entwickelt damit das grundlegende Narrativ für nachhaltige und naturbasierte Interventionen: Diese laden dazu ein, die Weisheit einer tiefen Verbundenheit mit der Natur in vielfältiger und umfassender Weise neu zu entdecken. Ein bewusster Rückbezug auf das lebendige Netzwerk unseres Planeten eröffnet transformative Potenziale – einen Weg zu Regeneration, innerem Gleichgewicht und nachhaltigem Wohlbefinden aller.

2.1 Einführung in ein ökosystemisches Gesundheitsverständnis

Wachsende ökologische Krisen, Urbanisierung und tiefgreifende gesellschaftliche Transformationsprozesse machen deutlich, dass klassische biomedizinische Gesundheitsmodelle an ihre Grenzen stoßen. Bereits die Ottawa-Charta der

Weltgesundheitsorganisation betonte, dass soziale, ökologische und politische Determinanten eine zentrale Rolle für Gesundheit spielen (World Health Organization [WHO], 1986). Auf dieser Grundlage entwickelten sich Konzepte wie *One Health* und Planetary Health, die die untrennbare Verflechtung menschlicher, tierischer und ökologischer Gesundheit in den Mittelpunkt stellen (Whitmee et al., 2015; WHO, 2017).

Im Rahmen ökosystemischer Ansätze wird Gesundheit zunehmend als emergentes Phänomen komplexer adaptiver Systeme verstanden – also als Resultat dynamischer Wechselwirkungen innerhalb vernetzter Kontexte (Capra & Luisi, 2014). Dieser systemische Zugang bedeutet einen Paradigmenwechsel: Anstelle linearer Ursache-Wirkungsmodelle treten Konzepte wie Selbstorganisation, Resilienz und Netzwerkkonfiguration.

Ökologische Einflussfaktoren wie Luftqualität, Biodiversität, Klimaregulation und der Zugang zu natürlichen Umwelten wirken sich nicht nur auf physiologische Gesundheitsparameter aus, sondern beeinflussen ebenso psychische, kognitive und soziale Prozesse (Frumkin et al., 2017). Vor diesem Hintergrund sollte die Gesundheitsförderung im 21. Jahrhundert über individuelle Verhaltensanpassung hinausgehen und die nachhaltige Mitgestaltung ökologischer Systeme einschließen.

Horton et al. (2014) betonen, dass die Gesundheit von Menschen, Gesellschaften und des Planeten nicht getrennt voneinander betrachtet werden kann, sondern als miteinander verflochtene Elemente eines integrierten Gesamtsystems zu verstehen ist. Ein ökosystemisches Gesundheitsverständnis verortet den Menschen daher als Teil eines dynamischen Netzwerks, dessen Balance sowohl individuelles Wohlbefinden als auch die planetare Resilienz unterstützt.

2.2 Entwicklung eines erweiterten Gesundheitsverständnisses

(Siehe ◘ Abb. 2.1).

Die Geschichte der Gesundheitswissenschaften war lange von einem reduktionistischen Paradigma geprägt, das Gesundheit primär als Abwesenheit von Krankheit verstand (WHO, 2006).

„*Health is a state of complete physical, mental and social well-being and not merely the absence of disease or infirmity.*" (*World Health Organization, 1946/2006*)

Krankheit wurde als individuelles biomedizinisches Problem behandelt, weitgehend unabhängig von sozialen oder ökologischen Kontexten. Mit der Ottawa-Charta der WHO (1986) begann eine systematische Erweiterung dieses Verständnisses: Gesundheit wurde als Ergebnis sozialer, ökologischer und politischer Bedingungen definiert. Darauf aufbauend entwickelten sich Ansätze wie One Health und Planetary Health, die die wechselseitige Abhängigkeit von menschlicher Gesundheit und planetarer Stabilität explizit herausstellen (Whitmee et al., 2015).

Die Trennung von Mensch und Natur

Ursprung des Trennungsdenkens
- Philosophie: Descartes' Dualismus, Newton's Mechanik
- Psycholog. Distanz Umwelt vs. Mitwelt
- Religion: "Macht euch die Erde untertan" (Genesis)
- Wirtschaft: Industrialisierung → Natur als Ressource, Instrumentalierung

Wissenschaftliche Gegenperspektiven
- Planetare Grenzen (Rockström 2009)
- Sozial-ökologische Systeme (Ostrom 2009)
- Human Microbiome: Mensch als Teil des Ökosystems

Die Illusion der Trennung führt zur ökologischen Krise

Symptome der Trennung
- Ökologisch: Klimawandel, Artensterben (IPBES 2019)
- Psychologisch: Nature-Deficit Disorder (Louv 2005)
- Wirtschaftlich: Externalisierung von Umweltkosten

Lösungsansätze
- Indigenes Wissen: Ganzheitliche Naturbeziehung
- Kreislaufwirtschaft: Cradle-to-Cradle + Biophiles Bauen
- Politisch: Gemeinwohl-Ökonomie, Postwachstum
- Öko-systemisches Gesundheitsverständnis

Trennung — **Re-Integration**

"Wir sind nicht über der Natur – wir sind Teil von ihr." (Jane Goodall)
"Die größte Illusion ist die Trennung." (Albert Einstein)

Abb. 2.1 Trennung von Mensch und Natur. (Eigene Darstellung in Anlehnung an Latour, 1993 und Merchant, 1980, erstellt mit Canva. © Dr. med. Kristin Köhler, 2025

Das Socio-Ecological Model of Health (McLeroy et al., 1988) integrierte systematisch individuelle, gemeinschaftliche und ökologische Einflussfaktoren. Diese Modelle zeigen: Gesundheit entsteht aus dynamischen Beziehungen zwischen Individuum, Gesellschaft und Mitwelt.

Ein weiterhin wirkmächtiges kulturelles Narrativ ist die konzeptionelle Trennung von Mensch und Natur, die in vielen gesellschaftlichen, wissenschaftlichen und politischen Diskursen fortbesteht. Wie Merchant (1980) und Latour (1993) beschreiben, führte das dualistische Weltbild zur Instrumentalisierung natürlicher Systeme. Diese Entkopplung hat weitreichende Konsequenzen:
- Psychische Belastungen durch Naturdefizit (Louv, 2005),
- ökologische Krisen durch Externalisierung natürlicher Ressourcen und
- kognitive Entfremdung, etwa durch die Sprache der „Naturnutzung" (Nisbet et al., 2009).

Die Auswirkungen dieser Entkopplung sind empirisch belegt:
- Erhöhte Cortisolspiegel und kognitive Einschränkungen in naturfernen Umgebungen (Kaplan & Berman, 2010),
- vernachlässigte präventive Ansätze in der Medizin (Frumkin et al., 2017) sowie
- verringerte Klimaschutzbereitschaft aufgrund psychologischer Distanz (Gifford, 2011).

Ansätze wie Biophilic Design, One Health oder die Integration indigener Wissenssysteme zielen auf eine Wiederverbindung zwischen Mensch und Natur. Sie fördern ein ökosystemisches Gesundheitsverständnis, in dem Natur nicht als externes Objekt, sondern als integraler Teil menschlicher Lebens- und Wirkzusammenhänge verstanden wird.

2.3 Von der individuellen zur systemischen Perspektive

2.3.1 Systemisches Gesundheitsverständnis

Die zunehmenden ökologischen Herausforderungen des Anthropozäns machen deutlich, dass Gesundheit nicht isoliert betrachtet werden kann. Um die gesellschaftliche Resilienz zu stärken, bedarf es eines integrativen Ansatzes, der ökologische, soziale und ökonomische Dimensionen systematisch in zentrale Bereiche wie öffentliche Gesundheit, Stadtplanung und politische Steuerung einbezieht – unter Berücksichtigung planetarer Belastungsgrenzen (Rockström et al., 2023).

Demgegenüber steht ein stark fragmentiertes medizinisches System: Fachdisziplinen entwickeln sich entlang einzelner Organsysteme, zunehmend ergänzt durch hochspezialisierte Subspezialitäten. Diese strukturelle Aufteilung erschwert den ganzheitlichen Blick auf menschliche Gesundheit. In einer mechanistisch geprägten Praxis geraten systemische Wechselwirkungen ebenso aus dem Blick wie das regenerative Potenzial lebender Organismen. Prävention bleibt in diesem Kontext oft unterfinanziert und strukturell nachrangig.

Systemische Gesundheitskonzepte hingegen folgen einem ganzheitlichen Denken (► Abschn. 1.2.1), das – bereits bei Aristoteles grundlegend formuliert – davon ausgeht, dass das Ganze mehr ist als die Summe seiner Teile. Dieses Verständnis erweitert die Wahrnehmung individueller Gesundheit um ihre Einbettung in soziale und ökologische Zusammenhänge. Vor dem Hintergrund ökologischer Degradationsprozesse kann diese Verbindung sowohl als Risikofaktor als auch als Ressource verstanden werden. Aus einer salutogenetischen Perspektive gewinnen intakte Ökosysteme, Biodiversität und erlebte Naturbeziehungen zunehmend an Bedeutung: Sie können wesentlich zur individuellen und kollektiven Resilienz beitragen und dabei auch die planetare Gesundheit unterstützen (Prescott & Logan, 2018).

> **Emergenz**
>
> Emergenz beschreibt die Entstehung neuer Eigenschaften oder Verhaltensmuster in komplexen Systemen, die sich nicht aus den Einzelteilen ableiten lassen. Sie entstehen durch Interaktion, Vernetzung und Selbstorganisation (Capra & Luisi, 2014). Lebende Systeme sind in der Lage, auf wachsende Komplexität mit Anpassung, Lernen und kreativer Reorganisation zu reagieren.
>
> **Beispiele**
> - Vogelschwärme: Ohne zentrale Steuerung koordinieren sich tausende Vögel zu synchronem Flug – eine emergente Eigenschaft aus einfachen lokalen Regeln.
> - Pilz-Baum-Netzwerke (Mykorrhiza): Pilzfäden und Baumwurzeln bilden unterirdische Netzwerke, die Nährstoffe austauschen und das System gemeinschaftlich regulieren – ohne eine zentrale Instanz.

2.3.2 Historische Entwicklung ökosystemischer Gesundheitskonzepte

Die Einsicht, dass die menschliche Gesundheit untrennbar mit der Integrität ökologischer Systeme verbunden ist, hat sich in den letzten Jahrzehnten durch verschiedene theoretische Zugänge herausgebildet. Konzepte wie *Eco Health*, *One Health* und *Planetary Health* spiegeln diese Entwicklung wider und betonen eine systemübergreifende Sichtweise. Prescott und Logan (2018) verdeutlichen, dass die ökologische Einbettung des Menschen eine fundamentale Grundlage für Gesundheit darstellt.

Zentrale Merkmale ökosystemischer Ansätze sind die Betonung systemischer Beziehungsqualitäten sowie das Bewusstsein für die Endlichkeit natürlicher Ressourcen. Gesundheit wird in diesem Rahmen nicht mehr als rein individuelles oder biomedizinisch reduziertes Phänomen verstanden, sondern als emergentes Produkt komplexer Wechselwirkungen zwischen biologischen, sozialen und ökologischen Systemen (Capra & Luisi, 2014; Horton et al., 2014).

Buse et al. (2018) argumentieren, dass eine konsequente Anwendung ökosystemischer Perspektiven in Public Health ein vertieftes Verständnis der Interdependenz zwischen menschlicher Gesundheit und Umweltbedingungen im Anthropozän ermöglicht. Solche Ansätze erweitern klassische Gesundheitsförderung um systemische, präventive und ökologische Dimensionen und fordern, dass ökologische wie soziale Dynamiken stärker in medizinische, psychologische und gesellschaftliche Interventionen integriert werden (◘ Abb. 2.2).

2.4 Wissenschaftliche Modelle und Theorien

Aufbauend auf den zuvor skizzierten ökosystemischen Perspektiven richtet sich der Fokus dieses Abschnitts auf theoretische Modelle und konzeptuelle Rahmen, die die komplexen Wechselwirkungen zwischen Gesundheit und Mitwelt systematisch erfassen. Im Zentrum steht die Frage, wie Gesundheit innerhalb

Entwicklung des öko-systemischen Gesundheitsverständnisses

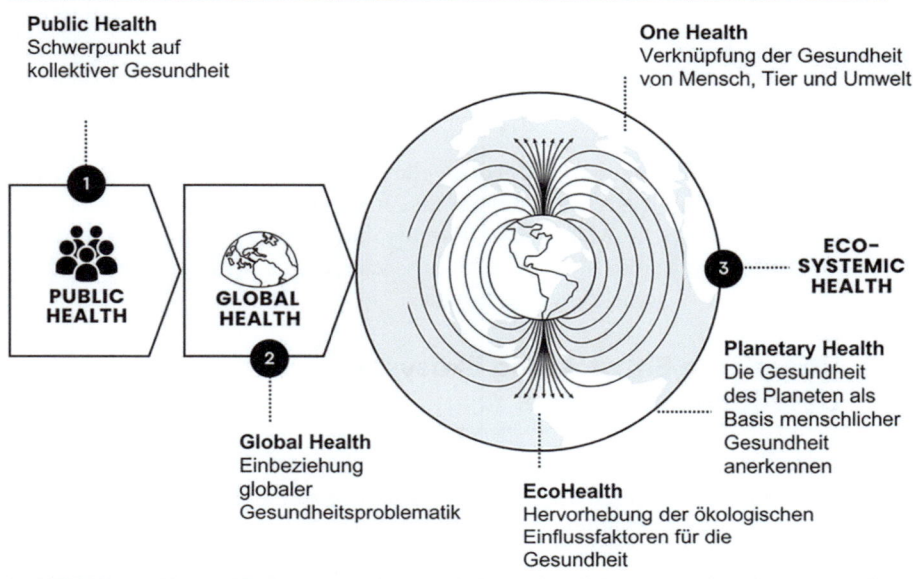

● **Abb. 2.2** Entwicklung des ökosystemischen Gesundheitsverständnisses. (Eigene Darstellung, erstellt mit Canva. © Dr. med. Kristin Köhler, 2025)

dynamischer, adaptiver Systeme gedacht und beschrieben werden kann – unter besonderer Berücksichtigung ökologischer Begrenzungen und systemischer Beziehungsqualitäten.

Wissenschaftliche Modelle und theoretische Perspektiven wie das biopsychosoziale Modell, die Gaia-Hypothese und die Resonanztheorie bieten wertvolle Einsichten für das Verständnis dieser Zusammenhänge. Sie verdeutlichen, dass nachhaltige Gesundheitsstrategien nur dann erfolgreich sein können, wenn die wechselseitige Abhängigkeit zwischen Mensch und Umwelt integrativ berücksichtigt wird.

Dieses ökosystemische Verständnis hebt hervor, dass der Mensch in ein dynamisches Netzwerk von Wechselwirkungen eingebettet ist und dass Gesundheit nicht isoliert betrachtet werden kann. Wie Bronfenbrenner (1979) betont, leben wir als Teil der Biosphäre, die wir beeinflussen und von der wir gleichermaßen abhängig sind.

2.4.1 Biopsychosoziales Modell

Das von George L. Engel (1977) entwickelte biopsychosoziale Modell integriert biologische, psychologische und soziale Faktoren in das Verständnis von

Gesundheit. Engel betont, dass die Wechselwirkungen dieser Dimensionen die individuelle Gesundheitsentwicklung maßgeblich beeinflussen. In der Weiterentwicklung des Modells wurde der ökologische Kontext zunehmend einbezogen, da Umweltfaktoren eine entscheidende Rolle für die Gesundheit spielen.

Engel (1977) plädiert für ein erweitertes Gesundheitskonzept, das die enge Wechselbeziehung zwischen Umweltfaktoren und dem menschlichen Körper ausdrücklich berücksichtigt.

2.4.2 Ökologische Modelle (Bronfenbrenner und Latour)

Urie Bronfenbrenner (1979) erweitert den biopsychosozialen Ansatz um ein explizit ökosystemisches Modell. Dieses beschreibt die menschliche Entwicklung als Ergebnis von Wechselwirkungen zwischen verschiedenen Umweltebenen – von unmittelbaren Mikrosystemen wie Familie und Schule bis hin zu Makrosystemen wie Kultur, Wirtschaft und Umwelt.

Ein innovativer theoretischer Zugang zur Analyse komplexer Umwelt- und Gesundheitszusammenhänge ist die Akteur-Netzwerk-Theorie (ANT), wie sie von Bruno Latour entwickelt wurde. Die Theorie geht davon aus, dass sowohl menschliche als auch nichtmenschliche Akteure – etwa Individuen, Tiere, technische Artefakte oder ökologische Prozesse – gleichwertige Bestandteile dynamischer Netzwerke sind, in denen gesellschaftliche Wirklichkeit ko-konstruiert wird (Latour, 2005).

Diese Perspektive erlaubt es, die vielfältigen Wechselwirkungen zwischen Umwelt, Technik, Politik und Gesellschaft systematisch zu erfassen. Bezogen auf Gesundheit bedeutet das: Krankheit oder Wohlbefinden entstehen nicht losgelöst, sondern als Resultat vielschichtiger, materiell-symbolischer Beziehungen innerhalb dieser Netzwerke.

Im Rahmen ökosystemischer Gesundheitsforschung bietet die ANT daher eine wertvolle konzeptionelle Grundlage, um Umwelt- und Gesundheitsprobleme als emergente Phänomene kollektiver Beziehungsgefüge zu verstehen. Daraus folgt: Nachhaltige Interventionen müssen diese Netzwerke nicht nur erkennen, sondern aktiv in die Lösungsfindung einbeziehen.

2.4.3 Gaia-Hypothese und Resonanztheorie

- **Gaia-Hypothese: Die Erde als ein System mit Selbstregulierung**

Die bereits in ▶ Abschn. 1.1.7 eingeführte Gaia-Hypothese von James Lovelock und Lynn Margulis (1979) beschreibt, ergänzend zur Akteur-Netzwerk-Theorie (ANT) von Bruno Latour, die Erde als ein selbstregulierendes, organisches Gesamtsystem.

Nach diesem Konzept stabilisieren Rückkopplungsschleifen und Interaktionen zwischen biologischen, geologischen und chemischen Prozessen das System Erde. Ein exemplarisches Beispiel hierfür ist die Photosynthese im Rahmen des Kohlendioxidkreislaufes.

Die Gaia-Hypothese verdeutlicht, dass die Gesundheit des Menschen eng mit der Stabilität und Resilienz ökologischer Systeme verknüpft ist. Ein intaktes Ökosystem kann Störungen besser abfangen und trägt entscheidend zum Erhalt menschlicher Lebensgrundlagen und Gesundheit bei. Weil die Gaia-Hypothese jedoch aufgrund ihrer schwer überprüfbaren Teleologie und semantischen Nähe zu esoterischen Weltdeutungen wissenschaftlich umstritten ist (Kirchner, 2002; Dawkins, 1985), sollte sie bewusst als heuristisches, nicht als empirisch validiertes Modell eingesetzt werden.

Während die Gaia-Hypothese das Potenzial der Selbstregulation der Erde als Gesamtsystem in den Fokus stellt, untersucht die Resonanztheorie von Hartmut Rosa (2016) die Bedeutung der Beziehung zwischen Mensch und Mitwelt auf individueller Ebene.

Resonanz beschreibt die interdependente Verbindung zwischen individuellem humanem Wohlbefinden und ökologischer Stabilität. Rosas Ansatz zeigt auf, dass eine achtsame, lebendige Beziehung zur Mitwelt mittels Resonanz entscheidend zur Förderung psychischer Gesundheit, persönlicher Erfüllung und Lebensqualität beiträgt.

Gesundheitsfördernde Maßnahmen sollten daher nicht nur die individuelle Resilienz stärken, sondern auch darauf abzielen, die resonante Naturverbundenheit systematisch zu fördern (▶ Kap. 3).

2.4.4 Tiefenökologie: Natur nicht nur als Ressource, sondern als Wert an sich

(Siehe ◘ Abb. 2.3).

Die Tiefenökologie (Naess, 1973) versteht Natur nicht primär als Ressource, sondern als eigenständiges, intrinsisch wertvolles Ganzes. Zentrale Prinzipien sind der Eigenwert allen Lebens, die Gleichwertigkeit aller Lebewesen und die Forderung nach einer tiefgreifenden Transformation menschlicher Selbst- und Weltbilder. Anstatt Natur als Objekt menschlicher Kontrolle zu sehen, betont die Tiefenökologie die Verwobenheit des Menschen mit allen Formen des Lebens. Naess (1973) bringt dies auf den Punkt, indem er betont, dass Natur einen Eigenwert besitzt, unabhängig davon, welchen Nutzen sie für den Menschen haben könnte. Da die Tiefenökologie mitunter indigene Wissenssysteme verallgemeinert oder entkontextualisiert (Plumwood, 2002; Todd, 2016), ist eine differenzierte Darstellung erforderlich, die kulturelle Herkunft anerkennt und epistemische Aneignung vermeidet.

Aufbauend auf diesen Grundlagen verknüpft Joanna Macy die ökologische Ethik mit praktischer Transformationsarbeit. Ihr Konzept des Work That Reconnects beschreibt einen Prozess, in dem Menschen ihre emotionale Beziehung zur ökologischen Mitwelt vertiefen und aus dieser Resonanz kollektives Handeln entwickeln (Macy & Brown, 2007).

2.4 · Wissenschaftliche Modelle und Theorien

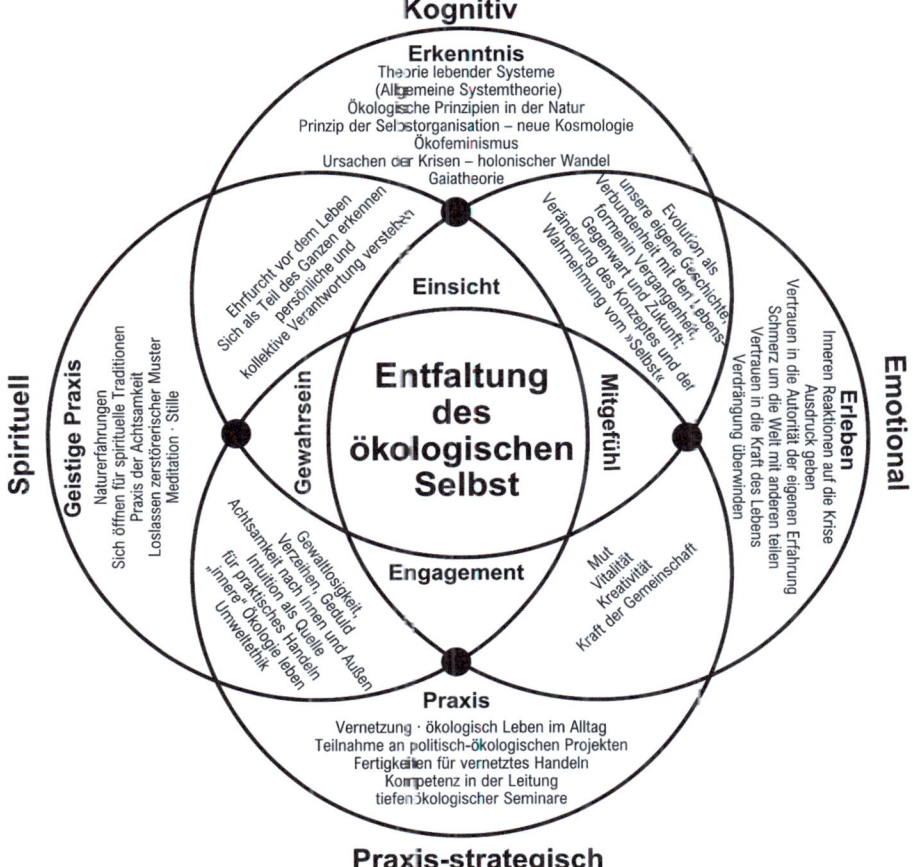

Abb. 2.3 Entfaltung des ökologischen Selbst. (Mit freundlicher Genehmigung von F.T. Gottwald und A. Klepsch (1995))

Diese ethische Grundhaltung findet eine Entsprechung in vielen indigenen Wissenssystemen (Traditional Ecological Knowledge, TEK). So zeichnen sich indigene Perspektiven durch Ganzheitlichkeit, reziproke Mensch-Natur-Beziehungen, erfahrungsbasiertes Wissen, eine Ethik der Nachhaltigkeit, Spiritualität, Respekt vor der Natur sowie hohe Resilienz und Anpassungsfähigkeit aus. Berkes (1999) beschreibt indigene Wissenssysteme als Ausdruck eines tief verwurzelten Verständnisses ökologischer Abläufe, das untrennbar mit dem Prinzip verantwortungsvoller und nachhaltiger Nutzung der natürlichen Ressourcen verbunden ist. Wildcat (2009) ruft zur Integration indigenen Wissens auf, um nicht nur ökologische Krisen zu meistern, sondern auch kulturelle Resilienzsysteme zu stärken.

Internationale Institutionen wie die UNESCO (2018) und der Weltbiodiversitätsrat IPBES (2019) betonen diese wichtig Bedeutung indigener Perspektiven für die Erhaltung biologischer Vielfalt und ökologischer Resilienz.

Beide Ansätze – Tiefenökologie und indigenes Wissen – teilen die Überzeugung, dass Natur nicht nur genutzt, sondern respektiert und bewahrt werden muss.

Sie fordern eine Neuorientierung: Gesundheit, Resilienz und nachhaltige Entwicklung sind nur erreichbar, wenn der Mensch sich als Teil eines lebendigen, wertvollen Ganzen begreift.

2.5 Planetary Health und ökologische Gesundheit

2.5.1 Einführung in Planetary Health

Johan Rockström und seine Kolleg:innen haben seit 2009 mit dem Konzept der Planetary Boundaries einen maßgeblichen Beitrag zur Entwicklung des Ansatzes der Planetary Health geleistet. Dieses Rahmenwerk entstand als Antwort auf die zunehmende Bedrohung durch die Klimakrise und weitere planetare Belastungsgrenzen wie Biodiversitätsverlust, Veränderungen der Landnutzung oder die Belastung von Wasser- und Stickstoffkreisläufen.

Die Lancet-Kommission für Planetare Gesundheit definiert den Ansatz als:

„das Erreichen der höchsten möglichen Standards für Gesundheit, Wohlergehen und Gerechtigkeit weltweit durch sorgfältige Berücksichtigung der menschlichen Systeme – politische, wirtschaftliche und soziale –, die die Zukunft der menschlichen Zivilisation und die natürlichen Systeme, von denen die Menschheit abhängt, formen" (Whitmee et al., 2015, S. 1973).

Planetary Health verbindet somit Gesundheitsförderung und Nachhaltigkeit und betont, dass der Erhalt ökologischer Integrität unabdingbare Voraussetzung für menschliches Wohlergehen und soziale Stabilität ist.

Die Bewahrung der planetaren Belastungsgrenzen stellt dabei eine grundlegende Bedingung dar, um Gesundheitsgewinne langfristig zu sichern und zukünftige Generationen nicht zu gefährden (◘ Abb. 2.4).

2.5.2 Kernprinzipien der planetaren Gesundheit

Das Konzept von Planetary Health beinhaltet einige zentrale innovative Ansätze und Perspektiven, die entscheidend für eine zukunftsfähige Gesundheit sind. Die Ernährungs- und Landwirtschaftsorganisation der Vereinten Nationen (FAO, 2023) betont, dass naturbasierte Lösungen nicht nur ökologische, sondern auch soziale und gesundheitliche Co-Benefits schaffen – insbesondere im Kontext nachhaltiger Transformation.

5 HANDLUNGSKORRIDORE
CO-BENEFITS = GUT FÜR MENSCH & PLANET

Mobilitätswende · Ernährungswende · Energiewende · Nachhaltigkeit · Naturverbundenheit

Abb. 2.4 5 Handlungskorridore CO-BENEFITS. (Eigene Darstellung, erstellt mit Canva. © Dr. med. Kristin Köhler, 2025)

1. Beziehung zwischen Mensch und Natur: Interdependenz und Verantwortung

Das Konzept der Planetary Health betont, dass der Mensch als integraler Bestandteil der Natur zu verstehen ist. Gleichzeitig identifiziert es den Menschen als einen der Hauptstressor-Faktoren für die Stabilität ökologischer Systeme.

Die menschliche Gesundheit ist unmittelbar abhängig von der Integrität und Vitalität der Ökosysteme, in denen wir leben. Diese wechselseitige Abhängigkeit begründet eine ethische und praktische Verantwortung: Den Schutz und die Bewahrung natürlicher Systeme als wesentliche Voraussetzung für die Sicherung unserer eigenen humanen Gesundheit und der Gesundheit kommender Generationen aktiv zu gestalten.

2. Systemisches Denken: Gesundheit als Folge von Wechselwirkungen

Systemisches Denken bildet ein fundamentales Prinzip der planetaren Gesundheit. Gesundheit wird hier nicht nur als isoliertes individuelles Phänomen verstanden, sondern als Ergebnis der Qualität, Stabilität und Resilienz der Wechselbeziehungen zwischen natürlichen Erdsystemen und menschlichen Gesellschaften. Die komplexen Interaktionen zwischen Klimasystem, Biodiversität, Nahrungssystemen und sozialen Strukturen sind dabei ebenso entscheidend wie individuelle Lebensstile und politische Rahmenbedingungen.

Systemisches Denken ist dabei nicht nur eine kognitive Fähigkeit zur Analyse komplexer Gesundheitszusammenhänge, sondern korreliert nachweislich mit einer stärkeren Verbundenheit zur Natur *(nature connectedness)* und einem erhöhten ökologischen Bewusstsein. Davis und Stroink (2015) zeigen, dass Personen mit ausgeprägtem systemischem Denken auch höhere Werte im „New Ecological Paradigm" aufweisen – einem Maß für umweltbezogene Einstellungen. Ergänzend dazu belegen Thibodeau et al. (2016), dass systemische Metaphern – etwa die Vorstellung des Geistes als Ökosystem (siehe Biomimikry) systemisches Denken fördern und zugleich die Wahrnehmung ökologischer Zusammenhänge und Verantwortlichkeiten verstärken. Diese Befunde legen nahe, dass systemisches Denken mehr ist als ein mentales Modell – es bildet die Grundlage für eine ökologisch sensibilisierte Weltsicht und verantwortliches Handeln.

3. Prävention und Gesundheitsförderung: nachhaltige Maßnahmen für die Zukunft

Ein weiteres zentrales Element der Planetary Health ist die Betonung präventiver Strategien.

Durch frühzeitige präventive Maßnahmen und die systematische Schaffung gesundheitsförderlicher Umweltbedingungen können zukünftige Gesundheitsrisiken signifikant reduziert und gesellschaftliche Nachhaltigkeit langfristig gestärkt werden.

Hierzu zählen unter anderem klimaangepasste Stadtplanung, naturbasierte Gesundheitsförderung, Emissionsreduktion sowie der Schutz kritischer Ökosysteme als Resilienzressourcen.

> **Salutogenese und Kohärenz**
>
> Das Salutogenese-Modell nach Antonovsky (1987) fragt nicht, was krank macht, sondern: Was hält Menschen gesund – auch unter Belastung? Entscheidend ist das Kohärenzgefühl: die Erfahrung, dass das eigene Leben verstehbar, handhabbar und sinnhaft ist. Im Kontext ökosystemischer Gesundheit zeigt sich: Kohärenz entsteht nicht nur im Inneren, sondern in der Beziehung zur Welt – zu sozialen Strukturen, natürlichen Umwelten, planetaren Rhythmen. Gesundheit wächst dort, wo Menschen sich verbunden, wirksam und sinnvoll eingebettet erleben – nicht getrennt vom Leben, sondern als Teil eines größeren Ganzen. Salutogenese wird so zum regenerativen Prinzip: Sie stärkt nicht nur Resilienz, sondern fördert Beziehungsfähigkeit im ökologischen Sinn.

4. Integriertes Handeln: Kooperation über Disziplinen und Sektoren hinweg

Die Herausforderungen, die im Rahmen der Planetary Health adressiert werden, sind hochkomplex und betreffen biologische, ökologische, soziale, wirtschaftliche und politische Systeme zugleich. Ein integriertes, transdisziplinäres und transsektorales Handeln ist daher unabdingbar, um umfassende und nachhaltige Lösungen zu entwickeln.

Die Kooperation unterschiedlicher Akteure – darunter Wissenschaft, Politik, Wirtschaft, Zivilgesellschaft und indigene Gemeinschaften – ist essenziell, um die globalen Herausforderungen im Kontext von Umweltveränderungen, Gesundheit und sozialer Gerechtigkeit wirksam zu bewältigen.

Nur durch diese integrative Herangehensweise lassen sich systemische Wechselwirkungen angemessen erfassen, Synergien nutzen und innovative Lösungsansätze entwickeln, die langfristig tragfähig sind.

Planetary Health verlangt damit nicht nur ein erweitertes wissenschaftliches Paradigma, sondern auch neue Formen der praktischen Kooperation und Governance auf lokaler, regionaler und globaler Ebene.

2.5.3 Biodiversität und Ökosystemleistungen

In einer zunehmend urbanisierten Welt, in der digitale Medien und technologische Entwicklungen den Alltag dominieren, gerät die Verbindung zwischen Mensch und Natur zunehmend in den Hintergrund. Nach aktuellen Berechnungen der Vereinten Nationen lebt bereits heute mehr als die Hälfte der Weltbevölkerung in Städten; bis 2050 wird dieser Anteil voraussichtlich auf etwas mehr als zwei Drittel ansteigen (UN DESA, 2018[1]).

Zahlreiche Studien (▶ Kap. 3, ◻ Tab. 3.3) belegen jedoch, dass die Verbindung zur natürlichen Umwelt für das menschliche Wohlbefinden von grundlegender Bedeutung ist. In den vergangenen Jahrzehnten konnten Wissenschaftler:innen überzeugend nachweisen, dass Ökosystemleistungen – wie saubere Luft, Trinkwasser, Klimaregulation und Erholungsräume – essenzielle Beiträge zur physischen und psychischen Gesundheit leisten und gleichzeitig die Resilienz ökologischer Systeme sichern (MEA, 2005[2]).

Die Forschung zeigt konsistent, dass Naturverlust und Umweltzerstörung signifikant mit psychischen Erkrankungen assoziiert sind (Bratman et al., 2019; Cleary et al., 2020). Der „Extinction-of-Experience-Effekt" (Soga & Gaston, 2020) verdeutlicht zudem, wie Naturentfremdung gesellschaftliche Desintegration verstärkt, während die WHO[3] (2021) diese Zusammenhänge als globale Gesundheitsherausforderung anerkennt.

> **Wissen**
>
> Der „Extinction-of-Experience-Effekt" (Soga & Gaston, 2020) beschreibt den zunehmenden Verlust direkter Naturerfahrungen durch Urbanisierung, Digitalisierung und veränderte Lebensstile. Diese Entfremdung führt nicht nur zu einer sinkenden emotionalen Verbundenheit mit der Natur, sondern auch zu einem Rückgang des Umweltbewusstseins und der Bereitschaft zum Naturschutz. Langfristig schwächt dieser Prozess sowohl die psychische Gesundheit als auch das gesellschaftliche Engagement für ökologische Nachhaltigkeit.

Die Förderung einer gesunden Mensch-Natur-Verbindung gilt daher als zentraler Ansatzpunkt für präventive Gesundheitsstrategien im Anthropozän.

---

1 ▶ https://www.un.org/development/desa/en/news/population/2018-revision-of-world-urbanization-prospects.html (27.04.2025)

2 ▶ https://www.millenniumassessment.org/documents/document.356.aspx.pdf (27.042025)

3 Mental Health and Climate Change Policy Brief WHO ▶ https://www.who.int/publications/i/item/9789240045125 27.04.2025

Biodiversität als Grundlage ökosystemischer Gesundheit

In seinem grundlegenden Werk Sustaining Life: How Human Health Depends on Biodiversity betont Eric Chivian die enge Verbindung zwischen menschlicher Gesundheit und der biologischen Vielfalt des Planeten. Chivian ist Arzt, Umweltwissenschaftler und Mitverfasser des berühmten vierten Sachstandsberichts des Weltklimarats (IPCC) aus dem Jahr 2007, der mit dem Friedensnobelpreis ausgezeichnet wurde. Biodiversität bildet das Fundament funktionierender Ökosysteme – jener Systeme, die Luft und Wasser reinigen, Nahrung bereitstellen, Krankheiten regulieren und das Klima stabilisieren (Chivian & Bernstein, 2008).

Die jüngsten Berichte der Intergovernmental Science-Policy Platform on Biodiversity and Ecosystem Services (IPBES,[4] 2023) belegen zudem, dass Biodiversitätsverluste nicht nur ökologische Funktionen beeinträchtigen, sondern auch einen direkten Einfluss auf mentale Gesundheit und soziales Wohlbefinden haben. Der Verlust an Naturerfahrungsräumen reduziert Resilienzfaktoren wie Naturverbundenheit, soziale Kohärenz und kollektive Handlungsfähigkeit. Naturbasierte Konzepte, die sowohl ökologische Integrität als auch psychische Gesundheit fördern (Nachhaltige und naturbasierte Interventionen, NNBI), gewinnen daher zunehmend an Bedeutung, um die planetaren Gesundheitskrisen an ihren systemischen Wurzeln zu adressieren.

Auch die Weltgesundheitsorganisation (WHO, 2021) weist darauf hin, dass der Rückgang der biologischen Vielfalt sowohl direkte als auch indirekte Gesundheitsrisiken verstärkt.

Ökosysteme verlieren zunehmend ihre Fähigkeit, zentrale gesellschaftliche Bedürfnisse wie Ernährungssicherheit, Zugang zu sauberem Wasser, Schutz vor Infektionskrankheiten und Unterstützung psychischer Gesundheit zu gewährleisten. Der Erhalt der Biodiversität ist daher nicht nur ein ökologisches Anliegen, sondern eine grundlegende gesundheitspolitische Aufgabe. Eine gesunde Umwelt ist kein Luxusgut – sie ist eine unverzichtbare Grundlage für die Resilienz von Individuen, Gemeinschaften und Gesellschaften insgesamt.

Ökosystemdienstleistungen und ihre Relevanz für den Menschen

Unser Alltag wird in vielerlei Hinsicht von unsichtbaren, oft als selbstverständlich erachteten Leistungen der Natur durchdrungen.

Ein Apfel im Supermarkt erscheint auf den ersten Blick als simples Produkt menschlicher Landwirtschaft – tatsächlich jedoch wäre er ohne die Bestäubung durch Insekten, insbesondere Bienen, nicht existent.

Ebenso wirkt das Wasser in unseren Flaschen wie ein industriell hergestelltes Konsumgut, obwohl es eine jahrhundertelange Reise durch Gesteinsschichten hinter sich hat, wo es natürlich gefiltert und mit Mineralien angereichert wurde.

Diese Beispiele verdeutlichen eindrücklich, dass moderne Gesellschaften in hohem Maße auf eine Vielzahl kostenlos bereitgestellter Ökosystemdienstleistungen angewiesen sind – natürlichen Prozessen, die das Leben auf der Erde überhaupt erst ermöglichen.

---

4 ▶ https://www.ipbes.net/ias Vollständiger Bericht 27.04.2025

2.5 · Planetary Health und ökologische Gesundheit

Abb. 2.5 Was die Biodiversität für uns tut. (Aus Eine-Welt-Presse 1/2024 „Schutz der Natur und Biodiversität", herausgegeben von der Deutschen Gesellschaft für die Vereinten Nationen e. V. [DGVN], ► www.dgvn.de/eine-welt-presse; Copyright: Cornelia Agel/DGVN. Mit freundlicher Genehmigung)

Gretchen Daily hebt dies in ihrem Werk Nature's Services: Societal Dependence on Natural Ecosystems (1997) hervor. In ihrer späteren Arbeit mit Matson betonen Daily und Matson (2008) die zentrale Notwendigkeit, Ökosystemdienstleistungen konsequent in politische Entscheidungsprozesse zu integrieren: Die Integration dieser Leistungen sei unerlässlich für eine nachhaltige Entwicklung (Daily & Matson, 2008).

Nur durch ein tiefgreifendes Verständnis und die aktive Berücksichtigung dieser unsichtbaren Lebensgrundlagen kann eine nachhaltige Zukunft für Mensch und Natur gleichermaßen gestaltet werden (◉ Abb. 2.5).

Das Millennium Ecosystem Assessment[5]: Ökosystemleistungen, Stressoren und Handlungsansätze.

Das Millennium Ecosystem Assessment (2005) stellt eine umfassende Untersuchung der Ökosystemleistungen und ihrer Relevanz für das Wohlergehen des Menschen dar.

---

5 Zwischen 2001 und 2005 führten die Vereinten Nationen (UN) das Millennium Ecosystem Assessment (MEA) durch, eine umfassende wissenschaftliche Untersuchung. Die Studie zielte darauf ab, die Zustände der globalen Ökosysteme und deren Bedeutung für das menschliche Wohlergehen systematisch zu untersuchen. ► https://www.millenniumassessment.org/documents/document.356.aspx.pdf

Die Studie gliedert Ökosystemleistungen in vier Hauptkategorien:
- **Produzierende Leistungen:**
  Essenzielle Güter wie Nahrungsmittel, Trinkwasser und Holz, die für das Überleben des Menschen unerlässlich sind und deren Bereitstellung stark von der Gesundheit der Ökosysteme abhängt, sind von zentraler Bedeutung.
- **Regulierende Leistungen:**
  Ökosysteme regulieren zentrale Umweltfaktoren wie Klima, Wasser und Krankheitsdynamiken und tragen so entscheidend zur Sicherung von Lebensqualität und Gesundheitsstandards bei.
- **Kulturelle Leistungen:**
  Spirituelle, ästhetische und kulturelle Werte, die zur Identitätsbildung und zum emotionalen Wohlbefinden von Gesellschaften beitragen.
- **Unterstützende Leistungen:**
  Grundlegende ökologische Prozesse wie Nährstoffkreisläufe und Bodenbildung, die die Basis für alle anderen Ökosystemdienstleistungen bilden.

Stressoren der Ökosysteme

Das Assessment benennt zudem mehrere zentrale Stressoren, die die Funktionalität und Widerstandskraft von Ökosystemen gefährden:
- **Landnutzungsänderungen:**
  Entwaldung, Urbanisierung und intensive Landwirtschaft beeinträchtigen die strukturelle und funktionale Integrität von Ökosystemen.
- **Klimawandel:**
  Globale Temperaturveränderungen und extreme Wetterereignisse beeinträchtigen die Artenvielfalt und ökologische Prozesse negativ.
- **Übernutzung von Ressourcen:**
  Exzessive Entnahme natürlicher Ressourcen führt zu deren Rückgang und langfristiger Degradierung.
- **Verschmutzung:**
  Chemische, atmosphärische und aquatische Verschmutzung haben schwerwiegende Auswirkungen auf die Umweltqualität und die menschliche Gesundheit.

Empfehlungen für nachhaltige Entwicklung

Zur Bewahrung und nachhaltigen Nutzung von Ökosystemen empfiehlt das Millennium Ecosystem Assessment:
- die Integration von Ökosystemleistungen in wirtschaftliche Entscheidungen
- die Förderung von Bildung und gesellschaftlichem Bewusstsein über die Bedeutung von Ökosystemen (z. B. durch NNBI; ► Kap. 4) sowie
- die Stärkung internationaler Kooperation und Governance Herausforderungen

Das Assessment weist zugleich auf erhebliche Herausforderungen hin, darunter:
- die praktische Umsetzung integrativer Ansätze
- globale, soziale und ökonomische Ungleichheiten, die Umweltbelastungen verstärken

Insgesamt betont das Millennium Ecosystem Assessment die Notwendigkeit, ökologische Intaktheit systematisch zu bewahren und einen ganzheitlichen, sektorenübergreifenden Ansatz zu verfolgen.

2.5.4 Förderung der Mensch-Mitwelt-Beziehung

Wir können die Gesundheit von Menschen und Ökosystemen wechselseitig fördern und resiliente Gemeinschaften bilden, indem wir uns als Teil der Natur begreifen und die Wechselbeziehungen zwischen unseren Aktionen und der Mitwelt fördern.

1. Resilienz und Regeneration

Die wechselseitige Abhängigkeit (Interdependenz) von Mensch und Natur verdeutlicht, dass beide Systeme untrennbar miteinander verbunden sind. Die Resilienz sozialökologischer Systeme spielt dabei eine zentrale Rolle, da sie die Grundlage für nachhaltiges menschliches Wohlergehen bildet.

Resilienz ist für Individuen, Gemeinschaften und Systeme entscheidend, da sie die Fähigkeit stärkt, externe Stressoren erfolgreich zu bewältigen und die psychische sowie physische Gesundheit langfristig zu erhalten.

Im Kontext des Stressmanagements ist diese Anpassungsfähigkeit von besonderer Bedeutung, da resilientere Systeme sowohl Umweltbelastungen als auch psychischen Stress besser kompensieren können.

2. Nachhaltiger Umgang mit Ressourcen innerhalb planetarer Grenzen

Resilienz allein genügt jedoch nicht, um eine dauerhafte Stabilität sozialökologischer Systeme sicherzustellen. Ergänzend dazu bietet das Konzept der planetaren Grenzen einen Rahmen, der den ökologischen Handlungsspielraum definiert, innerhalb dessen sich menschliche Aktivitäten nachhaltig entfalten können (Rockström et al., 2009a, b).

Die Grenzen definieren hierbei biophysikalische Schwellen oder Kipppunkte, deren Überschreiten irreversible Schäden verursachen und erhebliche Risiken für die menschliche sowie die planetare Gesundheit mit sich bringen kann.

Das Handeln innerhalb dieser Grenzen ist entscheidend für ein verantwortungsvolles Ressourcenmanagement und die Entwicklung nachhaltiger Strategien, die sowohl den ökologischen Anforderungen als auch den Bedürfnissen der Menschen gerecht werden.

3. Wohlbefinden und Biodiversität

Der Schutz der Biodiversität ist eng mit der Einhaltung der planetaren Grenzen verknüpft.

Biodiversität ist eine grundlegende Voraussetzung für die Stabilität von Ökosystemen und damit auch für das menschliche Wohlergehen (Díaz et al., 2006).

Eine Abnahme der Artenvielfalt beeinträchtigt die funktionale Integrität von Ökosystemen und gefährdet essenzielle Ökosystemleistungen wie Trinkwasserversorgung, Nahrungsmittelproduktion und Krankheitsregulation und somit humane Gesundheit.

4. Ökosystemleistungen und psychologische Vorteile

Neben den materiellen Grundlagen des Überlebens leisten Ökosysteme auch bedeutende Beiträge zur psychischen Gesundheit. Erholungsräume in der Natur fördern Stressabbau, Resilienz und emotionales Wohlbefinden.

Naturerfahrungen wirken präventiv als auch therapeutisch bei psychischen Belastungen, fördern soziale Kohärenz und steigern die individuelle Lebenszufriedenheit (Bratman et al., 2012; Frumkin et al., 2017; Twohig-Bennett & Jones, 2018).

Die Anerkennung des umfassenden Werts von Ökosystemdienstleistungen macht die Verantwortung deutlich, die der Mensch gegenüber der Umwelt trägt.

Nachhaltige Praktiken und die Förderung naturbasierter Gesundheitsansätze werden so zu zentralen Aufgaben für individuelle Resilienz, gesellschaftliches Wohlergehen und planetare Stabilität.

Das Konzept der planetaren Gesundheit erweitert die systemische Perspektive auf eine planetarer Ebene.

2.5.5 Nationale und internationale Initiativen zur Verbindung von Umwelt und Gesundheit

In den letzten Jahren wurden auf nationaler Ebene verschiedene Initiativen ins Leben gerufen, um die Verknüpfung zwischen Umwelt- und Gesundheitsaspekten gezielt zu intensivieren.

Homo Oecologicus: Der Mensch als ökologisch verantwortungsvoller Akteur?

Das Konzept des Homo oecologicus (Schmid & Hein, 2020) postuliert ein Menschenbild, das ökologische Reflexivität und nachhaltiges Handeln ins Zentrum stellt. Empirische Befunde, etwa das Eurobarometer Climate Change and Environment[6] (2023), zeigen jedoch, dass trotz hoher pro-umweltlicher Einstellungen (75 % bewerten aktives Handeln als wichtig) ein signifikanter Attitude-Behavior-Gap besteht, wie auch der aktuelle IPCC-Bericht 2023 bestätigt. Grunwald (2022) weist darauf hin, dass strukturelle, psychologische und gesellschaftliche Barrieren die Umsetzung nachhaltigen Verhaltens erheblich erschweren.

> **Attitude Behavior Gap**
>
> Der Attitude Behavior Gap beschreibt die Diskrepanz zwischen positiven Einstellungen (Attitudes) zu umweltfreundlichem oder nachhaltigem Verhalten und dem tatsächlichen Verhalten (Behavior) in der Praxis. Obwohl viele Menschen ökologische Werte befürworten und nachhaltiges Handeln als wichtig ansehen, setzen sie dieses Wissen und diese Haltung oft nicht in entsprechendes Verhalten um (Steg, 2023). Gründe für diese Lücke sind unter anderem soziale Normen, situative Zwänge, geringe Selbstwirksamkeit, Bequemlichkeit sowie psychologische Distanz zu den Folgen des eigenen Handelns (Gifford, 2011).

---

6 ▶ https://europa.eu/eurobarometer/surveys/detail/2954 (27.04.2025)

Die Deutsche Allianz für Klimawandel und Gesundheit (KLUG e. V.[7])

Die Deutsche Allianz für Klimawandel und Gesundheit e. V. (KLUG) wurde 2017 gegründet und zählt zu den bedeutendsten nationalen Netzwerken, die den Zusammenhang zwischen Klimawandel und Gesundheit in den öffentlichen Gesundheitsdiskurs rücken.

KLUG e. V. setzt sich dafür ein, Gesundheitsakteur:innen aufzuklären, politisches Engagement zu fördern und die Transformation hin zu einem klimaneutralen Gesundheitssystem aktiv mitzugestalten. Ihr Leitgedanke lautet: Klimaschutz = Gesundheitsschutz.

Klimapakt Gesundheit[8]

Im Jahr 2023 wurde der Klimapakt Gesundheit in Deutschland ins Leben gerufen.

Diese Initiative, getragen vom GKV-Spitzenverband und dem Bundesministerium für Gesundheit sowie unterstützt durch Akteur:innen aus Ärzteschaft, Pflege, Kliniken, Wissenschaft und Zivilgesellschaft, verfolgt das Ziel, das deutsche Gesundheitssystem klimaneutral zu gestalten und es zugleich auf die Auswirkungen des Klimawandels auszurichten (Deutscher Bundestag, 2023).

Der Klimapakt steht im Einklang mit den Zielen des deutschen Klimaschutzgesetzes sowie internationalen Vereinbarungen wie den UN-Nachhaltigkeitszielen (SDGs) und dem Pariser Klimaabkommen.

Das Pariser Klimaabkommen

Das Übereinkommen von Paris[9] ist ein völkerrechtlich bindender Vertrag für den Klimaschutz, der am 12. Dezember 2015 auf der Klimakonferenz der Vereinten Nationen (COP21) in Paris verabschiedet wurde (UNFCCC, 2015). Das sogenannte Klimaabkommen markiert einen bedeutenden internationalen Konsens zur Begrenzung der globalen Erderwärmung auf deutlich unter 2°C, idealerweise auf 1,5°C gegenüber vorindustriellen Werten.

Der Einfluss des Klimawandels auf die Gesundheit

Der Weltklimarat (IPCC) dokumentiert in seinen Berichten regelmäßig die gravierenden Auswirkungen des Klimawandels auf die menschliche Gesundheit.

Besonders betont wird, dass Maßnahmen zur Reduzierung von Emissionen entscheidend sind, um klimabedingte Gesundheitsrisiken zu mindern und die Resilienz von Bevölkerungen gegenüber globalen Umweltveränderungen zu stärken (IPCC, 2021, 2022, 2023).

---

7 ► https://www.klimawandel-gesundheit.de (27.04.2025)

8 ► https://www.bundesgesundheitsministerium.de/fileadmin/Dateien/3_Downloads/G/Gesundheit/Erklaerung_Klimapakt_Gesundheit_A4_barrierefrei.pdf (27.04.2025)

9 ► https://unfccc.int/sites/default/files/resource/parisagreement_publication.pdf (27.04.2025)

2.5.6 Ökosalute Politik in Deutschland: Integrative Ansätze von Umwelt- und Gesundheitspolitik

In ähnlicher Weise fordert der Sachverständigenrat für Umweltfragen (SRU) der Bundesregierung in seinem Gutachten „Umwelt und Gesundheit konsequent zusammendenken!"[10] eine integrative Umwelt- und Gesundheitspolitik (SRU, 2023).

Ziel ist es, Umweltbelastungen systematisch zu reduzieren und gleichzeitig die menschliche Gesundheit zu fördern.

◘ Abb. 2.6 illustriert das Konzept der ökosaluten Politik, das Synergien zwischen Naturschutz und Gesundheitsförderung nutzt, um eine nachhaltige und resiliente Gesellschaft im Anthropozän zu gestalten (SRU, 2023, Abb. 9.1).

Zu den exemplarischen Herausforderungen zählen:
- Zunahme von Hitzewellen:
  Der Klimawandel führt zu häufigeren und intensiveren Hitzewellen, die insbesondere vulnerable Gruppen wie ältere Menschen, chronisch Kranke und Kinder belasten. Eine nachhaltige Gesundheitspolitik müsste daher Hitzeaktionspläne, eine klimabewusste Stadtplanung mit mehr Grünflächen sowie den Ausbau hitzeresistenter Infrastrukturen systematisch fördern.
- Verschmutzung von Wasserressourcen:
  Die Belastung von Gewässern durch Mikroplastik, Pestizide und industrielle Abfälle gefährdet nicht nur die Ökosysteme, sondern stellt auch ein erhebliches Risiko für die menschliche Gesundheit dar. Schadstoffe wie hormonaktive Substanzen und multiresistente Keime in Gewässern erfordern dringend striktere Regulierungen, verbesserte Aufbereitungstechnologien für Trinkwasser sowie einen nachhaltigeren Umgang mit Schadstoffen in Landwirtschaft und Industrie.

2.5.7 Gesunde Erde, gesunde Menschen (WGBU, 2023[11])

(Siehe ◘ Abb. 2.7).

Die Bedeutung der ökosystemischen Dimension von Gesundheit spiegelt sich auch in den aktuellen Gutachten des Wissenschaftlichen Beirates der Bundesregierung Globale Umweltveränderungen (WBGU[12]) wider. Das Gutachten mit dem Titel „Gesund leben auf einer gesunden Erde" betont die enge Verbindung zwischen menschlicher Gesundheit und dem Zustand unserer Mit-

---

10 ▶ https://www.umweltrat.de/SharedDocs/Downloads/DE/2023_2027/2023_Statement_Umwelt_und_Gesundheit_konsequent_zusammendenken.pdf (27.04.2025)
11 ▶ https://www.wbgu.de/de/publikationen/publikation/gesundleben (27.04.2025)
12 Der **Wissenschaftliche Beirat der Bundesregierung Globale Umweltveränderungen** (WBGU) fungiert als unabhängiges Expertengremium, das der Bundesregierung in Fragen von globaler Umwelt und Nachhaltigkeit beratend zur Seite steht. Er wurde 1992 gegründet und erstellt Gutachten sowie Empfehlungen zu Klimawandel, Biodiversität, Ressourcenmanagement und nachhaltiger Entwicklung, um wissenschaftlich fundierte Lösungen für politische Entscheidungsprozesse bereitzustellen.

2.5 · Planetary Health und ökologische Gesundheit

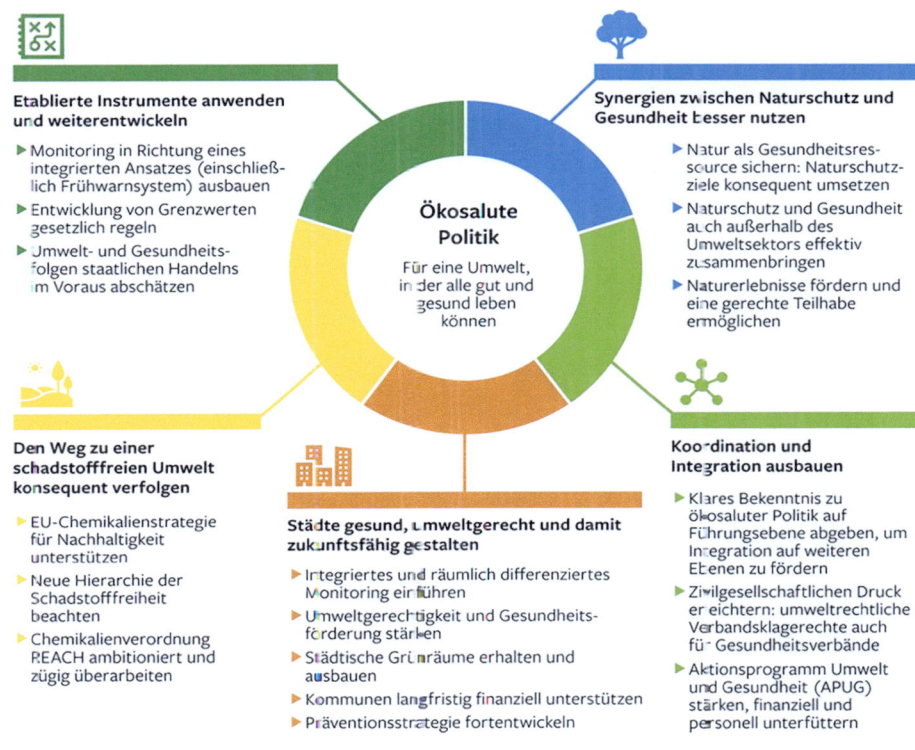

◦ **Abb. 2.6** Ökosalute Politik – Synergien zwischen Naturschutz und Gesundheit besser nutzen. (Aus SRU 2023, Abb. 9.1. Mit freundlicher Genehmigung)

welt. Die Wissenschaftler:innen des WBGU heben darin hervor, dass unsere derzeitige Lebensweise sowohl die Gesundheit beeinträchtigt als auch die natürlichen Lebensgrundlagen zerstört.

Die wesentlichen Aussagen des Gutachtens sind:

- **Untrennbarkeit von Mensch und Natur:** Die menschliche Gesundheit steht in enger Verbindung mit einer gesunden Umwelt. Für das menschliche Wohlergehen sind stabile Klimabedingungen und Ökosysteme von grundlegender Bedeutung.
- **Gestaltung von Lebensbereichen:** Die Bereiche Ernährung, Bewegung und Wohnen sollten so gestaltet werden, dass sie der menschlichen Gesundheit und zugleich der Umwelt zugutekommen:
    - **Ernährung:** Eine Umstellung auf eine pflanzenbasierte Kost kann die Umweltbelastung verringern und gesundheitliche Vorteile mit sich bringen.

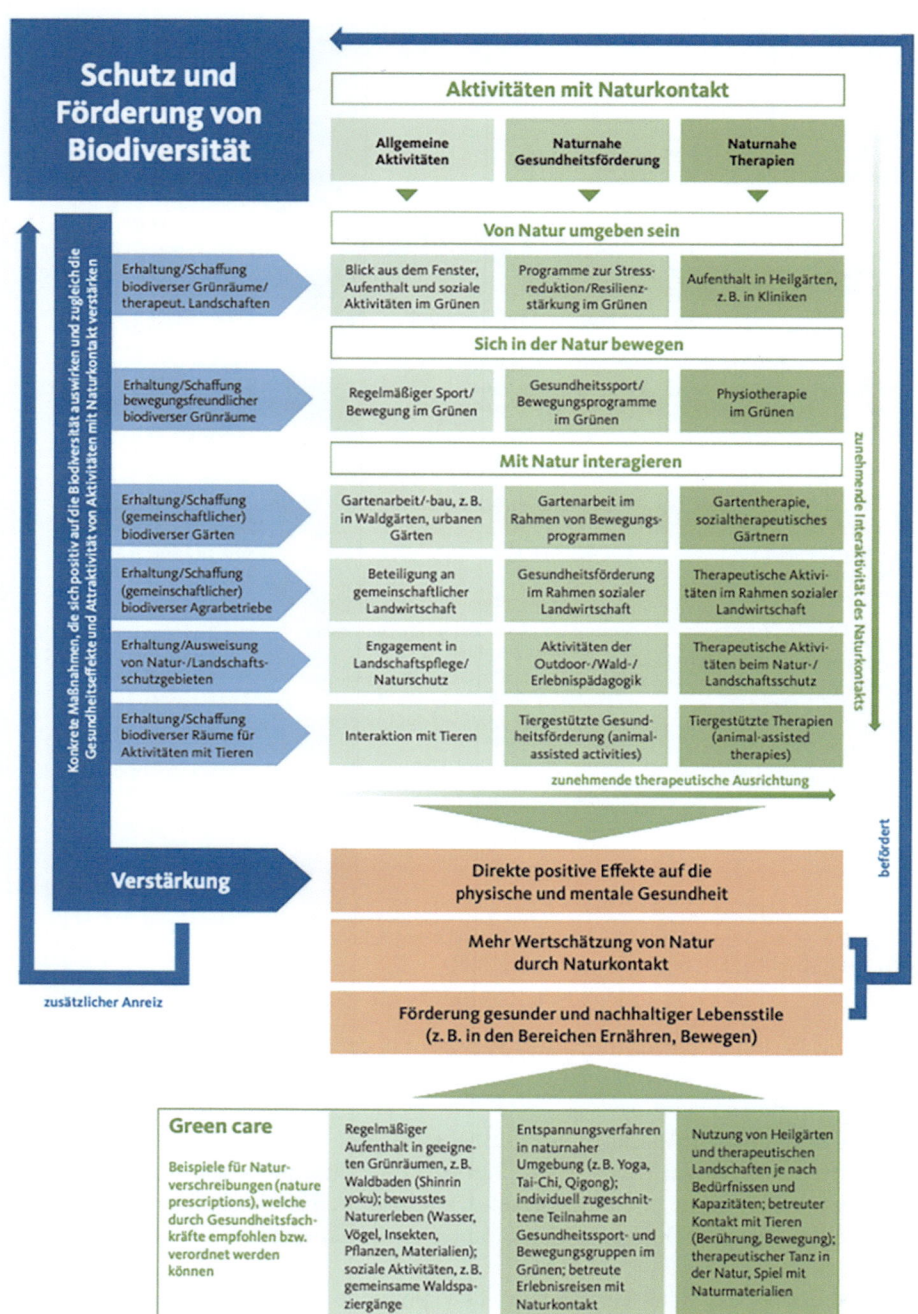

◘ Abb. 2.7 Schutz und Förderung von Biodiversität und Green Care. Mit freundlicher Genehmigung der WGBU

- **Bewegung:** Die Förderung von umweltfreundlichen Fortbewegungsarten wie Radfahren und Zufußgehen kommt der Gesundheit zugute und reduziert die durch Verkehr verursachte Umweltbelastung.
- **Wohnen:** Gebäude mit guter Energiebilanz und nachhaltiger Stadtentwicklung helfen, Umweltbelastungen zu verringern und ein gesundes Lebensumfeld zu fördern.

Das Gutachten verlangt eine umfassende Transformation zu nachhaltigen Lebens- und Wirtschaftsweisen, bei der Umwelt- und Gesundheitsstrategien eng miteinander verbunden sind. Nur mit einer derartigen integrierten Vorgehensweise kann die Gesundheit von Menschheit und Planet auf lange Sicht gewährleistet werden.

2.5.8 Das Konzept „Teil der Natur sein" im Zusammenhang mit ökosystemischer Gesundheit

„Teil der Natur sein" – ein Konzept, das sich mit den Kulturen wandelt

Das Verhältnis von Mensch und Natur ist ein zentrales Thema, dessen Interpretation je nach Kultur variiert. Diese Untersuchung offenbart die tiefen Verwurzelungen der Konzepte von Naturverbundenheit in den jeweiligen kulturellen Kontexten. Um die Auswirkungen dieser Perspektiven auf das menschliche Verhalten gegenüber der Mitwelt und die Gesundheit zu begreifen, werden in den nachfolgenden Abschnitten exemplarisch die Sichtweisen indigener Kulturen in Lateinamerika und afrikanischer Philosophie sowie der westlichen Welt und die geschichtliche Entwicklung des Verhältnisses zwischen Mensch und Natur vorgestellt.

Indigene und regionale Weltanschauungen für Nachhaltigkeit und Gesundheit

Berkes (2018) betont in Sacred Ecology, dass viele indigene Kulturen den Menschen nicht als getrennt von der Natur verstehen, sondern als integralen Bestandteil eines lebendigen Netzwerks wechselseitiger Beziehungen, das Respekt, Verantwortung und wechselseitige Abhängigkeit betont. Daher werden hier exemplarisch verschiedene indigene Perspektiven für die Mensch-Mitwelt Beziehung vorgestellt (◘ Tab. 2.1).

- **Lateinamerika – Zusammenhalt mit Pachamama**

Das Verständnis, ein integraler Teil der Natur zu sein, ist in den indigenen Kulturen Lateinamerikas tief verwurzelt. Insbesondere die Völker der Anden

◘ **Tab. 2.1** *Beispiele indigener und regionaler Philosophien und Lebensweisen: Transformation von Werten und Lebensformen im Sinne der Nachhaltigkeit* [Infografik]. In: IPBES Values Assessment Report. Intergovernmental Science-Policy Platform on Biodiversity and Ecosystem Services. (Ergänzt auf Grundlage von IPBES, 2022. ▸ https://ipbes.net)

Konzept	Region	Kernaussage	Erläuterung
Pachamama / Buen Vivir	Andenregion, Lateinamerika	Die Erde als lebendiges Wesen, mit dem der Mensch in ritueller und spiritueller Beziehung steht	Fördert ökologische Verantwortung und kollektives Wohlergehen durch tiefe Naturverbundenheit
Nanáa ñu'u	Mexiko (Mixtec)	Wiederverbindung mit Mutter Erde durch Respekt, Gerechtigkeit und Fürsorge	Stärkung ökologischer Ethik durch kulturelle Rückbindung
Kawsak Sacha	Ecuador	Der lebendige Wald als schützendes, bewusstes Wesen mit Rechten	Ökospirituelles Naturverständnis mit juristischer Anerkennung
Sumak Kawsay / Suma Qamaña	Südamerika	Gutes Leben im Gleichgewicht mit Mensch und Natur	Orientierung an Harmonie, Respekt und spiritueller Ganzheit
Ubuntu	Subsahara-Afrika	„Ich bin, weil wir sind" – Menschlichkeit in Beziehung zu allem Lebendigen	Naturverbundenheit als Teil einer sozialen Ethik der Gegenseitigkeit
Saffu	Äthiopien (Oromo)	Kosmisches Ordnungsprinzip der Achtung und Gerechtigkeit	Verknüpft spirituelle Disziplin mit Umweltverantwortung
Kaitiakitanga	Aotearoa, Neuseeland	Mensch als Hüter der Natur – Schutz und Verantwortung für das ökologische Erbe	Betonung spiritueller, kultureller und ökologischer Verpflichtungen gegenüber der Umwelt
Whakapapa Māori	Aotearoa, Neuseeland	Genealogische Verbindung von Menschen, Natur und Ahnen	Grundlage für Verantwortlichkeit und respektvolle Koexistenz
Birgejupmi	Sápmi, Arktis	Bescheidenes Leben in Fürsorge mit allen Lebewesen	Mensch als Teil eines respektvollen, nicht-dominanten Beziehungsgefüges
Minomnaamodzawin	USA (Anishinaabek)	Respekt vor dem Geist in allen Dingen	Spirituelles Fundament für Heilung, Achtsamkeit und Nachhaltigkeit
Satoyama / Satoumi	Japan	Harmonie zwischen Mensch und Natur in bewirtschafteten Landschaften	Traditionelle Formen ökologischer Koexistenz und Resilienz

betrachten die Erde nicht als Ressource, sondern als lebendiges Wesen – Pachamama, die Mutter Erde (Estermann, 2015; Lajo, 2006). Rituelle Praktiken wie das Darbringen von Gaben an die Erde und die Verehrung natürlicher Elemente (Wasser, Luft, Boden) sind Ausdruck dieser respektvollen Beziehung (Villalba, 2010). Diese spirituelle Verbundenheit wird durch ein Quechua-Sprichwort verdeutlicht: „Die Erde hat mich geboren, und zu ihr werde ich zurückkehren" (nach Estermann, 2015).

Diese Weltanschauung fördert nicht nur das kollektive Wohlergehen, sondern begründet einen tiefen Respekt vor natürlichen Systemen. Indigene Perspektiven liefern Impulse für ein ökosystemisches Gesundheitsverständnis, das auf Gegenseitigkeit und nachhaltiger Koexistenz basiert (Chassagne, 2019).

- **Afrika: Ubuntu – Gemeinschaftsgefühl mit der Umwelt**

In afrikanischen Kulturen wird die Natur als lebendiger Organismus verstanden, in dem alles miteinander verflochten ist (Mbiti, 1969). Die Philosophie des Ubuntu – „Ich bin, weil wir sind" – betont die Verbundenheit aller Lebewesen und zeigt, dass individuelles Wohlergehen nur in Beziehung zur Gemeinschaft und Umwelt entstehen kann (Ramose, 1999; Mugumbate & Chereni, 2020).

Forschungen belegen, dass diese Weltsicht psychisches Wohlbefinden stärkt und kollektive Resilienz fördert (Mugumbate & Chereni, 2020).

- **Neuseeland: Kaitiakitanga – Wächterrolle gegenüber der Natur**

In der Kultur der Māori ist Kaitiakitanga (Verantwortung als Wächter der Natur) zentral. Die Umwelt wird als lebendiges Gegenüber verstanden, dem Respekt entgegengebracht werden muss (Durie, 1998). Natürliche Ressourcen (whenua, wai, hau) gelten als Taonga (Schätze), die für zukünftige Generationen geschützt werden müssen (Marsden, 2003).

Der Ausdruck „Ko au te whenua, ko te whenua ko au" („Ich bin das Land, und das Land bin ich") spiegelt diese Verbundenheit wider (Marsden, 2023). Studien zeigen, dass solche Naturbeziehungen psychisches Wohlbefinden steigern (Ives et al., 2017). Kaitiakitanga umfasst kulturelle, spirituelle und ethische Dimensionen – eine Grundlage wahrer Nachhaltigkeit (Harmsworth & Awatere, 2013).

> **Reflektionsfrage**
> In welchen Beziehungen und Naturräumen fühlst Du Dich lebendig, genährt und mit dem Leben verbunden?

- **Dominanz und Ausbeutung: Die westliche Sichtweise**

Anders als die gewählten indigenen Sichtweisen hat sich in der Denkweise des globalen Nordens ein Konzept der Dominanz über die Natur herausgebildet.

Philosophische Konzepte wie der Cartesianische Dualismus[13] legten eine Trennung zwischen Mensch und Natur zugrunde. Diese Perspektive trug zur Ausbeutung der natürlichen Ressourcen und zur Missachtung der ökologischen Folgen menschlichen Handelns bei.

Im Zuge der Industrialisierung wurde ein massenhafter Zugriff auf natürliche Ressourcen zur Norm. Diese eurozentristische Perspektive, die Natur zu „bezähmen" und zu „beherrschen", fand ihren Höhepunkt in der Frühen Neuzeit. Der britische Philosoph Francis Bacon prägte mit seinem Ausspruch „Wissen ist Macht" die Vorstellung, die Natur müsse kontrolliert werden (Bacon, 1620/2000). Auch René Descartes legitimierte diese Haltung durch seine dualistische Trennung von Mensch und Natur (Descartes, 1637/1985).

In früheren Epochen der Menschheitsgeschichte war die Natur oft mit mystischen und spirituellen Bedeutungen verknüpft. Die Menschen schätzten die Natur als eine heilige Manifestation göttlicher Weisheit und sahen sie als Bestandteil eines umfassenderen kosmischen Zusammenhangs. In der Antike wurden Flüsse, Berge und Wälder als Wohnstätten der Götter verehrt, und die Natur wurde als lebendiges Wesen betrachtet, das Respekt und Ehre verdiente (Eliade 1957).

Im Mittelalter, mit dem Aufkommen des Christentums, veränderte sich die Beziehung der Menschen zur Natur zunehmend. Die Natur galt als vom Menschen kontrollierbar, und der Mensch hatte den Auftrag, die Erde zu „unterwerfen" und „zu beherrschen", wie in der Bibel steht: „Seid fruchtbar und mehret euch und füllet die Erde und macht sie euch untertan; und herrscht über die Fische im Meer, die Vögel des Himmels und über das Vieh und über alles Getier, das sich auf der Erde regt" (Genesis 1,28).

Während die Natur unterjocht wird, leben traditionelle indigene Kulturen in einer harmonischen Beziehung zur Natur.

2.5.9 Ein Lösungsansatz: Natur – mehr als eine Gesundheitsressource

Die Bedeutung der Natur als wertvolle Gesundheitsressource wird zunehmend im wissenschaftlichen Diskurs anerkannt.

Wie die Abbildung aus dem Gutachten des Wissenschaftlichen Beirats der Bundesregierung Globale Umweltveränderungen (WBGU) von 2023 zeigt,

---

[13] Der cartesianische Dualismus von René Descartes (1596–1650), vor allem seine bekannte Aussage „Cogito, ergo sum" („Ich denke, also bin ich"), beeinflusste das westliche Naturverständnis grundlegend und führte zu einer Entkopplung des Menschen von der Natur. Die Philosophie von Descartes legt einen starken Fokus auf die strikte Trennung von Geist (res cogitans) und Materie (res extensa). Der Mensch wird hauptsächlich über seinen rationalen Verstand definiert, während die Natur als ein rein mechanistisches System angesehen wird – eine „Maschine", die beherrscht, verwendet und kontrolliert werden kann. Diese Perspektive hat dazu beigetragen, dass der Mensch sich als von der Natur getrennt verstand und nicht mehr als einen integralen Bestandteil ökologischer Systeme.

werden naturbasierte Interventionen explizit als Förderinstrumente für Biodiversität und Stressmanagement hervorgehoben (SRU, 2023).

Eine konsequente Verknüpfung von Umwelt- und Gesundheitsaspekten eröffnet die Möglichkeit, die Wechselwirkungen zwischen menschlichem Wohlergehen und ökologischer Stabilität systematisch zu berücksichtigen.

Die Beschäftigung mit Interventionen, die sowohl Naturverbundenheit als auch Umweltbewusstsein fördern, stellt ein innovatives, interdisziplinäres Arbeitsfeld dar.

Es vereint Erkenntnisse aus Umweltwissenschaften, Psychologie, Soziologie und Gesundheitswissenschaft und trägt zu einem integrativen, ökosystemischen Verständnis von Gesundheit bei.

2.6 Theoretische Basis klassischer naturbasierter Interventionen (NBI)

Naturbasierte Interventionen stützen sich auf fundierte wissenschaftliche Erkenntnisse über die regenerativen Effekte der Natur auf den Menschen.

Die theoretischen Grundlagen dieser Ansätze liefern wertvolle Einsichten in die Mechanismen, durch die der Kontakt mit natürlichen Umgebungen das menschliche Wohlbefinden unterstützt und stärkt.

Zentrale Theorien erklären die physiologischen, psychologischen und sozialen Vorteile von Naturerfahrungen und bilden die Grundlage für präventive und therapeutische Anwendungen. Gemeinsam bilden diese theoretischen Modelle ein belastbares Fundament für die Entwicklung naturbasierter Interventionen, die sowohl individuelles Wohlbefinden als auch kollektive ökologische Gesundheit fördern.

2.6.1 Biophilie-Hypothese

Das Konzept der Biophilie beschreibt die tief verwurzelte menschliche Neigung, Leben und lebensähnliche Prozesse emotional positiv zu bewerten und eine instinktive Verbindung zu natürlichen Systemen zu suchen.

Der Begriff wurde erstmals von Erich Fromm, Psychoanalytiker, (1964) in seinem Werk „Die Seele des Menschen" eingeführt. Fromm (1964) beschreibt Biophilie als eine tiefe, leidenschaftliche Zuneigung zum Leben und allem, was lebendig ist, sowie als das Bestreben, das Wachstum von Menschen, Pflanzen, Ideen oder sozialen Gemeinschaften zu unterstützen und zu fördern.

Fromm betont, dass diese grundlegende Lebensverbundenheit nicht nur das individuelle Wohlergehen stärkt, sondern auch eine ethische Basis für verantwortungsvolles und nachhaltiges Handeln bildet. Unabhängig davon formuliert Edward O. Wilson, Biologe und Insektenforscher (1984) die Biophilie-Hypothese, die betont, dass diese Neigung tief in der menschlichen Evolution verankert ist. Wilson versteht darunter eine angeborene Ausrichtung des Menschen auf das Leben und lebensähnliche Vorgänge. Er argumentiert, dass sich im Verlauf der menschlichen Evolution eine Affinität zu lebensfreundlichen Habitaten und Ökosystemen herausgebildet habe, da solche Umgebungen Überleben und Fortpflanzung begünstigten.

Wilson betont, dass die Beziehung zur Natur weit über eine kulturell vermittelte Vorliebe hinausgeht: Sie sei eine essenzielle Voraussetzung für das physische und psychische Wohl des Menschen.

Obwohl Fromm und Wilson unterschiedliche disziplinäre Perspektiven einnehmen – psychoanalytisch und evolutionsbiologisch –, ergänzen sich ihre Ansätze auf bemerkenswerte Weise. Beide betonen die fundamentale Bedeutung einer tiefen, emotionalen und existenziellen Verbundenheit des Menschen mit allem Lebendigen als Grundlage für individuelles Wohlbefinden und für gesellschaftliche Nachhaltigkeit.

2.6.2 Regenerative Theorien: ART, SRT & CRT

Die Stress Reduction Theory (SRT) von Roger Ulrich (1984) und die Attention Restoration Theory (ART) von Rachel und Stephen Kaplan (1989) bieten ergänzende Erklärungen für die regenerativen Auswirkungen der Natur auf die psychische und physische Entwicklung des Menschen. Die beiden Theorien leisteten einen wesentlichen Beitrag zum Verständnis der gesundheitsfördernden Wirkung natürlicher Umgebungen. Sie stellen die Grundlage für zahlreiche Untersuchungen und praktische Anwendungen im Bereich der Umweltpsychologie sowie des Gesundheitswesens dar.

Stress Reduction Theory (SRT)

Roger Ulrichs SRT fokussiert sich auf die unmittelbaren, unbewussten emotionalen und physiologischen Reaktionen auf natürliche Gegebenheiten. Seine wegweisende Untersuchung aus dem Jahr 1984 zeigte, dass sich Patienten, die einen Blick auf die Natur hatten, nach einer Gallenblasenentfernung schneller erholten und weniger Schmerzmittel benötigten als diejenigen, die auf eine Ziegelwand blickten.

Während die ART auf kognitive Prozesse abzielt, konzentriert sich die SRT auf die physiologisch stressreduzierenden Effekte der Natur auf den Körper.

Physiologische Reaktionen: Laut SRT ruft das Anschauen natürlicher Gegebenheiten unmittelbare physiologische Veränderungen hervor, die zur Minderung von Stress beitragen. Der Aufenthalt oder Kontakt mit natürlichen Umgebungen aktiviert hier das parasympathische Nervensystem, was zu einer Verringerung der Herzfrequenz und des Blutdrucks führt. Die Hautleitfähigkeit und die Muskelspannung verringern sich, was ein Anzeichen für einen Rückgang des Stresslevels ist. Es erfolgt eine Ausschüttung stressmindernder Hormone, die für eine Senkung des Cortisolspiegels sorgen. Positive Gefühle wie z.B. die Freude der Verbundenheit werden gestärkt und negative Emotionen wie Furcht, Zorn und Trauer werden nachweislich reduziert.

2.6 · Theoretische Basis klassischer naturbasierter Interventionen (NBI)

Attention Restoration Theorie (ART)

Die ART basiert auf der Annahme, dass Menschen zwei Arten von Aufmerksamkeit besitzen: die gerichtete *(effortful)* und die unwillkürliche *(effortless)*.

Um sich bewusst zu konzentrieren, muss man sich fokussieren und mental anstrengen. Diese Form der Konzentration kommt in Alltagssituationen wie beim Lernen oder Arbeiten am Monitor zum Tragen. Bei längerfristiger Ausübung ist sie anfällig für Ermüdung und kann zu mentaler Erschöpfung *(mental overload)* führen.

Im Gegensatz dazu wird die unwillkürliche Aufmerksamkeit durch Reize angezogen, die von selbst faszinierend wirken, ohne dass man sich bewusst konzentrieren muss. Solche Eindrücke findet man besonders in natürlichen Umgebungen wie einem plätschernden Bach oder sanft im Wind wiegenden Bäumen, die eine angenehme, entspannte Aufmerksamkeit hervorrufen

- **Vier grundlegende Merkmale der Erholung**

Damit etwas als erholsam gelten kann, definiert die ART vier grundlegende Eigenschaften, die eine Umgebung aufweisen muss:

- **Distanz:** Dabei handelt es sich um das Gefühl, dem Alltag und seinen Bedürfnissen entkommen zu wollen. Ein mentaler Abstand kann ebenfalls wohltuend sein; physische Distanz ist nicht zwingend notwendig. Die Natur bietet oft die Gelegenheit, sich von stressigen Routinen und Verpflichtungen zu entfernen.
- **Faszination:** Die Natur bietet zahlreiche sanft faszinierende Elemente wie etwa Wolkenformationen, das Bewegen von Blättern im Wind oder das Plätschern eines Baches. Diese Reize ziehen die Aufmerksamkeit an, ohne dass kognitive Anstrengung erforderlich ist, und tragen dazu bei, dass sich die fokussierte Aufmerksamkeit regeneriert.
- **Ausdehnung:** Damit man wirklich in eine Umgebung eintauchen kann, muss sie abwechslungsreich und stimmig sein. Sie sollte den Geist anregen und das Gefühl vermitteln, Teil einer größeren Welt zu sein. Naturlandschaften bieten oft genau diese Vielfalt und Tiefe, die ein intensives Erleben möglich machen.
- **Kompatibilität:** Die Umgebung sollte mit den Absichten und Neigungen des Einzelnen übereinstimmen. Menschen finden in der Natur häufig Möglichkeiten, die ihren Bedürfnissen und Wünschen entsprechen, sei es nach Ruhe, Erkundung oder Gelegenheit zum Nachdenken.

Nach der ART ermöglichen insbesondere diese vier zentralen Merkmale den Eintritt in einen Zustand der „sanften Faszination". In diesem Zustand wird die unwillkürliche Aufmerksamkeit leicht angesprochen, während die gerichtete Aufmerksamkeit entlastet wird. Dadurch können erschöpfte kognitive Ressourcen regeneriert und die Konzentrationsfähigkeit nachhaltig verbessert werden (Kaplan & Kaplan, 1989).

Die ART und die SRT bieten zusammen eine umfassende theoretische Grundlage für das Verständnis der zahlreichen positiven Auswirkungen, die Naturerfahrungen auf die menschliche Gesundheit und das Wohlbefinden haben. Sie heben hervor, wie bedeutend es ist, in einer Welt, die immer städtischer wird,

Zugang zur Natur zu haben. Sie bieten wesentliche Einsichten für die Gestaltung von Umgebungen, die kognitive Erholung und Stressreduktion unterstützen. Da biophiliebezogene Modelle meist auf westlich geprägten Stichproben basieren und kulturelle Unterschiede im Naturverhältnis vernachlässigen (Joye & De Block, 2011; Keniger et al., 2013), ist eine kultursensible und sozialräumliche Kontextualisierung notwendig, um ihre Gültigkeit und Anwendbarkeit zu sichern.

Conditioned Restoration Theory (CRT)

Die von Egner et al. (2020) entwickelte Conditioned Restoration Theory (CRT) bietet einen innovativen Rahmen zur Erklärung der erholsamen Eigenschaften natürlicher Umgebungen aus lerntheoretischer Perspektive.

Die CRT basiert auf klassischen Konditionierungsparadigmen und integriert Einsichten aus der evaluativen Konditionierung, der Theorie des Kernaffekts sowie bewussten Erwartungsmechanismen.

Sie postuliert vier aufeinander aufbauende Stufen:
1. **Unkonditionierte Erholung**
   In einer bestimmten natürlichen Umgebung treten verlässlich unkonditionierte positive affektive Reaktionen auf, etwa Entspannung, Freude oder Gelassenheit, unabhängig von bewusster Steuerung.
2. **Entspannende Konditionierung**
   Wiederholte positive Erfahrungen führen dazu, dass diese affektiven Reaktionen mit spezifischen Merkmalen der Umgebung assoziiert werden. Die Umgebung wird zum konditionierten Hinweisreiz für Erholung und Entspannung.
3. **Konditionierte Erholung**
   Eine spätere Exposition gegenüber der gleichen oder ähnlichen Umgebung löst automatisch die zuvor verknüpften positiven affektiven Reaktionen aus, auch ohne bewusste Erwartung.
4. **Reizgeneralisierung**
   Ähnliche Umgebungsmerkmale können ebenfalls die konditionierte positive Reaktion hervorrufen, wodurch sich die erholsamen Effekte auf ein breiteres Spektrum natürlicher Reize ausdehnen.

Die CRT bietet damit eine differenzierte Perspektive auf die Entstehung restaurativer Effekte und zeigt, dass die wohltuende Wirkung natürlicher Umgebungen nicht nur unmittelbar biologisch basiert ist, sondern auch auf gelernten emotionalen Assoziationen beruht.

Sie eröffnet neue Perspektiven für die umweltpsychologische Forschung, insbesondere im Hinblick auf individuelle Unterschiede in Naturpräferenzen, die Bedeutung wiederholter Naturkontakte und die Gestaltung naturbasierter Interventionen im urbanen Raum.

2.6.3 Stärkung der Resilienz durch die Natur: Nature-based Biopsychosocial Resilience Theory (NBBR)

Die von White et al. (2023) entwickelte Nature-based Biopsychosocial Resilience Theory (NBBRT) ist ein interdisziplinär anschlussfähiges Modell zur Erklärung biopsychosozialer Resilienzmechanismen im Kontext von Naturerleben. Es zeigt, wie der Kontakt zur Natur die Resilienz auf biologischer, psychologischer und sozialer Ebene fördern kann. Die Theorie unterteilt 3 Phasen:

1. **Präventive Resilienz:** In der ersten Phase, der Prävention, wird die Vulnerabilität gegenüber Stress durch regelmäßigen Kontakt mit der Natur reduziert. Mechanismen wie die Förderung von Achtsamkeit, die Senkung von Stresshormonen wie Cortisol sowie die Steigerung von Optimismus und allgemeinem Wohlbefinden tragen dazu bei, die Resilienz der Menschen gegenüber Belastungen zu stärken.
2. **Reaktive Resilienz:** Im Laufe der zweiten Phase, der Reaktion, unterstützt die Natur adaptive Fähigkeiten, die Menschen in Stresssituationen benötigen. Positive Gefühle wie Freude und Gelassenheit fördern die Stärkung der emotionalen Widerstandskraft und verbessern die Fähigkeit zur emotionalen Regulation. Persönliche Erfolge in natürlichen Umgebungen, die Herausforderungen und Chancen bieten, tragen zur Stärkung des Selbstwirksamkeitserlebens bei.
3. **Erholungsresilienz:** Die dritte Phase, die Erholung, beschreibt, wie der Kontakt mit der Natur nach belastenden Ereignissen die Regeneration unterstützt. Der Körper wird bei der Regeneration durch biologische Abläufe wie die Immunstärkung und die Reduktion physiologischer Stressreaktionen unterstützt. Darüber hinaus fördern Naturerlebnisse soziale Kontakte, die Mitgefühl, Kooperation und soziale Beziehungen stärken.

Da Naturkontakte die Selbstwirksamkeitserfahrung und positive Emotionen fördern, haben sie einen positiven Einfluss auf die emotionale Widerstandsfähigkeit. Biologisch betrachtet, reduziert die Natur Stressreaktionen im autonomen Nervensystem, stärkt das Immunsystem und begünstigt entzündungshemmende Abläufe. Auf sozialer Ebene trägt die Natur zu gemeinsamen Aktivitäten bei, die Empathie und soziale Bindungen stärken und somit ein stabileres Netzwerk fördern.

2.6.4 Affect Regulation Theory (ART)

Die von Richardson et al. (2016) entwickelte Affect Regulation Theory (ART) beschreibt, wie Naturerfahrungen zur Regulation menschlicher Emotionen beitragen können. Aufbauend auf einem evolutionär-funktionalen Ansatz schlägt die Theorie vor, dass natürliche Umgebungen positive Affektzustände wie Freude, Ruhe und Zufriedenheit fördern, indem sie spezifische neurobiologische Systeme ansprechen.

Grundlage bildet das Drei-Kreise-Modell der Affektregulation (Gilbert, 2005, 2014), das zwischen Antrieb (*drive*), Zufriedenheit *(contentment)* und Bedrohung *(threat)* unterscheidet. Naturerfahrungen aktivieren vor allem das Zufriedenheitssystem, das durch parasympathische Prozesse, Oxytocin- und Opiatsysteme unterstützt wird, wodurch Erholung und soziale Verbundenheit gefördert werden. Die Theorie integriert Erkenntnisse aus der Stress Reduction Theory (Ulrich, 1984) und der Attention Restoration Theory (Kaplan & Kaplan, 1989), erweitert diese aber, indem sie die direkte Rolle positiver Emotionen und physiologischer Affektregulation betont.

2.6.5 Therapeutische Landschaften

1. Konzeptdefinition und Entwicklung

Das Konzept der therapeutischen Landschaften beschreibt Orte, an denen physische, soziale, kulturelle und symbolische Dimensionen auf einzigartige Weise zusammenwirken, um ein heilungsförderndes Gesamterlebnis zu schaffen.

Die gesundheitsfördernde Wirkung solcher Landschaften entsteht nicht durch eine einzelne Maßnahme, sondern durch ihre atmosphärische Ganzheitlichkeit – oft subtil, aber tiefgreifend. Das Konzept wurde erstmals 1992 von Wilbert M. Gesler eingeführt, einem Pionier der geografischen Gesundheitsforschung. Gesler (1993) beschreibt therapeutische Landschaften als dynamische Orte, Umgebungen und soziale Kontexte, die physische, psychische und soziale Bedingungen miteinander verbinden und dadurch Heilung oder gesundheitliche Verbesserungen fördern.

Dies verdeutlicht die multidimensionale Natur therapeutischer Landschaften, die sowohl physische Strukturen als auch soziale Interaktionen und symbolische Bedeutungen umfassen. In den vergangenen Jahrzehnten wurde das Konzept in verschiedenen Disziplinen weiterentwickelt, darunter Umweltpsychologie, Landschaftsarchitektur, Medizin und Public Health.

Im Zentrum steht die Annahme, dass gezielt gestaltete Umgebungen – durch ihre ästhetischen Qualitäten, sozialen Rahmenbedingungen und kulturellen Bedeutungen – maßgeblich zur Förderung von Heilungsprozessen, psychischem Wohlbefinden und Resilienz beitragen können.

Therapeutische Landschaften bieten damit einen innovativen Ansatz, um die Wechselwirkungen zwischen Raumgestaltung, sozialem Miteinander und individueller Gesundheit integrativ zu erfassen und zu gestalten.

2. Komponenten therapeutischer Landschaften

Abraham et al. (2007) identifizieren mehrere Komponenten, die therapeutische Landschaften ausmachen:
- **Ökologische Komponente**: Natürliche Landschaftselemente, Biodiversität und Umweltqualität.
- **Ästhetische Komponente**: Visuelle und sinnliche Wahrnehmung der Umgebung.

- **Physische Komponente**: Infrastruktur, Zugänglichkeit und Gestaltung von Räumen.
- **Psychische Komponente**: Individuelle Erfahrungen, subjektives Empfinden von Ruhe und Erholung.
- **Soziale Komponente**: Zwischenmenschliche Interaktionen, soziale Einbettung und Gemeinschaftsgefühl.
- **Pädagogische Komponente**: Möglichkeiten zur Wissensvermittlung über Natur und Gesundheit.

Diese Komponenten wirken oft synergetisch zusammen und tragen zur Gesundheitsförderung bei.

3. Theoretische Grundlagen

3.1 Habitat-Theorie

Die Habitat-Theorie beschreibt das grundlegende Bedürfnis des Menschen nach einem Habitat, das alle biologischen Grundbedürfnisse abdeckt und Sicherheit bietet (Appleton, 1975). Landschaften, die diesen Anforderungen entsprechen, können eine beruhigende und heilende Wirkung entfalten (Ulrich, 1993).

3.2 Prospect-Refuge-Theorie

Diese Theorie von Appleton (1975) besagt, dass Menschen Umgebungen bevorzugen, die sowohl Ausblick (*prospect*) als auch Schutz (*refuge*) bieten. Eine gelungene Balance aus Offenheit und Rückzugsmöglichkeiten kann das Sicherheitsgefühl erhöhen und so zur mentalen Regeneration beitragen.

3.4 Fraktale – Natur im Selbstbild

> *„Clouds are not spheres, mountains are not cones, coastlines are not circles, and bark is not smooth, nor does lightning travel in a straight line."*
> - Mandelbrot, B. B. (1982). The Fractal Geometry of Nature.

Wenn wir in die Natur blicken, sehen wir keine perfekten Kreise oder Linien – sondern lebendige Muster, Fraktale, die sich wiederholen, verzweigen, einbetten. Das menschliche Nervensystem erkennt diese fraktalen Strukturen intuitiv – und antwortet mit Regulation (◘ Abb. 2.8).

Fraktale sind geometrische Strukturen, die durch Selbstähnlichkeit auf unterschiedlichen Maßstabsebenen gekennzeichnet sind – sie wiederholen sich in ähnlicher Form, unabhängig von der Skalenebene (Mandelbrot, 1982). Sie sind in der Natur oft zu finden: in Baumverzweigungen, Flusssystemen, Wolken, Schneeflocken, Gebirgsketten sowie im menschlichen Gefäß- und Nervensystem. Diese Muster sind nicht nur mathematisch effizient, sondern auch ästhetisch ansprechend. In ihrer Untersuchung demonstrierten Richard P. Taylor und Kolleg:innen (2011), dass fraktale Muster mit einer mittleren Fraktaldimension

● **Abb. 2.8** Fraktale. (Eigene Darstellung, erstellt mit Canva. © Dr. med. Kristin Köhler, 2025)

(D zwischen 1,3 und 1,5) von Menschen besonders bevorzugt werden und physiologisch entspannend wirken können, unter anderem durch Stressreduktion.

Diese Strukturen entfalten ihre besondere Wirkung nicht nur aufgrund ihrer natürlichen Ästhetik, sondern auch, weil sie tief in unserer eigenen Biologie verwurzelt sind. Fraktale Organisationen finden sich im menschlichen Körper selbst – wie etwa in der Struktur der Lunge, der neuronalen Vernetzung oder dem Herzschlagrhythmus (Goldberger et al., 2002). Wenn wir fraktale Muster in der Natur beobachten, nehmen wir unbewusst eine Spiegelung unserer eigenen inneren Struktur wahr. Diese visuelle Ähnlichkeit intensiviert unser Zugehörigkeitsgefühl zur natürlichen Welt und fördert ein konsistentes Selbstbild als Teil eines umfassenderen, lebendigen Systems (Hagerhall et al., 2004). Solche Erlebnisse haben einen entscheidenden Einfluss auf unser psychisches und physisches Wohlbefinden.

Richard P. Taylor und seine Kollegen untersuchten in ihrer 2011 im Frontiers in Human Neuroscience veröffentlichten Studie „Perceptual and Physiological Responses to Jackson Pollock's Fractals" die fraktalen Eigenschaften von Jackson Pollocks Gemälden und deren Einfluss auf die menschliche Wahrnehmung. Sie bemerkten, dass die visuelle Präferenz der Teilnehmer:innen für fraktale Muster mit einer Fraktaldimension (D) zwischen 1,3 und 1,5 am ausgeprägtesten war. Die Ergebnisse legen nahe, dass fraktale Muster in diesem Bereich eine besondere Anziehungskraft auf den Menschen ausüben. Fraktale Muster mit einer mittleren Fraktaldimension können zudem positive physiologische Effekte bewirken wie etwa eine Stressreduktion. Diese Einsichten verdeutlichen, wie wichtig fraktale Strukturen in der Natur für das menschliche Wohlergehen sind (Taylor et al., 2011).

4. Landschaft und Nachhaltigkeit

Joachim Rathmann verknüpft das Konzept der therapeutischen Landschaften mit dem Nachhaltigkeitsbegriff und der Idee des „guten Lebens". Er argumentiert, dass nachhaltige Landschaftsgestaltung nicht nur ökologische, sondern auch gesundheitliche und soziale Vorteile bietet (Rathmann, 2014). Der Schutz natürlicher Räume, die Schaffung von Grünflächen in urbanen Gebieten und die partizipative Landschaftsplanung sind zentrale Elemente nachhaltiger Gesundheitsförderung (Rathmann, 2017).

Darüber hinaus ist eine intakte, biodiverse Mitwelt nicht nur für den Menschen gesundheitsfördernd, sondern trägt auch zur ökosystemischen Gesundheit bei. Biodiversität und funktionierende ökologische Prozesse fördern die Resilienz von Landschaften gegenüber Umweltveränderungen und tragen zur Stabilität von Klimaregulation, Luft- und Wasserqualität sowie zur Minderung von Krankheitserregern bei (Keesing et al., 2010; Díaz et al., 2006). Die Interdependenz zwischen menschlicher und ökologischer Gesundheit verdeutlicht die Notwendigkeit, nachhaltige Landschaftskonzepte zu entwickeln, die sowohl das Wohlbefinden des Menschen als auch die Integrität natürlicher Systeme fördern (Rockström et al., 2009a, 2009b; IPBES, 2019).

5. Urbanes Leben, psychische Gesundheit und biophiles Design: Zusammenhänge und Chancen

Das Leben in urbanen Räumen geht mit einem erhöhten Risiko für psychische Erkrankungen wie Depressionen, Angststörungen und Schizophrenie einher (Gruebner et al., 2017; Lederbogen et al., 2011). Neben chronischem Stress durch Lärm und soziale Verdichtung wirken sich fehlende natürliche Rückzugsräume belastend auf die mentale Gesundheit aus. Neurobiologische Studien zeigen, dass Naturkontakt die Stressverarbeitung im Gehirn positiv beeinflusst, etwa durch eine reduzierte Aktivierung der Amygdala (Kühn et al., 2017).

Wohnnahe Grünflächen bieten einen wirksamen Schutzfaktor. Systematische Übersichtsarbeiten belegen, dass bereits moderate Erhöhungen des Grünflächenanteils die psychische Gesundheit deutlich verbessern (van den Bosch & Ode Sang, 2017). Mechanismen wie die Förderung parasympathischer Aktivität tragen zur emotionalen Erholung bei und steigern die Resilienz.

Biophiles Design überträgt diese Erkenntnisse in die gebaute Umwelt: Natürliche Elemente in Arbeitsplätzen steigern die kognitive Leistung und das subjektive Wohlbefinden erheblich (Browning et al., 2014). Auch im Gesundheitswesen und in Bildungseinrichtungen belegen Studien, dass Naturzugänge Heilungsverläufe verkürzen und die kognitive Entwicklung von Kindern unterstützen (Dadvand et al., 2015).

Diese Erkenntnisse unterstreichen die Notwendigkeit, Stadtgestaltung stärker naturbasiert und klimasensibel auszurichten, um psychische Gesundheit, soziale Teilhabe und ökologische Nachhaltigkeit integrativ zu fördern.

2.7 Naturverbundenheit und Wohlbefinden

2.7.1 Naturverbundenheit: Definition und Dimensionen

Im Mittelpunkt der Umweltpsychologie und Nachhaltigkeitsforschung steht die Beziehung zwischen Mensch und Natur. Eine enge Beziehung zur Natur stellt einen wichtigen Einfluss auf umweltbewusstes Verhalten und persönliches Wohlbefinden dar. Wir werden in diesem Abschnitt die verschiedenen Facetten der Naturverbundenheit, ihre Dimensionen sowie die neuesten Forschungsergebnisse zu diesem Thema untersuchen.

Die Naturverbundenheit hat eine nachweislich positive Auswirkung auf das Wohlbefinden des Menschen. Miles Richardson and Kirsten McEwan (2018) stellt in seiner Untersuchung einen eindeutigen Zusammenhang fest: „Menschen, die eine Verbindung zur Natur empfinden, berichten von einer besseren psychischen und physischen Gesundheit" (Richardson & McEwan, 2018).

Insbesondere für die kindliche Entwicklung ist die Verbundenheit zur Natur von entscheidender Bedeutung. H. Peter Kahn Jr. (1997) betont: „Die natürliche Neugier von Kindern zur Natur ist ein wesentlicher Aspekt ihrer kognitiven und emotionalen Entwicklung" (Kahn, 1997). Demnach kann die frühzeitige Förderung einer Beziehung zur Natur als Fundament für eine gesunde psychische und kognitive Entwicklung angesehen werden.

In unserer immer mehr von Technologie geprägten Welt stellt sich die Frage, welche Auswirkungen diese Entwicklung auf unsere Beziehung zur Natur hat. Diese Beobachtung macht deutlich, dass es notwendig ist, bewusst Räume für authentische Naturerfahrungen zu schaffen und zu bewahren.

Naturverbundenheit: Psychologische Grundlagen und Verhaltensrelevanz

Schultz (2002) beschreibt Naturverbundenheit als ein multidimensionales Konstrukt, das emotionale, kognitive und affektive Bindungen zur Natur umfasst. Seiner Forschung zufolge spielt diese Verbindung eine zentrale Rolle für das menschliche Wohlbefinden und fördert nachhaltiges Umweltverhalten. Diese Erkenntnis deutet darauf hin, dass Naturverbundenheit nicht nur oberflächliche Naturerfahrungen widerspiegelt, sondern tief in der menschlichen Psyche verankert ist.

Ergänzend zeigen Schultz et al. (2004), dass eine starke Identifikation mit der Natur das Selbstkonzept erweitern und umweltverantwortliches Handeln begünstigen kann. Demnach führt die Wahrnehmung, Teil der Natur zu sein, zu einer erhöhten Motivation für nachhaltiges Verhalten.

Implikationen für Individuum und Gesellschaft

Empirische Studien belegen, dass Naturverbundenheit sowohl individuelle als auch gesellschaftliche Gesundheits- und Verhaltensmuster positiv beeinflusst, sinnstiftend wirkt und das Wohlbefinden fördert (Capaldi et al., 2014; Zelenski

2.7 · Naturverbundenheit und Wohlbefinden

& Nisbet, 2014). Insbesondere die Integration von Naturerfahrungen in den Alltag scheint nicht nur das subjektive Wohlbefinden zu steigern, sondern auch ökologisch verantwortungsvollere Entscheidungen zu fördern (Bratman et al., 2015).

Mayer und Frantz (2004) definieren Naturverbundenheit als einen stabilen psychologischen Zustand, der durch kognitive, affektive und erfahrungsbasierte Komponenten geprägt ist. Dieser Zustand äußert sich in konsistenten Einstellungen und Verhaltensweisen, die eine enge Beziehung zwischen dem Selbst und der natürlichen Mitwelt widerspiegeln.

> **Mikroübung**
> Baum & Wald – Eine Imagination zur ökosystemischen Selbstverortung.
> Wenn du allein bist, stelle dir vor: Du bist ein Baum.
> Wenn du Teil eines Unternehmens, eines Teams oder einer Familie bist, stelle dir vor: ihr seid ein Wald.
> Ein lebendiges Netzwerk aus Verwurzelung, Austausch, Wachstum und Wandel.
> Und frage dich nun – ganz achtsam und offen:
> — **Was ist dein Myzel?**
>   Wer oder was verbindet dich unter der Oberfläche – unsichtbar, nährend, tragend?
> — **Was stillt deinen Durst?**
>   Was nährt dich wirklich – emotional, geistig, körperlich?
> — **Was ist deine Sonne?**
>   Welche Quellen schenken dir Energie, Licht, Wärme und Lebenskraft?
> — **Was gibt dir Halt?**
>   Was ist dein innerer Stamm – deine Struktur, deine Aufrichtung im Sturm?
> — **Worin bist du verwurzelt?**
>   Welche Werte, Orte, Geschichten oder Beziehungen geben dir Tiefe und Standfestigkeit?
> — **Für wen bist du Heimat?**
>   Wem gibst du Raum, Schutz, Zugehörigkeit?
> — **Wem spendest du Schatten und Obhut?**
>   Wo bist du Entlastung, Orientierung, Regulation für andere?
> — **Wie wirst du zum fruchtbaren Boden?**
>   Was wächst aus dir – jetzt und über deine Zeit hinaus?

2.7.2 Die drei ABC-Dimensionen der Verbindung zur Natur

Die Naturverbundenheit kann in drei grundlegende Dimensionen gegliedert werden:
— **Affektive Dimension (affect)**

Der affektive Zugang betrifft die emotionale Beziehung zur Natur. Mayer und Frantz (2004) charakterisieren dies als „ein Gefühl der Einheit mit der Natur". In dieser Dimension sind positive Empfindungen wie Liebe, Respekt und Fürsorge für die Natur enthalten.
— **Dimension des Verhaltens (behavioral)**

Der behaviorale Zugang umfasst Verhaltensweisen, die eine Verbindung zur Natur widerspiegeln. Clayton (2003) definiert dies als „die Art und Weise, wie Menschen mit der Natur interagieren und sich in ihr Verhalten". Bei dieser Dimension handelt es sich um spezifische Handlungen und Verhaltensweisen in der Natur oder im Umgang mit ihr.
— **Kognitive Ebene (cognitive)**

Die kognitive Dimension umfasst das Wissen und das Verständnis über natürliche Systeme. Schultz (2002) beschreibt dies als „das Ausmaß, in dem ein Individuum die Natur in seine kognitive Selbstrepräsentation einbezieht". Diese Dimension hebt die geistige Auseinandersetzung mit der Natur hervor (◘ Abb. 2.9).

Zusätzlich zu den drei Dimensionen haben Wissenschaftler (Lumber, Richardson, Scheffler, 2017) fünf spezifische Zugänge (Richardson's Five Pathways Model) zur Naturverbundenheit identifiziert:
1. **Senses (Sinne):** Die sinnliche Erfahrung der Natur
2. **Emotions (Gefühl):** Die emotionale Bindung zur Natur
3. **Meaning (Bedeutung):** Die Bedeutung, die wir der Natur beimessen
4. **Beauty (Schönheit):** Das Empfinden der Schönheit der Natur
5. **Compassion (Mitgefühl):** Mitgefühl für die Natur und ihre Organismen

Die Intensivierung bzw. Rückverbindung der Beziehung zwischen Mensch und Natur erfordert ein grundlegendes Umdenken hin zu einer stärkeren Naturverbundenheit und einem tieferen Verständnis der Bedeutung unserer Mitweltbeziehungen. Verschiedene theoretische und praktische Zugänge bieten konkrete Möglichkeiten, diese Verbindung aktiv zu fördern.

Studien zur Naturverbundenheit zeigen, dass es sich um ein komplexes psychologisches Konstrukt handelt, das affektive, kognitive und behaviorale Komponenten umfasst.

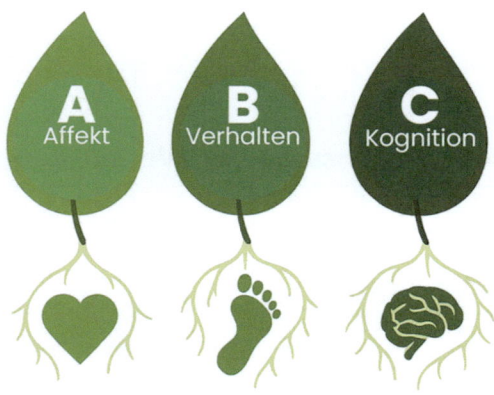

◘ **Abb. 2.9** ABC-Modell der Naturverbundenheit. (Eigene Darstellung, erstellt mit Canva. © Dr. med. Kristin Köhler, 2025)

2.7 · Naturverbundenheit und Wohlbefinden

Die positiven Effekte von Naturerfahrungen, Naturerziehung und Umweltbildung auf die Stärkung von Naturverbundenheit sind durch zahlreiche empirische Studien belegt.

Diese Einsichten sind zentral für die Entwicklung von Strategien zur Förderung nachhaltiger Verhaltensweisen und umweltfreundlicher Lebensstile.

Aktuelle Forschung verdeutlicht, dass Naturverbundenheit nicht nur ein Schlüsselfaktor für ökologisch verantwortliches Handeln ist, sondern auch das individuelle Wohlbefinden auf mehreren Ebenen stärkt:

Dabei lassen sich drei zentrale psychologische Dimensionen identifizieren:

- **Selbsttranszendenz:**
Naturverbundenheit löst die engen Grenzen des Selbst auf und fördert ein Gefühl der Zugehörigkeit zu einem größeren, lebendigen Ganzen.
Diese Erfahrung kann Gefühle von Ehrfurcht, Dankbarkeit und Verbundenheit hervorrufen, die zentrale salutogene Ressourcen darstellen.
- **Beziehungsähnlichkeit:**
Die Entwicklung einer Beziehung zur Natur folgt ähnlichen Prinzipien wie zwischenmenschliche Bindungen.
Nähe, Vertrautheit und positive emotionale Erlebnisse stärken über die Zeit hinweg die subjektive Verbundenheit zur natürlichen Umwelt.
- **Identitätsbildung:**
Natur wird zunehmend als integraler Bestandteil der eigenen Identität erlebt.
Personen, die die Natur als Teil ihres Selbstkonzepts integrieren, zeigen nicht nur stärkere proökologische Einstellungen, sondern berichten auch über ein höheres Maß an Lebenszufriedenheit und psychischem Wohlbefinden.

Diese drei Dimensionen verdeutlichen, dass eine bewusste und vertiefte Beziehung zur Natur sowohl individuelle als auch gemeinschaftliche Vorteile birgt – und damit eine Schlüsselrolle für die Förderung einer nachhaltigen und resilienten Zukunft einnimmt.

2.7.3 Naturentfremdung: Ursachen und Auswirkungen

» *Der moderne Mensch erlebt sich vielfach als von der Natur getrennt und außerhalb ihrer stehend. Dieses Phänomen kann als Naturvergessenheit beschrieben werden: In dem Maße, wie er sich zum Beherrscher der Natur erhebt, verliert er das Bewusstsein für seine eigene Eingebundenheit in natürliche Prozesse und verleugnet seine eigene Natürlichkeit.*
- nach H.P. Dürr, 2018

Die steigende Entfremdung des Menschen von der Natur ist ein Phänomen, das in den vergangenen Jahrzehnten zunehmend von Wissenschaft und Gesellschaft wahrgenommen wird. Mit dieser Naturentfremdung wird der Vorgang beschrieben, bei dem sich der Mensch auf emotionaler, kognitiver und physischer Ebene von seiner natürlichen Umwelt entfernt. Studien belegen, dass diese Entkopplung nicht nur ökologische Konsequenzen nach sich zieht, sondern auch weitreichende Auswirkungen auf die psychische Gesundheit und das persönliche Wohlbefinden hat.

Entfremdung von der Natur: Begriffserklärung und Auslöser

In industrialisierten Gesellschaften verbringen Menschen zunehmend weniger Zeit in natürlichen Umgebungen. Soga und Gaston (2016) sprechen in diesem Zusammenhang von einer „Extinction of Experience", also dem Verlust direkter Naturerfahrungen, der zu einer Entfremdung von der natürlichen Welt führt. Diese Entwicklung wirkt sich negativ auf das psychische Wohlbefinden und die emotionale Verbundenheit zur Natur aus. Der Rückgang unmittelbarer Naturkontakte verdeutlicht die dringende Notwendigkeit, Naturerfahrungen aktiv in den Alltag einzubinden und naturnahe Räume zu bewahren.

Richard Louv (2005) prägte den Ausdruck „Nature-Deficit Disorder", um die schädlichen Folgen dieser Entfremdung zu charakterisieren. Seiner Argumentation zufolge kann ein Mangel an Naturerfahrungen bei Kindern zu Verhaltensauffälligkeiten, Konzentrationsproblemen und emotionalen Schwierigkeiten führen.

Das Konzept des Drifting Baseline Syndrome (DBS), eingeführt von Haluza und Wagner (2025), ergänzt die bestehenden Modelle des Shifting Baseline Syndrome[14] und der Generational Amnesia,[15] indem es die dynamische und bidirektionale Wahrnehmung von Biodiversitätsveränderungen betont: Während frühere Konzepte vor allem lineare, meist negative Trends über Generationen hinweg beschrieben, zeigt DBS, dass Menschen sowohl Rückgänge als auch Zunahmen der Artenvielfalt wahrnehmen – abhängig von Artengruppe, Kontext und persönlicher Erfahrung. Besonders relevant wird dieses Konzept in einer Zeit beschleunigter ökologischer Veränderungen und medialer Einflussfaktoren.

Die Extreme in der Naturbeziehung

Psychologische Reaktionen auf Umweltzerstörung verlaufen wie oben beschrieben nicht linear, sondern bewegen sich in einem Spannungsfeld zwischen Naturverbundenheit und Entfremdung.
- **Starke Naturverbundenheit:** Eine starke emotionale Bindung kann Belastungen wie Solastalgie (Albrecht, 2005) oder Klimaangst (Clayton, 2020) hervorrufen. Besonders indigene Gemeinschaften berichten über deutlich erhöhte Werte von *eco-anxiety* (Middleton et al., 2020).
- **Naturentfremdung:** Demgegenüber führt vollständige Naturentfremdung häufig zu emotionaler Abstumpfung (*ecological numbness*; Lertzman, 2015).

---

14 **Shifting Baseline Syndrome**
Bezeichnet die unbewusste Verschiebung dessen, was als „normaler" Umweltzustand gilt – jede Generation akzeptiert degradierte Naturverhältnisse als neuen Ausgangspunkt (Pauly, 1995).

15 **Generational Amnesia**
Beschreibt das Vergessen früherer, artenreicherer Umweltzustände über Generationen hinweg – da Menschen nur die Natur ihrer Kindheit als Referenz wahrnehmen (Kahn, 2002)

Der höchste Grad an Umweltengagement findet sich nicht an den Extremen, sondern im mittleren Bereich der Naturverbundenheit. Personen mit moderater Bindung zeigen ein stärkeres Umwelthandeln als extrem stark oder schwach Verbundene (Whitburn et al., 2020).

2.8 Nachhaltigkeit als Basis ökosystemischer Gesundheit

2.8.1 Begriffsklärung

Der Nachhaltigkeitsbegriff stammt aus der Forstwirtschaft und wurde von Hans Carl von Carlowitz (1645–1714), dem sächsischen Oberberghauptmann, geprägt. In seinem 1713 herausgegebenen Werk "Sylvicultura Oeconomica" prägte Carlowitz den Gedanken einer nachhaltigen Ressourcennutzung. Er forderte eine „nachhaltende Nutzung" der Wälder, um eine langfristige und stabile Holzversorgung zu gewährleisten. Carlowitz stellte fest, dass die übermäßige Abholzung der sächsischen Wälder im Rahmen der wirtschaftlichen Expansion, vor allem für den Bergbau, zu einem ernsthaften Holzdefizit führte. Damals war Holz ein grundlegender Rohstoff für den Bergbau, den Hausbau und die Energieversorgung. Er entwickelte das Konzept der „nachhaltenden Forstwirtschaft", um dieser Krise entgegenzuwirken. Dieses besagt, dass nur so viel Holz geschlagen werden darf, wie nachwachsen kann. Diese Idee stellte einen Wegbereiter für die Entwicklung der modernen Nachhaltigkeitskonzepte dar.

Der Begriff der nachhaltigen Entwicklung, der von der UN-Kommission für Umwelt und Entwicklung 1987 geprägt wurde, definiert später die Fähigkeit, die Bedürfnisse der gegenwärtigen Generation zu erfüllen, ohne die Möglichkeiten zukünftiger Generationen zu gefährden (Brundtland-Kommission, 1987). Nachhaltige Entwicklung, wie die UN sie versteht, besteht aus drei Dimensionen – der ökologischen, der ökonomischen und der sozialen Nachhaltigkeit –, die eng miteinander verbunden sind und gemeinsam die Basis für langfristige Gesundheit bilden.

Die 17 globalen Nachhaltigkeitsziele, die von den Vereinten Nationen im Rahmen der Agenda 2030 verabschiedet wurden, sind als Sustainable Development Goals (SDGs) bekannt. Sie fungieren als universeller Aktionsplan zur Förderung nachhaltiger Entwicklung in ökologischen, sozialen und wirtschaftlichen Aspekten.

Die 193 UN-Mitgliedstaaten beschlossen im Jahr 2015 die SDGs, deren Umsetzung bis 2030 erfolgen soll. Sie stehen in enger Verbindung zueinander und sollen dazu dienen, Armut zu bekämpfen, Ungleichheiten abzubauen, Umweltprobleme zu lösen und allen eine nachhaltige Zukunft zu garantieren (● Abb. 2.10).

◘ **Abb. 2.10** „17 Ziele für nachhaltige Entwicklung", herausgegeben von der Deutschen Gesellschaft für die Vereinten Nationen e. V. (DGVN). (Aus Eine-Welt-Presse 2/2022, ► www.dgvn.de/eine-welt-presse; Copyright: Cornelia Agel/DGVN)

2.8.2 Dimensionen der Nachhaltigkeit (Ökologie, Ökonomie, Soziales)

Ökologische Nachhaltigkeit

Ökologische Nachhaltigkeit umfasst den Schutz und die Erhaltung natürlicher Ressourcen und Ökosysteme. Ein Beispiel hierfür ist der Nährstoffkreislauf in Wäldern: Abgestorbene Blätter und Pflanzen zerfallen, geben ihre Nährstoffe an den Boden zurück und fördern damit neues Wachstum. Dieser Kreislauf verdeutlicht die Wichtigkeit, Ressourcen zu verwenden, ohne sie dauerhaft zu erschöpfen. Für den Menschen bedeutet dies, dass sauberes Wasser, fruchtbare Böden und eine intakte Biodiversität gesichert bleiben müssen, da sie für die Nahrungsversorgung und die Lebensqualität essenziell sind (Umweltbundesamt, 2019).

Ökonomische Nachhaltigkeit

Das Ziel der ökonomischen Nachhaltigkeit ist es, wirtschaftliches Handeln mit sozialen und ökologischen Zielen in Einklang zu bringen. Ein Beispiel ist der nachhaltige Ökotourismus in Schutzgebieten. Die Einnahmen fließen in den Erhalt der Landschaft und schaffen wirtschaftliche Perspektiven für lokale Gemeinschaften, während die Besucher die Schönheit der Natur erleben können. Indem sie essenzielle Dienstleistungen wie Bestäubung oder Klimaregulation anbieten, tragen gesunde Ökosysteme auch indirekt zur Wirtschaft bei (Frank, 2024).

Soziale Nachhaltigkeit

Soziale Nachhaltigkeit beinhaltet den gerechten Zugang zu Ressourcen sowie die Stärkung der Gemeinschaft und des sozialen Zusammenhalts. Ein Beispiel ist die geteilte Nutzung von Gemeinschaftsgärten in städtischen Gebieten. Sie schaffen Flächen für den Anbau gesunder Nahrungsmittel, fördern die Kommunikation zwischen Menschen und stärken das Bewusstsein für die Wichtigkeit intakter Ökosysteme. Dies verdeutlicht, wie ökologische und soziale Nachhaltigkeit miteinander verknüpft sind und gemeinsam die Basis für ein gesundes Leben bilden (WBGU, 2023).

2.8.3 Prinzipien der Nachhaltigkeit (Suffizienz, Effizienz, Konsistenz)

(Siehe ◘ Abb. 2.11).

Suffizienz

Das Prinzip der Suffizienz, das zu den grundlegenden Nachhaltigkeitsprinzipien zählt, hat die bewusste Begrenzung von Konsum und Ressourcennutzung auf ein sinnvolles Maß, das dem Bedarf entspricht, zum Ziel. Es geht darum, nicht

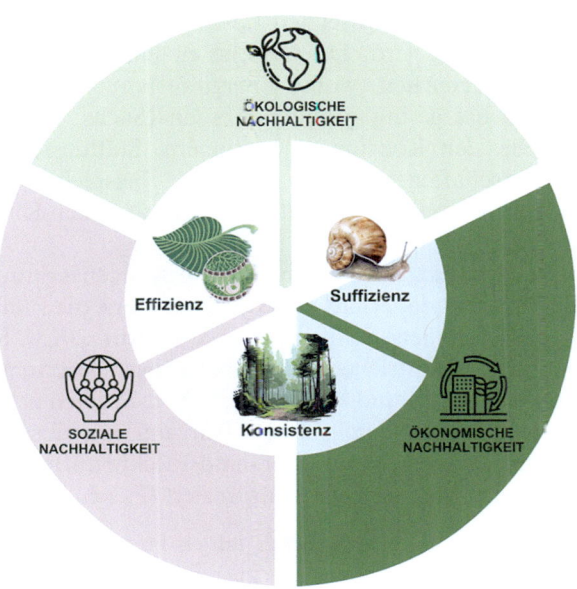

◘ **Abb. 2.11** 3 Dimensionen der Nachhaltigkeit, 3 Prinzipien der Nachhaltigkeit. (Eigene Darstellung, erstellt mit Canva. © Dr. med. Kristin Köhler, 2025)

möglichst viel, sondern „genug" zu haben – im Sinne eines guten Lebens innerhalb der planetaren Grenzen (Paech, 2012). Es geht dabei nicht darum, einfach nur zu verzichten. Vielmehr steht eine Lebensweise im Mittelpunkt, die sich auf das Wesentliche konzentriert, Überflüssiges meidet und so ökologische, soziale und persönliche Ressourcen schont (Schneidewind & Zahrnt, 2013).

Die Suffizienz verlangt eine kritische Auseinandersetzung mit den Bedürfnissen, Konsumgewohnheiten und gesellschaftlichen Leitbildern des „Immer mehr" – zugunsten eines bewussteren und solidarischeren Lebensstils (Sachs, 1993). Es handelt sich dabei nicht nur um eine Reduktion des individuellen Konsums, sondern auch um politische und strukturelle Veränderungen, die ein suffizientes Leben erleichtern und ermöglichen.

> **Beispiel:** Die Schnecke wird als Symbol für ein suffizientes Leben angesehen – sie transportiert nur das, was sie tatsächlich benötigt: ihr Haus, ihre Beweglichkeit und ihre Genügsamkeit. Langsam, aber mit einem klaren Ziel, stellt sie ein Leben dar, das im Einklang mit den eigenen Bedürfnissen und den natürlichen Grenzen steht. Im Rahmen der Suffizienz symbolisiert die Schnecke: Entschleunigung anstelle von Beschleunigung, Maß halten statt alles maximieren, weniger Ballast, dafür mehr Qualität und Achtsamkeit, Selbstgenügsamkeit: Sie benötigt wenig, lebt aber dennoch vollständig.

Effizienz

Eine zentrale Strategie für nachhaltiges Wirtschaften ist die Effizienz, bei der das Verhältnis zwischen den eingesetzten Ressourcen (Input) und dem erzielten Nutzen (Output) optimiert wird. Das Ziel ist es, ein konstantes Resultat oder denselben Nutzen zu erreichen, wobei Energieverbrauch, Materialeinsatz und Flächenbedarf möglichst gering gehalten werden (Sachs, 1993). Es steht also nicht an erster Stelle, den Konsum zu verringern. Stattdessen geht es darum, Produktion und Wirtschaften klüger zu gestalten – beispielsweise durch technologische Neuerungen, optimierte Abläufe oder Ansätze der Kreislaufwirtschaft (Linz, 2004).

Die Effizienzstrategie zielt darauf ab, den Ressourcenverbrauch pro Einheit von Leistung oder Produkt dauerhaft zu reduzieren, ohne die Funktionalität oder Lebensqualität einzuschränken (Schneidewind & Zahrnt, 2013). Sie ist vor allem in technologischen und industriellen Zusammenhängen fest verankert und wird als kompatibel mit Wirtschaft und Politik angesehen. Studien zeigen jedoch, dass Effizienzsteigerungen allein oft nicht ausreichen, um eine absolute Ressourcenschonung zu erreichen, da sogenannte Rebound-Effekte auftreten können – Einsparungen werden durch Mehrkonsum kompensiert (Paech, 2012).

> **Beispiel:** Pflanzenblätter nutzen Lichtenergie mittels Fotosynthese sehr effektiv. Um die größtmögliche Menge an Sonnenlicht zu sammeln, folgt die Anordnung der Blätter an einem Baum oft einer spiralförmigen Struktur (Phyllotaxis). Dadurch wird gewährleistet, dass keine Energie verloren geht.

Die Effizienz schützt die ökosystemische Gesundheit insofern, als dass sie den Verbrauch von Energie und Ressourcen verringert, was zur Reduktion von Umweltverschmutzung und Abfall beiträgt.

Konsistenz

Eine Nachhaltigkeitsstrategie, die als Konsistenz bezeichnet wird, hat das Ziel, gesellschaftliche, wirtschaftliche und technologische Systeme so zu gestalten, dass sie sich ohne dauerhafte Schädigung von Umwelt und Mitwelt in natürliche Stoff- und Energiekreisläufe einfügen (Sachs, 1993). Während die Effizienz auf eine Verringerung des Ressourceneinsatzes abzielt, zielt Konsistenz auf eine qualitative Veränderung ab: Produkte, Prozesse und Materialien sollten so gestaltet sein, dass sie vollständig biologisch abbaubar, recycelbar oder regenerativ sind (Schneidewind & Zahrnt, 2013). Die Schwierigkeit besteht darin, Technologien, Materialien und Infrastrukturen zu entwickeln, die langfristig mit ökologischen Systemen in Einklang stehen – etwa durch die Verwendung ungiftiger Materialien, Kreislaufwirtschaft, erneuerbare Energien oder „Cradle-to-Cradle-Designs" (Linz, 2004). Das Ziel besteht darin, anders zu konsumieren – im Einklang mit der Natur und ohne sie zu überlasten, anstatt weniger zu konsumieren (Paech, 2012).

> **Beispiel:** Im Wald sorgt der Nährstoffkreislauf für Konsistenz. Abgestorbene Blätter und Pflanzen zersetzen sich und verwandeln sich in nährstoffreichen Humus für den Boden. Dieser Prozess integriert sich ideal in das ökologische System und hinterlässt keine Abfälle.

Indem sie gewährleistet, dass die Prozesse von Produktion und Abbau Mensch und Umwelt nicht schädigen, trägt Konsistenz zur Gesundheit bei.

Die Prinzipien Suffizienz, Effizienz und Konsistenz bilden zusammen einen weitreichenden Ansatz zur Förderung nachhaltigen Handelns. Sie sind unverzichtbar für die menschliche Gesundheit, da sie die natürlichen Lebensgrundlagen schützen, Ressourcen sichern, Umweltverschmutzung reduzieren und intakte Ökosysteme erhalten.

2.8.4 Nachhaltigkeit und psychische Gesundheit (Polyvagal-Theorie)

Nachhaltigkeit beginnt insofern im Nervensystem, dass unsere Fähigkeit zu empathischem Handeln, langfristigem Denken und sozialem Miteinander biologisch in unserer neurophysiologischen Selbstregulation verwurzelt ist. Unser Nervensystem – gekennzeichnet durch Sicherheit, Zugehörigkeit und soziale Resonanz – ist die Grundlage für weitsichtiges, mitfühlendes und kooperationsfähiges Verhalten. Fühlen sich Menschen verbunden und sicher, wird der ventrale Vagusast – der jüngste evolutionäre Teil des parasympathischen Systems – aktiviert. In diesem Zustand sind höhere kognitive Funktionen wie das Einnehmen von Perspektiven, die ethische Entscheidungsfindung und die

Entwicklung kreativer Lösungen zugänglich (Porges, 1995). Diese Kompetenzen sind die Grundlage für eine innere Nachhaltigkeit: Menschen können nicht nur über Nachhaltigkeit reflektieren, sondern auch verkörpert, bewusst und kohärent aus ihr heraus handeln.

In einem dysregulierten Zustand, verursacht durch chronischen Stress, gesellschaftliche Unsicherheit oder ökologische Krisenerfahrungen, schaltet das Nervensystem in einen Überlebensmodus um. Entweder hyperaktivierte Kampf-Flucht-Reaktionen oder kollabierende Erstarrungszustände dominieren dann. Beide stehen langfristigem, verantwortungsvollem Handeln entgegen und begünstigen kurzfristige, egozentrische Verhaltensweisen, die die ökologische Krise weiter verschärfen.

Innere Nachhaltigkeit umfasst somit die Kompetenz zur Selbstregulation, zum Umgang mit Komplexität und Ambivalenz sowie zur Verantwortungsübernahme – selbst in Situationen der Ungewissheit. Diese Kompetenzen sind nicht ausschließlich Persönlichkeitsmerkmale, sondern können entwickelt werden: durch achtsamkeitsbasierte Praktiken, traumasensibles Leadership, Beziehungsarbeit und eine Kultur der Sicherheit. Dadurch entsteht ein inneres Ökosystem, das die äußere Transformation erst ermöglicht.

Die Verbindung von innerer und äußerer Nachhaltigkeit verdeutlicht, dass es beim Klimaschutz, bei sozialer Gerechtigkeit und Planetary Health nicht nur um „technische" Herausforderungen geht – sie sind fundamental menschliche und neurobiologische Aufgaben. Die Beschaffenheit unserer inneren Welt hat Auswirkungen auf die von uns gestaltete äußere Welt.

Nachhaltigkeit und Gesundheit als Win-Win-Modell

Für die menschliche Gesundheit ist Nachhaltigkeit von grundlegender Bedeutung, da sie die Basis für ein Leben in einer unversehrten Umwelt bildet. Nicht nur die menschliche Gesundheit wird durch unsere aktuell wenig nachhaltige Lebensweise beeinträchtigt; sie schädigt auch die natürlichen Lebensgrundlagen durch Klimawandel, Verlust der biologischen Vielfalt und Umweltverschmutzung (WBGU, 2023).

Nachhaltige Entwicklung und Prävention

Nachhaltigkeit ist ein eindeutig präventiver Ansatz zur Förderung von Gesundheit und Umweltschutz. In seinem Positionspapier „Restart Prävention"[16] betont die zentrale Organisation der Betriebskrankenkassen in Deutschland, der BKK Dachverband, dass nachhaltige präventive Maßnahmen nicht nur dazu dienen, Krankheitsrisiken zu mindern, sondern auch zur Umweltentlastung beitragen können, indem Ressourcen effizienter eingesetzt werden (BKK Dachverband, 2023). Krankheitsvorbeugung hat eine Entlastung des Gesundheitssystems zur Folge, senkt den Energieverbrauch und trägt dazu bei, dass der ökologische Fußabdruck medizinischer Versorgung verringert wird. Die Rockefeller–Lancet

---

16 ▶ https://www.bkk-dachverband.de/fileadmin/Artikelsystem/Positionspapiere/2023/BKK_Dachverband_Positionspapier_Klima_und_Gesundheit.pdf 27.04.2025

Kommission (2015) betont die untrennbare Verbindung von planetarer Gesundheit und menschlichem Wohlergehen – ein zentraler Referenzrahmen für die Zukunft naturbasierter Interventionen. Die UNESCO (2017) hebt hervor, dass Bildung für nachhaltige Entwicklung (BNE) zur Schlüsselkompetenz für resiliente Gesellschaften avanciert und auf naturbasierte Strategien angewiesen ist.

Gesundheit und Corporate Social Responsibility im Unternehmen

Im Kontext ihrer Corporate Social Responsibility (CSR) nehmen Unternehmen eine wesentliche Funktion bei der Unterstützung von Gesundheit und Nachhaltigkeit ein. Nachhaltige Mobilitätskonzepte, betriebliche Gesundheitsförderung mit umweltfreundlichen Ansätzen oder Green Human Relations[17] schaffen Synergien zwischen ökologischen, sozialen und ökonomischen Zielen. Laut dem GKV-Spitzenverband, dem bundesweiten Verband der gesetzlichen Krankenkassen in Deutschland, ist klimabewusstes Verhalten in den Bereichen Ernährung und Mobilität oft ein Schutz für die Umwelt und die Gesundheit der Mitarbeitenden (GKV-Spitzenverband, 2022; BVPG 2025[18]).

Planetary Health und die Gesundheit von Ökosystemen

Die Idee der Planetary Health macht deutlich, dass die Gesundheit des Planeten eine essenzielle Voraussetzung für die menschliche Gesundheit ist. Unbeschädigte Ökosysteme erbringen grundlegende Leistungen wie frische Luft, sauberes Wasser und gesunde Nahrungsmittel – allesamt für das menschliche Wohlergehen unverzichtbar. Aus diesem Grund verlangt der WBGU einen integrativen Ansatz, der Umwelt- und Gesundheitsziele kombiniert, um die Resilienz von Mensch und Natur zu fördern (WBGU, 2023).

---

17 **Green Human Relations (GHR)** bezieht sich auf die Einbeziehung nachhaltiger und umweltfreundlicher Praktiken in das Personalmanagement von Unternehmen. Das Ziel besteht darin, den ökologischen Fußabdruck von Organisationen zu verringern, das Umweltbewusstsein der Mitarbeitenden zu stärken und nachhaltige Unternehmenskulturen zu fördern (Renwick et al., 2013). Ein wesentlicher Aspekt ist auch die Förderung nachhaltiger Kompetenzen durch gezielte Schulungsprogramme („**Green Training & Development**"), die Mitarbeitende für ein ressourcenschonendes Verhalten sensibilisieren (Daily, Bishop & Steiner, 2007). Darüber hinaus kommt dem Green Workplace Management eine wesentliche Bedeutung zu: Dabei setzen Unternehmen auf energieeffiziente Technologien, fördern die Vermeidung von Müll und führen nachhaltige Büropraktiken ein (Jackson, Renwick, Jabbour & Müller-Camen, 2011).

Ein weiterer entscheidender Aspekt ist das Green Employee Engagement, das durch Anreize und Vorteile für umweltbewusstes Handeln die Mitarbeitenden dazu anregt, aktiv an Nachhaltigkeitszielen mitzuarbeiten (Paillé et al., 2014). Beispiele dafür sind Jobtickets für den öffentlichen Nahverkehr oder Prämien für nachhaltige Initiativen. Auch im Bereich der Vergütungssysteme setzen Unternehmen zunehmend auf ökologische Anreize („Green Compensation & Benefits"), indem nachhaltige Mobilitätskonzepte oder finanzielle Belohnungen für umweltfreundliches Verhalten angeboten werden (Zibarras & Coan, 2015).

18 ▶ https://bvpraevention.de/newbv/images/Publikationen/BVPG_Empfehlungen_2025_AG_Klimawandel_Gesundheit.pdf 27.04.2025

2.8.5 Post-Growth, Commons und transformative Bildung als systemische Grundlage regenerativer Gesundheit

Angesichts zunehmender planetarer Belastungen und psychosozialer Erschöpfung geraten konventionelle Gesundheitsparadigmen, die auf individuelle Anpassung und ökonomisches Wachstum ausgerichtet sind, zunehmend unter Druck. In der wissenschaftlichen Debatte gewinnen daher alternative Konzepte an Bedeutung, die Gesundheit systemisch, relational und ressourcenbewahrend denken.

Das Konzept des Post-Growth (nachhaltigkeitsorientiertes Wirtschaften jenseits des Wachstumsparadigmas) steht dabei im Zentrum eines breiten interdisziplinären Diskurses. Es fordert eine Abkehr von wachstumsfixierten Wohlstandsmodellen hin zu sozialökologisch tragfähigen Lebensweisen (Jackson, 2017; Hickel & Kallis, 2020). Gesundheit wird in dieser Perspektive nicht als medizinische Dienstleistung, sondern als Ergebnis gerechter Ressourcenverteilung, ökologischer Tragfähigkeit und kultureller Selbstbegrenzung verstanden.

In diesem Zusammenhang rücken auch commonsbasierte Strukturen als resiliente, nichtmarktförmige Formen kollektiver Gesundheitsversorgung in den Fokus. Gesundheits- und Fürsorgeleistungen werden hier als „gemeinsame Sorge für das Leben" verstanden – jenseits von Markt- oder Staatslogik (Helfrich & Bollier, 2019; Ostrom, 1990). Beispiele sind solidarische Gesundheitszentren, community-basierte Präventionsprojekte oder kooperative Resilienznetzwerke.

Komplementär dazu wird transformative Bildung als entscheidender Hebel für systemischen Wandel gesehen. Sie zielt auf die Entwicklung reflexiver, handlungsfähiger und verantwortungsbewusster Subjekte, die strukturelle Zusammenhänge erkennen und gestalten können (Mezirow, 2000; Sterling, 2010). Bildung in diesem Sinne fördert nicht nur Wissen, sondern ermöglicht Perspektivwechsel, kritische Selbstreflexion und kollektive Handlungskompetenz – wie sie in den globalen Agenden für Bildung für nachhaltige Entwicklung (UNESCO, 2020) und im OECD Learning Compass (OECD, 2019) gefordert werden.

Diese drei Diskurse – Post-Growth, Commons, transformative Bildung – liefern zusammen eine kohärente theoretische Grundlage für die Konzeption eines nachhaltigen, naturbasierten und systemisch fundierten Gesundheitsverständnisses. Sie erweitern das klassische Stress- und Ressourcenmodell um eine strukturkritische Dimension und verorten Gesundheit im Kontext sozialökologischer Gerechtigkeit, kultureller Suffizienz und kollektiver Resilienzbildung.

2.9 Fazit

2.9.1 Zusammenfassung

Die vorliegende Analyse verdeutlicht: Gesundheit ist ein relationales, ökosystemisches Phänomen. Sie entsteht in dynamischen Interaktionen zwischen biologischen, sozialen und ökologischen Systemen und ist untrennbar mit der

Stabilität unserer natürlichen Mitwelt verbunden. Ein erweiterter Gesundheitsbegriff, wie ihn Konzepte der Planetary Health, Tiefenökologie und indigenen Wissenssysteme fordern, betont die gegenseitige Abhängigkeit von Mensch und Natur.

Statt isolierte biomedizinische Modelle zu reproduzieren, wird Gesundheit als emergente Eigenschaft lebendiger Netzwerke verstanden, die Resilienz, Nachhaltigkeit und Wohlbefinden gleichermaßen integrieren. Naturverbundene Interventionen (NNBI) eröffnen dabei konkrete Handlungsperspektiven, um ökologische und psychische Gesundheit gleichzeitig zu fördern und soziale Transformationsprozesse zu unterstützen

2.9.2 Ausblick

Angesichts der multiplen Herausforderungen des Anthropozäns – Biodiversitätsverlust, Klimawandel, globale Gesundheitskrisen – wird deutlich:
Ein nachhaltiges Gesundheitsverständnis kann nicht ohne eine Neuausrichtung der Mensch-Umwelt-Beziehung auskommen.
Zukünftige Forschung sollte dabei folgende Schwerpunkte setzen:
- Vertiefung transdisziplinärer Ansätze, um Gesundheits-, Umwelt- und Sozialwissenschaften systematisch zu integrieren.
- Empirische Erhebung der Wirkmechanismen naturbasierter Interventionen auf individueller und gesellschaftlicher Ebene.
- Entwicklung politischer Rahmenbedingungen, die Gesundheit und Umweltschutz konsequent verzahnen.
- Stärkung indigener und lokaler Wissenssysteme als komplementäre Ressource für ökologische und soziale Resilienz.
- Förderung eines kulturellen Wandels, der Natur als eigenständigen Akteur gesellschaftlicher Wohlfahrt anerkennt.

Langfristig geht es darum, Planetary Health nicht als Nischenansatz, sondern als leitendes Paradigma einer integrativen Gesundheits- und Nachhaltigkeitspolitik zu etablieren.

> „Die Gesundheit der Menschen und die Gesundheit unseres Planeten sind zwei Seiten derselben Medaille." (Whitmee et al., 2015, S. 1973)

Key Learnings

- Gesundheit ist ein emergentes Phänomen dynamischer Mensch-Natur-Systeme und kann nicht isoliert betrachtet werden.
- Naturverbundenheit stärkt psychische Resilienz, insbesondere im Kontext von Urbanisierung, Digitalisierung und Klimawandel.

- Naturbasierte Ansätze wie die Biophilie-Hypothese und die Attention Restoration Theory bieten evidenzbasierte Grundlagen für nachhaltige Gesundheitsförderung.
- Biodiversität und intakte Ökosysteme sind essenziell für mentales und körperliches Wohlbefinden (IPBES 2023).
- Der Lancet Countdown 2024 bestätigt die Dringlichkeit integrativer, präventiver Strategien zur Bewältigung von Umwelt- und Gesundheitskrisen.

Toolkit II – Naturprinzipien in Systemgestaltung und Rückkopplung

> **Übersicht**
>
> **Mikrozeitfenster für verkörperte Naturerfahrung ritualisieren** ➔ Jeden Tag 10 min Naturkontakt plus Embodiment-Check: „Wie fühlt sich mein Körper in Kontakt mit der Erde, der Luft, dem Licht an?" (Reaktiviert die Selbstwahrnehmung und vagale Regulation.)
>
> **Resonanzfrage vor jedem To-Do** ➔ Vor jedem neuen Task kurz innehalten: „Handle ich gerade aus Lebendigkeit oder aus Funktionieren?" (Verhindert automatisiertes Multitasking und stärkt bewusstes Handeln.)
>
> **Naturbasierte Mini-Selfcare-Punkte installieren** ➔ Pflanze am Arbeitsplatz, Naturfoto am Kühlschrank, kleines Kiefernzapfenritual (Naturmassageball) auf dem Schreibtisch – täglich berühren oder bewusst anschauen. (Erhöht emotionale Resonanztore im Alltag.)
>
> **Scroll-Detox-Momente einbauen** ➔ Einmal täglich 5 min lang: Handy bewusst weglegen, Natur innen und außen mit allen Sinnen spüren (Atem, Körperspannungen, Geräusche, Wind, Boden). (Reduziert neuronale Überreizung und fördert Aufmerksamkeitsökologie.)
>
> **Abendliches Natur-Resonanzritual zur Selbststärkung** ➔ Vor dem Schlafen: 2 min Naturfokus (Sternenhimmel, Pflanze, Stein) und bewusst danken: „Wo bin ich heute erblüht und was hat mich ausgezehrt?".

> **Übersicht**
>
> **„Empty Your Cup" Natur-Ritual vor jeder Sitzung** ➔ Vor jeder Therapieeinheit bewusst 2 min Naturkontakt (Innen + Außen) kultivieren: Fenster öffnen, Baum anschauen, Naturfoto betrachten oder echten Wind auf der Haut spüren. Ziel: Loslassen von eigener Agenda, leeres, resonantes Feld schaffen. (Fördert rezeptive interdependente Präsenz und reduziert unbewussten Leistungsdruck.)
>
> **Natur als Co-Therapeutin aktivieren** ➔ Klient:innen ermutigen, täglich eine Mikro-Naturerfahrung zu sammeln (z. B. Baum wahrnehmen, Wind spüren) und diese Ressourcenmomente bewusst im therapeutischen Prozess einfließen lassen. (Naturbasierte Resilienzstärkung durch verkörperte Erinnerungen.)

Ökosystemische Haltung während der Sitzungen einnehmen ➔ Innerlich immer wieder erinnern: „Was braucht dieses lebendige System gerade, um sich selbst zu regulieren und zu entfalten?" (Stärkt systemisches Denken und co-kreative Gesundungsräume.)
Natur-Supervision für Selbstreflexion nutzen ➔ Bei eigenen Belastungen oder komplexen Fällen bewusste Naturgänge machen – Fragen an Bäume, Wasser oder Wind stellen, nicht nur an den eigenen Verstand. (Ökologische Resonanzräume fördern emergentes Problemlösen und Selbstregulation.)
Regeneration als Teil eines lebendigen Netzwerks begreifen ➔ Nach Fortschritten oder schwierigen Prozessen bewusst innehalten und spüren: „Dieser Weg wächst durch mehr als mich – ich bin Teil eines größeren, dynamischen Systems." (Verankert tiefere Sinnkohärenz und schützt vor Erschöpfung.)
Therapie als Resonanzkultur verstehen ➔ In jeder Sitzung bewusst den Fokus halten: Nicht „reparieren", sondern Verbindung fördern – mit sich selbst, mit dem Körper, mit der Natur als innerem Spiegel. (Transformation entsteht aus lebendiger Resonanz, nicht aus Korrektur.)

> **Übersicht**
> **Ökosystemische Team-Check-ins** ➔ Wöchentlich 3 Fragen stellen: „Was hat mich regeneriert? Wo spüre ich Erschöpfung? Was stärkt unser Team-Ökosystem?" (Fördert Resonanz im Arbeitskontext.)
> **Arbeitsräume biophil & klimagesund gestalten** ➔ Gebäude, Meetingräume, Büros biophil gestalten. (Erhöht kognitive Flexibilität durch multisensorische Inputs.)
> **Planetary Pause Days einführen** ➔ Einmal im Monat einen Tag: weniger Meetings, Fokus auf Kreativität, Naturkontakt und Energieaufbau und Ideen zu nachhaltigen Projekten suchen und in der Firmenidentität konsolidieren. (Fördert planetare Resilienz im Berufsalltag.)
> **Achtsame Reduktionstechniken lehren** ➔ „Heute 10% weniger Effizienz – 10% mehr Lebendigkeit" als Motto-Impuls im Team setzen. (Suffizienz; Mindful-Performance-Reduktion zur Burnout-Prävention.)
> **Regenerative Leadership Circle installieren** ➔ Monatliches Meeting mit Fokus: „Wie fördern wir regenerative Systeme – in uns & in unserem Wirkungsfeld/Marktsegment?" (Fördert soziale und ökologische Kohärenz.)
> **Planetary-Health-Prinzipien + NNBI in Teamdynamik bringen** ➔ Regelmäßige Mini-Biomimikry-Impulse zu Beginn von Meetings als Inspirationsimpulse: kurze Inputs zu Bio-Diversität, Netzwerken, Suffizienz, Effizienz, Kooperation in den Arbeitskontext integrieren. (Sensibilisiert für soziale und ökologische Interdependenz.)
> **Resonanzmomente kollektiv feiern** ➔ Kleine Erfolge sichtbar machen: „Was hat diese Woche regeneriert – für uns und die Erde?" (z. B. Fahrrad statt Auto, Mittagessen draußen). (Fördert nachhaltige Verhaltensveränderung.)
> **Ökosystemische Team-Check-ins** ➔ Wöchentlich 3 Fragen stellen: „Was hat mich regeneriert? Wo spüre ich Erschöpfung? Was stärkt unser Team-Ökosystem?" (Fördert Resonanz im Arbeitskontext.)

Literatur

Abraham, A., Sommerhalder, K., & Abel, T. (2007). *Landscape and well-being: A scoping study on the health-promoting impact of outdoor environments*. vdf Hochschulverlag.

Albrecht, G. (2005). Solastalgia: A new concept in health and identity. *PAN: Philosophy Activism Nature, 3*, 41–55. Australian National University.

Antonovsky, A. (1987). *Unraveling the mystery of health – How people manage stress and stay well*. Jossey-Bass.

Appleton, J. (1975). *The experience of landscape*. John Wiley & Sons.

Bacon, F. (2000). *Neues Organon (O. Apelt, Hrsg.; Originalwerk erschienen 1620)*. Felix Meiner Verlag.

Berkes, F. (1999). *Sacred ecology: Traditional ecological knowledge and resource management*. Taylor & Francis.

Bratman, G. N., Hamilton, J. P., & Daily, G. C. (2012). The impacts of nature experience on human cognitive function and mental health. *Annals of the New York Academy of Sciences, 1249*, 118–136. ▶ https://doi.org/10.1111/j.1749-6632.2011.06400.x.

Bratman, G. N., Daily, G. C., Levy, B. J., & Gross, J. J. (2015). The benefits of nature experience: Improved affect and cognition. *Landscape and Urban Planning, 138*, 41–50. ▶ https://doi.org/10.1016/j.landurbplan.2015.02.005.

Bratman, G. N., Anderson, C. B., Berman, M. G., Cochran, B., de Vries, S., Flanders, J., ... Daily, G. C. (2019). Nature and mental health: An ecosystem service perspective. *Science Advances, 5*(7), eaax0903. ▶ https://doi.org/10.1126/sciadv.aax0903.

Bronfenbrenner, U. (1979). *The ecology of human development: Experiments by nature and design*. Harvard University Press.

Browning, W. D., Ryan, C. O., & Clancy, J. O. (2014). *14 Patterns of Biophilic Design: Improving Health and Well-being in the Built Environment*. Terrapin Bright Green.

Buse, C. G., Oestreicher, J. S., Ellis, N. R., Patrick, R., Brisbois, B., Jenkins, A. P., ... Parkes, M. (2018). Public health guide to field developments linking ecosystems, environments and health in the Anthropocene. *Canadian Journal of Public Health, 109*(5–6), 800–809. ▶ https://doi.org/10.17269/s41997-018-0145-4.

Capaldi, C. A., Dopko, R. L., & Zelenski, J. M. (2014). The relationship between nature connectedness and happiness: A meta-analysis. *Frontiers in Psychology, 5*, 976. ▶ https://doi.org/10.3389/fpsyg.2014.00976.

Capra, F., & Luisi, P. L. (2014). *The systems view of life: A unifying vision*. Cambridge University Press.

Chassagne, N. (2019). Buen Vivir as an alternative to sustainable development: The case of Cotacachi, Ecuador. *Third World Quarterly, 40*(9), 1681–1699. ▶ https://doi.org/10.1080/01436597.2019.1594524.

Chivian, E., & Bernstein, A. (Hrsg.). (2008). *Sustaining life: How human health depends on biodiversity*. Oxford University Press.

Clayton, S. (2003). Environmental identity: A conceptual and an operational definition. In S. Clayton & S. Opotow (Hrsg.), *Identity and the natural environment: The psychological significance of nature* (S. 45–65). MIT Press.

Clayton, S. (2020). Climate anxiety: Psychological responses to climate change. *Journal of Anxiety Disorders, 74*, 102263. ▶ https://doi.org/10.1016/j.janxdis.2020.102263.

Cleary, A., Roiko, A., Burton, N. W., Fielding, K. S., Murray, Z., & Turrell, G. (2020). Changes in perceptions of urban green space are related to changes in psychological well-being. *Landscape and Urban Planning, 204*, 103931.

Dadvand, P., Nieuwenhuijsen, M. J., Esnaola, M., Forns, J., Basagaña, X., Alvarez-Pedrerol, M., ... Sunyer, J. (2015). Green spaces and cognitive development in primary schoolchildren. *Proceedings of the National Academy of Sciences, 112*(26), 7937–7942. ▶ https://doi.org/10.1073/pnas.1503402112.

Davis, J. L., & Stroink, M. L. (2015). The relationship between systems thinking and the new ecological paradigm. *Systems Research and Behavioral Science, 32*(3), 295–307.

Literatur

Dawkins, R. (1985). *The extended phenotype: The gene as the unit of selection*. Oxford University Press.

Descartes, R. (1985). *Discours de la méthode* (Originalwerk erschienen 1637; deutsche Ausgabe). Meiner Verlag.

Díaz, S., Fargione, J., Chapin III, F. S., & Tilman, D. (2006). Biodiversity loss threatens human well-being. *PLoS Biology, 4*(8), e277. ▶ https://doi.org/10.1371/journal.pbio.0040277.

Durie, M. (1998). *Whaiora: Māori Health Development*. Oxford University Press.

Egner, L. E., Iachini, T., & Ruggiero, G. (2020). The conditioned restoration theory: A new theoretical approach to explain restorative effects of natural environments. *Frontiers in Psychology, 11*, 1065.

Eliade, M. (1957). *The sacred and the profane. The nature of religion*. Harcourt.

Engel, G. L. (1977). The need for a new medical model: A challenge for biomedicine. *Science, 196*(4286), 129–136. ▶ https://doi.org/10.1126/science.847460.

Estermann, J. (2015). *Filosofía andina: Sabiduría indígena para un mundo nuevo*. Instituto Superior Ecuménico Andino de Teología.

European Commission. (2023). *Special Eurobarometer 538: Climate Change and Environment*. European Commission.

Food and Agriculture Organization of the United Nations. (2023). *Nature-based solutions for agrifood systems: Building resilience, enhancing sustainability*. FAO.

Frank, D. (2024). *Ökonomische Nachhaltigkeit: Grundlagen, Herausforderungen und Perspektiven*. Springer Gabler.

Fromm, E. (1964). *The Heart of Man: Its Genius for Good and Evil*. Harper & Row.

Frumkin, H., Bratman, G. N., Breslow, S. J., Cochran, B., Kahn Jr, P. H., Lawler, J. J., ... Wood, S. A. (2017). Nature contact and human health: A research agenda. *Environmental Health Perspectives, 125*(7), 075001. ▶ https://doi.org/10.1289/EHP1663.

Gesler, W. M. (1993). Therapeutic landscapes: Theory and a case study of Epidauros, Greece. *Health & Place, 1*(3), 179–200. ▶ https://doi.org/10.1016/1353-8292(93)90002-R.

Gifford, R. (2011). The dragons of inaction: Psychological barriers that limit climate change mitigation and adaptation. *American Psychologist, 66*(4), 290–302. ▶ https://doi.org/10.1037/a0023566.

Gilbert, P. (2005). *Compassion: Conceptualisations, research and use in psychotherapy*. Routledge.

Gilbert, P. (2014). *The compassionate mind: A new approach to life's challenges*. Constable & Robinson.

Gruebner, O., Rapp, M. A., Adli, M., Kluge, U., Galea, S., & Heinz, A. (2017). Cities and mental health. *Deutsches Ärzteblatt International, 114*(8), 121–127. ▶ https://doi.org/10.3238/arztebl.2017.0121.

Grunwald, A. (2022). *Die Grenzen des Homo oecologicus: Warum Nachhaltigkeit schwer umsetzbar ist*. KIT Scientific Publishing.

Harmsworth, G., & Awatere, S. (2013). Indigenous Māori knowledge and perspectives of ecosystems. In J. Dymond (Hrsg.), *Ecosystem services in New Zealand* (S. 274–286). Manaaki Whenua Press.

Haluza, D., & Wagner, G. (2025). The drifting baseline syndrome: A novel concept of perceived biodiversity change. *Sustainability, 17*(11), 4891. ▶ https://doi.org/10.3390/su17114891.

Helfrich, S., & Bollier, D. (2019). *Free, fair and alive – The insurgent power of the commons*. New Society Publishers.

Horton, R., Beaglehole, R., Bonita, R., Raeburn, J., McKee, M., & Wall, S. (2014). From public to planetary health: A manifesto. *The Lancet, 383*(9920), 847. ▶ https://doi.org/10.1016/S0140-6736(14)60409-8.

Intergovernmental Panel on Climate Change (IPCC). (2021). Climate change 2021: The physical science basis. In *Contribution of Working Group I to the Sixth Assessment Report of the Intergovernmental Panel on Climate Change*. Cambridge University Press.

Intergovernmental Panel on Climate Change (IPCC). (2022). Climate change 2022: Impacts, adaptation and vulnerability. In *Contribution of Working Group II to the Sixth Assessment Report of the Intergovernmental Panel on Climate Change*. Cambridge University Press

Intergovernmental Panel on Climate Change. (2023). Climate change 2023: Synthesis report. In *Contribution of Working Groups I, II and III to the Sixth Assessment Report of the Intergovernmental Panel on Climate Change*. IPCC.

Intergovernmental Science-Policy Platform on Biodiversity and Ecosystem Services (IPBES). (2023). *Summary for policymakers of the thematic assessment report on invasive alien species and their control*. IPBES Secretariat.

Ives, C. D., Giusti, M., Fischer, J., Abson, D. J., Klaniecki, K., Dorninger, C., … Wamsler, C. (2017). Human-nature connection: A multidisciplinary review. *Current Opinion in Environmental Sustainability, 26–27*, 106–113. ▶ https://doi.org/10.1016/j.cosust.2017.05.005.

Jackson, T. (2017). *Prosperity without growth: Foundations for the economy of tomorrow* (2nd edn.). Routledge.

Joye, Y., & De Block, A. (2011). „Nature and I are two": A critical examination of the biophilia hypothesis. *Environmental Values, 20*(2), 189–215. ▶ https://doi.org/10.3197/096327111X12997574391724.

Kahn, P. H. Jr. (1997). Developmental psychology and the biophilia hypothesis: Children's affiliation with nature. *Developmental Review, 17*(1), 1–61. ▶ https://doi.org/10.1006/drev.1996.0430.

Kahn, P. H. (2002). Children's affiliations with nature: Structure, development, and the problem of environmental generational amnesia. In P. H. Kahn & S. R. Kellert (Hrsg.), *Children and nature: Psychological, sociocultural, and evolutionary investigations* (S. 93–116). MIT Press.

Kaplan, R., & Kaplan, S. (1989). *The experience of nature: A psychological perspective*. Cambridge University Press.

Kaplan, S., & Berman, M. G. (2010). Directed attention as a common resource for executive functioning and self-regulation. *Perspectives on Psychological Science, 5*(1), 43–57. ▶ https://doi.org/10.1177/1745691609356784.

Keesing, F., Belden, L. K., Daszak, P., Dobson, A., Harvell, C. D., Holt, R. D., … Ostfeld, R. S. (2010). Impacts of biodiversity on the emergence and transmission of infectious diseases. *Nature, 468*, 647–652. ▶ https://doi.org/10.1038/nature09575.

Kirchner, J. W. (2002). The Gaia hypothesis: Fact, theory, and wishful thinking. *Climatic Change, 52*, 391–408. ▶ https://doi.org/10.1023/A:1014237331082.

Keniger, L. E., Gaston, K. J., Irvine, K. N., & Fuller, R. A. (2013). What are the benefits of interacting with nature? *International Journal of Environmental Research and Public Health, 10*(3), 913–935. ▶ https://doi.org/10.3390/ijerph10030913.

Lajo, J. (2006). *Qhapaq Ñan: La ruta de la sabiduría ancestral*. IFEA/PUCP.

Latour, B. (1993). *We have never been modern*. Harvard University Press.

Lertzman, R. (2015). *Environmental melancholia: Psychoanalytic dimensions of engagement*. Routledge.

Linz, M. (2004). *Zukunftsfähiges Deutschland in einer globalisierten Welt*. Fischer Taschenbuch.

Louv, R. (2005). *Last child in the woods: Saving our children from nature-deficit disorder*. Algonquin Books.

Lumber, R., Richardson, M., & Sheffield, D. (2017). Beyond knowing nature: Contact, emotion, compassion, meaning, and beauty are pathways to nature connection. *Journal of Environmental Psychology, 49*, 71–83.

Macy, J., & Brown, M. Y. (2007). *Coming back to life: Practices to reconnect our lives, our world*. New Society Publishers.

Mandelbrot, B. B. (1982). *The fractal geometry of nature*. W. H. Freeman.

Marsden, M. (2023). *The woven universe: Selected writings of Rev. Māori Marsden*. Huia Publishers.

Mayer, F. S., & Frantz, C. M. (2004). The connectedness to nature scale: A measure of individuals' feeling in community with nature. *Journal of Environmental Psychology, 24*(4), 503–515. ▶ https://doi.org/10.1016/j.jenvp.2004.10.001.

McLeroy, K. R., Bibeau, D., Steckler, A., & Glanz, K. (1988). An ecological perspective on health promotion programs. *Health Education Quarterly, 15*(4), 351–377. ▶ https://doi.org/10.1177/109019818801500401.

Mbiti, J. S. (1969). *African religions and philosophy*. Heinemann.

Merchant, C. (1980). *The death of nature: Women, ecology, and the scientific revolution*. Harper & Row.

Middleton, J., Cunsolo, A., Jones-Bitton, A., & Harper, S. (2020). Indigenous mental health in a changing climate: A systematic scoping review of the global literature. *Environmental Research Letters, 15*(5), 053001.

Millennium Ecosystem Assessment. (2005). *Ecosystems and human well-being: Synthesis*. Island Press.

Mugumbate, J. R., & Chereni, A. (2020). Using Ubuntu theory in social work with children in Zimbabwe. *African Journal of Social Work, 10*(1), 79–87. ▶ https://doi.org/10.25159/2415-5829/6464.

Naess, A. (1973). The shallow and the deep, long-range ecology movement. A summary. *Inquiry, 16*(1–4), 95–100. ▶ https://doi.org/10.1080/00201747308601682.

Nisbet, E. K., Zelenski, J. M., & Murphy, S. A. (2009). The nature relatedness scale: linking individuals' connection with nature to environmental concern and behavior. *Environment and Behavior, 41*(5), 715–740. ▶ https://doi.org/10.1177/0013916508318748.

Ostrom, E. (1990). *Governing the commons: The evolution of institutions for collective action*. Cambridge University Press.

Paech, N. (2012). *Befreiung vom Überfluss: Auf dem Weg in die Postwachstumsökonomie*. oekom Verlag.

Pauly, D. (1995). Anecdotes and the shifting baseline syndrome of fisheries. *Trends in Ecology & Evolution, 10*(10), 430. ▶ https://doi.org/10.1016/S0169-5347(00)89171-5.

Plumwood, V. (2002). *Environmental culture: The ecological crisis of reason*. Routledge.

Porges, S. W. (1995). Orienting in a defensive world: Mammalian modifications of our evolutionary heritage. A polyvagal theory. *Psychophysiology, 32*(4), 301–318. ▶ https://doi.org/10.1111/j.1469-8986.1995.tb01213.x.

Prescott, S. L., & Logan, A. C. (2018). Planetary health: From the wellspring of holistic medicine to personal and public health imperative. *International Journal of Environmental Research and Public Health, 15*(12), 2593. ▶ https://doi.org/10.3390/ijerph15122593.

Ramose, M. B. (1999). *African philosophy through ubuntu*. Mond Books.

Rathmann, J. (2014). *Therapeutische Landschaften und nachhaltige Entwicklung – Perspektiven für ein gutes Leben*. Springer VS.

Richardson, M., & McEwan, K. (2018). 30 days wild and the relationships between engagement with nature's beauty, nature connectedness and well-being. *Frontiers in Psychology, 9*, 1500. ▶ https://doi.org/10.3389/fpsyg.2018.01500.

Richardson, M., McEwan, K., Maratos, F. A., & Sheffield, D. (2016). Joy and calm: How an evolutionary functional model of affect regulation informs positive emotions in nature. *Evolutionary Psychological Science, 2*(4), 308–320. ▶ https://doi.org/10.1007/s40806-016-0065-5.

Rockström, J., Gupta, J., Qin, D., Lade, S. J., Abrams, J. F., Andersen, L. S., ... Zhang, X. (2023). Safe and just Earth system boundaries. *Nature 619*, 485–494. ▶ https://doi.org/10.1038/s41586-023-06083-8.

Rockström, J., Steffen, W., Noone, K., Persson, Å, Chapin, F. S. I., Lambin, E., ... Foley, J. (2009a). Planetary boundaries: Exploring the safe operating space for humanity. *Ecology and Society, 14*(2), 32. ▶ https://doi.org/10.5751/ES-03180-140232.

Rockström, J., Steffen, W., Noone, K., Persson, Å, Chapin, F. S., Lambin, E. F., ... Foley, J. A. (2009b). A safe operating space for humanity. *Nature, 461*, 472–475. ▶ https://doi.org/10.1038/461472a.

Sachverständigenrat für Umweltfragen (SRU). (2023). *Umwelt und Gesundheit konsequent zusammendenken!*. SRU.

Sachs, W. (1993). *Die vier Dimensionen der Nachhaltigkeit*. Campus Verlag.

Schneidewind, U., & Zahrnt, A. (2013). *Damit gutes Leben einfacher wird: Perspektiven einer Suffizienzpolitik*. oekom Verlag.

Schultz, P. W. (2002). Inclusion with nature: The psychology of human-nature relations. In P. Schmuck & W. P. Schultz (Hrsg.), *Psychology of sustainable development* (S. 61–78). Springer.

Schultz, P. W., Shriver, C., Tabanico, J. J., & Khazian, A. M. (2004). Implicit connections with nature. *Journal of Environmental Psychology, 24*(1), 31–42. ▶ https://doi.org/10.1016/S0272-4944(03)00022-9.

Schweitzer, A. (1923). *Kulturphilosophie* (Bd. 1). Beck.

Soga, M., & Gaston, K. J. (2016). Extinction of experience: The loss of human-nature interactions. *Frontiers in Ecology and the Environment, 14*(2), 94–101. ▶ https://doi.org/10.1002/fee.1225.

Soga, M., & Gaston, K. J. (2020). Extinction of experience: The need to be more specific. *People and Nature, 2*(3), 575–581.

Steg, L. (2023). *Psychology of Climate Change*. Cambridge University Press.

Taylor, R. P., Spehar, B., Van Donkelaar, P., & Hagerhall, C. M. (2011). Perceptual and physiological responses to Jackson Pollock's fractals. *Journal of Nonlinear Dynamics, Psychology, and Life Sciences, 15*(1), 117–129.

Thibodeau, P. H., Frantz, C. M., & Stroink, M. L. (2016). The mind is an ecosystem: Systemic metaphors promote systems thinking. *Journal of Environmental Psychology, 46*, 10–23.

Todd, Z. (2016). An Indigenous feminist's take on the ontological turn: „Ontology" is just another word for colonialism. *Journal of Historical Sociology, 29*(1), 4–22. ▶ https://doi.org/10.1111/johs.12124.

Twohig-Bennett, C., & Jones, A. (2018). The health benefits of the great outdoors: A systematic review and meta-analysis of greenspace exposure and health outcomes. *Environmental Research, 166*, 628–637. ▶ https://doi.org/10.1016/j.envres.2018.06.030.

Ulrich, R. S. (1984). View through a window may influence recovery from surgery. *Science, 224*(4647), 420–421. ▶ https://doi.org/10.1126/science.6143402.

Ulrich, R. S. (1993). Biophilia, biophobia, and natural landscapes. In S. R. Kellert & E. O. Wilson (Hrsg.), *The biophilia hypothesis* (S. 73–137). Island Press.

Umweltbundesamt. (2019). *Ökologische Nachhaltigkeit: Bedeutung und Handlungsfelder*. Umweltbundesamt.

UNESCO. (2017). *Education for Sustainable Development Goals: Learning Objectives*. UNESCO.

United Nations Educational, Scientific and Cultural Organization. (2018). *Local and indigenous knowledge systems (LINKS) programme*. UNESCO.

United Nations Framework Convention on Climate Change. (2015). *Übereinkommen von Paris*. UNFCCC.

van den Bosch, M., & Ode Sang, Å. (2017). Urban natural environments as nature-based solutions for improved public health – A systematic review of reviews. *Environmental Research, 158*, 373–384. ▶ https://doi.org/10.1016/j.envres.2017.05.040.

White, M. P., Hartig, T., Martin, L., Pahl, S., van den Berg, A. E., Wells, N. M., ... van den Bosch, M. (2023). Nature-based biopsychosocial resilience: An integrative theoretical framework for research on nature and health. *Science of the Total Environment, 886*, 163091.

Whitburn, J., Linklater, W., & Abrahamse, W. (2020). Meta-analysis of human connection to nature and proenvironmental behavior. *Conservation Biology, 34*(1), 180–193. ▶ https://doi.org/10.1111/cobi.13381.

Whitmee, S., Haines, A., Beyrer, C., Boltz, F., Capon, A. G., de Souza Dias, B. F., ... Horton, R. (2015). Safeguarding human health in the Anthropocene epoch: Report of The Rockefeller Foundation–Lancet Commission on planetary health. *The Lancet, 386*(10007), 1973–2028. ▶ https://doi.org/10.1016/S0140-6736(15)60901-1.

Wildcat, D. R. (2009). *Red Alert!: Saving the Planet with Indigenous Knowledge*. Fulcrum Publishing.

Wilson, E. O. (1984). *Biophilia*. Harvard University Press.

Wissenschaftlicher Beirat der Bundesregierung Globale Umweltveränderungen (WBGU). (2023). *Gesund leben auf einer gesunden Erde*. WBGU.

World Health Organization. (2006). *Constitution of the world health organization – basic documents* (45th. Aufl.). WHO.

World Health Organization. (2017). *One health*. WHO.

World Health Organization. (2021). *Mental health and climate change: Policy brief*. WHO.

Zelenski, J. M., & Nisbet, E. K. (2014). Happiness and feeling connected: The distinct role of nature relatedness. *Environment and Behavior, 46*(1), 3–23. ▶ https://doi.org/10.1177/0013916512451901.

Weiterführende Literatur

Callaghan, A., McCombe, G., Harrold, A., McMeel, C., Mills, G., Moore-Cherry, N., & Cullen, W. (2020). The impact of green spaces on mental health in urban settings: A scoping review. *Journal of Mental Health, 30*(2), 179–193. ▶ https://doi.org/10.1080/09638237.2020.1755027.

Intergovernmental Science-Policy Platform on Biodiversity and Ecosystem Services (IPBES). (2023). *Assessment report on the sustainable use of wild species*. IPBES Secretariat.

Lovelock, J. E. (1979). *Gaia: A new look at life on Earth*. Oxford University Press.

Orians, G. H. (1980). Habitat selection: General theory and applications to human behavior. In J. S. Lockard (Hrsg.), *The evolution of human social behavior* (S. 49–66). Elsevier.

Rockström, J., & Gaffney, O. (2022). *Breaking boundaries: The science behind our planet*. DK/Penguin Random House.

Rockström, J., Gupta, J., Lenton, T. M., Qin, D., Lade, S. J., Abrams, J. F., ... Winkelmann, R. (2021). Identifying a safe and just corridor for people and the planet. *Earth's Future, 9*(4), e2020EF001866. ► https://doi.org/10.1029/2020EF001866.

Rockström, J., Kotzé, L., Milutinović, S., Biermann, F., Brovkin, V., Donges, J., ... Steffen, W. (2024). The planetary commons: A new paradigm for safeguarding Earth-regulating systems in the Anthropocene. *Proceedings of the National Academy of Sciences, 121*(3), e2308118120.

United Nations Department of Economic and Social Affairs. (2024). *World urbanization prospects 2024: Highlights*. United Nations.

United Nations Environment Programme. (2016). *Indigenous knowledge and environmental sustainability*. UNEP

United Nations Environment Programme (UNEP). (2016). *UNEP Annual Report 2016*. UNEP

World Commission on Environment and Development. (1987). *Our common future*. Oxford University Press.

Nachhaltige und naturbasierte Interventionen (NNBI)

Inhaltsverzeichnis

3.1 Naturbasierte Interventionen und die Erweiterung zu NNBI – 116
3.1.1 Nachhaltige naturbasierte Interventionen als Antwort auf multiple Krisen – 117
3.1.2 Interdependentes Gesundheitsverständnis durch NNBI – 119

3.2 Das trianguläre Interaktionsmodell der NNBI – 120
3.2.1 Zentrale Akteur:innen in der NNBI – 120
3.2.2 Der Mensch-Natur-Raum im NNBI: Multimodalität, Dynamik und Wechselwirkung – 122

3.3 Theoretische Grundlagen naturbasierter und nachhaltiger Interventionen – 123
3.3.1 Bottom-up – Vom Körper zum Kopf – 124
3.3.2 Top-down – Vom Kopf zum Körper – 126
3.3.3 Integral: Verbundenheit von Geist – Körper – Raum – 129
3.3.4 Zusammenfassung der drei Interventionsebenen – 131

© Der/die Autor(en), exklusiv lizenziert an Springer-Verlag GmbH, DE, ein Teil von Springer Nature 2025
K. Köhler, *Future Skills: Nachhaltiges und naturbasiertes Ressourcen- und Stressmanagement*,
https://doi.org/10.1007/978-3-662-71605-2_3

3.4	Green-Health-Modell für ökosystemische Stresskompetenz[1–132]
3.4.1	Modellstruktur – 132
3.5	Die Future-Skills-Kompetenzmatrix für regenerative Gesundheitskompetenz – 135
3.5.1	Implementierung in Alltag, Therapie und Organisation – 138
3.5.2	Zielgruppen und Anwendungsfelder nachhaltiger naturbasierter Interventionen – 143
3.5.3	Präventionsleitlinien und Nachhaltigkeit im Gesundheitswesen – 145
3.5.4	NNBI bei der Gestaltung des Lebens- und Arbeitsumfeldes – 148
3.5.5	Rechtliche Rahmenbedingungen für NNBI für die Nutzung von Grünflächen und Wäldern – 149
3.5.6	Herausforderungen bei der Umsetzung von NNBI – 150
3.5.7	Ethik nachhaltiger naturbasierter Interventionen – 151
3.5.8	Resümee der wesentlichen Erkenntnisse – 152

Key Learnings – 153

Toolkit III – Ressourcenbasiertes Handeln in erschöpften Systemen – 153

Literatur – 155

3 Nachhaltige und naturbasierte Interventionen (NNBI)

Dieses Kapitel stellt naturbasierte und nachhaltige Interventionen (NNBI) als innovatives Konzept für ein erweitertes Stress- und Ressourcenmodell im Anthropozän vor. Aufbauend auf klassischen Stressansätzen (Selye, Lazarus & Folkman, Antonovsky) und ergänzt um ökopsychologische sowie systemtheoretische Perspektiven wird Stress nicht nur als individuelles, sondern als relational-ökologisches Phänomen verstanden. NNBI adressieren drei Wirkungsebenen: physiologische Regulation durch Bottom-Up-Verfahren (z. B. Naturkontakt zur Reduktion allostatischer Last), mentale Neuorientierung durch Top-Down-Interventionen (nachhaltigkeitsbezogene Kognition und Handlungsfähigkeit) sowie die Stärkung emotionaler Naturverbindung und Transzendenz durch Resonanzansätze. Praktische Umsetzungen wie Waldbaden, naturbasierte Achtsamkeit oder biomimetisches Lernen werden kontextualisiert und methodisch differenziert dargestellt. Der Mensch wird dabei nicht als isoliertes Subjekt, sondern als eingebettetes Systemwesen verstanden, dessen Gesundheit untrennbar mit der Resilienz ökologischer Netzwerke verbunden ist. Das Kapitel richtet sich an Fachkräfte in Medizin, Psychotherapie, Coaching und Gesundheitsbildung sowie an Personen, die Gesundheit als integratives, ökologisches Feld neu denken und gestalten wollen.

❓ Einleitungsfragen

1. Wie findet die Regeneration in natürlichen Systemen statt – und welche Lehren können wir daraus ziehen?
2. Warum ist es nicht mehr ausreichend, nur „nachhaltig oder resilient" zu sein – warum müssen wir regenerativ denken?
3. Welche Prinzipien der Natur können auf die menschliche Gesundheit und Organisationen angewendet werden?

💬 These

Natürliche Systeme zeigen uns: Erneuerung geschieht nicht durch Kontrolle, sondern durch dynamische Adaptation, zyklische Rhythmen, Zusammenarbeit und Selbstorganisation.

Denke an eine Fabrik: energieautark, abfallfrei, CO_2-neutral – präzise konstruiert, klimastabil, multisensorisch. Kein Zukunftstraum: ein Bienenstock. Bienen bauen aus eigenem Wachs perfekte Waben – minimale Ressourcennutzung, maximale Stabilität. Ihre Resilienz? Netzwerkintelligenz statt Einzelkämpfertum, Flexibilität ohne Chaos, ständige kreative Anpassung an Stress.

Auch die Schnecke zeigt: Nachhaltigkeit ist Achtsamkeit. Ihr Haus – nicht Übermaß, nicht Mangel, sondern genau das Richtige. Sanft und verletzbar schützt sie sich mit ihrem Gehäuse – und sogar Schleim, Kot und Schale werden wieder Teil des natürlichen Kreislaufs.

Und unser eigener Körper? Er heilt sich selbst. Osteoklasten und Osteoblasten orchestrieren Erneuerung – fließend, weise, ohne äußere Reparaturanweisung.

Vielleicht besteht echte Innovation im 21. Jahrhundert nicht darin, etwas vollkommen Neues zu schaffen, sondern zu begreifen: Die Lösungen sind längst da – in Bienen, Schnecken, in uns selbst. Es ist Zeit, neu hinzusehen, zuzuhören, in

◘ **Abb. 3.1** Nachhaltigkeitsprinzipien. (Eigene Darstellung, erstellt mit Canva. © Dr. med. Kristin Köhler, 2025)

Ehrfurcht zu praktizieren – und endlich gemeinsam mit der Natur zu gestalten, nicht gegen sie (◘ Abb. 3.1).

> Die Natur, sowohl in uns als auch um uns herum, ist reich an ungeahntem Weisheit und Innovationspotenzial für Regeneration und nachhaltige Lösungen. Es ist Zeit, Natur als Mentor, Modell und Maßstab für eine nachhaltige Zukunft zu entdecken und zu bewahren.

3.1 Naturbasierte Interventionen und die Erweiterung zu NNBI

Hier wird ein Interventionsmodell eingeführt, das über eine unilaterale Nutzung von naturbasierten Interventionen und eine rein physiologische Nutzung der Natur für humane Gesundheit hinausgeht. Im Sinne einer ökosystemischen Erweiterung des Gesundheitsverständnisses zielt dieses Modell darauf ab, die Regenerationsfähigkeit, Intaktheit und Resilienz beider Systeme wechselseitig zu fördern. Nachhaltige und naturbasierte Interventionen (NNBI) unterstützen das Verständnis, dass menschliches Wohlbefinden nicht isoliert vorkommt, sondern von den Umweltbedingungen abhängt. Zu diesen Voraussetzungen gehören nicht nur saubere Luft und Wasser, sondern auch psychische Ressourcen wie Entspannung und Resilienz, die durch den Kontakt mit der Natur gefördert werden können (Ulrich, 1984a, 1984b).

Sie stellen eine Weiterentwicklung klassischer naturbasierter Interventionen (NBI) dar, indem sie die Wechselwirkung zwischen Mensch und Natur nicht nur als Ressource zur Gesundheitsförderung für Menschen betrachten, sondern als ethisch und ökologisch eingebettete Beziehung (Frumkin et al., 2017; Whitmee et al., 2015). Die interdependente und systemische Perspektive der NNBI hebt hervor, dass der Mensch nicht nur Nutzer, sondern auch Gestalter und Mitverantwortlicher des ökologischen Gleichgewichts ist (Mayer & Frantz, 2004). Das Ziel von NNBI ist es, ein Bewusstsein dafür zu schaffen, dass der Mensch Teil der Natur ist. Interventionen, die das Gefühl der Naturverbundenheit stärken, helfen ein tieferes

Verständnis dafür zu entwickeln, dass der Umweltschutz die Grundlage für die eigene Existenz und Resilienz ist.

NNBI adressieren daher gezielt eingesetzte naturbasierte Maßnahmen zur Förderung individueller, kollektiver und ökologischer Gesundheit, die auf der bewussten Interaktion mit der natürlichen Mitwelten beruht – sei es physisch, digital oder imaginativ – und dabei explizit Nachhaltigkeitsprinzipien integrieren.

Das Konzept der NNBI wird in diesem Buch erstmals als eigenständiger Ansatz formuliert, um individuelle Gesundheitsförderung und ökologische Nachhaltigkeit systemisch miteinander zu verknüpfen.

Im Unterschied zu Green Care, Nature Prescriptions oder Biophilic Design, die jeweils spezifische Anwendungsfelder adressieren, ist der NNBI-Ansatz systemisch, transdisziplinär und langfristig ausgerichtet: Er zielt nicht nur auf kurzfristige Stressreduktion oder subjektives Wohlbefinden, sondern auf die Förderung regenerativer Gesundheitsprozesse, sozialer Inklusion, ökologischer Resilienz und planetarer Verantwortung.

Eine NNBI ist dann gegeben, wenn sie folgende Kriterien erfüllt:
1. Sie basiert auf dem gezielten Kontakt zu Natur oder naturbasierten Elementen – in analoger, hybrider oder digitaler Form.
2. Sie verbindet psychische und physische Gesundheit explizit mit ökologischer Verantwortung.
3. Sie orientiert sich an natürlichen Prinzipien wie z. B. Suffizienz, Systemdenken, zyklisches Lernen und Regenerationsfähigkeit.
4. Sie begreift Natur nicht als Kulisse oder Mittel, sondern als Mitwelt und Co-Akteurin im Gesundheitsprozess.
5. Sie fördert Verhaltensweisen, Haltungen und Systeme, die über das Individuum hinaus auch sozioökologische Transformation und Planetary Health stärken

Während klassische NBI primär gesundheitspsychologisch oder präventivmedizinisch verankert sind, fokussieren NNBI auf die Verschränkung von innerer und äußerer Nachhaltigkeit: mentale Gesundheit, resiliente Lebensweisen, ökologische Stabilität und soziale Teilhabe werden hier nicht additiv, sondern wechselseitig miteinander gedacht und gestaltet (◘ Tab. 3.1).

3.1.1 Nachhaltige naturbasierte Interventionen als Antwort auf multiple Krisen

> Angesichts multipler paralleler Krisen – von mentaler Erschöpfung über ökologische Kipppunkte bis hin zu gesellschaftlicher Fragmentierung – wird zunehmend deutlich, dass Interventionen erforderlich sind, die über die individuelle Entlastung hinausgehen. Nachhaltige naturbasierte Interventionen (NNBI) adressieren diese Leerstelle, indem sie nicht nur Selbstregulation fördern, sondern auch Mitweltkompetenz entwickeln.

◨ **Tab. 3.1** NNBI-Abgrenzung zu verwandten Konzepten

Konzept	Kernfokus	Dimensionen
Nature-Based Interventions (NBI)	Menschliche Gesundheitsförderung durch Naturkontakt	Psychisch, physiologisch
Green Care	Soziale und therapeutische Naturprogramme für Menschen	Pädagogisch, sozial, therapeutisch
Nature Based Prescriptions	Verordnung von Naturaufenthalten für Menschen	Medizinisch-präventiv
Biophilic Design	Integration von Natur in gebaute Umwelt	Architektur, Arbeitswelten
NNBI	Interdependente Gesundheitsförderung in ökologischer Verantwortung (Mensch & Planet) erweitert um Nachhaltigkeit und Systemebene, als breiter gefasstes regeneratives Gesundheitsmodell, transzendiert Raumgestaltung durch Verhalten, Haltung und Systembezug, eingebettet in sozioökolog. Transformation	Psychologisch, ökologisch, kulturell, ethisch

NNBI eröffnen Erfahrungsräume, in denen Achtsamkeit, Zugehörigkeit, Verantwortung und Regeneration als Schlüsselkompetenzen im Zeitalter der planetaren Gesundheit miteinander verschränkt werden.

NBI gewinnen zunehmend an Bedeutung in der Behandlung psychischer Erkrankungen wie Depressionen und Angststörungen. Eine aktuelle systematische Übersichtsarbeit von Rueff und Reese (2023) zeigt, dass NBI in ihrer Wirksamkeit mit der kognitiven Verhaltenstherapie (CBT) verglichen werden können. Die Analyse verdeutlicht, dass auch NBI signifikant zur Reduktion depressiver Symptome und zur Verbesserung des emotionalen Wohlbefindens beitragen können. Besonders hervorzuheben ist, dass der Aufenthalt in naturnahen Umgebungen neben psychologischen auch physiologische und soziale Vorteile mit sich bringt, wie etwa durch die Reduktion von Stresshormonen oder die Förderung sozialer Verbundenheit. Damit liefern Rueff und Reese (2023) eine wichtige empirische Grundlage für die Integration naturbasierter Ansätze in psychotherapeutische und gesundheitsfördernde Settings.

Klassische Formate wie Shinrin-Yoku (Waldbaden) oder Ecotherapy fokussieren primär auf stressreduzierende und therapeutische Wirkfaktoren in naturnahen Umgebungen.

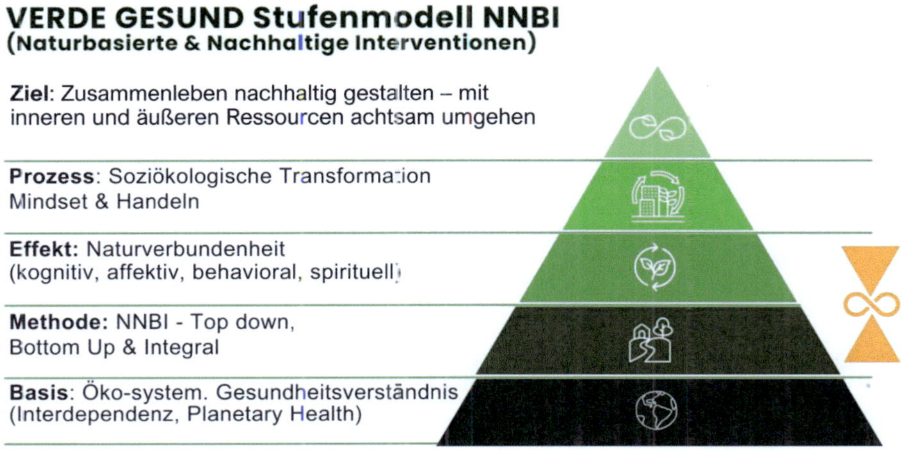

VERDE GESUND Stufenmodell NNBI
(Naturbasierte & Nachhaltige Interventionen)

Ziel: Zusammenleben nachhaltig gestalten – mit inneren und äußeren Ressourcen achtsam umgehen

Prozess: Soziökologische Transformation
Mindset & Handeln

Effekt: Naturverbundenheit
(kognitiv, affektiv, behavioral, spirituell)

Methode: NNBI - Top down,
Bottom Up & Integral

Basis: Öko-system. Gesundheitsverständnis
(Interdependenz, Planetary Health)

Abb. 3.2 Handlungspyramide von nachhaltigen und naturbasierten Interventionen. (Eigene Darstellung, erstellt mit Canva. © Dr. med. Kristin Köhler, 2025)

Die hier vorgestellten NNBI erweitern diesen Ansatz substanziell: Sie integrieren Naturerfahrungen in ein ökosystemisches Gesundheitsmodell, das sowohl die individuelle Regeneration als auch die Förderung planetarer Resilienz und sozialer Mitweltverbundenheit im therapeutischen Setting adressiert.

Gesundheit wird dabei nicht als isoliertes individuelles Ziel verstanden, sondern als emergentes Phänomen im Beziehungsnetzwerk zwischen Körper, Gesellschaft und Mitwelt (Frumkin et al., 2017; Kimmerer, 2013).

NNBI begreifen Natur nicht nur als beruhigendes Setting, sondern als aktiven Co-Regulator, Resonanzraum und transformatives Gegenüber. Sie zielen auf die Wiederherstellung ökologischer Kohärenz, wobei sowohl somatische als auch planetare Systeme in zyklische Regenerationsprozesse rückgeführt werden sollen.

Dieser Ansatz positioniert sich damit an der Schnittstelle von Planetary Health, Tiefenökologie und regenerativer Gesundheitsförderung und schlägt ein neues Kapitel naturverbundener Gesundheitskompetenz im Anthropozän auf (Abb. 3.2).

3.1.2 Interdependentes Gesundheitsverständnis durch NNBI

Im Unterschied zu klassischen naturbasierten Ansätzen zielen NNBI wie schon beschrieben nicht nur auf die Nutzung der Natur zur Gesundheitsförderung, sondern auf die Entwicklung eines wechselseitigen Verständnisses von Gesundheit, in dem die Beziehung zwischen Mensch und Natur zentral ist. Dieses Konzept wird

z. B. im Forschungsprojekt der Universität Oxford am Department of Psychiatry unter der Leitung von Prof. Dr. Ilina Singh als „Human and Eco Flourishing" bezeichnet. Es geht also um Mutual Flourishing.

Diese Interdependenz oder Interconnectedness verdeutlicht, dass menschliches Wohlbefinden existenziell mit der Intaktheit von Ökosystemen und deren Ökosystemleistungen verbunden ist. Ziel ist es nicht lediglich, von Ökosystemdienstleistungen zu profitieren, sondern sich selbst als Teil eines umfassenden Lebensnetzwerks zu verstehen, nachhaltiges Verhalten zu fördern und regenerative Praktiken anzustreben (Mayer & Frantz, 2004).

3.2 Das trianguläre Interaktionsmodell der NNBI

Das in NNBI eingesetzte trianguläre Interaktionsmodell erweitert die klassische therapeutische Dyade – bestehend aus einer anleitenden Person und einer rezipierenden Person – um eine dritte Dimension: die lebendige, sich dynamisch wandelnde Natur.

Während vergleichbare Strukturen aus der Kunsttherapie bekannt sind, unterscheidet sich das hier vorgestellte Modell wesentlich durch die Einbeziehung der äußeren Natur als eigenständige, dynamische und lebendige Akteurin. Dadurch entsteht eine bewusste Beziehung zwischen Mensch und Mitwelt innerhalb eines lebendigen Miteinanders.

Diese trianguläre Interaktion bietet ein konzeptionelles Gerüst, um die komplexen und multimodalen Wechselwirkungen zwischen Individuum, Natur und Raum systematisch zu erfassen und für interventionelle Prozesse nutzbar zu machen.

3.2.1 Zentrale Akteur:innen in der NNBI

(Siehe ◘ Abb. 3.3).

1. Der Mensch (Rezipierende:r)

Im Zentrum der Intervention steht der Mensch, der seine **innere Natur** – bestehend aus individuellen Ressourcen, Emotionen, Wahrnehmungen, Erlebensweisen und inneren Narrativen – in den Prozess einbringt. Diese innere Natur ist dynamisch und interagiert aktiv mit den äußeren Einflüssen des Naturraums im Verlauf der Intervention.

2. Die anleitende Person (AP)

Die anleitende Person gestaltet, moderiert und begleitet die Interaktionen zwischen Rezipierenden und Naturraum. Analog zu kunsttherapeutischen Ansätzen bleibt sie in einer unterstützenden Rolle und stärkt die Selbstwirksamkeit der Teilnehmenden, ohne die Prozesse direktiv zu steuern.

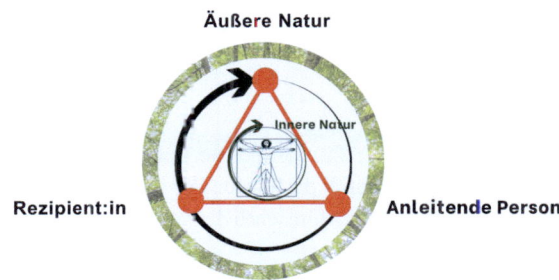

◘ **Abb. 3.3** Trias naturbasierter Interventionen. (Eigene Darstellung, erstellt mit Canva. © Dr. med. Kristin Köhler, 2025)

3. Die äußere Natur (N) – Mitwelt

Die Mitwelt bildet den physikalischen, ökologischen und atmosphärischen Raum, in dem die Intervention stattfindet. Sie umfasst lebende und nicht lebende Elemente – Landschaften, Flora und Fauna, Gewässer, Atmosphäre und Böden – und wirkt nicht als statischer Hintergrund, sondern als aktive Mitgestalterin des Prozesses. Die Natur eröffnet einen dynamischen, sich ständig verändernden Erfahrungsraum, der multisensorisch wirkt und physiologische, emotionale sowie kognitive Prozesse stimuliert. Lichtverhältnisse, Wetterlagen, Geräuschkulissen, Tierbegegnungen sowie Tages- und Jahreszeiten prägen nicht nur die äußere Szenerie, sondern beeinflussen die Qualität der inneren Resonanz und der zwischenmenschlichen Begegnung.

Im Sinne eines triangulären Interaktionsmodells erweitert die Mitwelt die klassische therapeutische Dyade (Anleitende:r – Rezipierende:r) um eine dritte, eigenständige Dimension. Sie schafft einen offenen, fluide strukturierten Prozessraum, der weniger kontrolliert, dafür aber erfahrungsreicher, emergenter und responsiver ist. Damit wird die Natur nicht nur zum Setting, sondern zur intersubjektiv wirksamen Akteur:in – einer Mitwelt, die zugleich Rahmen, Spiegel und Resonanzboden ist.

In NNBI ermöglicht diese Struktur eine dynamische Erfahrung, die verschiedene Modalitäten (körperlich, emotional, kognitiv, ästhetisch) umfasst und sowohl die äußere als auch die innere Natur einbezieht. Sie stößt transformative Prozesse an, die durch die Wechselwirkungen von Mensch, Natur und Raum geprägt sind, und unterstützt die Förderung von individueller Resilienz sowie ökosystemischer Kohärenz.

4. Die innere Natur (Innenkreis)

Der Innenkreis repräsentiert die psychischen, emotionalen und somatischen Prozesse und Narrative der Rezipierenden. Persönliche Werte, Erinnerungen und individuelle Erfahrungen, die durch den Naturkontakt aktiviert werden, sind Teil dieser inneren Dynamik.

> ▶ **Beispiele**
>
> – Emotionale Berührung durch die Würde der Natur.
> – Propriozeptive Achtsamkeit hinsichtlich des eigenen Körpers in Bewegung in der Natur.
> – Reflexion über die eigene Beziehung zur natürlichen Mitwelt. ◀

3.2.2 Der Mensch-Natur-Raum im NNBI: Multimodalität, Dynamik und Wechselwirkung

Wie bereits dargelegt (▶ Abschn. 2.6.5), tragen Grün- und Blauräume wesentlich zur psychischen und physischen Gesundheit bei. Ihre stressregulierende, bewegungsfördernde und sozial verbindende Wirkung lässt sich auch in urbanen Kontexten gezielt nutzen – etwa durch grüne Korridore oder therapeutisch gestaltete Landschaften. Laut WHO (2021) stärken solche Räume nicht nur individuelles Wohlbefinden, sondern auch ökologische Resilienz und städtische Klimaanpassung.

Natur als Katalysator, Co-Therapeutin und Resonanzraum

Die äußere Natur fungiert innerhalb von NNBI als Katalysator, Co-Therapeut und sicherer Raum. Ihre Dynamik kann je nach spezifischer Ausprägung beruhigend, inspirierend oder herausfordernd wirken. Die anleitende Person (AP) unterstützt die Teilnehmenden darin, einen wertschätzenden, achtsamen Umgang mit der Natur als Ressource zu pflegen, ohne diese aktiv zu kontrollieren.

Mensch – Natur – Raum: Wechselwirkungen im NNBI

Die Beziehung zwischen Mensch, Natur und Raum ist von **Multimodalität**, **Dynamik** und **wechselseitiger Gestaltung** geprägt:

– **Multimodalität:**
  Die Natur spricht multiple Sinne an (sehen, hören, riechen, fühlen, schmecken) und aktiviert körperliche, emotionale, kognitive und spirituelle Prozesse.
  Beispiel: Der Wind auf der Haut, Vogelgezwitscher, der Duft von Erde.
– **Dynamik:**
  Die Natur unterliegt kontinuierlichem Wandel. Wetter, Lichtverhältnisse, Pflanzenwachstum und Tierverhalten schaffen einen sich stets verändernden Erfahrungsraum.

Beispiel: Ein plötzlicher Regen kann als reinigendes Erlebnis oder als Herausforderung interpretiert werden – je nach innerem Zustand der Rezipierenden.
− **Wechselseitigkeit:**
Die Rezipierenden beeinflussen ihre Wahrnehmung des Naturraums aktiv mit – etwa indem sie bewusst einen Baum pflanzen und ihn später symbolisch mit Stabilität oder Wachstum verknüpfen.

Die Wechselwirkungen von Mensch, Natur und Raum unterstützen die Entwicklung von Resilienz, ökosystemischer Kohärenz und regenerativer Gesundheitskompetenz.

> **Exkurs: Innere Natur**
>
> Das Konzept der inneren Natur ist dynamisch und kulturell vielfältig geprägt. Während westliche Traditionen häufig das Psychologische betonen (Jung, 1995; Maslow, 1999), hebt der Buddhismus die Interdependenz von innerer und äußerer Natur hervor – als Ausdruck der Buddha-Natur, frei vom Ego und eingebettet in das Ganze (King, 1991). Moderne ökologische und achtsamkeitsbasierte Ansätze erweitern dieses Verständnis zu einer ganzheitlichen Sicht des Menschen als Teil lebendiger, planetarer Netzwerke (Naess, 1995; Lovelock, 2000).
>
> Historisch wurzelt der Begriff tief: Aristoteles' Konzept der „Entelechie" beschreibt die innere Bestimmung eines Wesens, sein Streben nach Verwirklichung (Aristoteles, n.d.). Die Stoiker sahen im „Logos" ein universelles Prinzip von Ordnung und Verbundenheit (Long & Sedley, 1987). Christliche Mystiker wie Augustinus verstanden die innere Natur als göttliche Präsenz im Menschen (Augustinus, 1991), während Teresa von Ávila sie als „innere Burg" beschrieb – als Raum der spirituellen Begegnung (Teresa von Ávila, 2005).
>
> Die Aufklärung und der Rationalismus führten zu einer Reduktion innerer Natur auf Geist und Verstand (Descartes, 1996), wohingegen Romantik und Tiefenpsychologie Intuition, Kreativität und das kollektive Unbewusste als zentrale Dimensionen menschlicher Natur betonten (Freud, 2011; Jung, 1995; Berlin, 1999). Heute machen achtsamkeitsbasierte Praktiken die Verbindung von innerer und äußerer Natur erfahrbar: Durch bewusste Präsenz entsteht eine tiefe Balance zwischen Selbst und Mitwelt – eine Rückbindung an eine uralte, nun wiederentdeckte Weisheit (Kabat-Zinn, 1990).

3.3 Theoretische Grundlagen naturbasierter und nachhaltiger Interventionen

(Siehe ◘ Abb. 3.4).

Die Wechselwirkung zwischen Mensch und Natur lässt sich mittels der drei TIB-Wirkebenen betrachten. Die Differenzierung der Ebenen hat eine systematisierende Funktion. Die Wirkprozesse laufen in der Realität oft

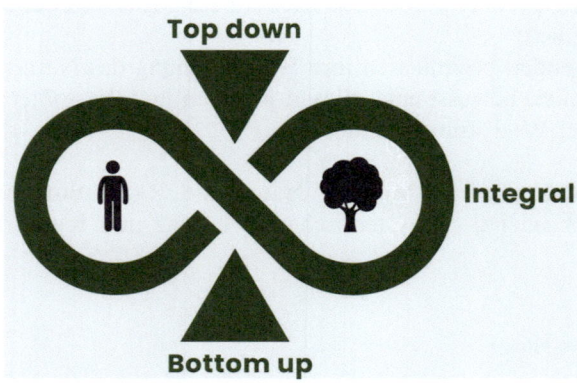

□ **Abb. 3.4** TIB-Wirklogik (Top-down, Integral & Bottom-up). *NNBI* naturbasierte und nachhaltige Interventionen. (Eigene Darstellung, erstellt mit Canva. © Dr. med. Kristin Köhler, 2025)

parallel ab. Bei der Ausarbeitung zielgerichteter Interventionen hilft uns jedoch die Systematisierung dabei, vorab festgelegte Zieleffekte zu erreichen und indikationsspezifisch zu erarbeiten. Jede dieser Ebenen spricht verschiedene Dimensionen der Mensch-Natur-Beziehung an und entfaltet spezifische Co-Benefits für Individuen und Ökosysteme. Die Trennung der Ansätze ist also ausschließlich systematisch und dient der Planung von Interventionen.

3.3.1 Bottom-up – Vom Körper zum Kopf

Physiologische Auswirkungen auf Restoration und Regeneration
(Siehe □ Abb. 3.5).

Bottom-up-Interventionen fokussieren sich vor allem auf die unmittelbaren primär physiologischen und sekundär psychischen Effekte von Naturerfahrungen. Sie gründen sich auf der Einsicht, dass der Kontakt des menschlichen Körpers mit bestimmten natürlichen Umgebungen Stress verringert und das Wohlbefinden steigert (▶ Abschn. 2.6: SRT, ART, CRT).

Der Bottom-up-Effekt von Natur auf die menschliche Gesundheit
Studien zur Auswirkung von Natur und Wald auf die menschliche Gesundheit zeigen zahlreiche positive Effekte, die sowohl die physische als auch die psychische Gesundheit betreffen. Menschen unterschätzen diese positiven Wirkeffekte oft (Nisbet & Zelenski, 2009). In der folgenden Tabelle werden diese Effekte in einer Übersicht vorgestellt (□ Tab. 3.2).

Die hier aufgeführten beschriebenen Interaktionen zwischen Körper und Naturraum wirken sich vor allem auf das autonome Nervensystem aus und reduzieren Stress, wodurch Körper und Geist sich adaptieren, regulieren und

Physiologische Auswirkungen auf Restoration und Regeneration

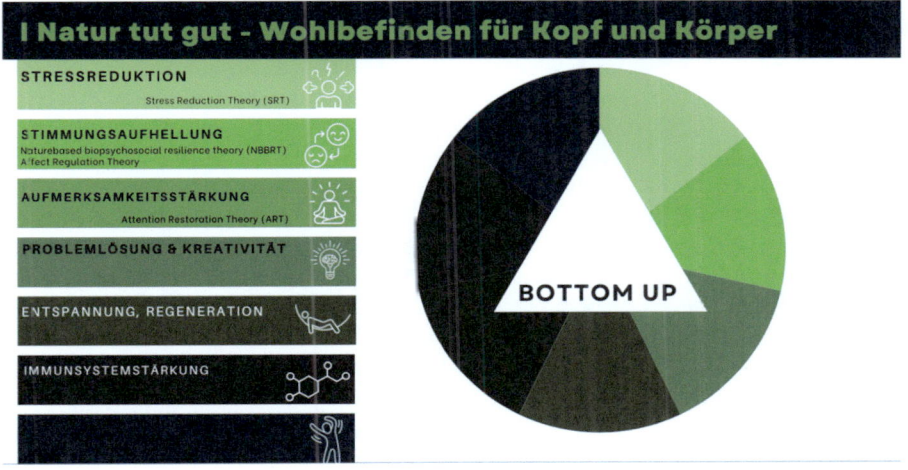

● **Abb. 3.5** Bottom-up-Wirkebene. (Eigene Darstellung, erstellt mit Canva. © Dr. med. Kristin Köhler, 2025)

wieder regenerieren können (Bratman et al., 2019). Sie bewirken eine Aktivierung des parasympathischen Nervensystems beim Menschen und tragen so zur Förderung gesundheitsfördernder regenerativer Abläufe bei. Menschen bewegen sich im Freien mehr als in geschlossenen Räumen. Naturbasierte Interventionen, die Übungen zur äußeren Achtsamkeit mit Einbezug der fünf Sinne, Entspannungstechniken im Naturraum sowie körperliche Aktivität in und mit der Natur integrieren, können besonders wirksam bottom-up-regulierte regenerative Prozesse fördern. Der Sekundäreffekt besteht in einer Assoziation des physischen und psychischen Wohlbefindens mit dem Naturraum. Als Tertiäreffekt wird dann die entstehende Motivation beschrieben, diesen Naturraum zu bewahren (Pro Environmental Behavior).

Anwendungsbeispiel – Japanisches Waldbaden (Shinrin-Yoku) Beim Waldbaden nehmen Menschen bewusst mit allen fünf Sinnen die Atmosphäre eines Waldes wahr, um die beruhigenden Reize der Natur zu empfangen. Dies geschieht durch Techniken der äußeren Achtsamkeit. Zu den wesentlichen Elementen der Technik des Waldbadens gehören das Schlendern, Achtsamkeitsübungen, Pausen sowie das Trinken von Wasser oder Tee. Forschungen haben ergeben, dass diese Methode den Blutdruck und Stress nicht nur deutlich senkt, sondern auch die Aktivität natürlicher Killerzellen (NK-Zellen) im Immunsystem steigert (Li et al., 2008) und das schon nach zwischen 10 (Meredith et al., 2020) bis 20 Minuten (Haluza et al., 2025).

Tab. 3.2 Übersicht Naturwirkungen

Kategorie	Wirkung
Stressreduktion	Reduktion von Stress und Senkung von Cortisol (z.B. Mygind et al., 2019, Ulrich et al., 1991; Kjellgren & Buhrkall, 2010)
Emotionale Regulation	Verbesserte Stimmung, höhere Resilienz, reduzierte Angstwerte, Reduktion von depressiver Stimmung (z.B. Roberts et al., 2019, South et al., 2018, Haluza et al., 2014)
Physiologische Effekte	Herzratenvariabilität, subjektive Erholung und Entspannung (z.B. Menardo et al., 2019), niedrigerer Blutdruck (Mao et al., 2012)
Psychische Gesundheit	Reduktion depressiver Symptome, Prävention von Burnout (z.B. Berman et al., 2012); Rueff & Reese, 2023)
Kognitive Funktionen	Verbesserte Aufmerksamkeit, schnellere kognitive Verarbeitung, positiver Einfluss auf persönliche Entwicklung, Problemlösung und Lernen und Verbesserung des Arbeitsgedächtnisses (z.B. Kuo et al., 2019, Mayer & Frantz, 2004; Stevenson et al., 2018; Ohly et al., 2016)
Soziale Verbundenheit	Reduziertes Einsamkeitsgefühl, stärkere soziale Integration, weniger Aggression und Gefühl der Ausgrenzung (z.B. Poon et al., 2016; Menardo et al., 2019; Korpela et al., 2014; Mayer & Frantz, 2004)
Immunsystem	Aktivierung natürlicher Killerzellen, Reduktion von Entzündungen (z.B. Li et al., 2008; Mao et al., 2012)
Schmerzlinderung	Reduktion chronischer Schmerzen durch Entspannung (z.B. Ulrich et al., 1991)
Kreativität & Denken	Förderung divergenten Denkens, bessere Problemlösungsfähigkeit (z.B. Atchley et al., 2012)
Naturverbundenheit	Steigerung der Lebenszufriedenheit, tiefes Naturerleben, Glück (z.B. Capaldi et al., 2014; Pritchard et al., 2019)

3.3.2 Top-down – Vom Kopf zum Körper

(Siehe ◘ Abb. 3.6).

Die Zielsetzung dieses Top-down-Ansatzes besteht darin, die Wahrnehmung für das in der Natur zugrunde liegende Wissen zu stärken und auf Grundlage dieser Erkenntnisse und einer wertschätzenden Beziehung zur Natur die eigene Motivation zum nachhaltigen Handeln zu fördern, um so eine tiefere, wertschätzende und schützende Verbindung zur Natur und ein nachhaltigeres Leben zu fördern.

Die gegenwärtige ökologische und soziale Krise verdeutlicht, dass nachhaltiges Leben mehr als nur technologische Lösungen braucht – es bedarf außerdem eines kulturellen und mentalen "Top-down-Wandels". Hierbei geht es

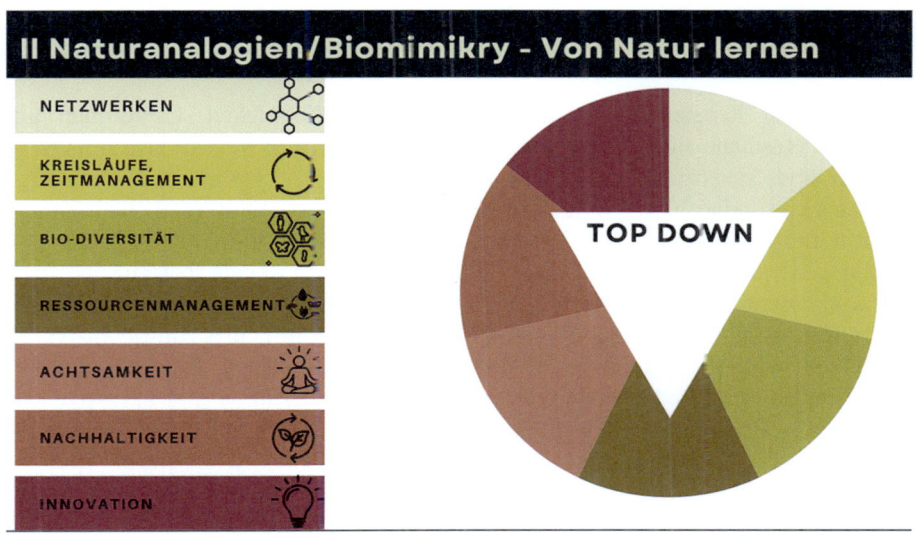

Abb. 3.6 Top-down-Wirkebene. (Eigene Darstellung, erstellt mit Canva © Dr. med. Kristin Köhler, 2025)

nicht nur um die ökologische Nachhaltigkeit, sondern auch um das Human and Planetary Well-Being, das sowohl das Wohlbefinden des Menschen in sozialen, emotionalen und spirituellen Aspekten als auch ökologische Intaktheit umfasst.

Inspiriert von indigenen Weltanschauungen in Lateinamerika bietet z. B. das Konzept des Buen Vivir ein radikales Alternativnarrativ zur westlichen Fortschrittslogik: Anstatt den individualistischen Wohlstand zu maximieren, fokussiert es sich auf ein kollektives, naturverbundenes und ausgewogenes Leben.

Zur Entwicklung transformativer Narrative im Top-down-Prozess bieten sich insbesondere zwei Ansätze an: Biomimikry – das Lernen von biologischen Prinzipien zur Lösung menschlicher Herausforderungen – und Naturanalogien, die symbolische oder metaphorische Übertragungen aus natürlichen Prozessen und Strukturen nutzen. Beide helfen, bestehende mentale Modelle zu reflektieren und neue, naturverbundene Sichtweisen und Verhaltensweisen zu fördern.

1. Ansatz: Die Symbolkraft der Natur (Naturanalogien)

Das Konzept des animal symbolicum, geprägt von Ernst Cassirer (1944), bildet eine zentrale Grundlage für die Top-down-Strategie von NNBI. Es beschreibt den Menschen nicht nur als rationales, sondern vor allem als symbolbildendes Wesen.

Unsere Wahrnehmung, unser Denken und unser Handeln sind strukturell an symbolische Formen gebunden – wie Sprache, Mythos, Rituale, Kunst und Wissenschaft.

Hans Blumenberg (2006) erweitert diesen Gedanken und beschreibt den Menschen als ein Wesen, das seine Welt nicht unmittelbar, sondern durch metaphorische und narrative Konstruktionen erschließt. Diese symbolischen

Ordnungen prägen maßgeblich, wie wir Natur, Gesellschaft, Gesundheit und Wirtschaft interpretieren – und damit auch, wie tiefgreifender Wandel möglich wird.

Aus dieser Perspektive wird deutlich, dass Nachhaltigkeit, Gesundheit und kulturelle Resilienz nicht allein durch Technologien oder Verhaltenstrainings erreichbar sind. Sie erfordern auch eine Transformation der symbolischen Ordnung – ein neues kulturelles Narrativ, in dem Natur nicht Objekt, sondern als Bedeutungsträgerin und Beziehungspartnerin wahrgenommen werden kann.

Ein zentrales Defizit westlicher Nachhaltigkeitsstrategien besteht in ihrem technokratischen Reduktionismus. Sie adressieren meist Strukturen, aber selten Deutungsmuster. Kultureller Wandel, so die Annahme im Top-down-Ansatz der NNBI, wird nicht allein durch Information oder Fakten ausgelöst, sondern durch symbolische Bedeutungen, emotionale Resonanzräume und narrative Einbettungen in Beziehungsgeschichten (*story telling*).

Naturanalogien liefern dann Narrative wie *„Natur als Lehrmeisterin"* (Benyus, 2011) und eröffnen damit neue naturbasierte kulturelle Leitbilder. Diese wirken als Top-down-Impulse, die nachhaltiges Verhalten nicht nur legitimieren, sondern emotional verankern – und damit innere Haltungen und kollektive Muster beeinflussen.

2. Ansatz: Biomimikry – Natur als Modellgeberin für Systemwandel

> **Biomimikry**
>
> Biomimikry ist ein multidisziplinärer Ansatz, der von den Prinzipien, Strukturen und Prozessen der Natur inspiriert wird, um nachhaltige Lösungen für menschliche Herausforderungen zu finden. Janine Benyus machte den Begriff bekannt. Er beschreibt die Praxis, Innovationen zu gestalten, indem man die Natur nicht nur als Ressource, sondern auch als Lehrmeisterin betrachtet (Benyus, 2011).
>
> Die Basisidee von Biomimikry besteht darin, dass die Natur durch die Evolution über Milliarden von Jahren optimierte Systeme hervorgebracht hat, die effizient und nachhaltig sind. Diese Systeme gründen sich auf den Prinzipien des Kreislaufs, der Anpassungsfähigkeit und der Koexistenz. Daher regt die Biomimikry ein Umdenken an, bei dem Mensch und Natur nicht als Gegensätze, sondern als symbiotische Partner gesehen werden. Kimmerer (2013) verwebt darauf aufbauend wissenschaftliches Wissen mit indigenem Denken und zeigt, dass Pflanzen nicht nur Ressourcen, sondern auch Lehrer in einem regenerativen Stressverständnis sein können.

Eine bewusste Analyse natürlicher Systeme ist ein zentraler Hebel für top-down-orientierte Transformation. In modernen Gesellschaften kommt es durch Urbanisierung, künstliche Umwelt und digitale Reizüberflutung zu einer zunehmenden Entfremdung von natürlichen Prinzipien – mit Folgen für Umweltbewusstsein, Affektregulation und Gesundheitsverhalten (▶ Abschn. 2.7.3).

Biomimikry beschreibt hierzu einen interdisziplinären Ansatz, der die Prinzipien, Strukturen und Prozesse der Natur bewusst analysiert und auf menschliche Systeme überträgt. Die Natur wird dabei nicht nur als Ressource, sondern als Maßstab und Modellgeberin (z. B. für Nachhaltigkeit, Suffizienz, Effizienz, Konsistenz; Zirkularität, Biodiversität, Netzwerken, Adaptation, Regeneration) verstanden (Benyus, 1997, 2011).

Biomimikry regt damit an, Natur nicht als Objekt zu betrachten, sondern als lebendiges, jahrtausendealtes intelligentes System, das Orientierung und Impulse für sozioökologische und technische Innovationen bietet. Damit entsteht eine neue mentale Landkarte, die top-down wirkt – durch Perspektivwechsel, Verknüpfung und Integration natürlicher Prinzipien in menschliche Lebenskonstrukte. Ihre Prinzipien – wie etwa Kreislaufdenken, Koexistenz, Effizienz durch Kooperation, Dezentralität – inspirieren systemische Innovationen in Technik, Architektur, Bildung, Organisationsentwicklung und Gesundheit.

Auch Kimmerer (2013) und Cajete (1994) verbinden diese Perspektive mit indigenem Wissen: Pflanzen und Ökosysteme werden hier ebenso als Lehrmeisterinnen verstanden, die Orientierung bieten für regenerative Stressbewältigung, soziale Transformation und kollektive Heilung.

In den NNBI wirken solche Ideen als Metastrukturen: Sie liefern mentale Modelle und kulturelle Anker für notwendige naturbasierte Innovation – etwa im Sinne von zirkulären Ökonomien, *nature-based solutions*, regenerativer Gesundheitsförderung oder biophiler Architektur.

3.3.3 Integral: Verbundenheit von Geist – Körper – Raum

Interdependenz, Resonanz & Transzendenz
(Siehe ◘ Abb. 3.7).

Interdependenz, Resonanz & Transzendenz

III In Resonanz-Beziehung treten (Affektbrücke)

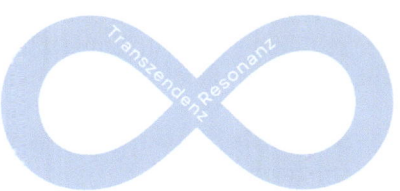

◘ **Abb. 3.7** Integrale Wirkebene. (Eigene Darstellung, erstellt mit Canva. © Dr. med. Kristin Köhler, 2025)

Im Mittelpunkt der integralen Wirkebene steht die bewusste Wahrnehmung der nichtrationalen, existenziellen Beziehung zwischen Mensch und Natur. Diese Verbindung spiegelt ein fundamentales menschliches Bedürfnis wider, sich in der Welt zu verorten und eine sinnstiftende Eingebundenheit in größere ökologische Zusammenhänge zu erleben. Auch wenn ein solches Eingebundensein rein naturwissenschaftlich bereits existiert, wird es von Menschen immer weniger bewusst wahrgenommen (siehe Entfremdung ▶ Abschn. 1.6.4).

Eine tiefe und bewusste Naturbeziehung stärkt das individuelle Wohlbefinden und fördert zugleich ein Gefühl ökologischer Zugehörigkeit. Dieses Verständnis geht über pragmatische Stressreduktion oder funktionale Resilienzförderung hinaus: Es betont die Reflexionsfähigkeit des Individuums hinsichtlich der eigenen Rolle innerhalb eines umfassenderen ökologischen und existenziellen Netzwerks.

Die integrale Perspektive geht davon aus, dass Naturerfahrungen nicht nur therapeutische Effekte haben, sondern auch dazu beitragen, ethische und existenzielle Dimensionen des menschlichen Lebens bewusster zu reflektieren. Auf dieser Grundlage kann ein nachhaltiges ökosystemisches Gesundheitsverständnis entstehen, das die Verbindung von Selbstregulation, Welterfahrung und Verantwortung für die Mitwelt integrativ umfasst.

Resonanz – ein Bindeglied zur Transzendenz

Hartmut Rosa (2016) beschreibt Resonanz (▶ Abschn. 2.3.4) als eine wechselseitige Beziehung zwischen Subjekt und Mitwelt, die über eine bloße Ansprechbarkeit hinausgeht. Resonanz umfasst einen dialogischen Prozess, in dem sich sowohl das Subjekt als auch die Welt durch die Begegnung verändern können.

In diesem Sinne schaffen es Resonanzerfahrungen in der Natur, die über das Alltägliche hinausgehen, ein transzendentes Empfinden zu ermöglichen: eine Erfahrung, in der die dichotome Trennung zwischen Mensch und Natur für einen Moment aufgehoben wird. Rosa (2019) beschreibt dies als eine kontemplative Erfahrung des Einsseins.

Im Rahmen von Naturverbundenheit bezeichnet Transzendenz somit das Erleben, Teil eines größeren lebendigen Ganzen zu sein. Solche Erfahrungen tragen nicht nur zur Entstehung von Dankbarkeit, Demut und Weltverbundenheit bei, sondern fördern auch ein tiefgreifendes Verständnis der eigenen Eingebundenheit in ökologische Netzwerke.

Resonanzmomente in der Natur ermöglichen außerdem die Erfahrung von Sinn und Orientierung und leisten damit einen zentralen Beitrag zur individuellen psychischen Stabilität sowie zur Entwicklung eines nachhaltigen ökosystemischen Bewusstseins und ökosystemischer Kohärenz.

Das Zusammenspiel von Transzendenz, Resonanz und Naturverbundenheit

Wie in ▶ Kap. 2 ausführlich erläutert, beschreibt die Naturverbundenheit die emotionale und kognitive und behaviorale Verbindung eines Individuums zur natürlichen Mitwelt (Mayer & Frantz, 2004). Dieses Verständnis wird durch den Resonanzansatz erweitert, der die Qualität der aktiven Beziehung zwischen Mensch und Natur betont: Resonanz entsteht, wenn Naturerfahrungen nicht nur beobachtet, sondern leiblich erlebt und in einer wechselseitigen Beziehung beantwortet werden (Rosa, 2016).

Resonante Naturerfahrungen schaffen also auch Gelegenheiten für transzendente Momente, in denen Individuen über ihre eigene Existenz und ihre Eingebundenheit in größere ökologische und kosmische Zusammenhänge reflektieren. Beispielsweise kann das achtsame Wahrnehmen eines Waldes, eines Flusses oder eines Sternenhimmels ein Empfinden hervorrufen, Teil eines umfassenden Lebenskreislaufes zu sein.

Diese Erfahrungen gehen über bloßen Trost und Erholung hinaus: Sie intensivieren die emotionale Bindung an die Natur und stärken das Verantwortungsbewusstsein für deren Bewahrung. Durch diese emotionale und spirituelle Verstärkung entsteht ein vertieftes Verständnis dafür, dass Naturbewahrung nicht nur eine ethische Pflicht, sondern eine existenzielle Notwendigkeit ist.

Beispiele für resonante und transzendente Erfahrungen
- Achtsame Beobachtung von Sonnenuntergängen oder des Sternenhimmels.
- Achtsames Eintauchen in Weite z. B. auf einem Berg bei einem Blick vom Gipfel
- Wahrnehmung natürlicher Zyklen (z. B. Wechsel der Jahreszeiten) als Teil des eigenen Lebenskontextes

3.3.4 Zusammenfassung der drei Interventionsebenen

(Siehe ◘ Tab. 3.3).

Die drei Interventionsebenen von NNBI – Bottom-Up, Top-Down und Resonanzansätze – stellen ein breites Spektrum an möglichen Zugängen zur

◘ **Tab. 3.3** Vergleich der 3 Wirkebenen von NNBI

Ebene	Fokus	Mechanismus	Beispielintervention	Zielgrößen
Bottom-up	Körperliche Ebene	Physiologische Stressreduktion	Körper-Raum-Interaktion	Parasympatische Regulation
Top-down	Mentale Ebene	Veränderung von Deutungsmustern und Mindset	Naturanalogien, Biomimikry	Nachhaltiges und regeneratives Denken
Integral	Transzendentale Ebene	Resonanz und transzendente Verbundenheit	Transzendentale Erfahrungen	Sinnfindung, ökologische Verortung

Verfügung, um die wechselseitig positiven Effekte der Naturwirkungen zu aktivieren. Bottom-Up-Interventionen zielen auf physiologische Mechanismen ab, wohingegen Top-Down-Ansätze nachhaltiges Denken und Verhalten unterstützen. Der Resonanzansatz verknüpft emotionale und kognitive Aspekte miteinander, um die Verbundenheit zur Natur zu fördern.

3.4 Green-Health-Modell für ökosystemische Stresskompetenz[1]

Das Green-Health-Modell für ökosystemische Stresskompetenz wurde als transdisziplinäres Rahmenmodell entwickelt, um aktuellen Gesundheits- und Umweltkrisen systemisch zu begegnen. Es basiert auf der Grundannahme, dass chronischer Stress nicht lediglich als individuelles Reaktionsmuster zu verstehen ist, sondern als Ausdruck gestörter Beziehungen innerhalb vernetzter ökosystemischer Kontexte – auf physischer, sozialer und ökologischer Ebene. Stress wird hierbei als Signal dysregulierter Rückkopplungsschleifen interpretiert, die auf eine gestörte Kohärenz zwischen Mensch und Mitwelt verweisen.

Kern des Modells bildet die ökosystemischen Kohärenz. Darunter wird die Fähigkeit von Individuen, Gruppen und Organisationen verstanden, durch Regulation in bewusster Synchronisation mit den strukturellen, zyklischen und regenerativen Eigenschaften natürlicher Systeme zu agieren. Im Unterschied zu klassischen Resilienz- oder Salutogenesemodellen richtet sich der Fokus damit auf die relationale Integrität zwischen innerpsychischen, sozialen und ökologischen Prozessen – ein Ansatz, der insbesondere im Kontext von NNBI von hoher Relevanz ist (◘ Abb. 3.8).

3.4.1 Modellstruktur

Das Modell ist dreistufig aufgebaut und unterscheidet zwischen 1.) extraktiven Belastungsfeldern, 2.) biomimetisch und NNBI basierten Erfahrungsachsen und 3.) emergenten interdependenten Zielgrößen. Diese Differenzierung erlaubt eine systematische Zuordnung von Belastung, Regulation und Wirkung entlang klarer funktionaler Kategorien.

---

1 Das Modell ist nicht nur heuristisch anschlussfähig, sondern auch forschungsmethodisch differenzierbar. Es ermöglicht die Entwicklung empirischer Forschungsdesigns mit quantitativen und qualitativen Elementen: Mixed-Methods-Evaluation in naturbasierten Bildungsprogrammen, Retreats oder BGM-Kontexten, theoriegeleitete Interventionsentwicklung anhand der NNBI basierten Erfahrungsachsen. Das Modell ist anschlussfähig an zentrale internationale Frameworks und Debatten: WHO Urban Green Space Guidelines (2016), Lancet Planetary Health Reports, IPBES & IPCC Berichte zu Klimawandel und Mental Health, UNESCO „Education for Sustainable Development (ESD) 2030", IUCN Nature-based Solutions Standard, OECD Learning Compass 2030 (Future Skills Framework).

3.4 · Green-Health-Modell für ökosystemische Stresskompetenz

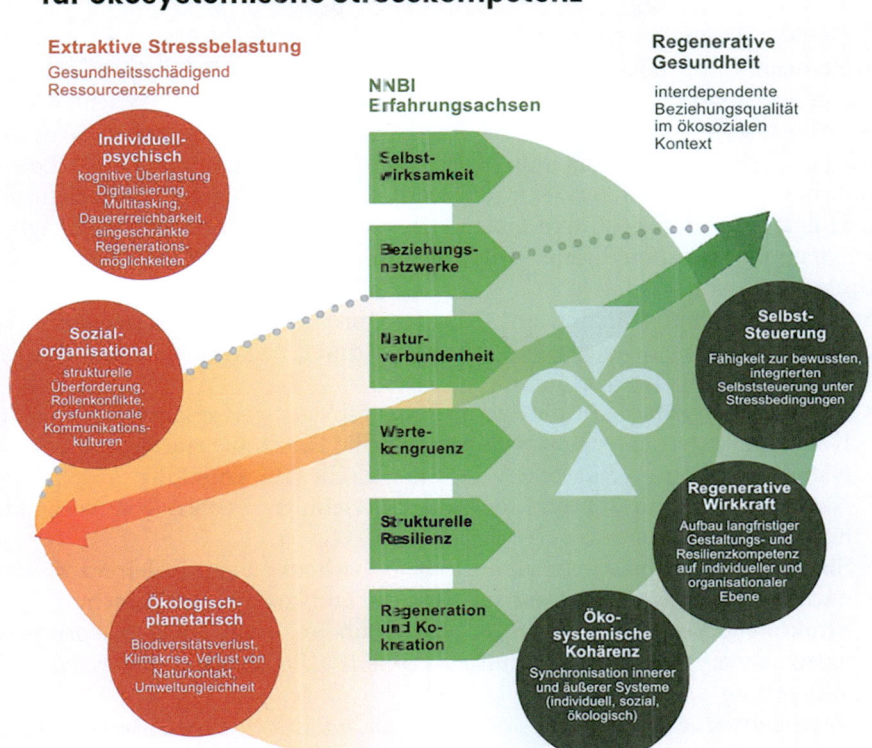

☐ **Abb. 3.8** Green Health. Ökosystemische Stresskompetenz. *NNBI* nachhaltige und naturbasierte Intervention (Eigene Darstellung, erstellt mit Canva. © Dr. med. Kristin Köhler, 2025)

- **Ebene 1: Extraktive Stressbelastungen**

Diese Basisebene beschreibt drei zentrale Felder systemischer Belastung:
- **Individuell-psychisch:** charakterisiert durch Dauerstress, Multitasking, Arbeitsverdichtung, Beschleunigung von Prozessen, mentale Fragmentierung und reduzierte Erholungsräume
- **Sozial-organisational:** geprägt durch strukturelle Überlastung, dysfunktionale Kommunikationsmuster, fehlende Sinnstrukturen
- **Ökologisch-planetarisch:** umfasst Verlust von Biodiversität, Naturentfremdung, Klimakrise und ökologische Degradierung

Diese Felder sind nicht unabhängig, sondern interagieren über Rückkopplungsschleifen. Sie bilden die Grundlage für multiple Belastungssyndrome, die sich als psychische, somatische oder soziale Dysregulation manifestieren.

- **Ebene 2: Biomimetisch und NNBI-basierte Erfahrungsachsen**

Im Zentrum des Modells stehen auf der Wirkebene sechs Erfahrungsachsen, die sich an Naturwirkungen und funktionalen Prinzipien der Natur ausrichten – etwa wie Allostase, Resonanz, zyklische Regeneration oder kooperative Vernetzung und parasympathische Regulation. Diese Achsen werden durch NNBI bewusst erfahrbar gemacht, bilden zentrale biopsychosoziale Regulationsmechanismen im Umgang mit Stress ab und lassen sich als Ziel- und Interventionskategorien systematisch operationalisieren (als auch in Future-Skill-Kompetenzen überführen. ▶ Abschn. 3.5)

— **Selbstregulation** – analog zur Allostase in biologischen Systemen: Fähigkeit zur inneren Balancierung, unterstützt durch Achtsamkeit, Schlafhygiene, somatische Selbstwahrnehmung
— **Beziehungsrhythmus** – inspiriert von kooperativen Netzwerkstrukturen: soziale Kohärenz, gegenseitige Unterstützung, stabile Beziehungsmuster
— **Naturverbindung** – eingebettet in ökologische Rückbindung: regelmäßiger Naturkontakt, multisensorische Mitweltbeziehung, Erleben von Verbundenheit und Regulation
— **Sinn & Werte** – analog zur ökologischen Nischenbildung: Kohärenz zwischen nachhaltigen individuellen Wertestrukturen und konkretem Handeln
— **Strukturelle Resilienz** – abgeleitet aus Redundanz- und Diversitätsprinzipien: partizipative Organisationskultur, flexible Steuerung, kollektive Verantwortung
— **Regeneration & Kreativität** – orientiert an zyklischen Erneuerungsprozessen: bewusste Pausenkultur, kreative und naturbasierte innovative Ausdrucksformen, iterative Lernprozesse

- **Ebene 3: Qualitäten regenerativer Gesundheit**

Diese Ebene beschreibt die angestrebten Resultate gelungener, entlang der Erfahrungsachsen gestalteter Interventionen. Diese zentralen Zielgrößen sind als emergente, nichtlinear herstellbare Kernqualitäten definiert:
— **Selbstwirksamkeit** – die Erfahrung, auch unter Unsicherheit und Belastung handlungsfähig zu bleiben
— **Ökosystemische Kohärenz** – die Synchronisierung innerer und äußerer Systeme: Körper, Beziehung, Natur (nachhaltiges Ressourcenmanagement im Innen und Außen)
— **Regenerative Wirkkraft** – die Fähigkeit, auf individueller wie kollektiver Ebene gesundheitsfördernde Systeme mitzugestalten

Diese Zielzustände können in unterschiedlichen Settings operationalisiert und gemessen werden – z. B. mittels Skalen zur Naturverbundenheit oder systemischer Wirklogiken in Organisationsentwicklungsprozessen (◘ Tab. 3.4).

Tab. 3.4 Erfahrungsachsen

Achse	Biomimetisches Prinzip	Psychologische Entsprechung	Nachhaltigkeitsbezug
1. Selbstregulation	Allostase	Achtsamkeit, Schlaf, Ernährung, somatische Selbstwahrnehmung	Resonanz zur inneren Natur, nachhaltiger Umgang mit inneren und äußeren Ressourcen
2. Beziehungsrhythmus	Symbiotische Netzwerke (z. B. Mykorrhiza)	Sozialkohärenz, Care, Bindungssicherheit	Kooperation als Resilienzfaktor
3. Naturverbindung	Eingebettete Ökologie, Stoffkreisläufe	Naturverbundenheit, Mitweltbezug	Integration statt Isolation
4. Sinn & Werte	Kongruente Anpassung, Nischenbildung	Sozioökologische Wertekohärenz, Purpose, ethische Handlungsorientierung	Systemkonformität und Stabilität
5. Strukturelle Resilienz	Redundanz, dezentrale Steuerung, Biodiversität	Faire Organisationsstrukturen, Beteiligung, Verantwortungsteilung	Systemflexibilität über Effizienz, Konsistenz und Suffizienz
6. Regeneration & Kreativität	Zyklische Erneuerung, Kompostierung	Regenerative Pausen, schöpferisches Denken, Perspektivwechsel	Kreislaufprinzipien, Ressourcenwiederherstellung

Diese Resilienzachsen sind systemisch verknüpft und ermöglichen eine adaptive Stressbewältigung durch Regulation, Wiederverbindung, Reflexion und kollektive Transformation.

Im Unterschied zu rein kurativen Ansätzen stellt das Green-Health-Modell die systemische Wiederherstellung funktionaler Balance in den Mittelpunkt – nicht durch lineare Reparatur, sondern durch zyklische Erneuerung, ökologische Einbettung und relationale Kohärenz.

3.5 Die Future-Skills-Kompetenzmatrix für regenerative Gesundheitskompetenz

Um die vermittelten Ansätze des NNBI konzeptionell zu strukturieren, wird eine **Future-Skills-Kompetenzmatrix** eingeführt. Sie macht jene Fähigkeiten sichtbar, die Individuen und Organisationen benötigen, um gesunde Lebens- und Arbeitssysteme unter planetaren Bedingungen mitzugestalten. Die Matrix orientiert sich an internationalen Referenzrahmen wie dem OECD Learning Compass 2030 (OECD, 2022), der UNESCO-Roadmap für Bildung für nachhaltige Ent-

◘ **Abb. 3.9 a** Future-Skills-Kompetenzmatrix. (Eigene Darstellung, erstellt mit Canva. © Dr. med. Kristin Köhler, 2025)

wicklung (UNESCO, 2020) und transformativen Bildungsansätzen im Sinne des Wissenschaftlichen Beirats der Bundesregierung Globale Umweltveränderungen (WBGU, 2019; ◘ Abb. 3.9a und 3.9b).

Die Kompetenzmatrix beruht auf **fünf Kernkompetenzen** sowie einer **integrativen Metakompetenz**:

1. **Systemisches Denken**
   Die Fähigkeit, komplexe Wechselwirkungen, Rückkopplungseffekte und systemische Risiken in sozialen, gesundheitlichen und ökologischen Kontexten zu erkennen und zu analysieren.
2. **Regenerative Selbstführung**
   Kompetenzen der nachhaltigen Selbstregulation, Rhythmisierung und Ressourcenorientierung im Umgang mit Belastungen, Zeit, Energie und Aufmerksamkeit.

3.5 · Die Future-Skills-Kompetenzmatrix für regenerative ...

☐ **Abb. 3.9 b** Überblick der Future-Skills-Kompetenzmatrix. (Eigene Darstellung, erstellt mit Canva. © Dr. med. Kristin Köhler, 2025)

3. **Naturbezogene Resonanzfähigkeit**
   Die Fähigkeit, sinnstiftende, achtsame und emotional verankerte Beziehungen zur natürlichen Mitwelt aufzubauen, als Grundlage von Selbstwirksamkeit und Verantwortungsbereitschaft.
4. **Soziale Mitverantwortung (Commons-Kompetenz)**
   Die Bereitschaft und Fähigkeit, Gesundheit, Ressourcen und Räume in gemeinschaftlicher und kooperativer Verantwortung zu gestalten und jenseits individualisierter Lösungslogiken zu denken.
5. **Zukunftsorientierte Gestaltungskompetenz**
   Die Fähigkeit, auf Grundlage von antizipativer Reflexion, Szenarienarbeit und Co-Kreation zukunftsfähige Lebens- und Arbeitspfade mitzugestalten.

Tab. 3.5 Future-Skills-Kompetenzmatrix für regenerative Gesundheitskompetenz

Kompetenzbereich	Bildungsziel	Zugeordnete Methoden
Systemdenken	Komplexe Wechselwirkungen erkennen und handlungsrelevant machen	Kipppunktanalyse, Feedbackschleifen
Resonanzfähigkeit	Fähigkeit zur sinnhaften Weltbeziehung und Selbstverortung in der Mitwelt	Naturerleben, Imaginationsübungen, narrative Reflexion, Achtsamkeit und Mediation
Regenerative Selbstführung	Nachhaltige Selbstregulation und Regeneration ermöglichen und Suffizienzspraxis	Rhythmenübungen (Zyklizität) Zeitmanagement mit Naturbezug, Werteklärung
Planetary Health Literacy	Verständnis planetarer Belastungsgrenzen, Co-Benefits und Gesundheitszusammenhänge	Sozioökologische Einbettung, nachhaltiges Handeln: Modelle wie planetare Grenzen, Donutökonomie, Commons
Transformative Handlungskompetenz	Umsetzungskompetenz für nachhaltige und gerechte Lebensstile	Toolkitarbeit, Transferprojekte, Peer-Coaching
Kooperations- & Gemeingutdenken	Geteilte Verantwortung und soziale Resilienz fördern	Gruppenprozesse, Commons-Planspiele, soziale und ökologische Kipppunkte reflektieren

- **Metakompetenz: Planetary Literacy**

Diese übergeordnete Kompetenz verbindet die fünf Kernbereiche miteinander. Sie beschreibt die Fähigkeit, individuelle, gesellschaftliche und ökologische Gesundheit systemisch zu kontextualisieren – unter Berücksichtigung planetarer Belastungsgrenzen, globaler Gerechtigkeitsfragen und langfristiger Tragfähigkeit (Whitmee et al., 2015; Raworth, 2017).

Die Matrix dient als analytisches und didaktisches Werkzeug, um Inhalte des Buches curricular zu verankern, praxisnah zu operationalisieren und international anschlussfähig zu machen – etwa in der Hochschullehre, Weiterbildung oder transdisziplinären Bildungsarbeit (◘ Tab. 3.5).

3.5.1 Implementierung in Alltag, Therapie und Organisation

Das Green-Health-Modell und die Kompetenzmatrix für regenerative Gesundheit zeigen auf, wie mentale Gesundheit, Naturverbundenheit und ökologische Nachhaltigkeit systemisch miteinander verbunden sind. Diese Grundlagen verdeutlichen die Notwendigkeit eines Paradigmenwechsels: Gesundheit im Anthropozän erfordert nicht nur individuelle Anpassungsleistung, sondern die

Neugestaltung unserer alltäglichen Lebens-, Arbeits- und Therapieräume entlang naturbasierter und klimagesunder Prinzipien. Für eine erfolgreiche Umsetzung reicht es nicht aus, Natur lediglich punktuell zu integrieren. Stattdessen bedarf es einer konsequenten Verankerung von Natur als **strukturbildendes Element**:
- zur Regulation biopsychosozialer Prozesse
- als Modell für resiliente Organisationsstrukturen
- als Ressource für nachhaltige Identitäts- und Verhaltensentwicklung

Im Folgenden wird aufgezeigt, wie die Implementierung des Green-Health-Modells in drei zentralen Anwendungsbereichen gestaltet werden kann: **Alltag, Therapie/Coaching** sowie **betriebliche Gesundheitsförderung und Nachhaltigkeitsentwicklung**.

1. Naturbasierte Transformation im Lebensalltag (für Nina)
Im Alltag wird Natur zur permanenten Co-Regulatorin und Handlungspartnerin.
Naturkontakte dienen nicht der „Erholung nebenbei", sondern werden strukturell in den Tagesablauf integriert, um Selbstregulation, Reflexion und nachhaltige Handlungsmotivation zu fördern (◘ Tab. 3.6).

2. Nachhaltige und naturbasierte Ansätze in Prävention, Therapie und Coaching (für Jana)
In Therapie und Coaching wird Natur als aktiver Co-Therapeut eingebunden.
Natur bietet nicht nur Entlastung, sondern wird zum Entwicklungsraum für emotionale Regulation, Resilienzbildung und sozioökologischen Identitätswandel bei Therapeut:in und Klient:in (◘ Tab. 3.7).

3. Nachhaltige und naturbasierte Entwicklung in Unternehmen und Organisationen (für Lukas)
Organisationen transformieren sich zu **regenerativen Ökosystemen**. Natur wird sowohl als Gesundheitsressource als auch als Modell für nachhaltige Innovation, Resilienz und Wertschöpfung integriert (◘ Tab. 3.8).

Natur-Based Change als Weg zu regenerativer Lebensqualität
Die Implementierung des NNBI basierten Green-Health-Modells verlangt eine systemische Rückverbindung mit Natur auf allen Ebenen menschlichen Handelns. Natur wird dabei nicht als romantisierte Kulisse betrachtet, sondern als aktiver Regulator, Resonanzfeld und systemisches Vorbild für resiliente und nachhaltige Entwicklung.
Nachhaltige Mikrogewohnheiten, naturverbundene Identitätsentwicklung und biophile Raumgestaltung bilden die Grundlagen eines neuen, zukunftsfähigen Gesundheitsverständnisses.

Tab. 3.6 Future-Skills-Kompetenzmatrix für Stressbelastungen im Berufsalltag

Future-Skill-Kompetenz	Mikroübungen	Handlungspfade	Identitätsbildung	Beispiel
Systemisches Denken	Tägliche Reflexion über Wechselwirkungen von Entscheidungen (z. B. Konsum) und Einbettung in Gemeinschaftsnetzwerke	Gestaltung eines rhythmisierten Alltags mit Naturintegration und Kooperation	Ich bin Teil eines größeren Ganzen – meine Handlungen wirken im System. Ich muss nicht allein stark sein	Nina reflektiert ihre Konsumgewohnheiten im Licht sozialer und ökologischer Wechselwirkungen und erfährt Halt und Regulation in Gemeinschaften
Regenerative Selbstführung	Bewusster und genussvoller Start in den Tag mit Naturkontakt (z. B. Sonnenaufgang beobachten, Arbeitsweg mit Fahrrad)	Zeit- und Ressourcenmanagement mit Orientierung an natürlichen Zyklen	Ich pflege meinen Energiehaushalt bewusst und rhythmisch	Nina beginnt jeden Tag mit 5 min bewusster und achtsamer Atemzeit im Grünen und genießt das
Naturbezogene Resonanzfähigkeit	Achtsames Atemritual in der Natur (z. B. auf dem Balkon)	Biophile Wohnraumgestaltung	Ich bin verbunden mit der Natur – sie gibt mir Orientierung und Wohlbefinden	Sie gestaltet ihre Küche mit Naturmaterialien und Pflanzen
Soziale Mitverantwortung	Nachbarschaftliche Mikroaktionen (z. B. Givebox, Tauschregal)	Teilnahme an gemeinschaftlichen Urban-Gardening-Initiativen	Ich gestalte mein Umfeld aktiv und kooperativ mit	Nina initiiert eine Nachbarschaftsaktion zum Kleidertausch
Zukunftsorientierte Gestaltungskompetenz	Visualisierung eines persönlichen Zukunftsplans mit Naturbezug und Wohlbefinden	Schaffung einer nachhaltigen Alltagsstruktur (z. B. Mobilität, Ernährung)	Ich sehe mich als wertvolle Mitgestalterin einer nachhaltigen Zukunft	Sie entwickelt eine Vision für einen nachhaltigen Lebensstil in den nächsten 3 Jahren

(Fortsetzung)

Tab. 3.6 (Fortsetzung)

Future-Skill-Kompetenz	Mikroübungen	Handlungspfade	Identitätsbildung	Beispiel
Planetary Literacy (Meta-kompetenz)	Alltagsausrichtung auf Basis nachhaltiger Werte	Integration von Nachhaltigkeitszielen in Alltagsentscheidungen wie Ernährung	Ich treffe meine Konsumentscheidungen im Bewusstsein planetarer Grenzen und Fürsorge	Nina informiert und tauscht sich in der Nachbarschaft und im Kollegium zu Nachhaltigkeitshacks aus

Tab. 3.7 Future-Skills-Kompetenzmatrix in Prävention, Therapie und Coaching

Future-Skill-Kompetenz	Mikroübungen	Handlungspfade	Identitätsbildung	Beispiel
Systemisches Denken	Einbettung in einem beruflichen kooperativen Netzwerk und Reflektion therapeutischer Prozesse mit ökosystemischer Perspektive	Systemlandkarten für berufliche Arbeit und mit Patient:innen entwickeln	Ich bin eine ökosystemisch denkende Gesundheitsgestalterin und beziehe innere und äußere Ressourcennutzung mit ein	Jana nutzt Systemmapping mit Klient:innen, um Stressfaktoren sichtbar zu machen
Regenerative Selbstführung	Bewusste Selbstwahrnehmung zum Energielevel in kurzen achtsamen Naturmomenten	Naturbasierte Selbstfürsorge-Routinen in Therapiealltag integrieren	Ich agiere und regeneriere mit Rhythmus und resonanter Selbstführung	Sie integriert täglich eine 15-minütige Naturpause zur Regeneration und Selbstwahrnehmung
Naturbezogene Resonanzfähigkeit	Naturbegegnungen bewusst in den Therapieprozess integrieren (z. B. achtsame Naturwahrnehmung als Intervention)	Walk & Talk, Naturreflexion, narrative Ressourcenarbeit	Ich sehe Natur als Resonanzraum meiner therapeutischen Praxis	In einer Sitzung lässt Jana Klient:innen Naturphänomene als Spiegel für ihre Gefühlslage nutzen
Soziale Mitverantwortung	Co-therapeutische Beziehung mit Natur etablieren (z. B. Reflektion über Baummetapher)	Gruppenformate mit kooperativer Naturbeobachtung (z. B. Mikroökosystem als Spiegel sozialer Prozesse)	Ich bin Teil eines gesundheitsfördernden Kollektivs mit ökosozialer Verantwortung	Sie moderiert eine Gruppensitzung mit Naturbezug zur Förderung von Gemeinschaftsgefühl
Zukunftsorientierte Gestaltungskompetenz	Zukunftsvisualisierung mit ökologisch-resilientem Narrativ	Entwicklung nachhaltiger Therapieziele mit ökologischer Verankerung	Ich co-kreiere zukunftsfähige Gesundheitsräume	Jana entwickelt mit Klient:innen Lebenspfade mit Fokus auf biopsychosozialem Wohlbefinden

(Fortsetzung)

Tab. 3.7 (Fortsetzung)

Future-Skill-Kompetenz	Mikroübungen	Handlungspfade	Identitätsbildung	Beispiel
Planetary Literacy (Metakompetenz)	Reflexion planetarer Dimensionen von Gesundheit im Alltag im Coachingprozess	Integration Co-Benefits in Beratungskonzepte	Ich berate im Bewusstsein planetarer Gerechtigkeit	Sie bezieht die UN-Nachhaltigkeitsziele in eine Coachingreihe ein

> Natur ist nicht Nice-to-have – sie ist die existenzielle Grundlage für Gesundheit, Resilienz und planetare Stabilität. Der naturbasierte Wandel ist keine Option, sondern existenzielle Notwendigkeit.

3.5.2 Zielgruppen und Anwendungsfelder nachhaltiger naturbasierter Interventionen

Dieser Abschnitt beleuchtet, wie das Green-Health-Modell mit den NNBI und die dazugehörige Matrix in vielfältigen Bereichen und für diverse Zielgruppen von Nutzen sein können, denn zur Fusion ökologischer, psychologischer und sozialer Dimensionen sind interdisziplinäre Ansätze von entscheidender Bedeutung (Frumkin et al., 2017).

Er zeigt auf, wie diese Ansätze praktisch (Vertiefung im Praxisteil ▶ Kap. 4) angewendet werden können, um Gesundheit, Nachhaltigkeit und Resilienz zu fördern. NNBI können in einer Vielzahl von Fachdisziplinen sowohl im präventiven als auch im therapeutischen als auch im unternehmerischen Kontext eingesetzt werden.

Individuelles Wohlbefinden und Selbstregulation

Menschen, die unter chronischem Stress oder Erschöpfung leiden, finden in diesem mittels NNBI alltagstaugliche und regenerative Wege zur Selbstregulation und Sinnfindung. Auch Kinder und Jugendliche sowie Senior:innen können durch die Integration nachhaltiger als auch naturbasierter Praktiken ihr Wohlbefinden steigern. Das Green-Health-Modell bietet niedrigschwellige und oft kostengünstige Selbsthilfeansätze, die zu Hause, in Gärten, nahegelegenen urbane Grünflächen oder durch digitale Lösungen wie virtuelle Naturerlebnisse umgesetzt werden können. Dies ist besonders vorteilhaft für Personen mit eingeschränkter Mobilität oder in urbanen Gebieten mit wenig Naturzugang, da es den erleichterten Zugang zu gesundheitsfördernden Naturressourcen ermöglicht.

Tab. 3.8 Future-Skills-Kompetenzmatrix für Unternehmen und Organisationen

Future-Skill-Kompetenz	Mikroübungen	Handlungspfade	Identitätsbildung	Umsetzungsbeispiele
Systemisches Denken	Tägliche Systemreflexion im Führungsteam (z. B. Wirkungsketten im Netzwerk)	Systemische Prozessanalyse von Unternehmensstrukturen am Vorbild von Naturanalogien	Ich denke in Systemen – mein Unternehmen ist Teil eines größeren Ganzen. Ich bin wertvoller Teil einer Gemeinschaft	Lukas moderiert eine Führungsklausur zur Reflexion systemischer Wirkzusammenhänge im Unternehmen
Regenerative Selbstführung	Green Breaks mit bewusstem Naturkontakt zwischen Meetings	Einführung regenerativer Arbeitszeitmodelle	Ich sorge für rhythmische Regeneration in Führung und Team	Er führt eine tägliche 15-minütige Draußenpause ein – auch bei Onlinearbeit
Naturbezogene Resonanzfähigkeit	Naturbeobachtung als Inspirationsquelle für Innovationsprozesse (Walk and Talk)	Gestaltung biophiler Räume/Gebäude und Outdoor-Arbeitsmöglichkeiten, Offsides	Ich lasse mich von der Natur zu resilienten Lösungen inspirieren und genieße die wohltuende Regulation	Das Team nutzt Naturspaziergänge zur Ideengenerierung für ein Nachhaltigkeitsprojekt
Soziale Mitverantwortung	Feedbackrunden mit Fokus auf kollektives Wohl	Commons-orientierte Teamformate (z. B. Co-Kreation statt Wettbewerb)	Ich verstehe mich als Teil einer kooperativen, gesundheitsfördernden Organisation	Lukas initiiert ein Commons-Toolkit für teamübergreifende Projekte
Zukunftsorientierte Gestaltungskompetenz	Tägliche Kurzreflexion zur eigenen Rolle und Gestaltungspotenzial in Zukunftsprojekten	Entwicklung einer Transformationsroadmap mit Planetary-Health-Bezug	Ich bin Zukunftsgestalter in einer regenerativen Ökonomie. Mehrwerte nach innen und außen	Bewusstes Erleben von Selbstwirksamkeit in der Umsetzung von regenerativen Prozessen
Planetary Literacy (Metakompetenz)	Regelmäßige Mini-Impulse zu planetaren Themen im Team-Chat	Verankerung globaler Nachhaltigkeitsziele in Unternehmensleitlinien	Ich handele im Bewusstsein planetarer Grenzen und globaler Verantwortung	Das Unternehmen richtet sich explizit nach den SDGs und berichtet transparent

Integration in Gesundheitsberufe und Therapie

Ärzt:innen, Coaches, Psycholog:innen, Psychotherapeut:innen, Ergo-, Logo- und Physiotherapeut:innen sowie andere Gesundheitsfachkräfte können die im Buch beschriebenen nachhaltigen naturbasierten Interventionen und das Green-Health-Modell nahtlos in ihre präventive und therapeutische Arbeit integrieren. Das Green-Health-Modell und die Matrix dienen dabei als robustes Rahmenwerk zur Auswahl und Anpassung passender NNBI in der Psychologie, Psychosomatik, Umweltmedizin und Pädagogik. Dies ist besonders relevant für die Arbeit mit vulnerablen und stressbelasteten Personengruppen, indem maßgeschneiderte Programme zur Stressreduktion und Resilienzförderung entwickelt werden, die sowohl zur naturbasierten Selbstregulation als auch zu planetarer Gesundheit beitragen.

Förderung von Gesundheit und Nachhaltigkeit in Organisationen

Für HR- und BGM-Verantwortliche, Führungskräfte und Organisationsentwickler:innen, die Gesundheit und Nachhaltigkeit als zentrale Führungsaufgabe verstehen, bietet das Green-Health-Modell wertvolle Win-Win-Ansätze. Im betrieblichen Gesundheitsmanagement (BGM) können NNBI genutzt werden, um einerseits Green Mental Health als auch Nachhaltigkeit zu stärken. Das Green-Health-Modell bietet hier einen strukturierten Ansatz für die Implementierung von Programmen, die das Wohlbefinden am Arbeitsplatz erhöhen, beispielsweise durch die Gestaltung naturnaher Erholungsräume, Angebote für naturbasierte Teambuilding-Maßnahmen oder die Integration von Nachhaltigkeitsbildung in die Unternehmenskultur.

Katalysator für gesellschaftlichen Wandel und Forschung

Changemaker:innen, Umweltberater:innen, Aktivist:innen und Pädagog:innen, die Resilienz, Naturverbindung und gesellschaftlichen Wandel miteinander verknüpfen wollen, sowie Lehrende und Forschende in Planetary Health, Systemwissenschaft und Umweltpsychologie finden in diesem Buch integrative Perspektiven. Das Green-Health-Modell und die Matrix sind wertvolle Werkzeuge in der Umweltbildung, Stadtplanung und Forschung. Sie ermöglichen die Entwicklung von interdisziplinären Ansätzen zur Förderung des ökologischen Bewusstseins und zur Stärkung von Planetary-Health-Zielen in Gemeinden, Bildungseinrichtungen und wissenschaftlichen Projekten. Die Niedrigschwelligkeit und Kostengünstigkeit der NNBI erleichtert dabei den Zugang und die Umsetzung in breiten Bevölkerungsschichten und trägt zur Stärkung des ökologischen Bewusstseins bei.

3.5.3 Präventionsleitlinien und Nachhaltigkeit im Gesundheitswesen

Grundlegend ist für den Einsatz sowohl im Bereich der Individualprävention als auch in der Prävention in den Lebenswelten wie Bildungseinrichtungen und

Unternehmen die Erkenntnis, dass die Förderung von nachhaltigem Verhalten einen wesentlichen Beitrag zur Gesundheit darstellt.

Im Dezember 2022 aktualisierte der GKV-Spitzenverband den Leitfaden Prävention, um klimabedingte Gesundheitsrisiken als integralen Bestandteil der Weiterentwicklung von Prävention und Gesundheitsförderung zu berücksichtigen (GKV-Spitzenverband, 2022).

Die Revision des Leitfadens betont die Notwendigkeit, Umwelt- und Klimaschutzmaßnahmen als grundlegende Determinanten für Gesundheit und gesunde Lebensbedingungen systematisch zu stärken. Ziel war es, präventive und gesundheitsfördernde Angebote nicht nur am individuellen Verhalten auszurichten, sondern auch ökologische und klimabezogene Rahmenbedingungen in die Gestaltung der Leistungen einzubeziehen.

Berücksichtigung von Klimaschutz und Klimaanpassung in der Prävention

Ein wesentlicher Bestandteil der Überarbeitung war die stärkere Berücksichtigung der gesundheitsrelevanten Aspekte von **Klimaschutz** und **Klimaanpassung** in den Leistungsangeboten der gesetzlichen Krankenversicherungen (GKV).

Hierzu gehören:
- die Integration der sogenannten **Co-Benefits** (▶ Abschn. 2.5.1) – d. h. positive Synergieeffekte zwischen gesunder Ernährung, regelmäßiger Bewegung, Adaptation (Anpassung) und Mitigation (Abschwächung) des Klimawandels – in die Kriterien für Leistungen zur individuellen verhaltensbezogenen Prävention
- die Berücksichtigung kommunaler Strategien zur Vermeidung gesundheitsbezogener Klimawandelfolgen, einschließlich Fördermöglichkeiten durch die GKV

Damit erhalten Krankenkassen nun die Möglichkeit, über den traditionellen Rahmen hinaus Maßnahmen zur Klimaanpassung und zum Schutz der gesundheitlichen Lebensgrundlagen aktiv zu unterstützen. Diese Erweiterung stellt die Grundlage für die Anwendung von NNBI im Bereich des Stress- und Ressourcenmanagements in der Prävention dar.

Nachhaltige naturbasierte Interventionen: Gesundheit und Ökologie gehen Hand in Hand

NNBI erweitern die gut erforschten klassischen naturbasierten Interventionen wie oben bereits beschrieben um eine explizite ökologische Reflexions- und Handlungsebene. Sie verbinden den gesundheitsförderlichen Nutzen des Naturkontakts mit dem Bewusstsein für ökologische Zusammenhänge, planetare Belastungsgrenzen und die wechselseitige Abhängigkeit zwischen individueller Gesundheit und ökosystemischer Stabilität.

Damit schlagen NNBI eine Brücke zwischen evidenzbasierter Gesundheitsförderung, ökologischer Verantwortung und gesellschaftlicher Transformation – im Sinne eines integrativen Planetary-Health-Ansatzes.

Altersübergreifende Anwendung in Somatik & Psychischer Gesundheit

NNBI bieten ein vielseitiges, wissenschaftlich fundiertes Potenzial zur Förderung von Gesundheit und Resilienz über alle Altersgruppen hinweg – sowohl im somatischen und psychischen Bereich als auch in der betrieblichen Gesundheitsförderung. Ihr niedrigschwelliger und kosteneffizienter Charakter ermöglicht einen breiten Zugang – unabhängig von Alter, Setting oder individueller Mobilität.

1. Anwendung in der Somatik

Im somatischen Bereich entfalten NNBI in verschiedenen Altersgruppen spezifische gesundheitsfördernde Wirkungen:
- Bei Kindern und Jugendlichen fördern sie motorische Entwicklung, körperliche Aktivität und gesunde Gewichtsentwicklung durch freies Spiel und Bewegung in der Natur.
- Erwachsene profitieren etwa im Rahmen von Herz-Kreislauf-Rehabilitation, bei muskuloskelettalen Beschwerden oder zur Stärkung des Immunsystems. Besonders eindrücklich sind die immunologischen Effekte von Waldbaden (Shinrin-Yoku): Li (2024) konnte zeigen, dass bereits ein eintägiger Aufenthalt im Wald die Aktivität natürlicher Killerzellen signifikant steigert – ein Effekt, der mehrere Tage anhält und insbesondere im onkologischen Kontext von Bedeutung ist.
- Bei älteren Menschen unterstützen NNBI Mobilität, Sturzprävention und körperliche Aktivierung – entscheidende Faktoren für Lebensqualität, Selbstständigkeit und Teilhabe im Alter.

2. Anwendung im Bereich psychischer Gesundheit

Auch im Bereich der psychischen Gesundheit bieten NNBI wirksame und alltagsnahe Ansätze zur Stressreduktion, Resilienzförderung und emotionalen Stabilisierung:
- Kinder und Jugendliche erfahren durch Naturkontakt nachweislich eine Verbesserung von Konzentration, Affektregulation und sozialem Verhalten.
- Erwachsene profitieren von der Reduktion stressassoziierter Belastungen wie Depression, Angststörungen oder Burnout. Harper et al. (2021) belegen, dass strukturierter Naturkontakt sowohl Cortisolwerte senkt als auch eine stabilere Affektlage fördert.
- Senior:innen erfahren durch Naturzugang eine Reduktion von Einsamkeit, Förderung kognitiver Funktionen und eine gesteigerte Lebenszufriedenheit – etwa durch Gemeinschaftsgärten oder naturnahe Spaziergänge.

Nachhaltigkeit im betrieblichen und schulischen Setting

Auch das Thema der Nachhaltigkeit findet zunehmend Eingang in praktische Präventionsangebote im Bereich Gesundheit, insbesondere im Bereich der betrieblichen und schulischen Gesundheitsförderung. Initiativen wie „BGM meets Nachhaltigkeit in Natur" von VERDE GESUND und mkk – meine krankenkasse in Leipzig oder „BKK Blue Marble Health[2]" zeigen exemplarisch, wie ökologische und gesundheitliche Ziele in praxisorientierte Programme zusammengedacht werden können.

Besonders in den Unternehmeskontexten eröffnen sich neue Anwendungsfelder für NNBI als Baustein einer zukunftsgerichteten Betriebsmedizin durch die Verknüpfung von betrieblichem Gesundheitsmanagement (BGM) und Nachhaltigkeitsmanagement. Maßnahmen wie grüne Pausen, achtsame Spaziergänge oder Teambuilding und Führungsworkshops in Natur fördern Stressabbau, psychische Widerstandskraft und Teamkohäsion.

Gleichzeitig ermöglichen NNBI auch eine achtsame Gestaltung vom Arbeitsumfeld – von Arbeitsräumen.

Das Konzept der Green Human Relations (Green HR) bezeichnet z. B. als Schnittstelle eine Personalpolitik und -praxis, die ökologische Nachhaltigkeit und Umweltbewusstsein systematisch in die Unternehmenskultur integriert. Ziel ist es, eine gesunde Organisationskultur zu fördern, in der nachhaltiges Denken und Handeln sowohl auf struktureller als auch individueller Ebene verankert ist.

Die Implementierung naturbasierter Lösungen – etwa durch Gestaltung grüner Arbeitsumfelder, nachhaltigkeitsbasiertes BGM und Green Human Resource Management (Green HR Report 2025[3]) – ermöglicht es Unternehmen gleichzeitig:
- einen Beitrag zum Umweltschutz zu leisten
- die psychische und physische Gesundheit der Mitarbeitenden zu fördern
- die Wettbewerbsfähigkeit und Innovationskraft langfristig zu steigern.

Diese Entwicklung spiegelt den Paradigmenwechsel wider, Prävention nicht nur auf individuelle Risikofaktoren zu fokussieren, sondern die Gesundheit im Kontext ökologischer und sozialer Systeme neu zu denken.

3.5.4 NNBI bei der Gestaltung des Lebens- und Arbeitsumfeldes

Das biophile, klimaneutrale oder klimapositive Gestalten von Lebensräumen wie Stadtvierteln, Straßenzügen und Gebäudekomplexen stellt eine wesentliche Orientierung nachhaltiger und naturbasierter Lösungen dar, da sie den Raum im Sinne des NNBI transformiert. Die Gestaltung von Räumen mit klimapositiven und biophilen Elementen wie Pflanzen, Tageslicht und Wasser fördert das Wohlbefinden und reduziert Stress. Marselle et al. konnten 2020 zeigen, dass die Anzahl der Stadtbäume im Umkreis von weniger als 100 m zum Wohnort mit der Reduktion der Verschreibung von Antidepressiva korreliert werden kann.

---

2 ▶ https://bluemarblehealth.de/ 26.04.2025.
3 Green HRM Report 2025 – Studie zu Personalpraktiken für ökologische Nachhaltigkeit (▶ https://www.researchgate.net/publication/390094200_Green_HRM_Report_2025_-_Studie_zu_Personalpraktiken_fur_okologische_Nachhaltigkeit) 26.04.2025.

Menschen ohne Zugang zur Natur können naturnahe Indoor-Optionen und digitale Tools wie Virtual Reality nutzen, um niedrigschwellige Alternativen zu finden. Diese Ansätze verstärken die Wechselwirkung von Umwelt, Gesundheit und Bildung. Die Nachhaltigkeitsbildung, die in diese Umgestaltungen integriert wird, sensibilisiert die Zielgruppen für die Bedeutung ökologischer Systeme und deren Schutz.

3.5.5 Rechtliche Rahmenbedingungen für NNBI für die Nutzung von Grünflächen und Wäldern

Naturbasierte Interventionen und die gewerbliche Nutzung von Grünflächen und Wäldern unterliegen in Deutschland verschiedenen rechtlichen Regelungen. Während das Betreten von Wäldern grundsätzlich erlaubt ist, gelten für gewerbliche Nutzungen sowie Eingriffe in Natur und Landschaft spezifische Genehmigungs- und Schutzvorgaben. Dies gilt auch für NNBI.

Naturschutzrechtliche Vorgaben für Interventionen in Naturräumen

Das **Bundesnaturschutzgesetz (BNatSchG)** bildet die zentrale rechtliche Grundlage für den Naturschutz und legt sinnvollerweise fest, dass Eingriffe in Natur und Landschaft vermieden oder kompensiert werden müssen. Dies betrifft insbesondere die gewerbliche Nutzung von Grünflächen, da solche Aktivitäten das Landschaftsbild, die Biodiversität und den Naturhaushalt beeinflussen können.

Schutzgebiete, wie **Naturschutzgebiete** oder **FFH-Gebiete**,[4] unterliegen zusätzlich besonders strengen Auflagen, sodass eine gewerbliche Nutzung dort oft stark eingeschränkt oder gänzlich untersagt ist.

Waldbetretungsrecht: Wer darf den Wald wie gewerblich nutzen?

Das Waldbetretungsrecht (§ 14 Bundeswaldgesetz, BWaldG) erlaubt es grundsätzlich jeder Person, Wälder zur Erholung zu betreten. Dies schließt Aktivitäten wie Wandern, Joggen oder Spazierengehen ein. Allerdings ist dieses Recht auf nichtgewerbliche Zwecke beschränkt.

Wer gewerblich genutzte Angebote wie Outdoor-Trainings, geführte Naturtouren oder Veranstaltungen im Wald oder NNBI durchführen möchte, benötigt eine explizite Erlaubnis des Waldeigentümers. In vielen Fällen ist ein Gestattungsvertrag erforderlich, der die Bedingungen für die Nutzung regelt.

---

4 FFH-Gebiete (**Fauna-Flora-Habitat-Gebiete**) sind europäische Schutzgebiete, die Teil des Natura-2000-Netzwerks sind und besonders gefährdete Tier- und Pflanzenarten sowie deren Lebensräume schützen. Sie unterliegen der FFH-Richtlinie der EU.

Hierbei kann es sich um private Waldeigentümer, kommunale Behörden oder Landesforstverwaltungen handeln. Besondere Vorsicht ist in Schutzgebieten geboten, da hier oft zusätzliche Einschränkungen bestehen.

Gewerbliche Nutzung von städtischen Grünflächen

Die gewerbliche Nutzung städtischer Grünflächen wird durch kommunale Satzungen geregelt. Hier ist in der Regel eine Sondernutzungserlaubnis für die Durchführung von NNBI erforderlich, die bei der zuständigen Stadtverwaltung beantragt werden sollte.

Dabei werden Umwelt- und Lärmschutzauflagen berücksichtigt, ebenso wie mögliche Gebühren für die Nutzung.

Gestattungsvertrag als Voraussetzung für gewerbliche Nutzung für NNBI

Ein Gestattungsvertrag stellt eine vertragliche Vereinbarung zwischen dem Nutzer und dem Eigentümer oder der Behörde dar, die Bedingungen für die Nutzung festlegt.

Darin werden Aspekte wie:
- Dauer und Art der Nutzung
- Gebühren
- Haftungsfrage,
- Umweltauflagen und
- Rückbauverpflichtungen

geregelt.

Ohne eine solche Genehmigung oder vertragliche Regelung ist eine gewerbliche Nutzung in der Regel nicht zulässig. Wer eine Grünfläche oder einen Wald ohne Genehmigung gewerblich nutzt, riskiert Bußgelder, Unterlassungsforderungen und Schadensersatzansprüche.

3.5.6 Herausforderungen bei der Umsetzung von NNBI

Trotz der zahlreichen Vorteile nachhaltiger naturbasierter Interventionen bestehen mehrere Herausforderungen, die eine umfassende Implementierung erschweren.

- **Eingeschränkter Zugang zu Natur**

Insbesondere in urbanen Räumen mangelt es häufig an ausreichender Infrastruktur für naturnahe Erlebnisse. Innovative Ansätze wie Stadtbegrünungsprojekte, urbane Naturinseln und digitale Naturerfahrungen bieten hier vielversprechende Alternativen.

- **Bewusstseinsdefizit**

Sowohl in der breiten Bevölkerung als auch bei Entscheidungsträger:innen ist das Wissen über die gesundheitsfördernden und ökologischen Potenziale von

NNBI bislang begrenzt. Aufklärungskampagnen, Bildungsprogramme und evidenzbasierte Kommunikationsstrategien sind notwendig, um Akzeptanz und Implementierungsbereitschaft zu steigern.

- **Ressourcen und Finanzierung**

Die Einrichtung, Pflege und Weiterentwicklung von NNBI erfordert finanzielle Ressourcen, langfristige Förderprogramme sowie die Integration in bestehende Strukturen von Prävention, Gesundheitsförderung und Stadtentwicklung.

- **Schutz vor Überbeanspruchung der Natur**

Gleichzeitig muss sichergestellt werden, dass der Naturraum nicht primär als Ressource zur menschlichen Nutzung betrachtet wird. Nachhaltige Gestaltung von Interventionen schließt den aktiven Schutz und die Regeneration natürlicher Räume mit ein, um ökologische Belastungsgrenzen zu respektieren und langfristige Resilienz zu gewährleisten (IPBES, 2019).

> Der Whanganui River in Neuseeland wurde 2017 durch das Te Awa Tupua (Whanganui River Claims Settlement) Act als erste natürliche Entität weltweit zur juristischen Person erklärt. Dieses Gesetz erkennt den Fluss als „untrennbares und lebendiges Ganzes" an, das von den Quellen bis zur Mündung alle physischen und metaphysischen Elemente umfasst.

3.5.7 Ethik nachhaltiger naturbasierter Interventionen

Präambel

Naturbasierte und nachhaltige Interventionen verfolgen das Ziel, die Gesundheit von Individuen unter gleichzeitiger Berücksichtigung ökologischer Belastungsgrenzen zu fördern. Die Nutzung natürlicher Räume für gesundheitsbezogene Zwecke erfordert eine systematische Berücksichtigung ökologischer, sozialer und ethischer Implikationen.

Eine Ethik der NNBI basiert auf vier zentralen Prinzipien:

1. Prinzip der ökologischen Achtsamkeit

NNBI erkennen natürliche Systeme als eigenständige Akteure an, denen ein inhärenter Wert zukommt. Interventionen sind so zu gestalten, dass sie den ökologischen Zustand nicht verschlechtern, sondern nach Möglichkeit zu seiner Erhaltung oder Verbesserung beitragen. Übernutzung, Störung oder Degradierung natürlicher Räume sind zu vermeiden.

Leitfragen
– Welche ökologischen Auswirkungen hat die Intervention?
– Wie wird die Regeneration der genutzten Naturräume proaktiv und ganz konkret im Rahmen der Interventionen und im Gesamtprozess gefördert?

2. Prinzip der relationalen Gesundheit

Gesundheit wird als relationales Phänomen verstanden, das die Wechselwirkungen zwischen individuellen, sozialen und ökologischen Systemen umfasst. NNBI-Ansätze zielen darauf ab, nicht nur individuelle Gesundheit zu fördern, sondern auch die Beziehung zwischen Mensch und Umwelt nachhaltig zu stärken.

Leitfragen
- Wie fördert die Intervention eine nachhaltige Mensch-Natur-Beziehung?
- Welche langfristigen Wechselwirkungen werden berücksichtigt?

3. Prinzip der regenerativen Gerechtigkeit

NNBI sollen Gesundheitsressourcen und naturnahe Erfahrungen sozial gerecht zugänglich machen. Sie tragen zur Reduktion gesundheitlicher Ungleichheiten bei und berücksichtigen insbesondere vulnerable Bevölkerungsgruppen.

Leitfragen
- Ist der Zugang zu den Interventionen gerecht verteilt?
- Inwieweit werden Benachteiligungen durch räumliche, soziale oder ökonomische Faktoren kompensiert?

4. Prinzip der partizipativen Verantwortung

Planung, Durchführung und Evaluation von NNBI sollten partizipativ erfolgen. Die Perspektiven lokaler Gemeinschaften sowie traditioneller Wissensbestände sind systematisch einzubeziehen.

Leitfragen
- Welche Akteur:innen werden in die Entwicklung der Intervention eingebunden?
- Wie werden lokale ökologische, soziale und kulturelle Kontexte berücksichtigt?
- Wird die Natur als Subjekt einbezogen?

Die Ethik nachhaltiger naturbasierter Interventionen fordert die gleichzeitige Berücksichtigung individueller Gesundheitsförderung und ökologischer Systemstabilität. Sie integriert ökologische Achtsamkeit, relationale Gesundheitskonzepte, soziale Gerechtigkeit und partizipative Verantwortung als konstitutive Elemente nachhaltiger Gesundheitsstrategien.

3.5.8 Resümee der wesentlichen Erkenntnisse

Naturbasierte und nachhaltige Interventionen eröffnen eine einzigartige Chance, individuelle Gesundheit und ökologischen Schutz systemisch zu verknüpfen.

Dieses Kapitel hat dargelegt, dass NNBI auf verschiedenen Ebenen wirksam werden – von der Förderung individueller Resilienz über die Stärkung sozialer Kohärenz bis zur Unterstützung ökologischer Nachhaltigkeit. Sie entfalten zahlreiche Co-Benefits für Einzelpersonen, Gemeinschaften und die Umwelt.

NNBI können flexibel in unterschiedlichen Kontexten eingesetzt werden, darunter:
- Städtische Räume (z. B. Stadtbegrünung, grüne Korridore),
- Therapeutische Settings (z. B. ökologisches Waldbaden, Naturtherapie),
- Digitale Angebote (z. B. virtuelle Naturerlebnisse).

Dabei adressieren sie aktuelle Herausforderungen wie Stressbelastung, soziale Entfremdung und ökologische Krisen gleichermaßen.

Ein zentraler Aspekt bleibt die Achtsamkeit im Umgang mit natürlichen Ressourcen:

Die Natur darf nicht als unbegrenzt verfügbare Gesundheitsressource betrachtet werden. Nachhaltige NNBI-Ansätze integrieren Schutz, Pflege und Regeneration von Ökosystemen als integrale Bestandteile ihrer Praxis.

Langfristig tragen NNBI zur Förderung eines integrativen Gesundheitsverständnisses bei, das individuelle Wohlbefinden und planetare Gesundheit als untrennbar miteinander verbunden begreift.

Key Learnings

- Nachhaltige naturbasierte Interventionen verknüpfen menschliche Regeneration mit ökologischer Resilienz im Sinne von Planetary Health.
- Multimodale Wirkmechanismen (Bottom-Up, Top-Down, Integral) fördern Stresskompetenz und Naturverbundenheit auf verschiedenen Ebenen.
- Natur dient als Resonanzraum und Co-Therapeut zur Förderung nachhaltigen Denkens, Fühlens und Handelns.
- Praktische Anwendungen wie Waldbaden, Biomimikry und naturbasierte Achtsamkeit bieten wirksame, ressourcenschonende Gesundheitsstrategien.
- Nachhaltige naturbasierte Interventionen unterstützen resiliente, regenerative Gesellschaften.

Toolkit III – Ressourcenbasiertes Handeln in erschöpften Systemen

Toolkit für Nina – Selbstfürsorge nach dem Vorbild der Natur regenerieren
Igelmodus bei Überforderung aktivieren ➔ Wie ein Igel bei Gefahr: Täglich 10 min „Schutzzone" einbauen – Handy aus, Tür zu, Augen schließen *(Verankert das Prinzip natürlicher Rückzugs- und Schutzzyklen.)*
Jahreszeiten-Logik für Energieeinsatz adaptieren ➔ Plane deine Projekte wie die Natur ihre Zyklen: Initiieren (Frühling), Umsetzen (Sommer), Reflektieren (Herbst), Ruhen (Winter). *(Beugt Dauerfrühling und Erschöpfung vor.)*
Bambuslektion für Selbstschutz anwenden ➔ Lerne von Bambus: Biege dich flexibel unter Stress, aber halte deine Wurzeln tief. Visualisiere dies bewusst in hektischen Phasen. (Fördert emotionale Resilienz und innere Stabilität.)

NaturZeiten ➜ Jeden Tag bewusst Naturauszeiten planen und Sonne/Licht tanken – wie Pflanzen Energie aufnehmen. Ziel: 5–10 min natürliches Licht, keine Kunstbeleuchtung. *(Erhöht die natürliche Energieproduktion.)*
Verbundenheit nach innen und außen stärken statt Überlastung aushalten➜ Wöchentlich prüfen: „Welche Beziehungen nähren mich, welche erschöpfen?" Symbiosen fördern, toxische Allianzen loslassen. (Stärkt soziale Resilienz.)
Blattabwurf bewusst praktizieren ➜ Wie Bäume im Herbst: Täglich eine Erwartung, Pflicht oder Perfektionismus abwerfen und loslassen trainieren. *(Befreit von Ballast und stärkt innere Freiheit.)*
Resonanzräume in der Natur finden oder mitgestalten schaffen ➜ Zwei Orte in Natur die echte Ruhe und Geborgenheit ausstrahlen. *(Fördert emotionale Regeneration.)*
Pilznetzwerk der inneren Ressourcen nutzen ➜ Verbinde dich bewusst mit kleinen, unsichtbaren Quellen (z. B. Atmung, Naturgeräuschen, Körpergefühl) – sie tragen dich durch hektische Zeiten. (Aktiviert Bottom-up-Selbstregulation.)

Toolkit für Jan – Therapeutische Praxis als lebendiges Ökosystem gestalten

Netzwerke und Verbundenheit pflegen ➜ Wie Pilze und Bäume heimlich Informationen tauschen: Schaffe einfache Supportstrukturen im Team. Täglicher Mikro-Austausch ohne Agenda: „Was trägt dich heute?" *(Nutzt kollektive Resilienzquellen und fördert Unterstützung.)*
Tidenrituale nach Sitzungen einbauen ➜ Nach jedem Gespräch innerlich fragen: „War diese Sitzung Ebbe oder Flut?" Danach bewusst regenerieren, wenn Ebbe herrscht. *(Schützt vor emotionaler Erschöpfung.)*
Naturlicht-Reset täglich einbauen ➜ Mindestens 10 min natürliches Licht und Naturkontakt spüren (Fenster öffnen, Sonne aufs Gesicht). *(Erneuert Energie auf physiologischer Ebene.)*
Belastete Personen als lebendige Gärten betrachten ➜ Jede:r Patient:in wächst nach eigenem Rhythmus – beobachten statt forcieren. *(Verankert ökosystemische Geduld.)*
Baumstamm-Meditation nutzen ➜ In belastenden Situationen: sich innerlich als Baum visualisieren und Standfestigkeit nachempfinden oder sich tatsächlich physisch an einen Baum lehnen und die Stabilität des Stammen spüren. *(Erhöht psychophysische Standfestigkeit.)*

Toolkit für Lukas – Regenerative Führung nach Naturprinzipien gestalten

Netzwerke bewusst stärken ➜ Dezentral kommunizieren: Nicht alles zentral steuern, sondern Kooperationsnetzwerke aufbauen und pflegen. (Schafft belastbare Strukturen.)

Schwarmkoordination statt Hierarchiedenken ➔ Meetings flexibel und adaptiv führen: Agenda offenlassen, Richtung setzen, Wege emergieren lassen. *(Fördert kollektive Kreativität.)*
Naturbasierte Hebelwirkung erkennen ➔ Frage dich bei Projekten: „Welche kleine Aktion erzeugt große Resonanz – wie der Flügelschlag eines Schmetterlings?" *(Systemische Wirkung maximieren.)*
Biophilie im Büro aktiv integrieren ➔ Pflanzen, Holz, natürliche Materialien systematisch in Arbeitsräumen nutzen – nicht nur als Deko. *(Fördert kognitive Regeneration und reduziert Stress.)*
Bottom-up-Werkstätten installieren ➔ Monatlich dezentrale Innovationsrunden einführen: kleine Teams entwickeln selbst neue Lösungen wie Samen für eine Blumenwiese. *(Verankert partizipative Transformation.)*
Regenerative Indikatoren entwickeln ➔ Erfolg nicht nur an Zahlen messen, sondern fragen: „Wie lebendig fühlen sich unsere Projekte an? Tragen sie zur Regeneration von Systemen bei?" *(Shift von Output- zu Resonanzkultur.)*

Literatur

Aristoteles. (o. J.). Metaphysik. In W. D. Ross (Hrsg.), *The Works of Aristotle*. Oxford University Press.
Atchley, R. A., Strayer, D. L., & Atchley, P. (2012). Creativity in the wild: Improving creative reasoning through immersion in natural settings. *PLoS ONE, 7*(12), Article e51474. ► https://doi.org/10.1371/journal.pone.0051474
Augustinus. (1991). *Bekenntnisse* (Übers. K. Flasch). Reclam. (Originalarbeit ca. 397–400 n. Chr.)
Benyus, J. M. (1997). *Biomimicry: Innovation inspired by nature*. William Morrow.
Benyus, J. M. (2011). *Biomimicry: Innovationen nach dem Vorbild der Natur*. Oekom.
Berlin, I. (1999). *Die Wurzeln der Romantik*. Piper.
Berman, M. G., Kross, E., Krpan, K. M., Askren, M. K., Burson, A., Deldin, P. J., Kaplan, S., Sherdell, L., Gotlib, I. H., & Jonides, J. (2012). Interacting with nature improves cognition and affect for individuals with depression. *Journal of Affective Disorders, 140*(3), 300–305. ► https://doi.org/10.1016/j.jad.2012.03.012
Blumenberg, H. (1971). *Die Legitimität der Neuzeit*. Suhrkamp.
Blumenberg, H. (2006). *Beschreibung des Menschen. Herausgegeben von Manfred Sommer*. Suhrkamp.
Bratman, G. N., Anderson, C. B., Berman, M. G., Cochran, B., de Vries, S., Flanders, J., Folke, C., Frumkin, H., Gross, J. J., Hartig, T., Kahn, P. H., Kuo, M., Lawler, J. J., Levin, P. S., Lipscomb, M. F., Olvera-Alvarez, H. A., Richardson, M., Scarlett, L., Smith, J. R., ... Daily, G. C. (2019). Nature and mental health: An ecosystem service perspective. *Science Advances, 5*(7), eaax0903. ► https://doi.org/10.1126/sciadv.aax0903
Cajete, G. (1994). *Look to the mountain: An ecology of Indigenous education*. Kivaki Press.
Capaldi, C. A., Dopko, R. L., & Zelenski, J. M. (2014). The relationship between nature connectedness and happiness: A meta-analysis. *Frontiers in Psychology, 5*, 976. ► https://doi.org/10.3389/fpsyg.2014.00976
Cassirer, E. (1944). *An essay on man: an introduction to a philosophy of human culture* (Kap. 1+2). Yale University Press.
Convention on Biological Diversity (CBD). (1992). *Text of the convention on biological diversity*. United Nations.

Descartes, R. (1996). *Meditationen über die Erste Philosophie* (Übers. A. Buchenau). Meiner. (Originalarbeit 1641)

Freud, S. (2011). *Die Traumdeutung*. Fischer. (Originalarbeit 1900)

Frumkin, H., Bratman, G. N., Breslow, S. J., Cochran, B., Kahn, P. H., Jr., Lawler, J. J., Levin, P. S., Tandon, P. S., Varanasi, U., Wolf, K. L., & Wood, S. A. (2017). Nature contact and human health: A research agenda. *Environmental Health Perspectives, 125*(7), Article 075001. ▶ https://doi.org/10.1289/EHP1663

GKV-Spitzenverband. (2022). *Präventionsbericht 2022*. GKV-Spitzenverband.

Haluza, D., Schönbauer, R., & Cervinka, R. (2014). Green perspectives for public health: A narrative review on the physiological effects of experiencing outdoor nature. *International Journal of Environmental Research and Public Health, 11*(5), 5445–5461. ▶ https://doi.org/10.3390/ijerph110505445

Haluza, I., Kersten, P., Lazic, T., Steinparzer, M., & Godbold, D. (2025). Forests, trees, and human health and wellbeing: Current perspectives and future challenges. *Forests, 16*(5), 792. ▶ https://doi.org/10.3390/f16050792

IPBES. (2019). In E. S. Brondizio, J. Settele, S. Díaz, & H. T. Ngo (Hrsg.), *Global assessment report on biodiversity and ecosystem services of the intergovernmental science-policy platform on biodiversity and ecosystem services*. IPBES Sekretariat. ▶ https://doi.org/10.5281/zenodo.3831673

Jung, C. G. (1995). *Die Archetypen und das kollektive Unbewusste*. Walter.

Kabat-Zinn, J. (2016). *Gesund durch Meditation: Das große Buch der Selbstheilung mit MBSR* (6. Aufl., A. Kamphausen, Übers.). Knaur MensSana. (Original arbeit veröffentlicht 1990).

King, S. B. (1991). *Buddha nature*. State University of New York Press.

Kimmerer, R. W. (2013). *Braiding sweetgrass: Indigenous wisdom, scientific knowledge and the teachings of plants*. Milkweed Editions.

Kjellgren, A., & Buhrkall, H. (2010). A comparison of the restorative effect of a natural environment with that of a simulated natural environment. *Journal of Environmental Psychology, 30*(4), 464–472. ▶ https://doi.org/10.1016/j.jenvp.2010.01.011

Korpela, K., Borodulin, K., Neuvonen, M., Paronen, O., & Tyrväinen, L. (2014). Analyzing the mediators between nature-based outdoor recreation and emotional well-being. *Journal of Environmental Psychology, 37*, 1–7. ▶ https://doi.org/10.1016/j.jenvp.2013.11.003

Kuo, M., Barnes, M., & Jordan, C. (2019). Do experiences with nature promote learning? *Frontiers in Psychology, 10*, 305. ▶ https://doi.org/10.3389/fpsyg.2019.00305

Li, Q., Kobayashi, M., Wakayama, Y., Inagaki, H., Katsumata, M., Hirata, Y., Hirata, K., Shimizu, T., Kawada, T., Park, B. J., Ohira, T., Kagawa, T., & Miyazaki, Y. (2008). A forest bathing trip increases human natural killer activity and expression of anti-cancer proteins in female subjects. *Journal of Biological Regulators and Homeostatic Agents, 22*(1), 45–55. PMID: 18394317.

Long, A. A., & Sedley, D. N. (1987). *The Hellenistic philosophers* (Vol. 1). Cambridge University Press.

Lovelock, J. (2000). *Gaia: Die Erde ist ein Lebewesen*. Piper. (Originalarbeit 1979)

Mao, G. X., Cao, Y. B., Lan, X. G., He, Z. H., Chen, Z. M., Wang, Y. Z., Hu, X. L., Lv, Y. D., Wang, G. F., & Yan, J. (2012). Therapeutic effect of forest bathing on human hypertension in the elderly. *Journal of Cardiology, 60*(6), 495–502.

Marselle, M. R., Bowler, D. E., Watzema, J., Eichenberg, D., Kirsten, T., & Bonn, A. (2020). Urban street tree biodiversity and antidepressant prescriptions. *Scientific Reports, 10*, 22445. ▶ https://doi.org/10.1038/s41598-020-79924-5

Maslow, A. H. (1999). *Motivation und Persönlichkeit*. Rowohlt. (Originalarbeit 1954)

Mayer, F. S., & Frantz, C. M. (2004). The connectedness to nature scale: A measure of individuals' feeling in community with nature. *Journal of Environmental Psychology, 24*(4), 503–515. ▶ https://doi.org/10.1016/j.jenvp.2004.10.001

Menardo, E., Brondino, M., Hall, R., & Pasini, M. (2019). Restorativeness in natural and urban environments: A meta-analysis. *Psychological Reports, 124*(2), 417–437. ▶ https://doi.org/10.1177/0033294119884063

Meredith, G. R., Rakow, D. A., Eldermire, E. R., Madsen, C. G., Shelley, S. P., & Sachs, N. A. (2020). Minimum time dose in nature to positively impact the mental health of college-aged students, and how to measure it: A scoping review. *Frontiers in Psychology, 10*, 2942. ▶ https://doi.org/10.3389/fpsyg.2019.02942

Literatur

Mygind, L., Kjeldsted, E., Hartmeyer, R., Mygind, E., Stevenson, M. P., Quintana, D. S., & Bentsen, P. (2019). Effects of public green space on acute psychophysiological stress response: A systematic review and meta-analysis of the experimental and quasi-experimental evidence. *Environment and Behavior, 53*(2), 184–226. ▶ https://doi.org/10.1177/0013916519873376

Naess, A. (1995). The deep ecology movement: Some philosophical aspects. In A. Drengson & H. Glasser (Hrsg.), *The selected works of Arne Naess* (S. 3–24). Springer.

Nisbet, E. K., Zelenski, J. M., & Murphy, S. A. (2009). The nature relatedness scale: Linking individuals' connection with nature to environmental concern and behavior. *Environment and Behavior, 41*(5), 715–740. ▶ https://doi.org/10.1177/0013916508318748

OECD. (2022). *OECD Skills Outlook 2022: Lifelong learning for resilience and adaptability*. OECD Publishing.

Ohly, H., White, M. P., Wheeler, B. W., Bethel, A., Ukoumunne, O. C., Nikolaou, V., & Garside, R. (2016). Attention restoration theory: A systematic review of the attention restoration potential of exposure to natural environments. *Journal of Toxicology and Environmental Health, Part B, 19*(7), 305–343. ▶ https://doi.org/10.1080/10937404.2016.1196155

Pritchard, A., Richardson, M., Sheffield, D., & McEwan, K. (2019). The relationship between nature connectedness and eudaimonic well-being. *Journal of Happiness Studies, 21*(3), 1145–1167. ▶ https://doi.org/10.1007/s10902-019-00118-6

Raworth, K. (2017). *Doughnut economics: Seven ways to think like a 21st-century economist*. Random House.

Richardson, M., Cormack, A., McRobert, L., & Underhill, R. (2016). 30 Days wild: Development and evaluation of a large-scale nature engagement campaign to improve well-being. *PLoS ONE, 11*(2), Article e0149777. ▶ https://doi.org/10.1371/journal.pone.0149777

Richardson, M., Dobson, J., Abson, D. J., Lumber, R., Hunt, A., Young, R., & Moorhouse, B. (2020). Applying the pathways to nature connectedness at a societal scale: A leverage points perspective. *Ecosystems and People, 16*(1), 387–401. ▶ https://doi.org/10.1080/26395916.2020.1844296

Richardson, M., Hamlin, I., Butler, C. W., Thomas, R., & Hunt, A. (2021). Actively noticing nature (not just time in nature) helps promote nature connectedness. *Ecopsychology, 14*(1), 8–16. ▶ https://doi.org/10.1089/eco.2021.0023

Richardson, M., & Sheffield, D. (2017). Three good things in nature: Noticing nearby nature brings sustained increases in connection with nature. *Psyecology, 8*(1), 1–32. ▶ https://doi.org/10.1080/21711976.2016.1267136

Roberts, H., van Lissa, C. J., Hagedoorn, P., & Kellar, I. (2019). *The effect of short-term exposure to the natural environment on depressive mood: A systematic review and meta-analysis*. OSF Preprints. ▶ https://doi.org/10.31219/osf.io/bwpgv

Rosa, H. (2016). *Resonanz: Eine Soziologie der Weltbeziehung*. Suhrkamp.

Rosa, H. (2019). *Unverfügbarkeit*. Residenz.

Rueff, H., & Reese, G. (2023). Depression and anxiety: A systematic review on comparing ecotherapy with cognitive behavioral therapy. *Journal of Environmental Psychology*. ▶ https://doi.org/10.1016/j.jenvp.2023.102194

Scheffer, M., Carpenter, S., Foley, J., Folke, C., & Walker, B. (2001). Catastrophic shifts in ecosystems. *Nature, 413*(6856), 591–596. ▶ https://doi.org/10.1038/35098000

Selye, H. (1956). *The stress of life*. McGraw-Hill.

Shanahan, D. F., Bush, R., Gaston, K. J., Lin, B. B., Dean, J., Barber, E., & Fuller, R. A. (2016). Health benefits from nature experiences depend on dose. *Scientific Reports, 6*, 28551. ▶ https://doi.org/10.1038/srep28551

South, E. C., Hohl, B. C., Kondo, M. C., MacDonald, J. M., & Branas, C. C. (2018). Effect of greening vacant land on mental health. *JAMA Network Open, 1*(3), Article e180298. ▶ https://doi.org/10.1001/jamanetworkopen.2018.0298

Stevenson, M. P., Schilhab, T., & Bentsen, P. (2018). Attention restoration theory II: A systematic review to clarify attention processes affected by exposure to natural environments. *Journal of Toxicology and Environmental Health, Part B, 21*(4), 227–268. ▶ https://doi.org/10.1080/10937404.2018.1505571

Teresa von Ávila. (2005). *Die innere Burg* (Übers. A. B. Müller). Herder. (Originalarbeit 1577)

Twohig-Bennett, C., & Jones, A. (2018). The health benefits of the great outdoors: A systematic review and meta-analysis of greenspace exposure and health outcomes. *Environmental Research, 166*, 628–637. ► https://doi.org/10.1016/j.envres.2018.06.030

Ulrich, R. S. (1984a). View through a window may influence recovery from surgery. *Science, 224*(4647), 420–421. ► https://doi.org/10.1126/science.6143402

Ulrich, R. S., Simons, R. F., Losito, B. D., Fiorito, E., Miles, M. A., & Zelson, M. (1991). Stress recovery during exposure to natural and urban environments. *Journal of Environmental Psychology, 11*(3), 201–230. ► https://doi.org/10.1016/S0272-4944(05)80184-7

Ulrich, R. S. (1983). Aesthetic and affective response to natural environment. In I. Altman & J. F. Wohlwill (Hrsg.), *Behavior and the natural environment* (S. 85–125). Boston: Springer.

Ulrich, R. S. (1984b). View through a window may influence recovery. *Science, 224*(4647), 224–225.

UNESCO. (2020). *Education for sustainable development: A roadmap*. UNESCO Publishing.

WBGU. (2019). *Towards our common digital future*. Wissenschaftlicher Beirat der Bundesregierung GlobaleUmweltveränderungen (WBGU).

Whitmee, S., Haines, A., Beyrer, C., Boltz, F., Capon, A. G., de Souza Dias, B. F., … & Yach, D.(2015). Safeguarding human health in the Anthropocene epoch: Report of The Rockefeller Foundation–Lancet Commission on planetary health. *The Lancet, 386*(10007), 1973–2028. ► https://doi.org/10.1016/S0140-6736(15)60901-1

World Health Organization. Regional Office for Europe. (2021). Green and blue spaces and mental health: New evidence and perspectives for action. ► https://www.who.int/europe/publications/i/item/9789289055666

Praxisteil

Inhaltsverzeichnis

4.1 Multimodalen Stressmanagement durch NNBI erweitert – 161

4.1.1 Mentales Stressmanagement im Dialog mit der Natur – Welche Lösungen findet die Natur für das „Problem"? – 163

4.1.2 Instrumentelles Stressmanagement am Modell der Natur lernen. Wie sieht naturbasiertes Management aus? – 173

4.1.3 Regeneratives und palliatives Stressmanagement – Out of the box into nature – Im Natur-Raum im Körper ankommen – 192

4.2 Achtsamkeit in und mit Natur – 206

4.2.1 Einführung in das Konzept der Achtsamkeit – 206

4.2.2 Der Wirkkreis der Achtsamkeit nach Daniel Siegel (2010) – 207

4.2.3 Das Kreuz der Achtsamkeit – 207

4.2.4 Achtsamkeit als informelle Meditation im Alltag – 208

4.2.5 Achtsamkeit und Stressbewältigung – 208

4.2.6 Innere Haltung und physiologische Effekte – 209

4.2.7 Achtsamkeit in verschiedenen Lebensbereichen – 209

4.2.8 Achtsamkeit und nachhaltiges Verhalten – 209

4.3 Resilienztraining in und mit Natur – 220

4.3.1 Die 7 Säulen der Resilienz – Erweiterung des klassischen Resilienzmodells durch biomimetische Prinzipien – 227

© Der/die Autor(en), exklusiv lizenziert an Springer-Verlag GmbH, DE, ein Teil von Springer Nature 2025
K. Köhler, *Future Skills: Nachhaltiges und naturbasiertes Ressourcen- und Stressmanagement*,
https://doi.org/10.1007/978-3-662-71605-2_4

4.4	**Bildung für nachhaltige Entwicklung am Vorbild der Natur – 231**
4.4.1	Die Natur als Vorbild für umfassende Nachhaltigkeit und Gesundheit – 231
4.4.2	Interdependenz – Ein naturbasierter Ansatz über wechselseitige Verbundenheit und Zusammenarbeit – 234

Literatur – 247

Trailer

Kap. 4 stellt ein differenziertes Praxisrepertoire vor, das klassische Methoden der Stressbewältigung durch nachhaltige und naturbasierte Ansätze ergänzt. Es verknüpft erprobte Stressmanagement-Modelle mit systemischen und ökologischen Prinzipien im Sinne der Nachhaltigkeit und demonstriert, wie die Natur nicht nur als Kulisse fungieren kann, sondern auch als Co-Regulatorin, Spiegel und Inspirationsquelle für Lebenskompetenz, Achtsamkeit, Resilienz und Regeneration dient. Es bietet über 30 Übungen an, in denen die NNBI zum Einsatz kommen, um Green-Future-Skills-Kompetenzen für regenerative Gesundheit mit Einzelpersonen und Teams zu erarbeiten.

Dieses Praxiskapitel richtet sich konkret an Fachpersonen in Therapie, Coaching, Bildung, Gesundheitsförderung und Organisationsentwicklung, die Natur nicht nur als Ressource nutzen, sondern als Resonanzraum für nachhaltige Selbstführung, Stresskompetenz und Inspirationsquelle für regenerative Transformation.

Es bietet konkrete Übungsimpulse für Führungskräfte, Teamverantwortliche, Berater:innen, Organisationsentwickler:innen und alle, die naturbasierte Wege für Systemtransformation suchen.

❓ Einleitungsfragen

1. Wie kann Natur konkret helfen, Stress zu reduzieren – jenseits von „Spazierengehen" und „Bäume umarmen"?
2. Welche naturbasierten Methoden stärken gleichzeitig Gesundheit und Nachhaltigkeit?
3. Was macht eine Intervention wirklich „regenerativ" – im Vergleich zu herkömmlichen Techniken?

💬 These

Gesundheit entsteht, wenn Menschen sich wieder als Teil der Natur erleben und in Einklang mit ihr handeln. In Zeiten multipler Krisen ist es notwendig, dass Interventionen einen dreifachen Mehrwert bieten – für Mensch, Mitwelt und die gemeinsame Zukunft.

> Es ist nicht die stärkste Spezies, die überlebt, auch nicht die intelligenteste, sondern eher diejenige, die am ehesten in der Lage ist, sich anzupassen.
> - frei nach Darwin, diskutiert von Megginson, 1963

4.1 Multimodalen Stressmanagement durch NNBI erweitert

Gerd Kaluza (1990) beschreibt das klassische multimodale Stressmanagement als ein Konzept, das drei zentrale Ansatzpunkte zur Stressbewältigung integriert: mentale Strategien, instrumentelle Techniken sowie palliativ-regenerative Verfahren. Mit NNBI wird dieses Konzept durch die Körper-Natur-Raum-Beziehung erweitert und innerhalb des Konzeptes der planetaren Gesundheit verortet. Eine solche stressreduzierende Wirkung im Menschen kann im Natur-Raum im Outdoorbereich, in Imaginationen, in biophil gestalteten Innenräumen oder in virtuellen Naturräumen induziert werden. Von Menschen gestaltete Räume beherbergen oft eine Vielzahl an physikalischen Stressoren, zum Beispiel in grauen urbanen Räumen. Sie bergen jedoch in den sogenannten Green and Blue Spaces[1] ein besonders niedrigschwelliges Potenzial für die Förderung mentaler Resilienz.

Wie im Theorieteil des Buches ausführlich beschrieben, bietet der Naturraum im Outdoorbereich eine multisensorische Umgebung, die Achtsamkeit, Aufmerksamkeit und Regeneration fördert, im Hier und Jetzt verankert und somit die physiologischen Stressreaktionen verringert und nachhaltiges Verhalten unterstützt. Dieser Ansatz vereint Stressreduktion und Zugänge zu ökologischen Zusammenhängen.

In virtuellen Räumen können diese Wirkmechanismen indikationsspezifisch konstruiert und im Indoorbereich ebenso multisensorisch als Erfahrungsräume nachgestaltet werden.

NNBI bieten somit in den verschiedenen Varianten eine erweiterte Dimension des multimodalen Stressmanagements dar, die sich in einer räumlichen und somit verkörperten Interaktion zwischen Körper, Psyche und Raum manifestiert.

Das klassische multimodale Stressmanagement wird in das mentale, instrumentelle und palliativ-regenerative Stressmanagement unterteilt. In allen drei Bereichen ist eine Erweiterung durch nachhaltige und naturbasierte Interventionen möglich:

Die drei klassischen Ebenen des Stressmanagements – Top-down (mentale Kognition), Bottom-up (körperlich-emotionale Regulation) und instrumentelle Interventionen – werden durch das Modell der nachhaltigen und naturbasierten Intervention (NNBI) nicht lediglich ergänzt, sondern grundlegend erweitert.

NNBI geht über die Verwendung von Natur als Erholungsraum hinaus. Es stellt ein transformatives Rahmenmodell dar, das auf die bewusste Entwicklung von Naturverbundenheit und einem nachhaltigen Mindset abzielt – mit Fokus auf einen verantwortungsvollen, suffizienten und regenerativen Umgang mit inneren und äußeren Ressourcen.

- Top-down: Naturgestützte kognitive Interventionen ermöglichen die Bearbeitung dysfunktionaler Gedankenmuster, innerer Antreiber und Wertekonzepte.
- Instrumentell: Ressourcenkonflikte wie Zeitdruck und fehlende Selbstabgrenzung werden anhand von Naturprinzipien (z. B. zyklische Prozesse,

---

1 Die Weltgesundheitsorganisation (WHO) hebt hervor, wie wichtig Grünflächen *(green spaces)* und Blauräume *(blue spaces)* für die Förderung der öffentlichen Gesundheit sind. Zu den Grünflächen zählen Parks, Gärten und andere vegetationsdichte Areale, während Blauräume Gewässer wie Flüsse, Seen und Küstenregionen umfassen. (▶ https://iris.who.int/bitstream/handle/10665/342931/9789289055666-eng.pdf) 26.04.2025.

Grenzen, Diversität) reflektiert – mit dem Ziel eines konsistenten, effizienten und suffizienten Ressourcenmanagements.
- Bottom-up: Achtsamkeit, Embodiment und Bewegung in der Natur fördern unmittelbare physiologische Stressregulation und nachhaltige Regeneration.

Doch NNBI gehen über diese drei Ebenen hinaus und etablieren eine Beziehung zur Natur als eigene systemische Ebene. Dieser Resonanzrahmen formt nicht nur das psychophysische Erleben, sondern auch das Selbstverständnis als Teil ökologischer Systeme. Studien wie die über 85 Jahre laufende Harvard Study of Adult Development zeigen, dass gelingende Beziehungen – nicht Status oder Einkommen – der wichtigste Gesundheitsfaktor im Lebensverlauf sind (Waldinger & Schulz, 2023). Übertragen auf NNBI bedeutet das: Eine kultivierte Beziehung zur Natur wirkt gesundheitsprotektiv, indem sie Resonanzerfahrungen, Sinnstiftung und Zugehörigkeit ermöglicht und inspiriert zu einem nachhaltigen Umgang mit inneren als auch äußeren Ressourcen.

4.1.1 Mentales Stressmanagement im Dialog mit der Natur – Welche Lösungen findet die Natur für das „Problem"?

Der Top-down-Ansatz im Rahmen der nachhaltigen und naturbasierten Intervention (NNBI) zielt darauf ab, die Entwicklung einer mentalen Stresskompetenz zu fördern, die sich an den Prinzipien natürlicher Prozesse orientiert. Dabei geht es nicht nur um kognitive Umstrukturierung, sondern um die Transformation nicht nachhaltiger Denkmuster, insbesondere im Hinblick auf den Umgang mit inneren und äußeren Ressourcen.

Zentrale Leitidee ist, dass sich dysfunktionale, oft unbewusste mentale Konzepte – etwa Leistungsdruck, Selbstentwertung oder Ressourcenausbeutung – im Spiegel der Natur bewusst machen lassen. Die Natur fungiert hierbei nicht bloß als beruhigendes Setting, sondern als resonanter Dialogpartner, der projektive Selbstdeutungen ermöglicht. Gesetze, Rhythmen und Strukturen der Natur können auf das eigene psychische System übertragen werden – ein ökopsychologischer Resonanzprozess, in dem das Selbst als Teil des Makroorganismus Natur erfahrbar wird.

Durch achtsamkeitsbasierte Mentalisierungsübungen, die Prinzipien der Biomimikry und Naturanalogien einbeziehen, werden Gedanken, Emotionen, Werte und Bedürfnisse konkretisiert, externalisiert und über Sinneserfahrung mit der Natur reflektiert. In praktischen Übungen nehmen Teilnehmende mentale Inhalte in Form von Naturobjekten (z. B. Steine, Blätter, Strukturen) symbolisch wahr oder gestalten diese mit Naturmaterialien als kognitive Objekte. Diese Vergegenständlichung fördert eine emotionale Durchdringung und kognitive Distanzierung, die als Katalysator für Veränderung wirkt.

In der Auseinandersetzung mit diesen „Natur-Spiegelungen" entsteht ein mentales Reframing, das neue, nachhaltige und bedürfnisorientierte Glaubenssätze ermöglicht – orientiert an der Intelligenz der Natur: zyklisch statt linear, ressourcenschonend statt ausbeutend, resilient statt reaktiv.

Die so gewonnenen Einsichten werden im Anschluss systematisch auf die individuellen Lebens- und Arbeitskontexte übertragen. Transformative Erkenntnisse werden so in konkrete Handlungsimpulse überführt – als Grundlage für ein Stressmanagement, das nicht nur entlastet, sondern ein neues Verständnis von Selbstführung im Einklang mit natürlichen Ordnungsprinzipien etabliert.

Beispiel Thema kognitive Umstrukturierung – Perfektionismus (Antreiber: Sei perfekt!). Reflexion eines fiktiven Teilnehmenden (TN):

» *„Wenn ich mir den Wald anschaue, finde ich keinen einzigen geraden Baum. Alle Bäume sind andersartig gebogen, irgendwie krumm und schief. Alle wachsen dem Licht entgegen. Es scheint eine Gemeinschaft zu sein! Ich glaube, in der Natur gibt es so etwas wie das Konzept von Perfektionismus gar nicht. Das ist menschengemacht. Wenn ich mir das so anschaue, bekomme ich Lust, auch so ein Baum zu sein. Ich darf auch mal „schief" sein. Das entspannt mich. Und ich habe festgestellt, dass ich mehr Licht brauche. Also Energie, Zeit mit meinen Kindern."*

Übung für Multimodales Stressmanagement (MS)-Mentale Ebene (M)1 – Stressoren in Natur visualisieren, begreifen und bearbeiten

(Siehe ◘ Tab. 4.1).

Übung MS-M2 – EGGSAMPLE-Antreiber

(Siehe ◘ Abb. 4.7, ◘ Tab. 4.2 und 4.3).

Übung MS-M3 – Was ist wirklich wichtig?

Abraham Maslows Bedürfnishierarchie, wie sie 1943 veröffentlicht wurde, gilt bis heute als eine zentrale Theorie zur Erklärung menschlicher Motivation. Sie postuliert eine lineare Entwicklung: Erst wenn physiologische und sicherheitsbezogene Bedürfnisse erfüllt sind, kann der Mensch sich sozialen, ich-bezogenen und schließlich selbstverwirklichenden Zielen zuwenden. Diese Pyramidenstruktur wurde jedoch nie kulturübergreifend validiert. Bear Chief, Choate und Lindstrom (2022) kritisieren, dass Maslow zwar während seines Aufenthalts bei der Blackfoot-Nation im Jahr 1938 bedeutende Eindrücke von einem alternativen, gemeinschaftszentrierten Entwicklungsmodell gewann, diese jedoch nicht in seiner publizierten Theorie berücksichtigte. In der Weltanschauung der Blackfoot bildet Selbstverwirklichung nicht die Spitze, sondern das Fundament des menschlichen Daseins – ein Zustand, in den man hineingeboren wird und den die Gemeinschaft durch Rituale, Spiritualität und gegenseitige Verantwortung erhält. Maslow hingegen interpretierte Selbstverwirklichung als Ziel, das nur wenige Menschen nach Durchlaufen der unteren Bedürfnisstufen erreichen. Die indigene Perspektive, wie sie von Bear Chief et al. dargelegt wird,

Tab. 4.1 Stressoren in Natur visualisieren, begreifen und bearbeiten

MS-M1	Future-Skill-Kompetenz: regenerative Selbstführung
	**Vorbereitung:** Lege ein Tortendiagramm mit 12 Anteilen aus Naturmaterialien (z. B. kleine Äste, lange Gräser) und betitle jeden Anteil mit den Gebieten, in denen Stressoren verortet werden können (Familie, Paarbeziehung, Beziehung zu Eltern, Karriere, Freizeit, Finanzen, Körper, Ernährung, Spiritualität, Freunde, Bildungspolitik) **Durchführung:** Bitte die TN, in den Naturraum zu gehen und jeweils ein Objekt für die Bereiche zu finden, in denen sie sich belastet fühlen. Bitte die TN, die Objekte dann im Tortendiagramm zu positionieren. Nach der Positionierung kann jeder TN in der Gruppe darüber berichten, wieso sie/er dieses Objekt ausgewählt hat und wofür er im Leben steht. Vielleicht wird Bezug auf Form oder Funktion genommen **Ziel:** Die Übung hilft, Stressoren fassbar und mithilfe eines externen Objektes darzustellen und somit auch veränderbar zu machen. Diese extrahierte Darstellung ermöglicht es nun, einen möglichen Umgang mit dem Stressorobjekt zu simulieren, wie z. B. wegwerfen, weglegen, mit anderen Objekten verändern etc. Diese möglichen Veränderungen können nach einem Brainstorming durch die Gruppe als Angebote für den TN gemeinsam diskutiert werden.

Lege ein Tortendiagramm mit 12 Anteilen aus Zweigen	Formuliere zu dem Stressor einen Ich-Satz: „Im … stresst mich …"	Finde ein Naturobjekt, das diesen Stressor verkörpert. Was verbindet dieses Objekt mit deinem Stressor? Vergegenständlichung des Stressors	Brainstorming: Was könntest du jetzt und hier mit dem Gegenstand tun, was dir gut tun würde? Handlung mit dem Gegenstand	Welche Konsequenz hat diese entlastende Erfahrung für den Umgang mit deinem Stressor?
Beruflich	*„Im Beruf stresst mich die ständige Erreichbarkeit."*	Ein summender Bienenstock, ständig aktiv und fordernd	In schützende Distanz zu den schwirrenden Bienen gehen und sie in Ruhe lassen	*Ich führe feste Zeiten für E-Mail-Checks ein und schalte nach Feierabend mein Diensthandy aus*
Finanziell	*„Finanziell stresst mich die Unsicherheit über meine Zukunft."*	Ein schwankender Ast im Wind symbolisiert die finanzielle Unsicherheit	Den Ast stützen oder an einen stabileren Baum binden	*Ich erstelle einen Finanzplan und baue systematisch Rücklagen auf*

(Fortsetzung)

Tab. 4.1 (Fortsetzung)

Familiär	„In der Familie stresst mich der ständige Zeitdruck."	Ein schnell fließender Bach steht für den hektischen Familienalltag	Steine in den Bach legen, um kleine ruhige Pools zu schaffen	Ich plane bewusst Auszeiten und Ruhepausen in meinen Familienalltag ein
Gesundheitlich	„Gesundheitlich stresst mich meine chronische Erkrankung."	Ein knorriger Baum mit Wunden steht für den von Krankheit gezeichneten Körper	Den Baum pflegen, düngen, gießen und stützen	Ich konzentriere mich auf Selbstfürsorge und nehme professionelle Hilfe in Anspruch
Beziehungen	„In Beziehungen stresst mich die Angst vor Konflikten."	Ein Igel, der sich bei Gefahr einrollt, symbolisiert die Konfliktvermeidung	Den Igel vorsichtig beobachten und ihm Sicherheit geben	Ich verbessere meine Kommunikationsfähigkeiten und gehe kleine Konflikte bewusst an
Umwelt und Klima	„Die Klimakrise stresst mich mit ihrer Ungewissheit."	Ein vom Sturm gebeutelter Baum steht für die Unberechenbarkeit des Klimas	Den Baum stützen und seine Wurzeln stärken	Ich konzentriere mich auf meine persönlichen Beiträge zum Klimaschutz und baue meine eigene Resilienz auf
Zeitmanagement	„Beim Zeitmanagement stresst mich die Fülle der Aufgaben."	Ein Ameisenhaufen voller geschäftiger Ameisen symbolisiert die Aufgabenfülle	Die Ameisen bei ihrer effizienten Arbeitsteilung beobachten	Ich lerne, Prioritäten zu setzen und Aufgaben zu delegieren
Bildung und Lernen	„Beim Lernen stresst mich der Leistungsdruck."	Ein Samenkorn, das unter einem schweren Stein liegt, steht für den Leistungsdruck	Den Stein vorsichtig anheben und dem Samenkorn Raum zum Wachsen geben	Ich setze mir realistische Lernziele und feiere meine Erfolge
Sozial	„Sozial stresst mich die Angst, nicht dazuzugehören."	Ein einzelnes Blatt, das vom Baum gefallen ist, symbolisiert das Gefühl der Ausgrenzung	Das Blatt in ein Herbarium pressen und wertschätzen	Ich stärke meinen Selbstwert und gehe aktiv auf Menschen zu
Technologie und digitaler Stress	„Die ständige digitale Verfügbarkeit stresst mich."	Ein nie versiegender Wasserfall steht für den ununterbrochenen Informationsfluss	Einen natürlichen Damm aus Steinen bauen, um den Wasserfluss zu regulieren	Ich plane digitale Auszeiten ein und reduziere meine Benachrichtigungen

(Fortsetzung)

Tab. 4.1 (Fortsetzung)

Persönliche Entwicklung	*„Bei meiner persönlichen Entwicklung stresst mich der Vergleich mit anderen."*	Verschiedene Bäume in einem Wald, die unterschiedlich schnell wachsen	Die Einzigartigkeit jedes Baumes bewundern und seinen Beitrag zum Ökosystem erkennen	*Ich konzentriere mich auf meine eigenen Fortschritte und setze mir individuelle Ziele*
Politisch und gesellschaftlich	*„Politisch stresst mich die zunehmende Polarisierung."*	Zwei gegenüberliegende Felsen mit einer Schlucht dazwischen symbolisieren die verhärteten Fronten	Einen Weg finden, um die Schlucht zu überqueren oder zu umgehen	*Ich suche aktiv den Dialog und finde Gemeinsamkeiten mit Andersdenkenden*

TN Teilnehmer:in/Teilnehmende

Tab. 4.2 EGGSAMPLE – Antreiber

MS-M2	Future Skill Kompetenz: Regenerative Selbstführung		
Oberkategorie	NNBI Mentales Stressmanagement – Antreiber		
Name der Übung	Antreiber **EGGSAMPLE**	**Naturraum**	beliebig
Lernziel der Übung	– Erkennen der persönlichen Antreiber – Modulation der Antreiber und Finden von Erlaubern – Kennenlernen von Naturprinzipien – Naturverbundenheit	**Material**	vier Eierschachteln mit Beschriftung (siehe Abbildung)
Zielgruppe 4.1	Stressbelastete Menschen, die Entlastung anstreben	**Dauer**	2 h
Übungsanleitung	Einzelübung oder Gruppenübung (max.16 TN) 1. Erklärung der Aufgabe 2. Aufteilen der Gruppe in 4 Gruppen, jeder TN fotografiert die Eierschachtel und sucht erst allein nach Gegenständen 2. Nun erfolgt ein Austausch in der Kleingruppe 3. Austausch im Plenum mit der Umstrukturierungsfrage: Inwiefern haben sich die Antreiber geändert und was bedeutet das im Bezug auf Stress? 4. Jeder darf sich einen Anker zur Erinnerung mit in den Alltag nehmen		

TN Teilnehmer:in/Teilnehmende
NNBI nachhaltige und naturbasierte Intervention

Tab. 4.3 Beschriftung der Eierschachtel „Mentale Gesundheit/Nachhaltigkeit"

Mentale Gesundheit Stresserzeugende Glaubenssätze in Bezug auf *innere Ressourcen*	**Nachhaltigkeit** Stresserzeugende Glaubenssätze in Bezug auf *äußere Ressourcen*	Klassische Antreiber (Nach Taibi Kahler 1970)
Mögliche Aufschrift in der unteren Reihe in der Eierschachtel: – Wie macht das die Natur? – Korrigiere diesen Satz am Beispiel der Natur!	**Mögliche Aufschrift in der unteren Reihe in der Eierschachtel:** – Wie macht das die Natur? Korrigiere diesen Satz am Vorbild der Natur!	Aufschrift in der oberen Reihe in der Eierschachtel
Ignoriere deine Grenzen!	Fossile Ressourcen sind unerschöpflich	Sei perfekt!
Bringe immer schneller und immer mehr Leistung – für Wachstum!	Kurzfristiger Profit ist wichtiger als Nachhaltigkeit	Beeil dich!
Ignoriere deine Schwäche und die Sorge um Spätfolgen!	Umweltfolgen sind vernachlässigbar	Sei stark!
Sei immer für alle verfügbar!	Ständige Verfügbarkeit fossiler Energie	Mach es allen recht!
Arbeite ständig unter Hochdruck!	Wirtschaftswachstum um jeden Preis	Streng dich an!
Verbrauche deine Energie, statt dich zu regenerieren!	Ressourcenverbrauch statt Erneuerung	Sei stark!
Ignoriere die Burnout-Warnsignale!	Ignoriere Klimawandel-Warnungen	Sei stark!
Gib die Verantwortung für Dein Wohlbefinden an Andere ab!	Externalisierung von Umweltkosten	Sei stark!
Widersetze dich innovativen Veränderungen!	Festhalten an fossilen Technologien	Sei stark!

stellt diese linear-hierarchische Logik grundsätzlich infrage: Sie betont zyklische, relationale und gemeinschaftsbasierte Prozesse der menschlichen Entwicklung. Damit fordern indigene Stimmen nicht nur eine Dekolonisierung psychologischer Modelle, sondern auch eine Anerkennung ihrer jahrhundertealten epistemischen Systeme (◘ Tab. 4.4).

Tab. 4.4 Was ist wirklich wichtig?

MS-M3	Future-Skill-Kompetenz: zukunftsorientierte Gestaltungskompetenz		
Oberkategorie	NNBI Mentales Stressmanagement – Bedürfnispyramide modifiziert nach Maslow/Bear Chief et.al		
	Was ist wichtig? (Bedürfnispyramide)	**Naturraum**	beliebig
Lernziel der Übung	– Erkennen der persönlicher Bedürfnisse und Aufstellen einer Hierarchie mit Systembezug – Naturverbundenheit – Kreatives Gestalten	**Material**	vier
Zielgruppe	Stressbelastete Menschen, die Wertekongruenz anstreben	**Dauer**	2–3 h
Übungsanleitung	Einzelübung oder Gruppenübung (max. 16 TN) 1. Erklärung der Aufgabe 2. Jede Person sucht sich aus einer Liste von Bedürfnissen auf Kärtchen im Naturraum verteilt (Physiologische Bedürfnisse (rot) Nahrung, Wasser, Schlaf, Atmung, Wärme, Sexualität, Homöostase; Sicherheitsbedürfnisse (hellblau) Schutz, Sicherheit, Ordnung, Stabilität, Gesetz, Grenzen, Vorsorge; Soziale Bedürfnisse (grün) Freundschaft, Familie, Partnerschaft, Zugehörigkeit, Gemeinschaft, Liebe; Ich-Bedürfnisse (pink) Anerkennung, Respekt, Status, Erfolg, Selbstachtung, Wertschätzung; Selbstverwirklichung (dunkelblau) Entfaltung, Kreativität, Sinn, Moral, Wachstum, Potential) 10 aus und sammelt Naturmaterialien, die diese Bedürfnisse symbolisch darstellen, (z. B. Steine für physiologische Bedürfnisse, Blätter für Sicherheit). Danach baut jeder Person daraus eine persönliche Pyramide. 3. Nach Fertigstellung der individuellen Pyramiden erfolgt ein Gallery Walk und jede Person darf ihre Pyramide vorstellen. Die Gruppe darf offene Fragen stellen, z.B. Wie wirken diese Bedürfnisse in deinem Leben zusammen. 4. Im Abschlusskreis kann jede Person noch einmal eine zentrale Erkenntnis aus dieser Gestaltung formulieren.		

Übung MS-M4 – WALK your WAY in 3 steps (Vision, Purpose, Mission)

(Siehe ◘ Tab. 4.5).

Tab. 4.5 WALK your WAY in 3 steps (Vision, Purpose, Mission)

MS-M4	Future-Skill-Kompetenz: zukunftsorientierte Gestaltungskompetenz
Oberkategorie	NNBI Mentales Stress- und Ressourcenmanagement – Individuen oder Unternehmensteams
Name der Übung	**WALK-your-WAY**-Gipfelwanderung zur Zukunftsgestaltung: Purpose, Mission und Vision für eine nachhaltige Welt
Naturraum	Am Fuße eines Berges, Am Fluss
Lernziel der Übung	– Formulierung von Kernprinzipien: Vision, Purpose und Mission – Förderung von Selbstreflexion und Co-Kreation in der Natur – Stärkung der Verbundenheit innerhalb der Gruppe und mit der Natur – Förderung von co-kreativem und gestaltendem Denken zur Lösung von Herausforderungen
Material	Notizbuch, Stifte, Flipchart, Naturmaterialien (z. B. Steine, Äste) Ferngläser, große Blätter Papier, Stifte
Zielgruppe	Teams: Menschen die nachhaltige Transformation anstreben
Dauer	6–8 h (pro Station 1,5 h und 30 min jeweils Wegezeit)
Übungsanleitung	Gemeinsam wird eine Wanderung mit 3 Stationen vorgenommen: Station 1: Ausgangspunkt „**Die Wurzeln unseres Tuns – Ausrichtung**" **Du befindest dich am Fuße eines Berges. Jeder von euch ist eine Wurzel eines wachsenden Organismus** **Material:** Notizbücher, Stifte – **Aufgabe:** Bildet einen Kreis und setzt euch. Jede Person reflektiert und notiert vorerst einzeln: – **Purpose:** Warum ist dir eine gesunde Mitwelt und Nachhaltigkeit wichtig? Welche Werte (Auswahl aus einer Liste) willst du stärken? – **Ressourcen:** Welche Ressourcen stehen dir zur Verfügung, um etwas Neues zu gestalten? Erstelle eine Mindmap. – **Motivationen:** Was motiviert dich persönlich, für eine nachhaltige Zukunft einzutreten? Formuliere einen Satz. – **Katalysatoren:** Was sind die Auslöser, die dich zum Handeln inspirieren? – **Energielieferanten:** Was gibt dir Energie und Freude bei der Verfolgung dieses Ziels? – **Co-kreativ:** Teile deine Gedanken zu den verschiedenen Kategorien im Plenum und diskutiere, wie individuelle Wurzeln zu einem gemeinsamen Purpose beitragen können. Eine Person visualisiert alle Antworten in den Kategorien an einem Flipchart.

(Fortsetzung)

Tab. 4.5 (Fortsetzung)

Gemeinsam wird eine Wanderung mit 3 Stationen vorgenommen:

Station 1: Ausgangspunkt „**Die Wurzeln unseres Tuns – Ausrichtung**"
Du befindest dich am Fuße eines Berges. Jede:r von euch ist eine Wurzel eines wachsenden Organismus
Material: Notizbücher, Stifte
- **Aufgabe:** Bildet einen Kreis und setzt euch. Jede Person reflektiert und notiert vorerst einzeln:
- **Purpose:** Warum ist dir eine gesunde Mitwelt und Nachhaltigkeit wichtig? Welche Werte (Auswahl aus einer Liste) willst du stärken?
- **Ressourcen:** Welche Ressourcen stehen dir zur Verfügung, um etwas Neues zu gestalten? Erstelle eine Mindmap.
- **Motivationen:** Was motiviert dich persönlich, für eine nachhaltige Zukunft einzutreten? Formuliere einen Satz.
- **Katalysatoren:** Was sind die Auslöser, die dich zum Handeln inspirieren?
- **Energielieferanten:** Was gibt dir Energie und Freude bei der Verfolgung dieses Ziels?
- **Co-kreativ:** Teile deine Gedanken zu den verschiedenen Kategorien im Plenum und diskutiere, wie individuelle Wurzeln zu einem gemeinsamen Purpose beitragen können. Eine Person visualisiert die Antworten in den Kategorien an einem Flipchart.
- **Gruppenaussage:** Am Ende dieser Station formuliert die Gruppe einen Satz: „Unser Purpose ist ... Uns stehen folgende Ressourcen zur Verfügung ... Das motiviert uns ... und das gibt uns Kraft ..."

Station 2: Zwischenstopp – „**Fluss des Handelns**"
Übung:
- **Material:** Naturmaterialien (Steine, Äste, etc.)
- **Aufgabe:** Finde einen Bach oder einen flachen Fluss. Jede Person gestaltet mit Naturmaterialien eine kleine Installation unter der folgenden Fragestellung.
Fluss-Flow: Überlege, wie ein Flow entstehen kann:
- Was braucht es, um in Bewegung zu kommen?
- Welche Materialien/Menschen können wir vernetzen, um unsere Mission zu gestalten?
- Wie können wir Teamwork nutzen, um gemeinsam stark zu arbeiten?
- **Partizipativ:** Diskutiert in Kleingruppen (jeweils 4), wie eure individuellen Missionen zusammenfließen können, um einen größeren Impact zu erzielen. Diskutiert dann in der Großgruppe, um einen Schlusssatz zu formulieren.
- **Gruppenaussage:** Am Ende dieser Station formuliert die Gruppe einen Satz: „Unsere Mission ist ..."

Station 3: Aussichtspunkt – „**Weitblick der Möglichkeiten**"

(Fortsetzung)

Tab. 4.5 (Fortsetzung)

Übung:
- **Material:** Ferngläser, große Blätter Papier, Stifte
- **Aufgabe:** Am Aussichtspunkt nutzen die TN Ferngläser, um in die Ferne zu schauen. Jeder reflektiert:
- **Zukunftsvision:** Wie sieht meine konkrete Vision einer lebenswerten Zukunft aus? Was sehe ich da?
- **Freude und Dankbarkeit:** Was erfüllt mich mit Freude und Dankbarkeit in Bezug auf diese Vision?
- **Stolz:** Wofür bin ich stolz, wenn ich an diese Vision denke?
- **Gestaltend:** Die Gruppe tauscht sich gemeinsam über die Vision aus und gestaltet eine Installation aus Naturmaterialien. Mache ein Foto von ihrer Installation
- **Gruppenaussage:** Am Ende dieser Station formuliert die Gruppe einen Satz: „Unsere Vision ist ..."

Station 4: Gipfel – (Finale Station) **„Gipfelperspektive"**

Übung:
- **Material:** Flipchart und Marker
- **Aufgabe:** Am Gipfel versammeln sich die TN und teilen ihre Wurzeln, Missionen und Visionen. Gemeinsam formulieren sie ein Statement (Satz) für eine nachhaltige Zukunft.
- **Co-kreativ:** Arbeitet als Gruppe an einem gemeinsamen Statement, das die individuelle und kollektive Perspektive integriert.
- **Gruppenaussage:** Am Ende der Wanderung formuliert die Gruppe einen abschließenden Satz: „Unser gemeinsamer Purpose, unsere Mission und unsere Vision sind ..."

Abschluss der Wanderung:
- Reflektiert während des Abstiegs über eure Erfahrungen und Erkenntnisse. Diskutiert, wie die entwickelten Ideen in den Alltag integriert werden können, um einen positiven Einfluss auf die Umwelt und die Gesellschaft zu haben.

4.1.2 Instrumentelles Stressmanagement am Modell der Natur lernen. Wie sieht naturbasiertes Management aus?

1. Zeitmanagement: externe Anforderungen und innere Uhr synchronisieren

Zeit ist in der Natur kein abstraktes Konzept, sondern ein **inhärentes Ordnungsprinzip des Lebens.** Vom zellulären Stoffwechsel bis zur Struktur ganzer Ökosysteme unterliegt alles **rhythmischen Abläufen,** die durch natürliche Zeitgeber wie Licht, Temperatur und Gravitation gesteuert werden. Die **Chronobiologie** – die Wissenschaft der biologischen Rhythmen – zeigt, dass Lebewesen evolutionär darauf programmiert sind, im Einklang mit **zirkadianen (Tag-Nacht), zirkannualen (Jahreszeiten) und ultradianen (mehrfach täglichen)** Zyklen zu funktionieren.

Ein neuer Tag beginnt mit dem Sonnenaufgang – synchronisiert durch das Lichtsignal, das unsere innere Uhr (suprachiasmatischer Nukleus) justiert. Die Jahreszeiten strukturieren das Leben der Flora und Fauna in zyklischen Mustern von Aktivität, Ruhe, Wachstum und Regeneration. Damit vermittelt die Natur ein zeitökologisches Verständnis, das sowohl lineare Abläufe als auch zyklische Rhythmen integriert – ein Gleichgewicht aus Bewegung und Ruhe, Fortschritt und Rückbindung, Effizienz und Geduld.

Im Kontrast dazu steht die chronisch beschleunigte Taktung moderner Gesellschaften: Multitasking, Überstunden, Deadline-Druck und die Abkopplung von natürlichen Zeitgebern führen zu einer chronischen Entkopplung unserer inneren Rhythmen – mit weitreichenden Folgen für Gesundheit, Resilienz und Leistungsfähigkeit.

Die Natur erinnert uns daran, dass Regeneration, Wachstum und Transformation Zeit brauchen – und nicht durch Beschleunigung ersetzt werden können. Eine Blume wächst nicht schneller, wenn man an ihr zieht. Ein Fluss erreicht sein Ziel, ohne zu eilen. Diese Bilder sind nicht poetische Metaphern, sondern biologische Realitäten, die uns lehren: Wer nachhaltig leben und arbeiten will, muss wieder lernen, im Einklang mit biologischen und ökologischen Rhythmen zu leben – statt sie zu übersteuern.

NNBI greifen diesen Gedanken auf, indem sie naturbasierte Achtsamkeit, zyklisches Zeitbewusstsein und chronobiologische Prinzipien als Grundlage für ein resonanzbasiertes Stress- und Ressourcenmanagement etablieren – im Takt der Natur, nicht im Takt der Maschine.

Mit den folgenden Übungen werden wir die Art und Weise untersuchen, wie die Natur Zeit „nutzt", sowie die Prinzipien kennenlernen, die wir aus der Natur ableiten können, um unser eigenes Zeitmanagement zu verbessern. Wir können so lernen, unsere Zeit bewusster zu nutzen, Prioritäten zu setzen und ein Gleichgewicht zwischen Aktivität und Entspannung und Regeneration herzustellen, indem wir natürliche Abläufe untersuchen.

Zyklizität – Zeitmanagement in der Natur

Die Wissenschaftler Gunderson und Holling (2002) veranschaulichen im Konzept der Panarchie die Interaktion mehrerer Kreisläufe auf unterschiedlichen zeit-

lichen und räumlichen Ebenen: Um das Konzept der Panarchie zu veranschaulichen, wenden wir es auf das Jahr an.
- Der Herbst steht für die **Anfangsphase** der Energieentfaltung. Wenn die Blätter fallen, bereiten sich die Tiere auf den Winter vor. Das System gibt Ressourcen frei und reduziert die Komplexität.
- Der Winter steht für die **Phase der Reorganisation und Regeneration.** Obwohl sich das System in der Ruhephase befindet, bereitet es sich bereits auf den kommenden Zyklus vor. Während Tiere im Winterschlaf sind, keimen unter der Schneedecke die Samen.
- Im Frühjahr beginnt die **Wachstumsphase.** Bäume wachsen empor, Blüten öffnen sich und Tiere zeigen mehr Aktivität.
- Im Sommer wird die **Erhaltungsphase** präsentiert. Das Ökosystem erreicht seinen Höhepunkt in der Biomasse und den Vernetzungen. Tiere bringen ihren Nachwuchs bei, während Pflanzen in voller Blüte stehen.

Dieses Beispiel aus der Natur stellt exemplarisch dar, dass **alle natürlichen Systeme,** einschließlich das des Menschen, zyklischen Phasen unterliegen, die Wachstum (1), Stabilität (2), Zusammenbruch (3) und Erneuerung (4) umfassen (Gunderson & Holling, 2002). Als Menschen, die ebenso natürliche Systeme sind und Teil der Natur, sind wir ebenfalls von dieser zyklischen Ordnung betroffen. Wir können uns im Spiegel der Natur auf die natürlichen Zyklen unseres Wachstums, unserer Erhaltung, des damit verbundenen Kollapses sowie der fortwährenden Erneuerung und Regeneration besinnen. Es ist von Bedeutung, sich an die Phasen des Panarchy-Zyklus (Wachstum, Erhaltung, Freisetzung und Reorganisation) anzupassen, da sie natürliche und notwendige Prozesse sind, die zur Erneuerung, Anpassung und Resilienz beitragen.

Übung MS-Instrumentell (I) 1 – Der Jahreskreis des Lebens
(Siehe ◘ Tab. 4.6 und 4.7).

Die Natur hält zahlreiche Beispiele bereit, wie Zeit sich manifestiert und strukturiert wird. Diese Konzepte können wertvolle Einsichten für das Management menschlichen Stresses bieten. Unser Umgang mit Zeit lässt sich verbessern und Stress lässt sich verringern, wenn wir uns an den natürlichen Zyklen und Rhythmen orientieren.

- **Natürliche Rhythmen**

Der Tag-Nacht-Zyklus, der auch als circadianer Rhythmus bezeichnet wird, ist ein grundlegendes Naturphänomen. Dieser Rhythmus steuert unsere genetisch programmierte innere Uhr (Partch et al. 2014).

> **Mikroübung**
> Ich richte meine Arbeit in Resonanz zu meinem natürlichen Tagesrhythmus und meinem biologischem Zyklus aus, plane produktive Tätigkeiten für meine Hochphasen und nutze die Ruhezeiten gezielt zum Entspannen und Schlafen.
> Dies trägt zur Stressreduktion und zur Verbesserung des allgemeinen Wohlbefindens bei.

4.1 · Multimodalen Stressmanagement durch NNBI erweitert

Tab. 4.6 Der Jahreskreis des Lebens

MS-I1	Future-Skill-Kompetenz: naturbezogene Resonanzfähigkeit		
Oberkategorie	NNBI Instrumentelles Stressmanagement – Der Jahreskreis des Lebens		
Name der Übung	„Der Jahreskreis des Lebens"	**Naturraum**	beliebig
Lernziel der Übung	– Ziel: Veranschaulichung der zyklischen Natur von Lebensprozessen und Reflexion persönlicher Erfahrungen im Kontext natürlicher Rhythmen – Naturverbundenheit – Kreatives Gestalten	**Material**	Naturmaterialien wie Äste, Blätter, Steine, Blüten etc., evtl. ein Seil
Zielgruppe	Stressbelastete Menschen, die innere Klarheit und Akzeptanz suchen	**Dauer**	1 h
Übungsanleitung	Anleitung: 1. Kreisaufstellung (10 min): – Lege einen großen Kreis auf dem Boden aus Naturmaterialien – Teile den Kreis in vier gleiche Abschnitte für die Jahreszeiten 2. Gestaltung der Jahreszeiten (15 min): – Gestalte jeden Abschnitt symbolisch für die jeweilige Jahreszeit: – Frühling: z. B. Knospen, frische Blätter – Sommer: z. B. Blüten, reife Früchte – Herbst: z. B. bunte Blätter, Samen – Winter: z. B. kahle Zweige, Steine 3. Reflexionsphase (15–25 min): – Wähle ein Lebens-/Arbeitsthema oder betrachte dein Leben im Allgemeinen – Gehe langsam und bewusst den Kreis mindestens zweimal ab – Reflektiere bei jedem Durchgang: a) Was bedeutet diese Jahreszeit für mein gewähltes Thema/Leben? b) Welche Gefühle und Gedanken kommen auf? c) Welche Parallelen sehe ich zu natürlichen Prozessen? 4. Abschlussreflexion (5–10 min): – Notiere deine wichtigsten Erkenntnisse – Überlege, wie du diese Einsichten in deinem Alltag umsetzen kannst Leitfragen für die Reflexion: – Frühling: Wo erlebe ich Neuanfänge und Wachstum? – Sommer: In welchen Bereichen fühle ich mich in voller Kraft? – Herbst: Wo lasse ich los und ernte die Früchte meiner Arbeit? – Winter: Wo ziehe ich mich zurück und sammle neue Kraft?		

NNBI nachhaltige und naturbasierte Intervention

- **Saisonalität**

Die jahreszeitlichen Veränderungen demonstrieren, dass es natürliche Hoch- und Tiefphasen gibt. Unsere biologische Uhr und unsere genetischen Programme zeigen uns an, wann es Zeit ist, aktiv zu sein, und wann es Zeit ist, Ruhe zu finden.

Tab. 4.7 Verschiedenen Variationen von Zeit – Überblick

KATEGORIE	BEISPIEL AUS DER NATUR	LERNINHALTE FÜR STRESSMANAGEMENT
ZYKLEN DER NATUR – NATÜRLICHE RHYTHMEN	Die Jahreszeiten wechseln regelmäßig und haben ihren eigenen Rhythmus (Saisonalität), Tag-Nacht-Rhythmus (circadianer Rhythmus), Wachstumszyklen	Ich lerne, Veränderungen zu akzeptieren und die natürlichen Zyklen des Lebens zu respektieren
NICHTS IST STATISCH, ALLES VERÄNDERT SICH PERMANENT	Bäume wachsen über Jahre und zeigen langsame, stetige Veränderungen	Ich entwickle Geduld und erkenne, dass persönliches Wachstum Zeit braucht
ZEIT FÜR REGENERATION	Pflanzen ziehen sich im Winter zurück, um im Frühling neu zu sprießen	Ich verstehe die Bedeutung von Pausen und Erholung für mein körperliches und geistiges Wohlbefinden
ANPASSUNG AN ZEITFENSTER	Tiere speichern Energie für den Winter, um in schwierigen Zeiten zu überleben	Ich erkenne die Notwendigkeit, meine Ressourcen zu managen und Prioritäten im Alltag zu setzen
WERDEN & VERGEHEN	Pflanzen blühen und verwelken, was den Kreislauf des Lebens symbolisiert	Ich akzeptiere Verluste und verstehe, dass alles Teil eines größeren Lebenszyklus ist
GEGENWÄRTIGKEIT	Wolken ziehen langsam am Himmel vorbei und verändern sich ständig	Ich übe Achtsamkeit und lerne, den Moment zu genießen, ohne mich von der Zeit unter Druck setzen zu lassen
GESCHWINDIGKEITSREGULATION	Ziel- und systemorientierte Ent- und Beschleunigung, Jagd vs. Regeneration	Ich bin in der Lage, meine Geschwindigkeit zu regulieren

> **Affirmation**
> Ich nehme diese natürlichen Schwankungen in und um mich an und gestatte mir, in Zeiten geringerer Produktivität Pausen und Erholungsphasen einzulegen. So verhindere ich langfristigen Stress, Ausbrennen und ermögliche Erneuerung und Regeneration.

- **Wachstumszyklen**

Pflanzen durchlaufen Wachstums- und Ruhephasen, was uns lehrt, dass intensive Arbeitszeiten durch gezielte Ruhezeiten ergänzt werden sollten. Auch hier ist die innere Uhr von Bedeutung.

- **Zeitliche Anpassung**

Anhand von Phänomenen wie Migration und Blütezeiten demonstriert die Natur, dass Flexibilität von entscheidender Bedeutung ist. Wie Zugvögel folgen auch sie der in ihren Genen verankerten inneren Uhr, die den richtigen Zeitpunkt für die Migration anzeigt. Diese Fähigkeit zur Anpassung trägt zur Stressreduktion bei, da ich mich optimal auf die Gegebenheiten einstelle.

- **Zeitliche Abstimmung**

Um effizienter zu sein und Stress zu minimieren, synchronisieren viele Organismen in der Natur ihre Aktivitäten, wie das Schwarmverhalten bei Vögeln. Diese Abstimmung erfolgt oft nach einem gemeinsamen Zeitplan. Indem wir systemische Perspektiven verstehen und das richtige Timing wählen, können wir im Einklang mit unserem sozialen und natürlichen Umfeld handeln.

- **Geduld**

Langsame Prozesse in der Natur wie die Fortbewegung von Gletschern zeigen uns, dass nicht alles sofort geschehen muss. Genetische Programme in der Natur demonstrieren, dass einige Wachstumsprozesse Zeit erfordern. Wie in der Natur braucht persönliches Wachstum Zeit und Geduld.

- **Temporäre Anpassung**

Die Natur nutzt kurzfristige Zeitfenster wie bestimmte Tageszeiten für die Jagd oder Nahrungssuche intensiv. Oft werden diese Zeiten durch genetische Programme bestimmt.

Übung MS-I2 – Im Fluss der Zeit

Mit dieser Übung wird ein Bewusstsein für die unterschiedlichen Qualitäten der Zeit gefördert, indem die eigene Körperwahrnehmung mit natürlichen Elementen verknüpft wird. Die Achtsamkeit wird gefördert und die Wahrnehmung geschärft, indem das Wasser gespürt und der Zeitfluss erfahren wird (◘ Tab. 4.8).

Übung MS-I3 – Eisenhower-Prinzip (Wichtig vs. Dringend)

Das Eisenhower-Prinzip hilft dabei, Aufgaben zu organisieren und nach ihrer Wichtigkeit und Dringlichkeit zu priorisieren, um Stress und Überforderung zu vermeiden (◘ Tab. 4.9).

Übung MS-I4 – Rhythmus der Natur – Innere Uhr spüren

Diese Übung hilft, ein Gefühl für den eigenen natürlichen Rhythmus zu entwickeln und zu erkennen, wie die Rhythmen der Natur das eigene Wohlbefinden beeinflussen können.
    Übungsanleitung: **Natürliche Rhythmusreise**
1. **Vorbereitung:**
   - Suche dir einen ruhigen Platz in der Natur, wo du ungestört bist.
2. **Beobachtung der Natur:**
   - Setze dich und beobachte die Natur um dich herum. Achte auf den Rhythmus der Natur auf der Mikroebene: den Rhythmus der Vogelstimmen, den Rhythmus des Windes auf deinem Gesicht oder der Regentropfen. Auf der Makroebene der vorbeiziehenden Wolken, der Jahreszeiten oder das

Tab. 4.8 Im Fluss der Zeit

MS-I2	Future-Skill-Kompetenz: regenerative Selbstführung		
Oberkategorie	NNBI Instrumentelles Stressmanagement – Zeitmanagement Zeit erfahrbar machen		
Name der Übung	Im Fluss der Zeit	**Naturraum**	beliebig
Lernziel der Übung	Diese Übung hilft, ein Bewusstsein für die verschiedenen Qualitäten von Zeit zu entwickeln, indem sie die eigene Körperwahrnehmung, die im Hier und Jetzt verankert ist, mit natürlichen Elementen verbindet. Durch das Spüren des Wassers und das Erleben des Zeitflusses wird die achtsame Selbstwahrnehmung im Tun geschärft.	**Material**	An einem flachen Fluss oder Bach
Zielgruppe	Stressbelastete Menschen, die unter Zeitdruck leiden	**Dauer**	30 min
Übungsanleitung	Übungsanleitung: Zeitfluss in der Natur 1. **Vorbereitung:** Suche dir einen ruhigen Ort an einem flachen Bach oder Fluss. Stelle sicher, dass der Boden stabil ist, um sicher am Ufer stehen und sitzen zu können. 2. **Im Bach stehen:** – Stelle dich mit beiden Füßen in das Wasser des Baches. Spüre die Kühle des Wassers und den Fluss um deine Beine. – Schließe die Augen und konzentriere dich auf das Geräusch des fließenden Wassers. Lass dich von den Geräuschen leiten und entspanne dich. – Öffne langsam die Finger und lasse das Wasser durch deine Hände fließen. Spüre, wie das Wasser an deinen Händen vorbeigleitet. – Experimentiere mit verschiedenen Handhaltungen: Halte die Finger geschlossen, dann öffne sie weit und lass das Wasser durchfließen. Spüre den Unterschied in der Wahrnehmung und der Verbindung zur Zeit. 3. **Am Ufer sitzen – Pause machen – offline sein** – Setze dich ans Ufer des Baches und beobachte das Wasser. Lass deine Gedanken kommen und gehen, ohne sie zu bewerten. – Konzentriere dich auf die Bewegung des Wassers und reflektiere, wie es unaufhaltsam fließt, unabhängig von den Umständen. – Nimm dir Zeit, um über deine eigene Beziehung zur Zeit nachzudenken. Wie fühlst du dich in Bezug auf Zeitdruck, Pausen und Regeneration? 4. **Reflexion:** – Nach etwa 15–20 min, in denen du am Ufer gesessen hast, nimm dir einen Moment, um deine Erfahrungen aufzuschreiben. Was hast du über deine Beziehung zur Zeit gelernt?		

NNBI nachhaltige und naturbasierte Intervention

4.1 · Multimodalen Stressmanagement durch NNBI erweitert

◘ Tab. 4.9 Eisenhower-Prinzip (wichtig vs. dringend)

MS-I3	Future-Skill-Kompetenz: regenerative Selbstführung		
Oberkategorie	NNBI Instrumentelles Stressmanagement – Priorisierung		
Name der Übung	Eisenhower goes nature – Priorisierung	**Naturraum**	Beliebig
Lernziel der Übung	Aufgabenstellung nach Dringlichkeit und Wichtigkeit	**Material**	Alles Auffindbare
Zielgruppe	Stressbelastete Menschen, die unter Leistungs- und Zeitdruck leiden	**Dauer**	1h
Übungsanleitung	Übungsanleitung: Naturmaterialien-Matrix 1. **Vorbereitung:** Suche dir einen Platz im Freien, wo du verschiedene Naturmaterialien finden kannst. 2. **Sammeln:** – Sammle vier verschiedene Naturmaterialien (z. B. Steine, Blätter, Zweige, Blüten). Jedes Material symbolisiert und verkörpert eine Aufgabe im Bereich deines Privatlebens oder deiner Arbeit. – Matrix erstellen: – Lege eine 2×2-Matrix auf den Boden. Beschrifte die Achsen mit „Wichtig" und „Dringend". – Ordne deine gesammelten Materialien den vier Quadranten zu, indem du sie auf den Boden legst. Diskutiere in der Gruppe, welche Aufgaben in die jeweiligen Kategorien fallen. 4. **Reflexion:** – Überlege, welche Aufgaben in deinem Leben wichtig und dringend sind. Wie kannst du die Zeit dafür besser priorisieren?		

NNBI nachhaltige und naturbasierte Intervention

Werden und Vergehen der Bäume. Was ist dein eigener Rhythmus des Aktivseins und der Ruhe?

3. **Innere Uhr spüren:**
   – Schließe die Augen und atme tief ein und aus. Stell dir vor, wie sich dein Atemrhythmus im Einklang mit den natürlichen Rhythmen um dich herum synchronisiert. Ziehe mit jedem Einatmen die Aufmerksamt ein klein wenig mehr vom Außen ab und verankere sie beim Ausatmen in dir.
   – Achte darauf, wie dein Körper auf verschiedene Tageszeiten reagiert. Fühlst du dich morgens energiegeladen und abends müde?
4. **Reflexion:**

   – Notiere, wie sich dein Körper während dieser Übungen angefühlt hat und welche Rhythmen du in deinem Alltag besser berücksichtigen möchtest.

Übung MS-I5 – Pareto-Prinzip (80/20-Regel)

Die Natur verdeutlicht uns, dass sich Wachstum und Veränderung kontinuierlich und zirculär abspielen. Ein umgestürzter Baum dient als Nahrung für den Boden, während ein gebrochener Ast Lebensraum bietet – nichts ist vollkommen, aber alles dient seinem Zweck. Der japanische Kintsugi-Ansatz,[2] der den Fokus auf Gebrochenes und Nichtperfektes legt, macht uns darauf aufmerksam, dass Schönheit, Kreativität und die Lebendigkeit des Lebens in dieser Unvollkommenheit liegen. Wir können 80 % des Aufwands verwenden, um 80 % des Ergebnisses zu erzielen – wertebasierte Prioritäten sind wichtiger als Vollkommenheit. Diese Übung regt dazu an, die Natur als genial funktionierendes Modell zu identifizieren und aus ihr effizientes und suffizientes anstelle von perfektem Verhalten zu erlernen (◘ Tab. 4.10).

Diese Übungen kombinieren Beobachtungen in der Natur mit klaren Anleitungen, um die Konzepte von Wertschätzung, dem Pareto-Prinzip und dem natürlichen Rhythmus auf ansprechende und interaktive Weise zu vermitteln.

2. Nachhaltiges Ressourcenmanagement am Beispiel der Natur

In einer Welt, die immer mehr von knappen Ressourcen, zunehmenden Konflikten und ökologischen Herausforderungen bestimmt wird, stellt sich die Frage nach einem nachhaltigen Umgang mit dem, was uns zur Verfügung steht, immer dringlicher. Ressourcen – seien es natürliche, soziale oder persönliche – bewusst zu nutzen, ist nicht nur ökologisch geboten. Auch auf gesellschaftlicher und individueller Ebene ist dies notwendig. Aber wie können wir inmitten von Stress, zunehmenden Erwartungen und begrenzten Ressourcen ein Gleichgewicht herstellen?

- **Grenzen**

Eine zentrale Herausforderung liegt darin, Grenzen zu identifizieren, festzulegen und zu schützen – sowohl für uns selbst als auch im Umgang mit anderen. Die Fragen „Wie viel gehört mir, und wie viel Dir?" und „Was ist genug?" sind Leitfragen für die Gesellschaft und das Individuum. Sie richten unsere Aufmerksamkeit auf die Themenbereiche Konfliktmanagement, Effizienz und Suffizienz – Ansätze, die uns dabei unterstützen können, gesunde Beziehungen zu unserem Selbst, zu anderen Menschen und zur Umwelt aufzubauen. Dies macht deutlich, dass Nachhaltigkeit nicht nur in der Umwelt thematisiert sein sollte, sondern auch in unserer „inneren Natur".

Übung MS-I6 – Loslassen (Suffizienz)

- **Was ist genug? Loslassen**

Diese Suffizienzübung zielt darauf ab, die Überlastung durch das Loslassen von Ballast zu reduzieren und ein Gefühl von Erleichterung und Zufriedenheit zu fördern. Wir werden uns mit der Frage auseinandersetzen, was wir wirklich brauchen, um uns gut zu fühlen, und wie wir Glück und Dankbarkeit jenseits von materiellen Dingen generieren können. Durch Achtsamkeit und den Ansatz des Minimalismus werden wir lernen, die Fülle in der Einfachheit zu finden und uns auf das Wesentliche zu konzentrieren (◘ Tab. 4.11).

---

2 Cline, L. (2015). *Kintsugi: The poetics of healing.* Reaktion Books.

Tab. 4.10 Pareto-Prinzip (80/20-Regel)

MS-I5	Future-Skill-Kompetenz: regenerative Selbstführung		
Oberkategorie	NNBI Instrumentelles Stressmanagement – Pareto-Prinzip Ressourceneffizienz		
Name der Übung	80/20 und die Schönheit der Unvollkommenheit	**Naturraum**	Wald, Park, Garten mit Wiese
Lernziel der Übung	Bewusster Umgang mit Ressourcen wie Zeit und Material. Diskussion über das Streben nach Perfektionismus und Kosummaximierung.	**Material**	Notizbuch, Kamera, Stifte
Zielgruppe	Stressbelastete Menschen, die unter Zeitdruck leiden	**Dauer**	1–2 h
Übungsanleitung	1. **Vorbereitung:** – Begib dich in einen natürlichen Raum (z. B. Wald, Park, Garten) – Bringe ein Notizbuch oder eine Kamera mit 2. **Beobachten:** – Suche nach Aspekten in der Natur, die unvollkommen wirken: z. B. eine Blume mit ungleichmäßigen Blütenblättern, ein Baum mit Rissen in der Rinde, oder ein Stein, der asymmetrisch geformt ist – Notieren oder fotografiere 10 solcher „unvollkommenen" Elemente 3. **Analysieren:** – Überlegen: Welche dieser Elemente erfüllen dennoch wichtige Funktionen? Beispiele: Ein unregelmäßig geformter Baum bietet Schutz und Nahrung für Tiere. Ein gebrochener Ast liefert Lebensraum für Pilze und Insekten – Erkenne, wie die Natur Effizienz über Perfektion stellt 4. **Reflektieren:** – Übertrage diese Erkenntnis auf deine eigenen Projekte oder Aufgaben: Wo strebst du vielleicht nach Perfektion, obwohl es nicht nötig ist? Welche 80 % deiner Bemühungen erzielen trotzdem die gewünschten Ergebnisse – selbst wenn diese nicht „perfekt" sind? 5. **Unperfektion feiern:** – Suche gezielt nach einer unvollkommenen Aufgabe oder einem unvollendeten Projekt in deinem Leben, das dennoch funktional und wertvoll ist – Schreibe auf, warum diese „Imperfektion" nützlich oder sogar schön ist 6. **Umsetzen:** – Entwickle eine Strategie, bei der du Prioritäten auf Effizienz und Funktion legst, statt auf Perfektion – Schlussgedanken: Die Natur zeigt uns, dass Perfektion nicht nur unnötig, sondern oft unnatürlich ist. Stattdessen bringt uns das Erkennen der Schönheit und Effizienz in der Unvollkommenheit nicht nur inneren Frieden, sondern auch die Möglichkeit, unsere Energie und Ressourcen besser einzusetzen		

NNBI nachhaltige und naturbasierte Intervention

Tab. 4.11 Loslassen (Suffizienz)

MS-I6	Future-Skill-Kompetenz: zukunftsorientierte Gestaltungskompetenz			
Oberkategorie	NNBI Instrumentelles Stressmanagement – Suffizienz Ressourceneffizienz			
Name der Übung	Was ist genug?		Naturraum	Wald mit Flusslauf
Lernziel der Übung	Bewusster Umgang mit Ressourcen wie Zeit und Material. Suffizienz als Zugang zu Zufriedenheit und Wohlbefinden, Reizüberlastung detektieren		Material	Notizbuch, Kamera, Stifte
Zielgruppe	Stressbelastete Menschen, die getrieben sind und unter großer Anspannung leiden		Dauer	2 h
Übungsanleitung	1. **Ballast abwerfen und Steine sammeln** – **Durchführung:** Gehe in die Natur und sammle Steine. Jeder Stein steht symbolisch für etwas, das du als belastend empfindest, sei es eine Aufgabe, ein Kontakt oder ein Konsumwunsch. Beschrifte jeden Stein mit einem Wort oder einer kurzen Phrase, die beschreibt, was du loslassen möchtest. – **Rucksack:** Lege die Steine in einen Beutel oder Rucksack und trage diesen eine Weile mit dir. Reflektiere dabei, was in deinem Leben entbehrlich ist. – **Loslassen:** Finde einen Fluss oder ein anderes Gewässer und wirf die Steine hinein, während du dich bewusst von den Belastungen trennst. Fühle anschließend den leeren Rucksack und die Erleichterung, die das Loslassen mit sich bringt. 2. **Dankbarkeitsmeditation** – **Durchführung:** Setze dich an einen ruhigen Ort in der Natur. Schließe die Augen und konzentriere dich auf deinen Atem. Denke an Themen wie Familie, Beziehungen und Gesundheit. Notiere drei Dinge, für die du dankbar bist, und konzentriere dich auf das, was bereits in deinem Leben vorhanden ist, anstatt auf das, was fehlt. Die Natur, die dich umgibt, schenkt dir Leben. Werde dir dessen bewusst. Finde drei Aspekte und lasse diese dankbar aufsteigen, z. B. in Form von Sauerstoff. – **Ziel:** Förderung von Dankbarkeit und innerem Frieden durch die Fokussierung auf immaterielle Werte 3. **Weg der Achtsamkeit** – **Durchführung:** Mache einen achtsamen Spaziergang in der Natur. Achte auf deine Umgebung, die Geräusche, Gerüche und Farben. Lass alles los, was dich belastet, und konzentriere dich darauf, im Moment zu sein. Lass Dankbarkeit aufsteigen für all das Schöne, was dich umgibt. – **Ziel:** Stressreduktion durch Achtsamkeit und das Erleben der Gegenwart 4. **GENUG in der Natur** – **Durchführung:** Gehe in die Natur und nutze alle fünf Sinne. Notiere, welche Sinneserfahrungen dir das Gefühl von „genug" vermitteln (z. B. der Klang von Vögeln, der Duft von Blumen). – **Ziel:** Verbindung zur Natur und Erkennung von einfachen Freuden, die ein Gefühl von Fülle vermitteln und Stress reduzieren 5. **Welches Genug macht Glück?** – **Durchführung:** Suche verschiedene Gegenstände in der Natur, die für dich Glück symbolisieren. Überlege, ob diese Gegenstände materieller Natur sind oder ob es immaterielle Dinge sind, die dir Freude bereiten. – **Ziel:** Reflexion darüber, was es wirklich braucht, um Glück zu empfinden, und die Erkenntnis, dass Glück oft nicht von materiellen Dingen abhängt			

NNBI nachhaltige und naturbasierte Intervention

Übung MS-I7 – Grenzen setzen, Nein sagen

- **Die Kunst des Grenzen Setzens – Lektionen aus der Natur**

Ein Prinzip, das auch in der Natur fest verankert ist, ist die Kunst des Grenzen Setzens – Lektionen aus der Natur. Grenzen zu setzen, ist ein wesentlicher Bestandteil eines gesunden, selbstbestimmten Lebens. Grenzen haben in der Natur klare Aufgaben: Sie dienen dem Schutz von Ressourcen, dem Gleichgewicht und der Förderung des Überlebens. Natürliche Verbindungen zwischen Landschaften werden durch Flüsse hergestellt. Korallenriffe schützen ihre Gebiete vor Invasoren, während Tiere ihr Territorium verteidigen, um Nahrung und Schutz zu gewährleisten. Chaos würde ohne Einschränkungen entstehen – und das trifft auch auf unser Privatleben zu.

- **Natürliche Grenzen – Was wir von der Biologie für menschliche Systeme lernen können**

Grenzen trennen nicht nur – sie verbinden auch. In der Natur übernehmen Grenzen viele Aufgaben: Sie schützen, ermöglichen Austausch, fördern Vielfalt und helfen bei der Organisation komplexer Systeme. Diese Prinzipien lassen sich auf den Menschen, seine Beziehungen und soziale Systeme übertragen.

— Grenzen regulieren den Austausch

In der Biologie steuern Zellmembranen, was in eine Zelle hinein- oder hinausgelangt. Sie lassen Nährstoffe durch, halten aber Schadstoffe zurück (Alberts et al., 2022). Auch in zwischenmenschlichen Beziehungen oder Teams braucht es solche „durchlässigen" Grenzen: Wir können offen für andere sein, ohne unsere eigenen Bedürfnisse aus dem Blick zu verlieren.

— Übergänge fördern Vielfalt – „Bio-Diversität"

Dort, wo zwei Lebensräume aufeinandertreffen – zum Beispiel Wald und Wiese –, entsteht besonders viel Leben. Solche Übergangszonen heißen „Ecotone" und sind oft sehr artenreich (Odum & Barrett, 2005). Ähnlich entstehen in sozialen Gruppen kreative Ideen oft dort, wo unterschiedliche Menschen, Erfahrungen oder Fachrichtungen zusammenkommen.

— Klare Strukturen und gute Verbindung

In unserem Körper sind Verdauung und Blutkreislauf klar getrennt, aber gut aufeinander abgestimmt (Campbell et al., 2020). Auch in Organisationen ist z. B. eine klare Arbeitsteilung wichtig – aber nur, wenn die Bereiche miteinander kommunizieren und zusammenarbeiten.

— Schutz und Anpassung im Gleichgewicht

Ein Schildkrötenpanzer schützt zuverlässig, macht aber unbeweglich (King & Stanford, 2006). Die Blut-Hirn-Schranke dagegen schützt flexibel und kann sich je nach Bedarf öffnen oder schließen (Abbott et al., 2010). So auch in Organisationen oder Beziehungen: Regeln geben Sicherheit, dürfen aber nicht zu starr sein. Gleichzeitig braucht es die Fähigkeit, sich anzupassen, wenn sich die Lage verändert.

– Grenzen helfen bei der Selbstwahrnehmung

Das Immunsystem erkennt, was zum Körper gehört – und was nicht. Diese Fähigkeit zur Unterscheidung ist entscheidend für die Gesundheit (Janeway et al., 2001). Auch psychologisch sind Grenzen wichtig, um ein Gefühl von Identität und Eigenständigkeit zu entwickeln (Stern, 1985). Wer weiß, wo er selbst aufhört und der andere beginnt, kann klarer handeln und kommunizieren.

Grenzen in der Natur sind nie starre Mauern. Sie sind durchlässig, anpassungsfähig und vernetzend. Sie halten Systeme stabil und gleichzeitig offen für Entwicklung. Dieses Wissen lässt sich auf soziale Strukturen übertragen – für gesunde Beziehungen, gute Teamarbeit und lernfähige Organisationen.

Durch Grenzen können wir unsere Bedürfnisse, Werte und individuellen Freiräume schützen. Sie tragen dazu bei, dass Überforderung und Unwohlsein vermieden werden und dass Beziehungen klare Strukturen aufweisen. Dennoch haben viele Menschen Schwierigkeiten, Grenzen zu setzen und zu halten, häufig aufgrund von Angst vor Ablehnung, Konflikten oder Verlusten. Diese Übung hilft dir dabei, etwas über die Natur zu erfahren und deine eigenen Grenzen bewusst zu identifizieren, auszudrücken und konsequent einzuhalten (◘ Tab. 4.12).

◘ Tab. 4.12 Grenzen in der Natur – Überblick

MS-I7	Future-Skill-Kompetenz: regenerative Selbstführung		
Kategorie	Grenzsetzung beim Menschen	Beispiel aus der Natur	Transfer: Wie… und wofür ist es für dich gut?
1. Funktionelle Grenzen	Ermöglichen effektives Energiemanagement	Bienen begrenzen den Zugang zu ihrem Bienenstock, um ihre Honigvorräte zu schützen	Wie kannst du deine persönlichen Ressourcen so effektiv schützen wie Bienen ihren Honig? Wofür ist es für dich gut, deine Energie gezielt einzusetzen?
	Fördern gesunde soziale Dynamiken	Elefanten halten in ihrer Herde eine klare soziale Hierarchie aufrecht	Wie kannst du klare soziale Strukturen in deinem Umfeld etablieren, um Harmonie zu fördern? Wofür ist es für dich gut, harmonische Beziehungen zu pflegen?
	Schützen die Privatsphäre und persönliche Entwicklung	Schildkröten ziehen sich in ihren Panzer zurück, um sich vor Gefahren zu schützen	Wie kannst du dir einen sicheren Rückzugsort schaffen, wenn du Ruhe brauchst? Wofür ist es für dich gut, Zeiten der Ruhe und Reflexion zu haben?
2. Territoriale Grenzen	Definieren persönliche Komfortzonen	Korallenriffe bilden eine natürliche Grenze zwischen Küste und offenem Meer	Wie kannst du deine persönliche Komfortzone klar definieren und schützen? Wofür ist es für dich gut, einen Safe Place zu haben?

(Fortsetzung)

Tab. 4.12 (Fortsetzung)

	Trennen verschiedene Lebensbereiche	Zugvögel wechseln zwischen Sommer- und Winterquartieren	Wie kannst du einen klaren Wechsel zwischen Arbeit und Freizeit gestalten? Wofür ist es für dich gut, diese Bereiche zu trennen?
	Ermöglichen individuelle Entfaltung	Bäume in einem Wald konkurrieren um Licht und Raum für ihre Kronen	Wie kannst du dir den nötigen Raum für dein persönliches Wachstum sichern? Wofür ist es für dich gut, dich individuell zu entfalten?
3. Ökologische Grenzen	Schützen vor Überlastung	Bären halten Winterschlaf, um Energie zu sparen	Wie kannst du Ruhephasen in deinen Alltag integrieren, um Überlastung zu vermeiden? Wofür ist es für dich gut, regelmäßig zu regenerieren?
	Fördern von emotionaler Stabilität	Chamäleons ändern ihre Farbe, um sich an ihre Umgebung anzupassen	Wie kannst du dich flexibel an verschiedene Situationen anpassen, ohne dein inneres Gleichgewicht zu verlieren? Wofür ist es für dich gut, emotional stabil zu bleiben?
	Anpassung an verschiedene soziale Umfelder ermöglichen	Fische schwimmen in Schwärmen, um sich vor Raubtieren zu schützen	Wie kannst du dich in Gruppen integrieren, ohne deine Individualität aufzugeben? Wofür ist es für dich gut, dich verschiedenen sozialen Situationen anpassen zu können?
4. Evolutionäre Grenzen	Formen individuelle Persönlichkeiten	Darwinfinken haben unterschiedliche Schnabelformen entwickelt, um verschiedene Nahrungsquellen zu nutzen	Wie kannst du deine einzigartigen Fähigkeiten entwickeln und nutzen? Wofür ist diese Potenzialentfaltung gut außerhalb von dir?
	Fördern psychologische Resilienz	Kakteen haben dicke, wasserspeichernde Stämme entwickelt, um in der Wüste zu überleben	Wie kannst du innere Ressourcen aufbauen, um schwierige Zeiten zu überstehen? Wofür ist es für dich gut, widerstandsfähig zu sein?
	Ermöglichen persönliches Wachstum	Schmetterlinge durchlaufen eine vollständige Metamorphose von der Raupe zum Falter	Wie kannst du Veränderungsprozesse in deinem Leben positiv gestalten und nutzen? Wofür ist es für dich gut, persönlich zu wachsen und dich weiterzuentwickeln?

(Fortsetzung)

◘ **Tab. 4.12** (Fortsetzung)

5. Interaktionelle Grenzen	Fördern gesunde zwischenmenschliche Beziehungen	Putzerfische und größere Fische haben eine symbiotische Beziehung	Wie kannst du Beziehungen gestalten, die für alle Beteiligten von Vorteil sind? Wofür ist es für dich gut, gesunde Beziehungen zu pflegen?
	Ermöglichen Konfliktmanagement	Hirsche nutzen Geweihkämpfe, um Rangordnungen festzulegen, ohne sich ernsthaft zu verletzen	Wie kannst du Konflikte fair und ohne dauerhafte Schäden lösen? Wofür ist es für dich gut, Konflikte konstruktiv zu bewältigen?
	Schaffen Raum für gegenseitige Unterstützung	Ameisen arbeiten in klaren Rollenstrukturen zusammen, um ihre Kolonie zu erhalten	Wie kannst du Strukturen schaffen, die gegenseitige Unterstützung in deinem Umfeld fördern? Wofür ist es für dich gut, ein unterstützendes Netzwerk zu haben?
6. Soziale und Verhaltensgrenzen	Fördern respektvolles Sozialverhalten	Delfine kommunizieren durch Klicklaute und haben komplexe soziale Strukturen	Wie kannst du eine respektvolle und effektive Kommunikation in deinem sozialen Umfeld etablieren? Wofür ist es für dich gut, respektvoll zu kommunizieren?
	Definieren Rollen in Gruppen	Bienenvölker haben eine klare Arbeitsteilung zwischen Königin, Arbeiterinnen und Drohnen	Wie kannst du klare Rollen und Verantwortlichkeiten in deinen Gruppen definieren? Wofür ist es für dich gut, klare Rollen zu haben?
	Schützen Intimität in Beziehungen	Pinguine bilden lebenslange Paarbindungen und verteidigen ihr Nest gemeinsam	Wie kannst du Intimität in deinen Beziehungen schützen und gleichzeitig gemeinsam nach außen stark sein? Wofür ist es für dich gut, Intimität zu bewahren?
7. Geographische Grenzen	Ermöglichen kulturelle Vielfalt	Die Galápagos-Inseln beherbergen einzigartige Arten aufgrund ihrer geografischen Isolation	Wie kannst du deine kulturelle Identität bewahren und gleichzeitig offen für neue Einflüsse sein? Wofür ist es für dich gut, kulturelle Vielfalt zu schätzen?

(Fortsetzung)

4.1 · Multimodalen Stressmanagement durch NNBI erweitert

Tab. 4.12 (Fortsetzung)

	Fördern die Entwicklung verschiedener Perspektiven	Mangroven bilden eine einzigartige Übergangszone zwischen Land und Meer	Wie kannst du verschiedene Perspektiven in deinem Leben integrieren und daraus lernen? Wofür ist es für dich gut, unterschiedliche Sichtweisen zu berücksichtigen?
	Definieren persönliche Erfahrungshorizonte	Bergziegen leben in extremen Höhenlagen und haben sich an diese Umgebung angepasst	Wie kannst du dich an herausfordernde Situationen anpassen und dabei deine Grenzen erweitern? Wofür ist es für dich gut, deine Komfortzone zu verlassen und neue Erfahrungen zu machen?

Tab. 4.13 Territorium und Ressourcen – Grenzen setzen in der Natur

MS-I8	Future-Skill-Kompetenz soziale Mitverantwortung (Commons-Kompetenz)		
Oberkategorie	NNBI Instrumentelles Stressmanagement – Suffizienz Ressourceneffizienz		
Name der Übung	**„Territorium und Ressourcen – Grenzen setzen in der Natur"**	**Naturraum**	Naturgelände mit ausreichend Platz und natürlichen Materialien
Lernziel der Übung	– Bewusstsein für persönliche Grenzen und deren Kommunikation stärken – Erfahren, wie es sich anfühlt, Grenzen zu setzen und zu verteidigen – Verbindung zwischen persönlichen Ressourcen und Grenzen herstellen – Verschiedene Techniken des Grenzsetzens erproben und reflektieren – Teamwork und Kommunikation in herausfordernden Situationen üben – Reflexion über Ressourcennutzung und -schutz im größeren Kontext	**Material**	Naturmaterialien vor Ort, evtl. Seile oder Bänder zur Markierung von Territorien
Zielgruppe	Stressbelastete Menschen, denen Abgrenzung sehr schwer fällt	**Dauer**	3 h

(Fortsetzung)

◼ **Tab. 4.13** (Fortsetzung)

Übungs-anleitung	Ablauf: 1. **Einführung und Gruppeneinteilung (15 min)** – Erkläre den Ablauf und die Sicherheitsregeln – Teile die Gruppe in zwei Hälften (je 9 Personen) 2. **Territorium gestalten und Ressource wählen (25 min)** – Jeder Teilnehmer der ersten Gruppe gestaltet sein eigenes Territorium – Jeder wählt eine persönlich wichtige Ressource (z. B. Zeit, Gesundheit, Ruhe) – Suchen eines Naturgegenstands als Symbol für die Ressource. Dieser wird jeweils in den Kreis gelegt. Eine Gruppe befindet sich Innen im Kreis und hat jeweils einen Angreifer außerhalb des Kreises. Der Kreis muss entsprechend groß sein, dass alle ca. 2–3 m Platz haben 3. **Verteidigungsstrategie besprechen und auswählen (15 min)** – Einführung in die verschiedenen Techniken und Ausprobieren 4. **Neinsagetechniken erproben (45 min)** – Einführung verschiedener Techniken (5 min) – Praktisches Üben vier verschiedener Techniken in Paaren am Kreisrand (35 min) Techniken zum Ausprobieren: **a) Körperliche Präsenz:** Aufrechte Haltung, fester Stand, Blickkontakt *(Beispiel: Ein großer Baum, der durch seine Höhe und ausladenden Äste seinen Platz im Ökosystem behauptet und anderen Pflanzen Licht nimmt.)* **b) Positive Selbstinstruktion:** „Ich kann Nein sagen", „Meine Grenzen sind wichtig" *(Beispiel: Eine Schlange, die durch Zischen und Aufrichten signalisiert, dass sie ihre Grenzen verteidigt.)* **c) Selbstfürsorge:** Tiefer Atemzug, Schultern entspannen, dann Nein sagen *(Beispiel: Ein Fluss, der sich nach Überschwemmungen von selbst regeneriert und wieder in sein Bett zurückkehrt.)* **d) Tierische Kraft:** Wie ein Löwe brüllen oder wie ein Bär grollen *(Beispiel: Ein Löwe, der mit einem lauten Brüllen sein Revier markiert und Eindringlinge vertreibt.)* **e) Klare Ignoranz:** Bewusstes Nicht-Reagieren auf Grenzüberschreitungen *(Beispiel: Eine Wüste, die invasive Pflanzenarten ignoriert, weil sie unter den harschen Bedingungen nicht überleben können.)* **f) Spiegeln:** Die Körperhaltung des Gegenübers spiegeln und dann Nein sagen *(Beispiel: Zwei Hirsche, die beim Geweihkampf die Bewegungen des Gegners spiegeln, um Stärke zu demonstrieren.)* **g) Ich-Botschaften:** „Ich fühle mich unwohl, wenn …", „Ich möchte, dass …" *(Beispiel: Ein See, der durch Algenblüten „zeigt", dass zu viele Nährstoffe hinzugefügt wurden und er aus dem Gleichgewicht gerät.)* **h) Broken-Record-Technik:** Ruhig und beständig die gleiche Aussage wiederholen *(Beispiel: Gezeiten, die immer wieder die Küstenlinie zurückerobern und ihre Grenzen durch ständige Wiederholung definieren.)* 5. **Erste Runde: Verteidigung (20 min)** – Die zweite Gruppe versucht, die Territorien einzunehmen – Die erste Gruppe verteidigt ihre Territorien und Ressourcen unter Anwendung der gelernten Techniken

(Fortsetzung)

4.1 · Multimodalen Stressmanagement durch NNBI erweitert

◘ Tab. 4.13 (Fortsetzung)

6. **Rollentausch und Vorbereitung (20 min)**
   – Gruppen tauschen die Rollen
   – Neue Verteidiger gestalten Territorien und wählen Ressourcen
7. **Zweite Runde: Verteidigung (20 min)**
   – Die erste Gruppe versucht nun, die Territorien einzunehmen
   – Die zweite Gruppe verteidigt unter Anwendung der gelernten Techniken
8. **Reflexion in Kleingruppen (20 min)**
   – Gruppen von 4–5 Personen diskutieren ihre Erfahrungen
   – Leitfragen: Welche Techniken waren besonders effektiv? Was war herausfordernd? Wie habt ihr euch dabei gefühlt?
9. **Gemeinsame Reflexion und Transfer (25 min)**
   – Sammeln der Erkenntnisse aus den Kleingruppen
   – Diskussion über Ressourcenausbeutung und Nachhaltigkeit
   – Transfer in den Alltag: Wie können wir die gelernten Techniken im täglichen Leben anwenden?
10. **Abschluss und Zusammenfassung (10 min)**
    – Kernerkenntnisse zusammenfassen
    – Ermutigung zur weiteren Übung und Anwendung im Alltag
    – Dank und Verabschiedung

Sicherheitshinweise:
– Vor Beginn der Übung klare Regeln zur körperlichen Unversehrtheit besprechen
– Betonung auf respektvolle Kommunikation bei der Verteidigung
– Achtsamkeit gegenüber der Natur und den verwendeten Materialien

Reflexionsfragen für die Gesamtgruppe:
1. Welche Neinsagetechnik hat euch am meisten überrascht oder geholfen?
2. Wie hat sich eure Fähigkeit, Grenzen zu setzen, im Laufe der Übung verändert?
3. Welche Verbindungen seht ihr zwischen dem Schutz persönlicher Ressourcen und dem Schutz natürlicher Ressourcen?
4. Wie könnt ihr die gelernten Techniken in eurem Alltag anwenden?
5. Was nehmt ihr für den Umgang mit persönlichen Grenzen und Ressourcen mit?

Transfer:
Ermutige die TN, konkrete Situationen aus ihrem Alltag zu nennen, in denen sie die gelernten Techniken anwenden können. Diskutiert, wie die Erfahrungen aus der Übung helfen können, im täglichen Leben besser mit persönlichen Grenzen und Ressourcen umzugehen

Abschließende Reflexion:
Betone die Wichtigkeit, sowohl persönliche als auch natürliche Ressourcen zu schützen und nachhaltig zu nutzen. Rege die TN an, über ihre Rolle im größeren ökologischen und sozialen System nachzudenken und wie sie mit den neu erlernten Fähigkeiten positiv dazu beitragen können.

TN Teilnehmer:in/Teilnehmende
NNBI nachhaltige und naturbasierte Intervention

Tab. 4.14 Mein sicherer Ort in der Natur

MS-I9	Future-Skill-Kompetenz: naturbezogene Resonanzfähigkeit		
Oberkategorie	NNBI Instrumentelles Stressmanagement – Suffizienz Ressourceneffizienz		
Name der Übung	**Safe place**	**Naturraum**	Naturgelände mit ausreichend Platz und natürlichen Materialien
Lernziel der Übung	Durch diese Übung lernen die TN, ihre Bedürfnisse nach Sicherheit und Abgrenzung zu erkennen sowie innere Verbundenheit zu visualisieren und in den Alltag zu übertragen. Lernziel: Transfer von Erkenntnissen über persönliche Grenzen, Sicherheit und Stressbewältigung aus einer naturbasierten Übung in den Alltag.	**Material**	Naturmaterialien vor Ort, Baumaterialien aus der Natur
Zielgruppe	Stressbelastete Menschen, die wenig selbstfürsorglich sind und denen Regeneration fehlt	**Dauer**	3 h

Übungsanleitung Übungsabfolge	Schrittweise Abfolge:
	1. Problemidentifikation (5 min):
	  – Wähle eine Situation aus, die dich belastet oder in der du Stress mit anderen Menschen erlebst
	2. Kreation des sicheren Ortes (20 min):
	  – Begib dich in den Naturraum
	  – Wähle einen Ort und baue einen Kreis als deinen „sicheren Ort"
	  – Entscheide über:
	    a) Materialien zur Abgrenzung
	    b) Größe des Kreises
	    c) Einbeziehung natürlicher Elemente (z. B. Baum)
	    d) Innenausstattung
	    e) Öffnungen/Zugänge
	  – Betritt deinen Kreis und nimm bewusst wahr, wie dieser sich anfühlt
	3. Gallery Walk (30 min):
	  – Präsentiere deinen sicheren Ort der Gruppe
	  – Erkläre deine Gestaltungsentscheidungen
	  – Gezielte Fragen zu auffälligen Elementen durch Moderator:innen
	4. Reflexion und Diskussion (20 min):
	  – Diskutiere in der Gruppe die Bedeutung von Grenzen
	  – Erörtere mögliche Transfers in den Alltag
	5. Anpassung und Verbesserung (15 min):
	  – Bei Einverständnis: Gruppe macht Vorschläge zur Optimierung
	  – Erbauer:in nimmt gewünschte Änderungen vor
	  – Erbauer:in überprüft, ob die Änderungen eine Verbesserung darstellen
	6. Transfer in den Alltag (15 min):
	  – Diskutiere, wie die Erkenntnisse aus der Übung im Alltag angewendet werden können
	  – Fokussiere auf Themen wie:
	    a) Umgang mit Rückzug
	    b) Schaffung von Sicherheit
	    c) Setzen von Grenzen
	    d) Gestaltung eines sicheren Ortes
	    e) Methoden der Abgrenzung		

TN Teilnehmer:in/Teilnehmende
NNBI nachhaltige und naturbasierte Intervention

Tab. 4.15 Susi Sonnenschein (People Pleaser)

MS-I10	Future-Skill-Kompetenz: soziale Mitverantwortung (Commons-Kompetenz)		
Oberkategorie	NNBI Instrumentelles Stressmanagement – Suffizienz Ressourceneffizienz		
Name der Übung	**Susi Sonnenschein**	**Naturraum**	Naturgelände mit ausreichend Platz und natürlichen Materialien
Lernziel der Übung	Lernziel: Erkennen und Visualisieren von People-Pleasing-Verhalten und dessen Auswirkungen auf die eigenen Ressourcen und das Wohlbefinden. Aufbau eines bedürfnisbasierten Verhaltens. Diese Übung hilft den TN, ihr People-Pleasing-Verhalten zu visualisieren und die Notwendigkeit von Selbstfürsorge und Grenzsetzung zu erkennen.	**Material**	Naturmaterialien vor Ort, Äste und Zweige
Zielgruppe	Stressbelastete Menschen, die sich für andere verausgaben	**Dauer**	3 h

Übungsanleitung Übungsabfolge	Schrittweise Anleitung:
	1. Kreiserstellung (10 min):
	  – Baue einen Kreis aus Naturmaterialien, der dich selbst repräsentiert
	2. Sonnenstrahlen platzieren (15 min):
	  – Lege Äste als „Sonnenstrahlen" an den Kreis
	  – Jeder Strahl steht für eine Verpflichtung oder Beziehung, in der du es anderen recht machen willst (z. B. Chef:in, Kinder, Freunde)
	3. Selbstreflexion im Kreis (10 min):
	  – Stelle dich in den Kreis
	  – Erläutere jede Verpflichtung und wie du versuchst, es in dieser Beziehung recht zu machen
	  – Nimm bewusst wahr, wie es sich körperlich und emotional anfühlt, von diesen Verpflichtungen umgeben zu sein
	4. Gruppendiskussion (15 min):
	  – Thematisiere die Zentrifugalkraft: Energie fließt nach außen, Leere entsteht im Inneren
	  – Besprich die Unmöglichkeit, es allen recht zu machen
	  – Diskutiere die fehlende Balance und mangelnde Regeneration
	5. Optimierungsphase (15 min):
	  – Frage: „Wie könnte man die Aufstellung optimieren?"
	  – Sammle Ideen in einem Gruppen-Brainstorming
	  – Biete TN an, Veränderungen vorzunehmen (z. B. Strahlen teilweise abbauen)
	6. Abschlussreflexion (10 min):
	  – Lass TN beschreiben, wie sich die Veränderungen körperlich und emotional anfühlen
	  – Diskutiere, wie diese Erkenntnisse im Alltag umgesetzt werden können		

TN Teilnehmer:in/Teilnehmende
NNBI nachhaltige und naturbasierte Intervention

Diese erweiterte Tabelle bietet nicht nur Anregungen zum Lernen von der Natur, sondern regt auch dazu an, über den persönlichen Nutzen und die Bedeutung dieser Grenzen nachzudenken.

Übung MS-I8 – Territorium und Ressourcen – Grenzen setzen in der Natur
(Siehe ◘ Tab. 4.17).

Übung MS-I9 – Mein sicherer Ort in der Natur
(Siehe ◘ Tab. 4.14).

Übung MS-I10 – Susi Sonnenschein (People Pleaser)
(Siehe ◘ Tab. 4.19).

4.1.3 Regeneratives und palliatives Stressmanagement – Out of the box into nature – Im Natur-Raum im Körper ankommen

Entspannung zwischen Palliation und Regeneration

Das palliativ-regenerative Stressmanagement berücksichtigt im Bereich der Entspannung Palliation und Regeneration, um eine ganzheitliche Strategie zur Bewältigung von Stress zu entwickeln.

Die Palliation bezieht sich auf Maßnahmen zur kurzfristigen Linderung akuter Stresssymptome. Es geht hier darum, Stresssymptome zu verringern und den Betroffenen in stressigen Situationen Unterstützung zu bieten. Die Palliation ist in der Regel **reaktiv** und legt den Fokus auf die sofortige Entlastung.

Im Gegensatz dazu handelt es sich bei Regeneration um eine langfristige Strategie, um das körperliche und psychische Wohlbefinden wiederzugewinnen. Das Ziel besteht darin, regelmäßige Erholungsphasen zu etablieren, die dazu beitragen, die Widerstandsfähigkeit zu erhöhen und zukünftige Belastungen effektiver zu bewältigen. Regeneration zielt darauf ab, Stress **proaktiv** zu bewältigen, und legt den Fokus auf nachhaltige Methoden.

Beide Methoden sind für das palliativ-regenerative Stressmanagement von Bedeutung, da sie verschiedene Anforderungen angehen.

> **Palliation vs. Regeneration**
> Palliation zielt auf eine kurzfristige reaktive Linderung ab, während Regeneration proaktiv auf eine langfristige Stabilität und Widerstandsfähigkeit abzielt.

1. Bewegungsaktivitäten

Aktivitäten in der Natur tragen nicht nur zu einem körperlich besseren Wohlbefinden bei, sondern stärken auch die Beziehung zur natürlichen Umgebung. Hierbei haben wir die Möglichkeit, mittels der achtsamen und sinnlichen Wahrnehmung des eigenen Körpers im Kontakt mit dem natürlichen Raum (z. B. Wind oder Sonne im Gesicht) im Hier und Jetzt im Körper anzukommen. Achtsamkeit und Embodiment sind die Grundpfeiler in der Körper-Raum-Wahrnehmung.

Zwei exemplarische einfache Übungen, die das Ankommen im Körper im Raum fördern:
- **Achtsam laufen:** Laufe über einen Weg aus Sand, Moos oder Gras, um die verschiedenen Texturen der Natur zu erleben und eine tiefgehende Verbindung zur Erde herzustellen. Lenke deine Aufmerksamkeit beim Gehen auf die Berührung deiner Füße mit dem Boden. Spüre die Bodenbeschaffenheit und stelle dir vor, dass durch die Unebenheiten deine Füße massiert werden bzw. sie durch das Gehen die Erde massieren.
- **Achtsam stehen:** Nimm dir einen Moment Zeit, um innezuhalten und dich im Naturraum zu verorten. Nimm deine Haut bewusst wahr. Sie ist deine Grenze zum Außen, permeabel, nicht absolut. Welche Berührungen spürst du auf deiner Haut? Wind, Temperaturen, Licht … Schließe deine Augen und richte dich so aus, wie es dir gut tut.

2. Entspannungsverfahren

Klassische Entspannungsverfahren wie die progressive Muskelrelaxation nach Edmund Jacobson (PMR), Atementspannungen oder autogenes Training (AT) können naturbasiert umgesetzt werden. Auch hier verstärkt die Körper-Raum-Interaktion die klassische Entspannungsmethode durch die stressreduzierende Wirkung der Natur. Naturbasierte Zugänge können über die Wahl des Übungsraumes (siehe therapeutische Landschaften) wie z. B. auf einer Wiese, auf einer Waldlichtung, unter einem Baum, über sinnliche Zugänge wie z. B. Gerüche, Geräusche (Plätschern eines Baches, das Rauschen der Blätter im Wind) oder Tasterfahrungen (Wind im Gesicht) etabliert und über die Integration von Naturgegenständen in die Übung bereichert werden. Der Naturraum kann als Übungsraum mit sinnlicher Inbezugnahme genutzt werden. Hierbei kann das sensorische und affektive In-Beziehung-treten zum Naturraum auch inhaltlich und gegenständlich in die Übung integriert werden, z. B. mit dem Baum atmen, mit dem Wind loslassen.

Übungsimpulse für Entspannungsübungen:
- PMR auf Moos mit Blick auf die Baumwipfel, auf einer Sommerwiese im Park, PMR im Sitzen auf einer Bank unter einem Baum.
- Stehende Atemübung mit einem Baum (Photosynthese-Kreislauf)

Übung MS-Palliativ Regenerativ (PR) 1 – Kiefer unter Stress

Das Kiefergelenk, auch als Articulatio temporomandibularis bezeichnet, ist eines der komplexesten Gelenke des menschlichen Körpers. Es verbindet den Unterkiefer (Mandibula) mit dem Schläfenbein (Os temporale) und ermöglicht eine Vielzahl von Bewegungen, die für das Kauen, Sprechen und Schlucken essenziell sind. Stress kann das Kiefergelenk stark beeinträchtigen: Zähneknirschen und -pressen (Bruxismus) führen zu Muskelverspannungen, Schmerzen im Kiefer, Kopf, Nacken und Ohren sowie zu Entzündungen und Zahnschäden. Aufgrund der häufigen Stressmanifestation im Kiefer und der Namensgleichheit mit dem Baum Kiefer nutzen wir die Namensgleichheit zur Veranschaulichung zahlreicher NNBI-Zugänge:

- **1. Resilienz fördern: Die Kiefer (Pinus sylvestris) als Vorbild für Anpassungsfähigkeit**

Die Kiefer steht für Resilienz. Sie wächst unter extremen Bedingungen wie armen Böden, Wind und Frost. Mit ihrem tiefen und weitverzweigten Wurzelsystem erhält sie Stabilität und Zugang zu lebensnotwendigen Ressourcen. Diese Eigenschaften verdeutlichen die Bedeutung von starken Grundlagen – wie persönlichen Werten, sozialen Netzwerken oder innerer Stärke – in herausfordernden Zeiten. Resilienz beinhaltet nicht nur das Überstehen von Stürmen, sondern auch das Wachsen an ihnen. Die Kiefer demonstriert, dass Verwurzelung und Flexibilität zusammengehören (Abb. 4.1).

- **2. Terpen und Grün: Stressminderung durch den Atem der Bäume**

Die Kiefer produziert Terpene, ätherische Öle, die sie vor Schädlingen schützen und eine beruhigende Wirkung auf Menschen haben. Wissenschaftliche Studien belegen, dass das Einatmen dieser Terpene während des Aufenthalts in Wäldern Stresshormone wie Cortisol reduzieren kann. Auch die kräftige Farbe der Kiefernnadeln hat eine beruhigende Wirkung auf das Nervensystem und trägt zur Regeneration von Körper und Geist bei. Diese Einsichten werden in Konzepte wie das Waldbaden (Shinrin-yoku) integriert, das sich zunehmend als naturbasierte Methode zur Stressbewältigung verbreitet. Die Kiefer zeigt uns, wie wichtig es für die Stärkung unserer psychischen Gesundheit ist, regelmäßig in die Natur einzutauchen. (Li, 2018, Antonelli et al., 2021).

- **3. Den Rhythmus der Kiefer zum Vorbild nehmen**

Die Kiefer harmoniert mit den natürlichen Zyklen. Im Frühling und Sommer durchläuft sie Phasen intensiven Wachstums, während sie im Herbst und Winter Ruhephasen hat. Dieser Rhythmus verdeutlicht die Wichtigkeit der Balance zwischen Aktivität und Regeneration – ein Prinzip, das sowohl für unser

Abb. 4.1 Beispiel Kiefer – Bottom-up. (Eigene Darstellung, erstellt mit Canva. © Dr. med. Kristin Köhler, 2025)

4.1 · Multimodalen Stressmanagement durch NNBI erweitert

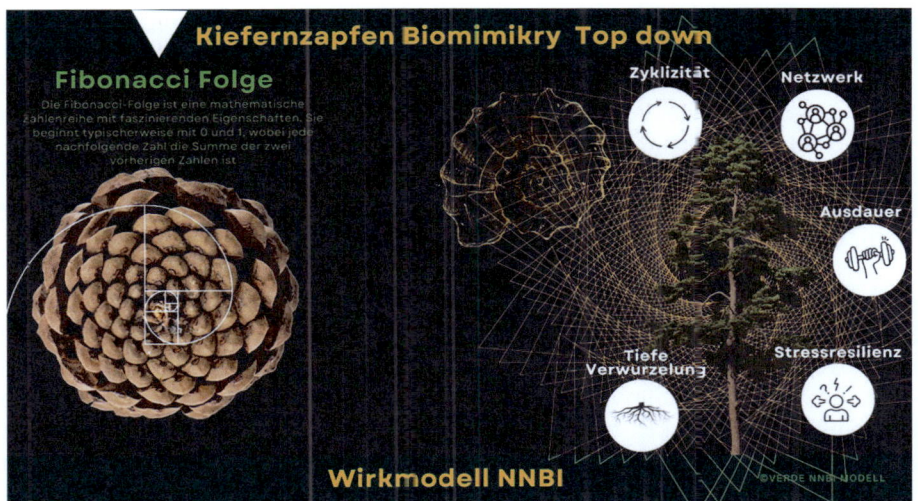

Abb. 4.2 Kiefer – Top-down-Beispiel. *NNBI* (Eigene Darstellung, erstellt mit Canva. © Dr. med. Kristin Köhler, 2025)

persönliches Ressourcenmanagement als auch für nachhaltige Wirtschaftssysteme von Bedeutung ist. Die Kiefer erinnert uns in einer hektischen Welt daran, dass Pausen grundlegend sind, um unsere langfristige Leistungsfähigkeit und Gesundheit zu gewährleisten (Abb. 4.2).

- **4. Inspiration zu Nachhaltigkeit**

Die Kiefer ist ein faszinierendes Beispiel für nachhaltige Intelligenz in der Natur. Seit Millionen von Jahren behauptet sie sich unter extremen Bedingungen – effizient, anpassungsfähig und ressourcenschonend. Ihre spiralige Struktur folgt dem Goldenen Schnitt und ermöglicht maximale Stabilität bei minimalem Materialeinsatz – ein Prinzip, das Leichtbauweise und Windkraft inspiriert. In trockenen Regionen überlebt sie, indem sie Tau sammelt und über Pilznetzwerke Wasser erschließt – Vorbild für Wassergewinnung und klimaresiliente Landwirtschaft. Ihre Nadeln nutzen auch diffuses Licht optimal und schützen sich zugleich vor Überhitzung – ein Modell für energiesparende Architektur und Photovoltaik. Und schließlich bildet sie unterirdische Netzwerke mit Pilzen, über die sie Nährstoffe und Warnsignale austauscht – eine Idee, die intelligente Energienetze und selbstheilende Materialien prägt. Die Kiefer zeigt: Nachhaltigkeit entsteht durch Effizienz, Kooperation und Kreislaufdenken.

- **5. Kiefernzapfen: Naturbelassene Massagebälle für Relaxation und Achtsamkeit**

Kiefernzapfen stehen nicht nur für Fruchtbarkeit und Erneuerung, sie können auch praktisch als natürliche Massagebälle verwendet werden. Die Hände und Füße erfahren durch ihre unregelmäßige Oberfläche mit den typischen Schuppen eine anregende Massage. Ein Zapfen wird gerollt – unter dem Fuß oder zwischen den Händen. Dadurch verbessert sich die Durchblutung, Verspannungen werden gelockert und die Nervenenden finden Anregung. Bei der Massage können gleichzeitig ätherische Öle aus dem Zapfen freigesetzt werden, die entspannend wirken. Diese unkomplizierte Anwendung verbindet Achtsamkeit mit körperlichem Wohlbefinden und ermöglicht eine unmittelbare Verbindung zur Natur. Auch sind Kiefernzapfen ein nachhaltiges Hilfsmittel – sie sind regional erhältlich und biologisch abbaubar. Sie machen uns bewusst, dass selbst kleine Dinge aus der Natur eine große Wirkung entfalten können.

- **6. Mythologie und Klugheit: Die Kiefer als Sinnbild für Dauerhaftigkeit**

Die Kiefer symbolisiert in zahlreichen Kulturen Beständigkeit, Weitblick und innere Kraft. Sie wird häufig mit Unsterblichkeit in Verbindung gebracht und steht für die Verbindung von Himmel und Erde. Die mythologische Bedeutung kann inspirierend wirken und dazu anregen, unsere eigene Naturverbundenheit zu stärken und nachhaltiger mit unseren Ressourcen umzugehen. Die Kiefer ist ein Symbol für unsere Zugehörigkeit zu einem größeren Netzwerk von Lebewesen, das nur durch wechselseitige Fürsorge bestehen kann.

- **7. Resilienz von Ökosystemen: Das Überleben hängt von der Vernetzung ab**

Kiefernwälder sind Experten im Vernetzen. Dank ihrer symbiotischen Beziehung zu Mykorrhiza-Pilzen können sie Nährstoffe effizient teilen und sich gegenseitig unterstützen – selbst unter schwierigen Bedingungen wie Dürren oder Waldbränden. Dieses Prinzip der Kooperation bietet eine kraftvolle Metapher für menschliche Netzwerke: Gemeinsam können wir Herausforderungen besser meistern und Ressourcen nachhaltig einsetzen.

- **8. Stressbewältigung durch Naturerlebnisse: Die Heilwirkung der Wälder**

In einem Kiefernwald zu verweilen, sorgt für körperliche Erholung und mentale Klarheit. Das Wechselspiel aus frischer Luft, Sonnenlicht in den Zweigen (Komorebi (木漏れ日), beruhigenden Düften (Terpene), üppigem Grün und dem sanften Rauschen der Bäume schafft eine Umgebung, die Stress abbaut und das Wohlbefinden fördert (Li, 2018, Antonelli et al., 2021).

Die Kiefer zeigt zusammengefasst auf eindrucksvolle Art und Weise, wie Resilienz gestärkt, Stress reduziert und Ressourcen nachhaltig verwaltet werden können – sowohl individuell als auch gesellschaftlich. Sie bringt uns die Ausgewogenheit zwischen Aktivität und Ruhepausen bei, inspiriert mit der Lehre von der Natur technologische Neuerungen und mahnt uns unsere innige Verbundenheit mit der Natur an. Wir können unser eigenes Leben bereichern und zu einer nachhaltigeren Welt beitragen, indem wir von ihr lernen.

- **Naturbasierte Imaginationen**

In der Psychotherapie, im Coaching und im Bereich der Gesundheitsförderung kommen naturbasierte Interventionen, die auf Imagination und Vorstellungskraft abzielen, zunehmend in den Fokus. Diese Methoden machen sich die Kraft der mentalen Visualisierung zunutze, um positive Auswirkungen auf das Wohlbefinden zu erzielen, indem sie Sinneseindrücke hervorrufen und eine intensivere Verbindung zur Natur schaffen.

Ein wesentlicher Mechanismus, durch den naturbasierte Interventionen im Bereich der Imagination wirken, ist die Aktivierung der Sinneseindrücke. Dies umfasst:
- visuelle Eindrücke (z. B. das Bild eines ruhigen Waldes)
- auditive Reize (z. B. das Rauschen von Blättern oder Wellen)
- olfaktorische Stimuli (z. B. der Duft von Kiefern oder frischem Gras)
- taktile Empfindungen (z. B. die Vorstellung, barfuß über Moos zu laufen)

Durch die mentale Aktivierung dieser Sinneseindrücke können positive Gefühle und Erinnerungen hervorgerufen werden, die mit Naturerfahrungen assoziiert sind.

Hier sind einige Arten, wie Imagination in diesem Zusammenhang wirkt:
- Kreative Problemlösung
- Erweiterung des Umweltbewusstseins
- Persönliches Wohlbefinden fördern
- Förderung von Empathie und ökologischem Verantwortungsbewusstsein

Übung MS-PR 2 – Wurzel-Imagination – Ein Teil der Natur sein

Ziel der Übung Diese Imagination unterstützt dich dabei, eine Verbindung zur Erde herzustellen und Stabilität, Kraft und Energie aus der Natur zu beziehen. Sie trägt dazu bei, die Wichtigkeit gesunder Böden und deren Funktion beim Schutz dieses essenziellen Elementes zu verdeutlichen.

Schließe die Augen und stell dir vor, wie deine Füße allmählich anfangen, sich mit dem Boden zu verbinden. Fühle, wie sie sich in starke, lebendige Wurzeln verwandeln, die tief in den Boden hineinwachsen. Spüre die frische, feuchte Erde unter deinen Füßen, das zarte Kitzeln von Mikroben und den erdigen Duft um dich herum. Deine Wurzeln dringen immer weiter in den Boden ein – durch weiche Erde, mineralreiche Schichten und bis zu einem stabilen Fundament. Spüre, wie Kraft in dir aufsteigt.

Fühle die Energie, die von der Erde durch die Wurzeln in deinen Körper strömt – eine starke Verbindung, die dir Stabilität und Gelassenheit verleiht. Denke daran, dass diese Verbindung nicht nur dir Stärke verleiht, sondern auch Teil eines umfassenderen Netzwerks ist: ein Netzwerk aus Pflanzen, Bäumen und Organismen, die alle auf gesunde Böden angewiesen sind. Stell dir die Vielfalt des Lebens im Boden vor – von winzigen Käfern bis zu filigranen Pilzfäden, die alles verknüpfen. Ein absoluter Reichtum. Ein Schatz zu deinen Füßen, der dich nährt und mit Kraft versorgt, dir Halt gibt.

Denke daran, wie wichtig gesunde Böden für das Leben auf der Erde sind: Sie nähren Pflanzen, reinigen Wasser und speichern Kohlenstoff – all dies sind Grundlagen des Lebens. Denke darüber nach, inwiefern deine Handlungen dazu beitragen können, diese Böden zu schützen – sei es durch nachhaltigen Konsum oder durch den Schutz natürlicher Lebensräume.

Übung MS-PR 3 – Kreislauf-Imagination – Integration in Zyklen und wechselseitige Abhängigkeit

Zweck der Übung Diese Imagination fördert dein Bewusstsein für die natürlichen Lebenszyklen und ihre tiefgehende Verbundenheit mit dir. Sie demonstriert, auf welche Weise dein Verhalten diese Kreisläufe schützen kann.

Schließe die Augen und visualisiere den Fall eines einzelnen Regentröpfchens aus einer dunklen Wolke. Höre das sanfte Trommeln des Regens auf den Blättern und fühle den kühlen Tropfen auf deiner Haut. Verfolge in deiner Vorstellung den Weg dieses Tropfens: Er dringt durch den weichen Boden ein und schlängelt sich zwischen den Wurzeln hindurch – dabei verbreitet er einen frischen Duft von Regen und Erde.

Stelle dir vor, wie dieser Tropfen eine Pflanze nährt – vielleicht eine Frucht oder ein Gemüse, das später auf deinem Teller landet. Male dir aus, wie der identische Tropfen zu einem Teil des Flusses wird – vernimm das wohltuende Plätschern des Wassers –, ehe er letztlich aus deinem Wasserhahn kommt und deinen Durst löscht. Fühle das kühle Wasser auf deinen Lippen und denke darüber nach, wie es deinen Körper erfrischt und dein Blut flüssig hält.

Erkenne deine enge Verbundenheit mit diesem Kreislauf: Der Regen bringt nicht nur Pflanzen und Flüssen Nahrung – er bringt auch deinem Leben Nahrung. Überlege, wie dein Verhalten – zum Beispiel durch Wassersparen oder nachhaltige Praktiken – dazu beitragen kann, diesen Kreislauf zu bewahren. Fühle deine Dankbarkeit für dieses natürliche Geschenk.

Übung MS-PR 4 Zukunftsbilder der Natur – Flourishing Vision

Ziel der Übung Diese Vorstellung regt die Entwicklung einer positiven Vision für eine nachhaltige Zukunft an und motiviert zur aktiven Mitwirkung bei deren Umsetzung.

Schließe die Augen und stell dir vor, du würdest 50 Jahre in die Zukunft reisen. Denke an einen Lebens- oder Arbeitsraum, in dem Naturverbundenheit und Nachhaltigkeit vollkommen umgesetzt wurden. Stell dir Häuser mit grünenden Fassaden vor – Pflanzen klettern an den Wänden empor und blühende Blumen locken Bienen an. Höre das Summen der Insekten und das Zwitschern der Vögel.

Atme tief ein und genieße die frische, sauerstoffreiche Luft aus den nahegelegenen Wäldern. Visualisiere, wie Sonnenstrahlen durch große Fenster hereinfallen und die Räume aufhellen; eventuell erblickst du auch Solarpanels, die auf den Dächern schimmern. Die Straßen werden von Bäumen gesäumt; auf den grünen Wiesen spielen die Kinder barfuß.

Erlebe die Harmonie dieses Ortes: Die Menschen leben im Einklang mit der Natur, schützen sie durch nachhaltige Technologien und achten ihre Grenzen. Lass deinem Einfallsreichtum freien Lauf: Wie sieht diese Welt aus? Was ist das für ein Gefühl? Schreibe oder male deine Vorstellung dieser Zukunft, um zu inspirieren, was möglich ist.

Übung MS-PR 5 Waldspaziergang – Die Klugheit der Bäume erleben

Übungsziel *Diese Vorstellung bietet dir die Möglichkeit, Resilienz, Vernetzung und Leichtigkeit aus dem Wald zu gewinnen. Mithilfe von Sinneseindrücken intensivierst du deine Beziehung zur Natur und kultivierst ein Gefühl der Fürsorge für sie.*

Schließe die Augen und visualisiere, wie du in einen dichten Wald eintrittst. Fühle den weichen Waldboden unter deinen Füßen – vielleicht bist du barfuß –, während deine Schritte sanft im Moos versinken. Lausche dem Rauschen der Blätter über dir im Wind. Wenige Sonnenstrahlen dringen durch das dicke Blattwerk hindurch, und so entstehen auf dem Boden tanzende Lichtflecken.

Tief durchatmen: Nimm die kühle Frische der Luft in deinen Lungen wahr – durchzogen vom Aroma von Harz und feuchtem Holz. Lass deinen Blick umherschweifen: Nimm das kräftige Blattgrün in allen Nuancen wahr, schaue dem Spiel von Licht und Schatten zwischen den Bäumen zu.

Denke daran, dass jeder Baum eine Geschichte erzählt – Geschichten von Resilienz gegen Stürme oder Dürreperioden; Erzählungen über Vernetzung durch unsichtbare Pilzfäden im Erdreich; Anekdoten von Unbeschwertheit, während sie im Winde tanzen. Auch du kannst dich von dieser Einsicht anregen lassen: Welche Merkmale kannst du ebenfalls nutzen? Vielleicht Resilienz im Angesicht von Herausforderungen? Oder eine Unbeschwertheit im Umgang mit Stress?

Fühle Dankbarkeit für diese Bäume, ihre frische Luft und ihre Bedeutung im Ökosystem. Überlege dir, wie dein Verhalten zum Schutz dieser Wälder beitragen kann – sei es durch Aufforstung oder nachhaltige Lebensweisen. Diese vier Übungen bieten die Möglichkeit, über Sinneseindrücke eine tiefere Verbindung zur Natur herzustellen und eine Fürsorge für sie zu entwickeln. Jede Vorstellung bietet neben Entspannung und Achtsamkeitserfahrungen auch einen Anreiz, aktiv Verantwortung für unsere Mitwelt zu übernehmen – für uns selbst und die kommenden Generationen!

3. Regeneration und Wandel

(Siehe ◘ Abb. 4.3).

Regeneration – Schlüsselprinzip des Wandels in der Natur

Regeneration ist ein zentrales Prinzip natürlicher Systeme – sie ermöglicht Heilung, Anpassung und langfristige Stabilität. Auf zellulärer Ebene schützt die kontinuierliche Erneuerung, etwa der Haut, vor äußeren Einflüssen (Proksch et al., 2008). Nach Verletzungen läuft die Wundheilung über koordinierte Phasen ab (Guo & DiPietro, 2010); Knochen reparieren sich in einem mehrwöchigen, strukturierten Prozess (Schindeler et al., 2008).

Auch Tiere und Pflanzen verfügen über beeindruckende Regenerationsmechanismen: Eidechsen regenerieren ganze Körperteile (Bely & Nyberg, 2009), Pflanzen vermehren sich vegetativ durch abgeschnittene Teile. Auf Ökosystemebene zeigt sich Regeneration etwa in der sekundären Sukzession, wenn sich Wälder nach Bränden schrittweise erneuern – essenziell für Biodiversität und Resilienz (Walker & del Moral, 2009).

◘ **Abb. 4.3** Die 5 Sphären des regenerativen Wandels. (Eigene Darstellung, erstellt mit Canva. © Dr. med. Kristin Köhler, 2025)

Regeneration ist somit kein statischer Erhalt, sondern ein dynamischer Prozess des Wiederaufbaus und der Erneuerung – biologisch, ökologisch und evolutionär.

Die Fähigkeit zur Regeneration – auf zellulärer, individueller und ökologischer Ebene – zeigt, dass Leben von Natur aus auf Erneuerung, Anpassung und zyklischen Wandel ausgerichtet ist. Dieses Prinzip ist nicht nur biologisch relevant, sondern lässt sich auch auf psychosoziale und gesellschaftliche Kontexte übertragen. In einer Zeit multipler Krisen und wachsender Komplexität eröffnet ein regeneratives Verständnis von Entwicklung neue Wege des Denkens und Handelns. An diesem Punkt setzen die **fünf Sphären des Wandels** an: ein integratives Konzept, das auf den Prinzipien von Regeneration, Achtsamkeit und Verbundenheit basiert und als Landkarte für individuelle wie kollektive Transformation dienen kann.

Die 5 Sphären des Wandels stellen ein integratives Konzept dar, das auf den Werten der Regeneration, Achtsamkeit und Verbundenheit fußt. Diese fünf Sphären stehen in Verbindung zueinander und ermöglichen einen integrativen Ansatz zur Entwicklung von Individuen, Organisationen und Gesellschaften in einer immer komplexer werdenden Welt.

- **Ressourcierung – Rückbindung zu Natur und Körper:** In diesem Bereich steht die bewusste Verbindung mit den natürlichen Ressourcen und dem eigenen Körper im Fokus. Ziel ist es, innere Kraftquellen zu aktivieren, indem man sich auf natürliche Rhythmen und die Kraft der Erde besinnt. Diese Rückbindung unterstützt Regeneration und nachhaltige Energiequellen auf individueller wie auch auf kollektiver Ebene.

- **Rhythmusbewusstsein – Leben im Einklang mit der Natur:** In diesem Bereich wird die Wichtigkeit von zyklischem Denken und Handeln hervorgehoben. Arbeits- und Lebensprozesse werden so gestaltet, dass sie den natürlichen Rhythmen – wie den Tages- und Jahreszeiten – nicht entgegenstehen, sondern mit den natürlichen Zyklen verlaufen. Ein Bewusstsein für diese Rhythmen trägt dazu bei, einen gesunden und nachhaltigen Lebensstil zu führen.
- **Resonanzbeziehungen – Ko-regulative Verbindung zu Mensch & Natur:** Der Begriff Resonanz beschreibt die wechselseitige Beziehung zwischen Menschen und ihrer Mitwelt. Diese Sphäre trägt dazu bei, zu verstehen, dass jede Handlung in einem Beziehungsnetz wirkt – zwischen Individuen und ihrer Umwelt. Es handelt sich um eine Kommunikation, ein Zuhören und ein Handeln auf tiefgehender Ebene, die das Wohlbefinden aller und den Ausgleich fördert.
- **Neuausrichtung der Verantwortung – Vom Ego zum Eco in Kooperation:** In diesem Bereich erfolgt ein Wandel hin zu einem gemeinschaftlichen, ökologischen Handeln, weg von einer isolierten, egozentrischen Verantwortung. Es handelt sich um den Übergang von individueller zu kollektiver Verantwortung, wobei nachhaltige Zusammenarbeit, Fürsorge und ein respektvoller Umgang mit natürlichen und menschlichen Ressourcen im Mittelpunkt stehen.
- **Regenerative Gestaltung – Eine Organisations- und Alltagskultur, die von ökologischen Aspekten inspiriert ist:** In dieser Sphäre geht es um die Entwicklung nachhaltiger, regenerativer Systeme in sämtlichen Lebensbereichen – von der Arbeitswelt über das Alltagsleben bis zu gesellschaftlichen Strukturen. Es geht darum, Systeme zu schaffen, die nicht nur effizient sind, sondern auch in der Lage sind, sich selbst zu regenerieren und langfristig das Wohl von Mensch und Umwelt zu fördern.

Mentale Regeneration im Umgang mit Stress: Relevanz und Ansätze

Auch die mentale Regeneration spielt eine wichtige Rolle bei der Aufrechterhaltung der psychischen Gesundheit und bei der Bewältigung von Stress. Eine Vielzahl von gesundheitlichen Problemen, von Herz-Kreislauf-Erkrankungen bis hin zu psychischen Störungen wie Angst und Depression, werden im modernen Leben durch chronischen Stress verursacht. Die Förderung der mentalen Regeneration trägt dazu bei, die Folgen von Stress zu reduzieren und die psychische Gesundheit zu erhalten (Kaplan, 1995).

Schlaf stellt eine wichtige Methode für die Regeneration des Geistes dar. Das Gehirn erholt sich in den Phasen des Tiefschlafs, indem es giftige Abfallprodukte beseitigt und die Gedächtnisinhalte festigt. Ein ausgewogener Schlafzyklus ist für die Erhaltung der kognitiven Fähigkeiten und des emotionalen Wohlbefindens von entscheidender Bedeutung (Walker, 2017).

Achtsamkeit und Meditation stellen weitere bedeutende Methoden zur Förderung der mentalen Erholung dar. Diese Methoden unterstützen die Entspannung, verringern den Stresspegel und erhöhen die Belastungsresistenz. Regelmäßige Praxis der Meditation kann dazu beitragen, die Cortisolwerte zu reduzieren und die Konzentration sowie die geistige Klarheit zu steigern (Goyal et al., 2014).

Die Relevanz der Erholung für das Wohlbefinden

Regeneration ist sowohl für die Natur als auch für den Menschen eine wichtige Ressource. In der Natur trägt sie zur Fortpflanzung von Lebewesen und zur Stabilität von Ökosystemen bei. Beim Menschen ist sie unverzichtbar, um die körperliche Gesundheit aufrechtzuerhalten und sich nach Verletzungen wieder zu erholen. Um langfristig gesund und widerstandsfähig zu bleiben, ist die mentale Regeneration durch Schlaf, Achtsamkeit und Erholung von entscheidender Bedeutung, insbesondere in der heutigen stressigen Welt.

Embodiment in der Natur als Teil der regenerativen und palliativen Stressbewältigung

Embodiment beschreibt das Zusammenspiel von Körper und Geist und erklärt, wie physische Erfahrungen unsere psychischen Vorgänge beeinflussen und umgekehrt. Dieser Ansatz besagt, dass Bewusstsein und kognitive Funktionen nicht unabhängig vom Gehirn vorkommen, sondern ständig mit dem Körper in Wechselwirkung stehen (Mommert-Jauch, 2023). Da sich natürliche Umgebungen nicht nur auf die Sinne auswirken, sondern auch tiefere emotionale und physiologische Reaktionen hervorrufen können, ist Embodiment in der Natur besonders kraftvoll anzuwenden.

Die Bedeutung der Natur für das Embodiment: Die Natur bietet zahlreiche Möglichkeiten zur Förderung des Embodimentkonzeptes. Eine tiefere Verbindung zu ihrem Körper und ihrer Umgebung kann durch Aktivitäten wie Waldbaden, Achtsamkeitsmeditation oder Bewegungsübungen im Freien hergestellt werden. Diese Methoden tragen dazu bei, Stress zu reduzieren, indem sie den Blick auf die aktuellen Sinneseindrücke lenken und ein Gefühl der Verbundenheit mit der Umgebung schaffen. Im Zuge des regenerativen Stressmanagements hat Embodiment zum Ziel, die Regeneration des Körpers und die Stärkung der Resilienz zu bewirken. Menschen können mithilfe von gezielten Übungen zur Bewegung und Achtsamkeit in der Natur lernen, ihre körperlichen Gefühle besser zu erkennen und zu kontrollieren. Frischluft und natürliche Umgebungen haben nicht nur positive Auswirkungen auf die körperliche Gesundheit, sondern auch auf die psychische Stabilität.

Fazit Eine vielversprechende Möglichkeit, regenerative und palliative Ansätze zu unterstützen, besteht darin, Embodiment-Praktiken in naturbasierte Stressmanagementprogramme zu integrieren. Individuen können durch eine enge Bindung zur Natur ihre Widerstandsfähigkeit verbessern und ein ausgewogeneres emotionales Gleichgewicht finden. Die Natur ist ein perfekter Ort für solche Praktiken, da sie sinnliche Erfahrungen, Bewegungsfreiheit und ein Gefühl der Verbundenheit mit der Umwelt mit sich bringt.

Übungen zur Erholung, zum Schlafen und zur Regeneration sind für das Stressmanagement und das generelle Wohlbefinden von wesentlicher Bedeutung.

4.1 · Multimodalen Stressmanagement durch NNBI erweitert

Es sollte darauf geachtet werden, die passende Technik an das individuelle Anspannungslevel anzupassen. Sanfte Übungen wie Atemtechniken und Qigong werden empfohlen, wenn das Anspannungslevel niedrig ist, da sie die Atmung regulieren und innere Ruhe fördern.

Wenn das Anspannungsniveau im mittleren Bereich liegt, können Techniken wie Achtsamkeitsmeditation und progressive Muskelentspannung (PMR) hilfreich sein. Diese Methoden helfen, körperliche Spannungen zu reduzieren und die mentale Klarheit zu fördern.

Aktivere Methoden sind bei einem höheren Anspannungslevel geeignet, da sie dazu beitragen, Spannungen abzubauen und die Muskulatur zu stärken.

Die regelmäßige Anwendung dieser Übungen kann die Bewältigung von Stress auf lange Sicht verbessern und die Lebensqualität erhöhen (◘ Tab. 4.16).

Übung MS-PR 6 – Imaginationsreise Achtsames Essen
- Imaginationsreise: Vom Wachstum der Weintraube bis zum achtsamen Verzehr

Stell dir vor, dass du dich in einer malerischen Weinanbauregion befindest. Die sanften Hügel werden von der Sonne warm beleuchtet, während sich die Reben in unendlichen Reihen vor dir ausbreiten. Der süße Geruch der reifen Trauben, die von den Pflanzen abhängen, erfüllt die Luft.

Beginnen wir damit, dass wir uns mit dem Wachstum der Weintraube befassen. Stell dir vor, wie im Frühjahr die Reben aus dem Boden wachsen. Für die Aufnahme von Nährstoffen und Wasser graben sich die Wurzeln tief in die Erde. Als sich die ersten Blätter öffnen, erscheinen kleine Blüten, die sich später in Trauben verwandeln. Denke daran, dass die Sonne den Trauben Licht gibt und der Regen ihnen Wasser gibt.

Denke nun daran, die Reben zu pflegen. Um die Weinqualität zu steigern, schneiden die Winzer die Triebe. Sie beseitigen Unkraut und gewährleisten, dass den Pflanzen ausreichend Licht und Luft zugeführt werden. Diese gründliche Arbeit ist von wesentlicher Bedeutung für das nachfolgende Aroma und den Geschmack der Weintrauben.

Die Ernte und die Verarbeitung
Wenn es Herbst wird, beginnt die Erntezeit. Denke darüber nach, wie die Trauben aus den Rebstöcken entnommen werden. Oftmals wird diese Arbeit manuell durchgeführt, damit die empfindlichen Trauben nicht beschädigt werden. Die Weintrauben kommen in Körben zusammen und werden in das Kelterhaus gebracht.

Zur Erhaltung ihrer Frische und Qualität erfolgt der Transport der Trauben in besonderen Behältern. Nach ihrer Ankunft im Kelterhaus werden sie umgehend verarbeitet. Um den Saft zu gewinnen, werden die Trauben gewaschen, entstielt und gepresst. Stell dir die Geräusche und Düfte vor, die diesem Vorgang zukommen – das Quetschen der Trauben und der süße Duft des frischen Traubensaftes.

◘ **Tab. 4.16** Überblick Entspannung

Entspannungskategorien	Beschreibung	Beispiele für naturbasierte Übungen	Zu erwartende Wirkungen
1. Atemtechniken	*Übungen, die sich auf bewusstes Atmen konzentrieren, um Entspannung zu fördern*	– Atemübungen im Freien – Naturgeräusche bewusst hören, während man atmet – Zwerchfellatmung – Achtsame Atemmeditation – Atmen mit Bewegung (z. B. beim Yoga) – Atempausen nach dem Ausatmen – Visualisierung des Atems in der Natur – Atemübung mit Fokus auf den Herzschlag	Senkung der Herzfrequenz, Reduzierung von Stresshormonen, Verbesserung der Sauerstoffversorgung und des allgemeinen Wohlbefindens (Körperebene)
2. Bewegungsbasierte Übungen	*Physische Aktivitäten, die sowohl den Körper bewegen als auch zur Entspannung beitragen*	– Spaziergang im Wald (Waldtherapie) – Barfußlaufen auf natürlichem Untergrund – Yoga im Freien – Tai Chi im Park – Gartenarbeit – Radfahren in der Natur – Wandern auf Naturpfaden – Schwimmen in einem See oder Fluss – Pilates im Freien – Tanz im Freien	Verbesserung der Durchblutung, Freisetzung von Endorphinen, Abbau von Muskelverspannungen, Stärkung des Herz-Kreislauf-Systems (Körperebene)
3. Achtsamkeitsbasierte Übungen (äußere Achtsamkeit)	*Praktiken, die sich auf die bewusste Wahrnehmung von äußeren und inneren Erfahrungen konzentrieren*	– 5-Sinne-Übung in der Natur (Sehen, Hören, Riechen, Schmecken, Fühlen) – Achtsames Essen im Freien – Achtsames Gehen – Naturgeräusche bewusst wahrnehmen – Beobachtung der Umgebung – Achtsames Sitzen und Fühlen des Bodens – Achtsame Berührung von Pflanzen – Journaling über Naturerlebnisse – Achtsamkeitsspaziergang – Meditatives Lauschen auf Naturgeräusche	Erhöhung der Selbstwahrnehmung, Verbesserung der Konzentration, Förderung der emotionalen Resilienz (Kognitive und Gefühlsebene)

(Fortsetzung)

◨ **Tab. 4.16** (Fortsetzung)

Entspannungskategorien	Beschreibung	Beispiele für naturbasierte Übungen	Zu erwartende Wirkungen
4. Meditative Naturverbindung	Übungen, die die Verbindung zur Natur und deren Elementen nutzen, um Ruhe zu finden	– Progressive Muskelentspannung (PME) unter freiem Himmel – Naturgeräusche bewusst hören – Waldbaden – Naturmeditation – Erdungstechniken – Naturbeobachtungen (z. B. Vögel, Pflanzen) – Pflanzenpflege im Freien – Sammeln von Naturmaterialien (z. B. Steine, Blätter) – Teilnahme an Naturführungen – Reflexion über die eigene Verbindung zur Natur	Stärkung des Wohlbefindens, Verbesserung der Stimmung, Förderung der Achtsamkeit und der emotionalen Stabilität (Gefühlsebene)
5. Rasten in der Natur	Innehalten in der Natur in sitzender, liegender oder stehender Position	– Sitzen auf einer Bank mit einem Ausblick – Stehen auf einem Gipfel – Hängen in einer Hängematte im Wald – Liegen auf dem Moosboden – Sitzen am Ufer eines Sees oder am Ufer eines Flusses mit den Füßen im Wasser	Stärkung des Wohlbefindens im Nichtstun und Genuss in der Regeneration

Lieferkette und Transport

Denke jetzt an die Weinreise. Große Fässer mit frisch gepresstem Traubensaft werden verwendet, um ihn zu gären und zu reifen. In dieser Zeit formt er seinen unverwechselbaren Geschmack. Denke darüber nach, wie Wein in unterschiedlichen Gegenden und Ländern transportiert wird, damit er letztendlich in den Regalen von Restaurants und Geschäften erscheint.

Denke an die vielfältigen Personen, die an diesem Ausflug beteiligt sind – die Winzer, die Erntehelfer, die Transportarbeiter und die Kaufleute. In der Lieferkette, die von der Traube bis zum Glas reicht, spielen sie alle eine bedeutende Funktion.

Jetzt geht es um den abschließenden Teil unserer Reise – den achtsamen Konsum. Stell dir vor, du sitzt an einem Tisch und bist von Freunden oder Familie umgeben. Ein Glas Wein aus den Trauben, die du zuvor in deiner Vorstellung gesehen hast, befindet sich vor dir.

Nimm dir einen Augenblick Zeit für den Wein. Versuche, die unterschiedlichen Aromen des Weines zu riechen – die Fruchtigkeit, die Gewürze oder sogar einen Hauch von Holz.

Nimm einen Schluck und lass den Wein auf deiner Zunge liegen. Verkoste, wie er sich anfühlt, welche Aromen sich entwickeln und welcher Geschmack im Mund verbleibt. Erlebe diesen Augenblick der Freude und Achtsamkeit. Erinnere dich daran, dass dieser Wein das Resultat von mühsamer Arbeit, gewissenhafter Pflege und einer dauerhaften Bindung zur Natur ist.

Wenn du bereit bist, kehre langsam in die Gegenwart zurück, um die Imaginationsreise zu beenden. Die Bedeutung von nachhaltigem Anbau, Sorgfalt bei der Verarbeitung und achtsamer Genuss sind die Erkenntnisse aus dieser Reise. Denke daran, dass deine Gesundheit und die unseres Planeten durch jede Entscheidung beeinflusst werden, die du beim Kauf und Verzehr von Lebensmitteln triffst.

Nutze diese Imaginationsreise, um dir bewusst zu machen, wie wichtig es ist, achtsam zu essen und die Verbindung zu den Lebensmitteln, die wir konsumieren, zu schätzen.

4.2 Achtsamkeit in und mit Natur

4.2.1 Einführung in das Konzept der Achtsamkeit

Jon Kabat-Zinn hat Achtsamkeit, ein Konzept, das seinen Ursprung in den spirituellen Traditionen des Ostens hat, in den medizinischen Kontext des Westens gebracht. „Eine bestimmte Art der Aufmerksamkeit, die absichtsvoll, auf den gegenwärtigen Moment gerichtet und nicht wertend ist", war Kabat-Zinns Definition von Achtsamkeit (Kabat-Zinn, 2016). Diese Praxis beinhaltet sowohl formale Formen der Meditation, wie zum Beispiel Sitz- und Gehmeditation, als auch ungezwungene Methoden der Meditation, wie zum Beispiel achtsames Essen oder Zuhören. Achtsamkeit bildet eine Verbindung zwischen Körper und Geist, fördert die Selbstregulation und stärkt die Selbstregulation.

Die Praxis der Achtsamkeit stammt aus den östlichen Religionen, vor allem aus dem Buddhismus, wo sie unter dem Namen „Sati" eine bedeutende Funktion innehat. Der vietnamesische Zen-Meister Thich Nhat Hanh und der Mediziner Jon Kabat-Zinn brachten die Praxis in den Westen in einer allgemeingültigen, alltäglichen Form. Er unterstrich die Wichtigkeit der Achtsamkeit im Zusammenhang mit Mitgefühl und Frieden. Jon Kabat-Zinn hat diese Grundsätze auf den weltlichen und medizinischen Bereich angewendet und Programme wie MBSR (Mindfulness-Based Stress Reduction) entwickelt, die auf der ganzen Welt eingesetzt werden.

4.2.2 Der Wirkkreis der Achtsamkeit nach Daniel Siegel (2010)

Die Wirkrichtung der Achtsamkeit kann in einem Kreis in vier Quadranten aufgeteilt werden. Eine Hälfte des Aufmerksamkeitskreises lenkt die Beobachtung ins Innere. In einem Quadranten sind geistige Objekte im Bewusstseinsfeld wie Gedanken oder Gefühle und der zweite Quadrant steht für eine auf den Körper ausgerichtete Aufmerksamkeit (Interozeption). In der zweiten Hälfte des Kreises kann die Aufmerksamkeit nach außen gerichtet werden. Dies stellt die äußere oder 5-Sinne-Achtsamkeit dar, die vorwiegend in NNBI genutzt wird. Der vierte Quadrant stellt diejenige Aufmerksamkeit dar, die die Verbindung mit dem Außen im Sinne des Interbeings oder der Interconnectedness beobachtet. Dies spielt eine zentrale Rolle beim Thema der Interdependenz (Siegel, 2010; ◘ Abb. 4.4).

4.2.3 Das Kreuz der Achtsamkeit

Die vertikale Achse der inneren Haltung (Kabat-Zinn, 2016) legt den Fokus auf die Etablierung einer besonderen inneren Haltung, der eines inneren Beobachters. Die horizontale Achse spiegelt die Regulierung der Aufmerksamkeit im Tun wider, zwischen vertiefend eng oder weit. (Siegel, 2010).

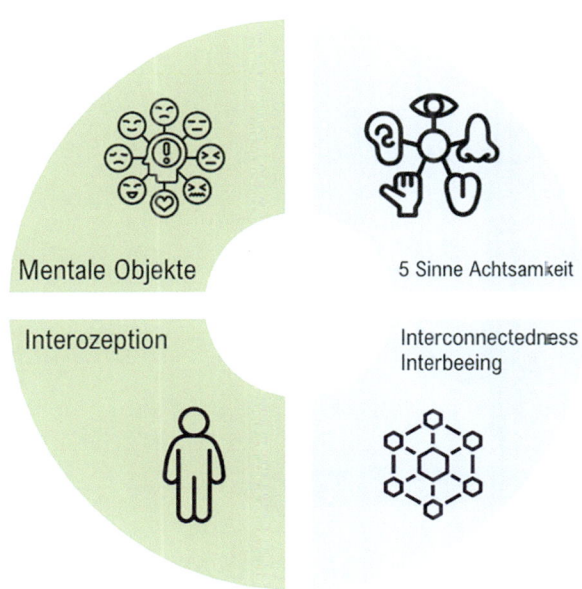

◘ **Abb. 4.4** Ausrichtung der Achtsamkeit. (Eigene Darstellung, erstellt mit Canva. © Dr. med. Kristin Köhler, 2025)

4.2.4 Achtsamkeit als informelle Meditation im Alltag

Achtsamkeit wird auch als eine Form der informellen Meditation bezeichnet, bei der bewusste Aufmerksamkeit während alltäglicher Aktivitäten Raum für Reflexion und Entspannung bietet. Sie unterstützt die Einbindung der Präsenz in den Alltag, unabhängig von einem formellen Rahmen für Meditation (◘ Abb. 4.5).

4.2.5 Achtsamkeit und Stressbewältigung

Achtsamkeit wirkt bei der Bewältigung von Stress besonders effektiv, da sie auf physischer und psychologischer Ebene gleichermaßen wirksam ist. Oftmals entsteht Stress durch automatisierte Denkmuster, Überlastung durch äußere Reize und das Unvermögen, emotionale Belastungen zu kontrollieren. Hier haben Achtsamkeit die folgenden Vorzüge:

Achtsamkeit hilft dabei, stressauslösende Reaktionen frühzeitig zu identifizieren und zu stoppen. Neurowissenschaftliche Untersuchungen deuten darauf hin, dass Achtsamkeit dazu beiträgt, die Aktivität der Amygdala zu verringern, die für Angst und Stress verantwortlich ist. Gleichzeitig stärkt sie den präfrontalen Cortex, der für rationale Entscheidungen und Emotionskontrolle verantwortlich ist (Hölzel et al., 2011).

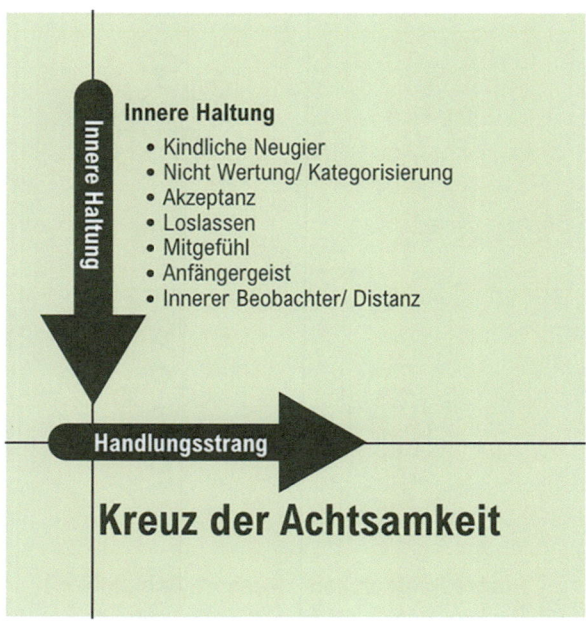

◘ Abb. 4.5 Kreuz der Achtsamkeit. (Eigene Darstellung, erstellt mit Canva. © Dr. med. Kristin Köhler, 2025)

4.2.6 Innere Haltung und physiologische Effekte

Achtsamkeit etabliert des Weiteren den sogenannten Inneren Beobachter mit den Qualitäten der kindlichen Neugier, des Nicht-Bewertens, des Nicht-Kategorisierens, der Annahme und Akzeptanz, des Mitgefühls und des Loslassens. Diese mentale Technik des inneren Beobachters stärkt die Desidentifikation zu dem beobachteten Objekt und gleichzeitig die Verankerung der achtsamen Person im Hier und Jetzt mit einer positiven und proaktiven, mitfühlenden und annehmenden Grundhaltung dem Leben und all seinen Ausprägungen gegenüber. Dies ermöglicht es, schwierige Gefühle und Gedanken ohne Bewertung anzunehmen und nicht auf alle Reize ad hoc zu reagieren. Diese innere Haltung kann Stress reduzieren. Durch regelmäßige Achtsamkeitsübungen wird z. B. die Herzfrequenz gesenkt, die Ausschüttung von Stresshormonen wie Cortisol verringert und eine entspannte Atmung gefördert (Kabat-Zinn, 2016).

4.2.7 Achtsamkeit in verschiedenen Lebensbereichen

Achtsamkeit und Stressmanagement sind in Bereichen wie Prävention, Therapie und Arbeitsumgebungen verbunden. Sie leistet nicht nur einen Beitrag zur Reduktion von Stress, sondern fördert auch langfristig die psychische Gesundheit und die Widerstandsfähigkeit und wertebasiertes Handeln, besonders auch in Bezug auf proökologisches Handeln.

4.2.8 Achtsamkeit und nachhaltiges Verhalten

Die Beziehung zwischen Achtsamkeit und nachhaltigem Konsumverhalten wurde innerhalb des **BiNKA-Projekts**[3] (Bildung für Nachhaltigen Konsum durch Achtsamkeitstraining) untersucht. Die Resultate weisen darauf hin, dass sich Achtsamkeit indirekt auf nachhaltigen Konsum auswirkt. Zwar konnten keine unmittelbaren Auswirkungen auf das Konsumverhalten nachgewiesen werden, doch gaben die Teilnehmer:innen an, dass materielle Werte weniger wichtig seien und dass ein höheres Bewusstsein für ihre eigenen Bedürfnisse herrsche. Dadurch konnten sie nicht sofort reagieren, sondern bei emotionalen Konsumauslösern innehalten. Auf lange Sicht könnte das zu einer gesteigerten Befriedigung der Bedürfnisse führen, die nicht mit dem Verbrauch von Ressourcen verbunden ist. Es wurden auch positive Auswirkungen festgestellt, wie etwa eine Verringerung des Stressempfindens und ein höheres Wohlbefinden (Geiger et al., 2018, 2019).

Im Projekt **ABiK** „Achtsamkeit in der Bildung und Hoch-/Schulkultur" an der Universität Leipzig werden seit 2021 Achtsamkeitsformate u. a. in

---

3 ▶ http://achtsamkeit-und-konsum.de/de/das-projekt/

Abb. 4.6 Achtsamkeit in der Bildung ABiK.(Fotograf: Christian Hüller)

Natur für (Lehramts-)Studierende, Lehrende und Führungskräfte an Hochschulen und Lehrpersonen an Schulen angeboten. Hier geht es darum, Verantwortung zu übernehmen, für die eigenen Ressourcen wie auch die Ressourcen von Mit- und Umwelt. Die rein säkularen Programme versuchen, Achtsamkeit in ihrer ganzen Tiefe zu vermitteln. Alle Formate von ABiK sind von Anfang an von dem Verständnis der Interdependenz geprägt. Es werden sowohl die eigenen Muster betrachtet, welche im Fokus der ersten Phase stehen, als auch gesellschaftliche Narrative hinterfragt, wodurch die zweite Phase geprägt ist, um sie dann in der dritten Phase in nachhaltiges, ethisches Handeln umzusetzen.[4] Die ersten Forschungsergebnisse einer dreisemestrigen Kontrollgruppenstudie mit Studierenden sprechen für die Wirksamkeit, denn hier wurde nicht nur signifikant Achtsamkeit erhöht und Stress reduziert, sondern es fand auch eine signifikante Veränderung im proökologischen Verhalten statt (Blanke et al., 2025; Abb. 4.6).

---

[4] Die Formate bestehen aus einem 12-wöchigem Basiskurs (Mindful Students Program – MSP) zum Weiterentwickeln der eigenen Persönlichkeit und einem Aufbaukurs zum Weitervermitteln von achtsamen Elementen an Schüler:innen oder Studierende (Teaching Mindfulness Program – TMP).

Achtsamkeitsübungen zu innere Grundhaltung

Übung Achtsamkeit (A) 1 – Nicht-Bewerten (Non-Judging)
(Siehe ◘ Tab. 4.17).

Übung A2 – Gelassenheit – Indifferenz – Geduld
(Siehe ◘ Tab. 4.18).

Übung A3 – Kindliche Neugier (Beginner's Mind)
(Siehe ◘ Tab. 4.19).

Übung A4 – Verbundenheit und Mitgefühl (Springbrunnenübung)
Mitgefühl ist eine tiefgreifende emotionale Reaktion, die auf das Leiden anderer fokussiert ist und sich durch den Wunsch auszeichnet, dieses Leiden zu lindern. Tania Singer beschreibt Mitgefühl als eine Form der Fürsorge, die sich von Mitleid unterscheidet. Während Mitleid oft mit einer gewissen Distanz einhergeht, ist Mitgefühl eine aktive und empathische Reaktion, die sowohl positive Emotionen als auch den Antrieb zur Unterstützung anderer umfasst (Singer, 2013). Matthieu Ricard ergänzt diese Sichtweise, indem er Mitgefühl als eine universelle Haltung definiert, die auf Verständnis und der Absicht basiert, das Leiden anderer zu verringern. Er betont, dass Mitgefühl nicht nur eine emotionale Reaktion ist, sondern auch eine bewusste Entscheidung, die das Wohl anderer im Fokus hat (Ricard, 2010).

Ein zentraler Aspekt des Mitgefühls ist der „Care-Gedanke", der sich auf die Fürsorge für andere (*people care*) und für unseren Planeten (*earth care*) bezieht. In einem ökosystemischen Kontext bedeutet dies, dass wir als Teil der Natur Verantwortung für die Gesundheit unseres Planeten übernehmen. Das Care-System fördert nicht nur das individuelle Wohl, sondern auch das kollektive Wohl aller Lebewesen und die ökologische Gesundheit. Indem wir Mitgefühl praktizieren, erkennen wir, dass unser eigenes Wohl eng mit dem Wohl anderer und der Umwelt verbunden ist. Diese Einsicht kann zu prosozialem Verhalten führen, das sowohl das individuelle als auch das kollektive Wohl fördert (Ricard, 2010; Singer, 2013).

- **Die Metapher des Springbrunnens des Mitgefühls**

Die Metapher des Springbrunnens kann verwendet werden, um das Konzept des Mitgefühls zu veranschaulichen. Stell dir einen Springbrunnen vor, der in der Mitte eines Gartens sprudelt. Das Wasser, das aus dem Brunnen fließt, symbolisiert das Mitgefühl, das aus deinem Herzen strömt. Dieses Wasser fließt sowohl zu dir selbst als auch zu anderen, was die duale oder sogar integrale Natur des Mitgefühls verdeutlicht: Es ist wichtig, sich selbst zu nähren, während man gleichzeitig anderen Gutes tut. In diesem Kontext wird das Mitgefühl zu einem Kreislauf, der sowohl das eigene Wohl als auch das Wohl anderer fördert. Wenn das Wasser des Springbrunnens sprudelt, wird es zu einem Symbol für die Fähigkeit, sowohl für sich selbst als auch für andere zu sorgen. Es zeigt, dass Mitgefühl

Tab. 4.17 Nicht-Bewerten (Non-Judging)

A1	Future-Skill-Kompetenz: regenerative Selbstführung		
Oberkategorie	Achtsamkeit		
Name der Übung	**Nicht-Bewerten-(Non-Judging-)Handübung: Was siehst Du?**	Naturraum	beliebig
Lernziel der Übung	– Erkennen der persönlicher Bedürfnisse und Aufstellen einer Hierarchie orientiert an der Bedürfnispyramide von Maslow – Naturverbundenheit – Kreatives Gestalten	**Material**	Hand
Zielgruppe	Stressbelastete Menschen, die nachhaltige Transformation anstreben	**Dauer**	2–3 h

Übungsanleitung	Leite in das Thema wie folgt ein: Unser Fokus bestimmt maßgeblich unsere Realität. Was wir beachten, wächst – im Positiven wie im Negativen. Diese evolutionär entwickelte Fähigkeit zur Kategorisierung und Bewertung bietet uns zwar Orientierung, kann aber auch einschränkend wirken. Die folgende Übung lädt dich ein, diese kognitiven Strukturen zu transzendieren und eine tiefere Ebene der Wahrnehmung zu erkunden.
	I. Die Zwiebel des Bewusstseins
	Stell dir vor, dein Bewusstsein gleicht einer Zwiebel mit vielen Schalen. Jede Schale repräsentiert eine Ebene der Benennung, Kategorisierung und Bewertung. Diese Schalen zu erkennen und zu durchdringen, eröffnet neue Perspektiven.
	II. Übungsschritte: Vom Benennen zum vertiefenden Sehen
	1. Beobachtung der mentalen Aktivität
	   – Wähle nacheinander drei Naturgegenstände aus
	   – Richte deine Aufmerksamkeit darauf
	   – Bemerke, wie dein Gehirn automatisch beginnt, zu benennen und zu kategorisieren
	2. Perspektivwechsel: Mikro- und Makroebene
	   – Zoome mental in die Objekte hinein und wieder heraus und dahinter
	   – Nimm wahr, wie sich deine Wahrnehmung mit dem Fokus verändert
	3. Eintauchen in das vertiefende Sehen
	   – Löse dich von den Gegenständen
	   – Weite deinen Blick, ohne etwas zu fixieren
	   – Schaue an den Gegenständen vorbei in die Weite dahinter
	   – Spüre deinen Körper und Atem im gegenwärtigen Moment
	4. Transfer auf die Gedankenebene
	   – Wende die Technik auf einen persönlichen Gedanken an, z. B. „Ich bin immer zu langsam"
	   – Erkenne die Gedankenebenen: Das Benennen, das erweiterte Sehen und das vertiefende Sehen. Nimm den „leeren" Raum zwischen den Gedanken wahr
	   – Löse dich vom Gedanken und spüren deinen Körper, nimm ihn im Raum wahr
	III. Reflexion und Integration
	Durch diese Übung lernst du, deine Aufmerksamkeit bewusst zu lenken und die verschiedenen Ebenen deiner Wahrnehmung zu erkennen. Du entwickelst die Fähigkeit, über kognitive Strukturen hinauszugehen und eine tiefere, unmittelbarere Erfahrung der gegenwärtigen Realität zu machen.
	Indem du diese Praxis regelmäßig anwendest, schulst du deinen Geist darin, flexibler zwischen verschiedenen Wahrnehmungsebenen zu wechseln. Dies ermöglicht dir, deine Energie und Aufmerksamkeit bewusster zu lenken und somit aktiv zu beeinflussen, was in deinem Leben wächst und gedeiht.
	Erinnere dich: Wo deine Aufmerksamkeit ist, dort fließt deine Energie hin. Nutze diese Erkenntnis, um dein Leben bewusst zu gestalten und deine Wahrnehmung zu erweitern.		

4.2 · Achtsamkeit in und mit Natur

Tab. 4.18 Gelassenheit – Indifferenz – Geduld

A2	Gelassenheit – Indifferenz – Geduld		
Oberkategorie	Future-Skill-Kompetenz: regenerative Selbstführung		
Name der Übung	NNBI Mentales Stressmanagement		
	Gelassenheit – Indifferenz – Geduld: Dinge brauchen ihre eigene Zeit, um sich zu entwickeln (Gras wächst nicht schneller, weil wir daran ziehen)		
Lernziel der Übung	Diese Übung zielt darauf ab, Gelassenheit, Geduld und Indifferenz zu praktizieren. Durch langsame Beobachtung und achtsames Gehen kannst du lernen, im Moment zu sein und eine entspannte Haltung gegenüber dem, was um dich herum geschieht, zu entwickeln.	Naturraum	Stabiler Untergrund mit verschiedenen Qualitäten
		Material	vier Eierschachteln mit Beschriftung siehe Abbildung
Zielgruppe	Stressbelastete Menschen, die innere Ruhe anstreben	Dauer	2–3 h
Übungsanleitung	**Stufe 1: Beobachtung und Verinnerlichung** Schritt 1: Vorbereitung – Suche dir einen ruhigen Ort in der Natur, an dem du ungestört bist. Dies kann ein Garten, ein Park oder ein Wald sein. Setze oder lege dich bequem hin und atme tief ein und aus. Schritt 2: Wahl des Objekts – Wähle ein langsames Objekt, das du beobachten möchtest. Dies kann z. B. eine Schnecke, ein Insekt, Wolken am Himmel, ein Fluss sein, der vorbeifließt, Wind im Gras oder in den Ästen sein. Schritt 3: Achtsame Beobachtung – Richte deine gesamte Aufmerksamkeit auf das gewählte Objekt. Versuche, alle die Aufmerksamkeit immer wieder von anderen Gedanken und Ablenkungen zurückzuholen. – Beobachte die Bewegungen des Objekts ohne Eile. Achte auf Details, wie die Form, die Farben und die Texturen. Wenn du eine Schnecke beobachtest, schau hin, wie sie sich langsam über den Boden bewegt. Bei einem Fluss kannst du die sanften Wellen und das Licht, das auf der Wasseroberfläche reflektiert wird, betrachten. Schritt 4: Langsame Atmung – Atme tief ein und aus, während du das Objekt beobachtest. Synchronisiere deine Atmung mit den Bewegungen des Objekts, um eine tiefere Verbindung herzustellen. Lass mit jedem Ausatmen Spannungen los und fördere ein Gefühl der Ruhe. Schritt 5: Zeit nehmen – Nimm dir mindestens 10–15 min Zeit für diese Übung. Lass dich nicht von der Zeit oder anderen Verpflichtungen ablenken. Genieße die Langsamkeit und den Moment.		

(Fortsetzung)

Tab. 4.18 (Fortsetzung)

Schritt 6: Indifferenz üben
- Versuche, eine Haltung der Indifferenz zu entwickeln. Das bedeutet, dass du die Bewegungen des Objekts ohne Bewertung oder Urteil beobachtest. Lass die Gedanken über das, was du siehst, einfach vorbeiziehen, ohne dich an ihnen festzuhalten.

Stufe 2: Achtsames Gehen und Embodiment

Schritt 1: Vorbereitung
- Nach der Beobachtungsübung stehe auf und bereite dich auf das achtsame Gehen vor. Nimm dir einen Moment Zeit, um deine Körperhaltung zu überprüfen und dir bewusst zu machen, wie du dich fühlst.

Schritt 2: Achtsames Gehen
- Beginne, langsam und bewusst zu gehen. Achte auf jeden Schritt, den du machst. Spüre, wie deine Füße den Boden berühren und wie sich dein Körper bewegt.
- Versuche, deine Schritte mit deiner Atmung zu synchronisieren. Atme ein, während du einen Schritt machst, und aus, während du den nächsten Schritt setzt.

Schritt 3: Achtsame Wahrnehmung
- Während du gehst, richte deine Aufmerksamkeit auf deine Umgebung. Nimm die Geräusche, Gerüche und visuellen Eindrücke um dich herum wahr. Lass dich von der Natur inspirieren und genieße die kleinen Details, die dir begegnen.
- Versuche, deine Gedanken loszulassen und sich auf den gegenwärtigen Moment zu konzentrieren. Wenn Gedanken aufkommen, lass sie vorbeiziehen, ohne dich an ihnen festzuhalten.

Schritt 4: Körpererfahrung
- Achte auf die Empfindungen in deinem Körper während des Gehens. Wie fühlen sich deine Beine, Füße und dein Rücken an? Gibt es Spannungen oder Entspannung?
- Lass dich von den Bewegungen deines Körpers leiten und genieße das Gefühl der Freiheit und der Verbindung zur Erde.

Schritt 5: Zeit nehmen
- Gehe mindestens 15–20 min in diesem achtsamen Tempo. Lass dich nicht hetzen und genieße die Langsamkeit. Verlangsame diese so, dass du ganz gegenwärtig Schritt für Schritt setzt, ohne Ziel und Absicht

Schritt 6: Reflexion
- Nach dem Gehen nimm dir einen Moment Zeit, um über deine Erfahrungen nachzudenken. Was hast du während des Gehens gefühlt? Wie haben sich deine Gelassenheit, Geduld und Indifferenz entwickelt?

Reflexion für beide Stufen:
- **Erlebnis der Gelassenheit:** Wie hast du dich während der Beobachtung und des Gehens gefühlt? Konntest du ein Gefühl der Gelassenheit und Ruhe erleben?

(Fortsetzung)

4.2 · Achtsamkeit in und mit Natur

Tab. 4.18 (Fortsetzung)

- **Geduld:** Wie hat sich deine Geduld während der Übungen entwickelt? Fiel es dir leicht, die Zeit zu genießen, oder hattest du das Bedürfnis, die Übungen zu beenden?
- **Indifferenz:** Konntest du eine gewisse Indifferenz gegenüber deinen Gedanken und Emotionen entwickeln? Wie hat sich diese Haltung auf deine Wahrnehmung der Natur ausgewirkt?
- **Übertragung auf den Alltag:** Wie könntest du die Erfahrungen aus diesen Übungen in deinen Alltag integrieren? Gibt es Situationen, in denen du mehr Gelassenheit, Geduld und Indifferenz praktizieren möchtest?

Abschluss:
Nimm dir nach jeder Phase Zeit, um deine Empfindungen nach den einzelnen Übungen schriftlich festzuhalten. Diese Reflexion wird dir helfen, die gewonnenen Einsichten zu vertiefen und die Achtsamkeit und Geduld, die du während der Übungen erlebt hast, in dein tägliches Leben zu integrieren. Diese vollständige Übungsanleitung bietet eine strukturierte Möglichkeit, Gelassenheit, Geduld und Indifferenz durch langsame Beobachtung und achtsames Gehen zu fördern

NNBI nachhaltige und naturbasierte Intervention

Tab. 4.19 Kindliche Neugier (Beginner's Mind)

A3	Future-Skill-Kompetenz: naturbezogene Resonanzfähigkeit		
Oberkategorie	NNBI Mentales Stressmanagement		
Name der Übung	**Kindliche Neugier**	Naturraum	Stabiler Untergrund mit verschiedenen Qualitäten
Lernziel der Übung	Selbsterfahrung der inneren Haltung von Neugier und Entdeckergeist, Offenheit, Annahme	Material	2 Instruktionskarteikarten für die beiden Rollen
Zielgruppe	Stressbelastete Menschen, die nur noch funktionieren und sich wieder lebendiger fühlen wollen	Dauer	1 h
Übungsanleitung	Rollenspiel-Perspektiven: **1. Alex (5 Jahre alt)** Stell dir vor, du bist Alex, ein neugieriges Kind – **Bewegung:** Gehe kindlich und mit einem offenen Geist durch den Wald. Lass dich von deinem Umfeld leiten, als ob jeder Schritt eine neue Entdeckung ist. – **Berührung:** Fühle die verschiedenen Texturen. Berühre die Rinde eines Baumes, die weichen Blätter oder das kühle Gras. Was fühlst du? Wie fühlt sich die Rinde an? – **Geruch:** Rieche an den Pflanzen und Blumen. Was nimmst du wahr? Gibt es einen besonderen Duft, der dir gefällt? – **Entdeckungen:** Hebe kleine Dinge auf, die dir ins Auge fallen – vielleicht einen besonderen Stein, eine Feder oder ein Blatt mit einer interessanten Form. Nimm diese Schätze mit und betrachte sie genauer. – **Emotionen:** Welche Gefühle lösen sie in dir aus? **2. Berufstätige Person** Nun wechsle die Perspektive und stell dir vor, du bist eine berufstätige Person. – **Bewegung:** Gehe mit einem zielgerichteten Schritt, vielleicht hast du einen Termin im Kopf. Versuche dennoch, die Umgebung wahrzunehmen. – An welchen Gegenständen willst du riechen? Welche anfassen? Welche Gedanken hast du? **Mögliche Themen für die Auswertung sind folgende Schwerpunkte:** Reflektiere nach dem Wechsel der Perspektiven über deine Erfahrungen: Erlebnis der kindlichen Neugier – Wie hast du die kindliche Neugier erlebt, als du in die Rolle von Alex geschlüpft bist? – Welche Emotionen oder Erinnerungen sind während dieser Erfahrung in dir hochgekommen? – Gab es Momente, in denen du dich besonders lebendig oder verwundert gefühlt hast? Bewegungsimpulse und Körpererleben – Welche Bewegungsimpulse hast du während der Übung wahrgenommen? – Wie hat sich dein Körper während der Übung angefühlt? Gab es Spannungen oder Entspannung? – Fühltest du dich leicht und unbeschwert oder war deine Bewegung eher zögerlich und bedacht? – Wie haben sich die Bewegungen in der Rolle von Alex im Vergleich zu den Bewegungen der berufstätigen Person angefühlt? – Hast du körperliche Empfindungen bemerkt, die mit den verschiedenen Rollen verbunden waren? – Wie hat die Achtsamkeitspraxis deine Körperwahrnehmung verändert? Alltagstransfer – Was möchtest du von der kindlichen Neugier und Unbeschwertheit in dein tägliches Leben übertragen? – Gibt es spezifische Praktiken oder Einstellungen, die du in deinen Alltag integrieren möchtest, um mehr Achtsamkeit und Neugier zu fördern? – Wie kannst du die Lehren aus der Übung nutzen, um deine Perspektive auf die Welt und deine täglichen Erfahrungen zu bereichern? Abschluss Nimm dir Zeit, um über diese Fragen nachzudenken und deine Gedanken schriftlich festzuhalten. Diese Reflexion wird dir helfen, die gewonnenen Einsichten zu vertiefen und die Achtsamkeit und Neugier, die du während der Übung erlebt hast, in dein tägliches Leben zu integrieren. Diese umfassende Übungsanleitung und die anschließenden Reflexionsfragen bieten eine strukturierte Möglichkeit, die innere Haltung der kindlichen Neugier zu erkunden und die Achtsamkeit im Alltag zu fördern.		

NNBI nachhaltige und naturbasierte Intervention

4.2 · Achtsamkeit in und mit Natur

nicht nur eine Reaktion auf das Leiden anderer ist, sondern auch eine Quelle der Stärke und des inneren Friedens für uns selbst. Diese Metapher verdeutlicht, dass wir, um anderen zu helfen, auch in der Lage sein müssen, uns selbst zu nähren und zu unterstützen (◘ Tab. 4.20).

Übung A5 – Loslassen (Dinge loslassen können)

Das Prinzip des Loslassens in der Natur offenbart sich als ein faszinierender, dynamischer Kreislauf, der weit mehr als nur ein Ende markiert. Vielmehr ist es der Auftakt zu einem neuen Zyklus des Werdens und der Entwicklung. Wenn die Natur loslässt, sei es durch fallende Blätter im Herbst oder das Absterben alter Organismen, schafft sie damit Raum und setzt Ressourcen frei. Dieser Akt des Loslassens birgt ein immenses Potenzial für Veränderung und Wachstum. In diesem freigewordenen Raum beginnt der Prozess des Werdens. Neue Formen und Strukturen entstehen, Innovationen und Mutationen treten auf, und die Natur experimentiert mit neuen Anpassungen. Es ist eine Phase der Kreativität und des Ausprobierens, in der die Grundlagen für zukünftige Entwicklungen gelegt werden. Aus diesem Werden erwächst eine Phase intensiver Entwicklung, in der sich erfolgreiche Anpassungen durchsetzen und neue Fähigkeiten etablieren. Die Adaptation folgt als nächster Schritt in diesem Kreislauf. Organismen passen sich besser an ihre Umgebung an, ihre Resilienz gegenüber Veränderungen wächst und neue Gleichgewichte entstehen. Diese Anpassungen führen zu einer Phase der Stabilisierung, in der sich die neuen Strukturen festigen und ihre Effizienz steigern. Doch selbst in dieser scheinbar stabilen Phase bereitet die Natur bereits den nächsten Zyklus des Loslassens vor.

Denn sobald neue Herausforderungen auftreten oder sich die Umweltbedingungen ändern, beginnt der Kreislauf von neuem. Alte, nun unpassende Strukturen werden wieder losgelassen, um Platz für den nächsten Innovationszyklus zu machen. Dieser fortlaufende Prozess des Loslassens, Werdens, Entwickelns und Anpassens hält die Natur in einem Zustand ständiger Evolution und Erneuerung.

Durch diesen dynamischen Kreislauf demonstriert die Natur eindrucksvoll, wie Loslassen nicht nur unvermeidlich, sondern essenziell für Fortschritt und Überleben ist. Es ermöglicht Flexibilität, fördert Innovation und treibt die Evolution voran. Jedes Loslassen trägt das Samenkorn neuer Möglichkeiten in sich, aus dem zukünftiges Wachstum und Veränderung erwachsen können. So bleibt die Natur resilient, anpassungsfähig und in ständiger Entwicklung – ein inspirierendes Modell, das auch für menschliche Systeme und persönliches Wachstum wertvolle Einsichten bietet (◘ Tab. 4.21 und 4.22).

Übung A6 – Desidentifikation (Fluss der Gedanken)

(Siehe ◘ Tab. 4.23).

Tab. 4.20 Verbundenheit und Mitgefühl (Springbrunnenübung)

A4	Future-Skill-Kompetenz: Soziale Mitverantwortung (Commons-Kompetenz)		
Oberkategorie	NNBI Mentales Stressmanagement – Mitgefühl		
Lernziel der Übung	**Springbrunnen des Mitgefühls (Care-System)** Verbundenheit-Vertrauen–Mitgefühl	**Naturraum**	Parkanlage oder Wald mit einem Flusslauf oder Springbrunnen
Lernziel der Übung	Die Übung soll das Verständnis und die Praxis von Mitgefühl im ökosystemischen Kontext fördern. Durch die Metapher des Springbrunnens wird verdeutlicht, wie Mitgefühl fließt und sowohl uns selbst als auch andere im Naturraum bereichert.	**Material**	Sitzunterlage
Zielgruppe	Stressbelastete Menschen, die gleichzeitig sich und andere gut versorgen lernen wollen	**Dauer**	2–3 h
Übungsanleitung	**Schritt 1: Vorbereitung:** – Finde einen ruhigen Ort in der Natur, an dem du ungestört bist. Setze oder stelle dich bequem hin und atme tief ein und aus. **Schritt 2: Visualisierung:** – Stell dir einen Springbrunnen vor, der in der Mitte eines schönen Gartens sprudelt. Der Wasserfluss symbolisiert das Mitgefühl, das aus deinem Herzen fließt. Visualisiere, wie das Wasser klar und rein ist und sich in alle Richtungen verteilt. **Schritt 3: Achtsamkeit:** – Schließe die Augen und konzentriere dich auf dein Herz. Spüre, wie sich das Mitgefühl in dir anfühlt. Lass die positiven Emotionen wachsen und sich wie Wasser im Springbrunnen ausbreiten. **Schritt 4: Verbindung mit der inneren und der äußeren Natur:** – Öffne die Augen und schaue dich um. Wähle einen Baum, eine Pflanze oder ein Tier in deiner Nähe. Stell dir vor, wie dein Mitgefühl wie Wasser zu diesem Lebewesen fließt. Sende Gedanken der Fürsorge und des Wunsches, dass es gedeihen möge, während du gleichzeitig auch die Nährkraft des Mitgefühls für dich selbst spürst und das frische Wasser sich in dir anfüllt. – Schließe nun deine Augen und dehne dieses erfrischende und klare Gefühl über das Lebewesen hinaus aus auf den Raum und schließlich den Planeten. Schließe auch Menschen mit ein, Freunde, Nachbarn, auch die, die dir unlieb sind. Bleibe jedoch immer auch mit dem nährenden, kühlen, klaren Wasser in dir selbst verbunden. **Schritt 5: Aktives Handeln:** – Überlege, wie du das Mitgefühl, das du empfindest, in die Tat umsetzen kannst. Vielleicht möchtest du Müll aufheben, um die Natur zu schützen, oder einfach innehalten und die Schönheit der Umgebung wertschätzen oder vielleicht etwas ganz anderes. **Schritt 6: Reflexion:** – Nimm dir einen Moment Zeit, um über deine Erfahrungen nachzudenken. Was hast du gefühlt? Wie hat sich dein Mitgefühl während der Übung verändert? Welche Verbindung hast du zur Natur gespürt? – **Erlebnis des Mitgefühls:** Wie hat sich dein Verständnis von Mitgefühl während der Übung verändert? Hast du neue Einsichten gewonnen? – **Verbindung zur Natur:** Wie hast du die Verbindung zwischen deinem Mitgefühl und der Natur wahrgenommen? Welche Rolle spielt die Natur in deinem Leben? – **Handlungen im Alltag:** Welche konkreten Schritte möchtest du unternehmen, um mehr Mitgefühl in dein tägliches Leben zu integrieren? Wie kannst du die Metapher des Springbrunnens nutzen, um dein Mitgefühl zu fördern? Abschluss: Nimm dir Zeit, um deine Gedanken und Gefühle schriftlich festzuhalten. Diese Übung soll dir helfen, Mitgefühl als einen fließenden, bereichernden Prozess zu erleben, der sowohl dir als auch deiner Umgebung zugutekommt. Indem du Mitgefühl praktizierst, trägst du zu einem harmonischeren und gesünderen Ökosystem bei.		

NNBI nachhaltige und naturbasierte Intervention

4.2 · Achtsamkeit in und mit Natur

Tab. 4.21 Loslassen in der Natur – Überblick

Kategorie	Aspekte	Beispiele aus der Natur	Was wir als Menschen lernen können
Loslassen: Aufgeben	– Aufgeben alter Strukturen – Freisetzen von Ressourcen – Schaffen von Raum für Neues	1. Laubbäume werfen im Herbst ihre Blätter ab 2. Schlangen häuten sich	– Veränderung ist ein natürlicher Prozess – Loslassen schafft Freiheit und neue Möglichkeiten – Alte Gewohnheiten aufzugeben kann befreiend sein
Loslassen: Potenzial	– Freiwerdende Energie – Neue Möglichkeiten – Erhöhte Flexibilität	1. Samen keimen nach einer Ruhephase 2. Bären erwachen aus dem Winterschlaf	– In Veränderungen liegen Chancen – Loslassen setzt kreative Energie frei – Flexibilität erhöht unsere Anpassungsfähigkeit
Loslassen: Werden	– Entstehung neuer Formen – Auftreten von Innovationen – Experimentieren mit Anpassungen	1. Metamorphose von Raupen zu Schmetterlingen 2. Entwicklung von Kaulquappen zu Fröschen	– Neues entsteht durch Loslassen des Alten – Innovation erfordert Mut zum Experimentieren – Veränderung ist ein kreativer Prozess
Loslassen: Entwicklung	– Durchsetzen erfolgreicher Anpassungen – Zunahme von Komplexität und Vielfalt – Etablierung neuer Fähigkeiten	1. Entwicklung von Flügeln bei Insekten 2. Ausbildung von Echolokation bei Fledermäusen	– Aus Veränderungen können wir lernen und wachsen – Vielfalt entsteht durch Anpassung – Neue Fähigkeiten erweitern unseren Horizont
Loslassen: Adaptation	– Bessere Anpassung an die Umgebung – Wachsende Resilienz – Entstehung neuer Gleichgewichte	1. Tarnung des Schneehuhns im Wechsel der Jahreszeiten 2. Anpassung von Pflanzen an extreme Standorte (z. B. Wüstenpflanzen)	– Anpassungsfähigkeit ist ein Schlüssel zum Erfolg – Resilienz wächst durch Bewältigung von Veränderungen – Neue Gleichgewichte können stabiler sein als alte
Loslassen: Stabilisierung	– Festigung neuer Strukturen – Steigerung von Effizienz und Effektivität – Herausbildung eines neuen Status Quo	1. Bildung stabiler Ökosysteme nach Störungen 2. Etablierung neuer Arten in einem Lebensraum	– Nach dem Loslassen folgt eine Phase der Stabilität – Veränderungen können zu mehr Effizienz führen – Neue Normalität kann besser sein als die alte
Loslassen: Erneuerung	– Beginn eines neuen Zyklus – Loslassen unpassender Strukturen – Reaktion auf neue Herausforderungen	1. Jährlicher Zyklus von Laubabwurf und Neuaustrieb 2. Regelmäßige Erneuerung von Zellen im Organismus	– Loslassen ist ein wiederkehrender Prozess – Kontinuierliche Anpassung ist notwendig – Bereitschaft zur Veränderung hält uns lebendig

Tab. 4.22	Loslassen (Dinge loslassen können)		
A5	Future-Skill-Kompetenz: regenerative Selbstführung		
Oberkategorie	NNBI Mentales Stressmanagement – Achtsamkeit – innere Haltung – Loslassen		
Name der Übung	**Loslassen**	Naturraum	Beliebig
Lernziel der Übung	– Erkennen des Prinzips der Vergänglichkeit und von Kreislaufwirtschaft, Loslassen in der Natur – Loslösung von dysfunktionalen Gedanken – Naturverbundenheit	Material	%
Zielgruppe	Stressbelastete Menschen, die nachhaltige (suffiziente) Transformation anstreben, Einzel- oder Gruppenübung	Dauer	30 min
Übungsanleitung	Suche in der Natur nach fünf Beispielen für das Loslassen und teile deine Funde der Großgruppe mit. Reflektiere in der Großgruppe, welche Funktion das Loslassen in der Natur hat. Was kannst du daraus für dich lernen? Welche Strategien und Gedanken helfen dir loslassen zu können?		
NNBI nachhaltige und naturbasierte Intervention			

Übung A7 – Äußere Achtsamkeit (5 Sinne Achtsamkeit)

Achtsamkeitsübungen haben nachweislich positive Auswirkungen auf Kognition, das Nervensystem und den Körper. Sie fördern die Aufmerksamkeit und emotionale Regulation, indem sie bestimmte Hirnareale aktivieren, die für die Fokussierung verantwortlich sind. Zudem aktivieren sie das parasympathische Nervensystem, was zu einer Reduzierung von Stress und Angst führt (Hölzel et al., 2011). In der Natur wird Achtsamkeit verstärkt (Antonelli et al., 2021): Die natürlichen Geräusche, Farben und Düfte fördern eine tiefere Verbindung zur Mitwelt und stärken die Körperwahrnehmung im Sinne der äußeren 5 Sinne Achtsamkeit. Diese Übungen helfen, den Geist zu beruhigen, das Wohlbefinden zu steigern und die Resilienz zu fördern, indem sie uns unterstützen, den gegenwärtigen Moment bewusst zu erleben (Tab. 4.24).

4.3 Resilienztraining in und mit Natur

Resilienz bezeichnet die Fähigkeit zur Erholung von Rückschlägen und zur Anpassung an Veränderungen. Sie beinhaltet sowohl individuelle als auch gemeinschaftliche Dimensionen und ist maßgeblich an der Bewältigung von Stress und Schwierigkeiten beteiligt. In der Natur gibt es viele Beispiele für diese Art von Resilienz. Diese können uns beibringen, wie wir unsere Widerstandsfähigkeit verbessern können. Indigene Perspektiven wie jene von Whyte (2018) eröffnen ein dekoloniales Verständnis von Resilienz, das sich auf die Wiederverbindung mit Land, Ahnen und zyklischer Zeit als Ressource gegen Umweltstress stützt.

Tab. 4.23 Desidentifikation (Fluss der Gedanken)

A6	Future-Skill-Kompetenz: regenerative Selbstführung		
Oberkategorie	NNBI Mentales Stressmanagement – Achtsamkeit – innere Haltung – Desidentifikation		
Name der Übung	**Fluss der Gedanken** Übung zur Desidentifikation	**Naturraum**	beliebig
Lernziel der Übung	– Desidentifikation: „Ich bin nicht meine Gedanken – ich habe Gedanken." – Naturverbundenheit Diese Übung zielt darauf ab, das Konzept der Desidentifikation zu erfahren, indem du lernst, Gedanken und Emotionen als vorübergehende Phänomene zu beobachten, ähnlich wie Blätter, die im Fluss vorbeischwimmen, oder Wolken, die am Himmel ziehen. Dadurch kannst du eine tiefere Verbindung zu dir selbst entwickeln und lernen, Gedanken und Gefühle ohne Bewertung oder Anhaftung zu betrachten.	**Material**	%
Zielgruppe	Stressbelastete Menschen, die innere Ruhe und Gelassenheit suchen	**Dauer**	30 min
Übungsanleitung	**Schritt 1: Vorbereitung** – Suche dir einen ruhigen Ort am Fluss oder im Freien, wo du ungestört bist. Setze dich bequem auf den Boden oder auf eine Bank, sodass du eine gute Sicht auf das Wasser oder den Himmel hast **Schritt 2: Achtsame Beobachtung** – Nimm dir einen Moment Zeit, um dich zu entspannen und deine Umgebung wahrzunehmen. Schließe die Augen und atme tief ein und aus, um dich zu zentrieren – Öffne die Augen und richte deine Aufmerksamkeit auf die Blätter, die im Fluss vorbeischwimmen, oder auf die Wolken, die am Himmel ziehen. Lasse dich von der Bewegung und den Formen der Blätter oder Wolken fesseln **Schritt 3: Fünf Minuten Stille** – Setze dich für mindestens fünf Minuten in Stille und beobachte. Bewege dich nicht und lass deine Gedanken und Emotionen kommen und gehen, während du die Blätter oder Wolken betrachtest – Wenn Gedanken aufkommen, nimm sie wahr, ohne dich mit ihnen zu identifizieren. Stell dir vor, dass diese Gedanken wie die Blätter im Fluss sind – sie kommen, bewegen sich und ziehen vorbei **Schritt 4: Transfer zur Selbsterfahrung** – Nimm dir nach den fünf Minuten einen Moment Zeit, um über die Beobachtungen nachzudenken. Erkenne, dass die Blätter im Fluss deine Gedanken repräsentieren. Sie sind nicht deine Gedanken; sie sind einfach da und ziehen vorbei – Mach dir bewusst, dass du der Beobachter bist, der die Gedanken und Emotionen wahrnimmt, ohne an ihnen festzuhalten oder sie zu bewerten. Diese Beobachtung ist eine Form der Meditation, die dir hilft, dich von deinen Gedanken zu distanzieren **Schritt 5: Reflexion** – Nimm dir Zeit, um über deine Erfahrungen nachzudenken. Was hast du während der Übung gefühlt? Gab es Momente, in denen du dich mit bestimmten Gedanken identifiziert hast? – Wie hat sich die Wahrnehmung verändert, als du die Gedanken als vorübergehende Phänomene betrachtet hast? – Welche Einsichten hast du über deine Gedanken und Emotionen gewonnen? Wie kannst du diese Erkenntnisse in deinen Alltag integrieren? **Abschluss:** Nimm dir Zeit, um deine Gedanken und Gefühle nach der Übung schriftlich festzuhalten. Diese Reflexion wird dir helfen, die gewonnenen Einsichten zu vertiefen und die Praxis der Desidentifikation in dein tägliches Leben zu integrieren. Diese Übungsanleitung bietet eine strukturierte Möglichkeit, Selbsterfahrung durch Desidentifikation zu fördern, indem du lernst, Gedanken und Emotionen als vorübergehende Beobachtungen zu betrachten.		

NNBI nachhaltige und naturbasierte Intervention

Tab. 4.24 Äußere Achtsamkeit (5 Sinne Achtsamkeit)

A7	Future-Skill-Kompetenz: naturbezogene Resonanzfähigkeit
Oberkategorie	NNBI Mentales Stressmanagement – Achtsamkeit – 5 Sinne Achtsamkeit
Name der Übung	**Äußere Achtsamkeit: 5 Sinne Achtsamkeit**
Lernziel der Übung	Vertiefende Wahrnehmung der Umwelt und des eigenen Körpers, Ankommen im Hier und Jetzt, Regeneration, Naturverbundenheit
Zielgruppe	Stressbelastete Menschen, die ihr Nervensystem besser regulieren lernen wollen
Übungsreihe	**1. Sehen** **Übung 1:** Farbensuche – **Beschreibung:** Gehe nach draußen und suche nach fünf verschiedenen Farben in deiner Umgebung – **Durchführung:** Nimm dir Zeit, jede Farbe bewusst wahrzunehmen. Achte auf die Schattierungen und wie sie im Licht erscheinen – **Reflexion:** Was fühlst du, wenn du diese Farben siehst? Wie beeinflussen sie deine Stimmung? **Übung 2: Detailbeobachtung** – **Beschreibung:** Wähle ein Objekt in der Natur (z. B. einen Baum, einen Stein, eine Blume) – **Durchführung:** Betrachte es einige Minuten lang und achte auf alle Details – die Textur, die Form, die Muster – **Reflexion:** Was fällt dir auf, das du vorher nicht bemerkt hast? **Übung 3: Wolkenformen** – **Beschreibung:** Leg dich auf den Boden und schau in den Himmel – **Durchführung:** Beobachte die Wolken und versuche, Formen oder Figuren zu erkennen – **Reflexion:** Welche Geschichten oder Gedanken kommen dir in den Sinn, während du die Wolken betrachtest? **Übung 4: Natur-Mandala** – **Beschreibung:** Sammle verschiedene Naturmaterialien (Blätter, Blumen, Steine) – **Durchführung:** Lege ein Mandala aus diesen Materialien und betrachte es – **Reflexion:** Wie fühlst du dich, wenn du dein Mandala betrachtest? Was drückt es für dich aus? **Übung 5: Sonnenuntergang beobachten** – **Beschreibung:** Suche dir einen ruhigen Ort, um den Sonnenuntergang zu beobachten – **Durchführung:** Achte auf die Farben und Veränderungen am Himmel – **Reflexion:** Welche Emotionen weckt der Sonnenuntergang in dir?

(Fortsetzung)

Tab. 4.24 (Fortsetzung)

2. Hören

Übung 1: Geräusch-Meditation
- **Beschreibung:** Setz dich an einen ruhigen Ort in der Natur
- **Durchführung:** Schließe die Augen und konzentriere dich auf die Geräusche um dich herum. Zähle fünf verschiedene Geräusche
- **Reflexion:** Wie beeinflussen diese Geräusche deine Gedanken und Gefühle?

Übung 2: Vogelstimmen
- **Beschreibung:** Begib dich in einen Park oder Wald
- **Durchführung:** Höre aktiv auf die verschiedenen Vogelstimmen und versuche, diese zu identifizieren
- **Reflexion:** Was erzählen dir die Vögel? Fühlst du dich dadurch mit der Natur verbunden?

Übung 3: Windgeräusche
- **Beschreibung:** Stell dich an einen offenen Ort und spüre den Wind
- **Durchführung:** Achte auf die Geräusche, die der Wind erzeugt, wenn er durch Blätter oder über Wasser streicht
- **Reflexion:** Welche Gedanken kommen dir, während du den Wind hörst?

Übung 4: Naturkonzert
- **Beschreibung:** Setz dich an einen Ort, an dem viele Geräusche der Natur zu hören sind
- **Durchführung:** Mache eine kurze Aufnahme oder notiere die Geräusche, die du hörst
- **Reflexion:** Wie fühlt es sich an, diese Geräusche zu erleben?

Übung 5: Stille genießen
- **Beschreibung:** Finde einen besonders ruhigen Platz
- **Durchführung:** Setz dich hin und genieße die Stille für einige Minuten
- **Reflexion:** Was passiert in deinem Kopf, wenn du die Stille wahrnimmst?

(Fortsetzung)

◘ Tab. 4.24 (Fortsetzung)

3. Riechen
Übung 1: Duftreise
– **Beschreibung:** Begib dich in einen Garten oder Wald
– **Durchführung:** Atme tief ein und nimm die verschiedenen Düfte wahr (Blumen, Erde, Bäume)
– **Reflexion:** Welche Erinnerungen oder Gefühle wecken die Düfte in dir?

Übung 2: Kräuter-Entdeckung
– **Beschreibung:** Suche nach verschiedenen Kräutern (z. B. Minze, Thymian)
– **Durchführung:** Reibe die Blätter zwischen deinen Fingern und rieche daran
– **Reflexion:** Wie unterscheiden sich die Düfte? Welcher Duft gefällt dir am besten?

Übung 3: Blütenduft
– **Beschreibung:** Suche nach blühenden Pflanzen
– **Durchführung:** Rieche an den Blüten und achte darauf, wie sich der Duft verändert
– **Reflexion:** Wie fühlt sich der Duft an? Was verbindest du damit?

Übung 4: Erdgeruch
– **Beschreibung:** Nach einem Regen kannst du den Geruch der Erde wahrnehmen
– **Durchführung:** Atme tief ein und konzentriere dich auf den Geruch der feuchten Erde
– **Reflexion:** Welche Gedanken kommen dir, wenn du diesen Geruch wahrnimmst?

Übung 5: Duftmeditation
– **Beschreibung:** Nimm ein paar ätherische Öle oder Kräuter mit nach draußen
Durchführung: Schließe die Augen und konzentriere dich auf den Duft, während du tief einatmest
– **Reflexion:** Wie beeinflusst der Duft deine Stimmung?

(Fortsetzung)

Tab. 4.24 (Fortsetzung)

4. Schmecken

Übung 1: Naturkost
- **Beschreibung:** Suche essbare Pflanzen oder Früchte in der Natur
- **Durchführung:** Probiere diese und achte auf den Geschmack
- **Reflexion:** Wie schmecken die natürlichen Lebensmittel im Vergleich zu dem, was du normalerweise isst?

Übung 2: Wasserverkostung
- **Beschreibung:** Fülle eine Flasche mit Wasser aus einer natürlichen Quelle
- **Durchführung:** Trink das Wasser und achte auf den Geschmack und die Frische
- **Reflexion:** Wie fühlt sich das Wasser im Vergleich zu Leitungswasser an?

Übung 3: Geschmacksmuster
- **Beschreibung:** Nimm verschiedene Snacks (z. B. Nüsse, Trockenfrüchte) mit in die Natur
- **Durchführung:** Probiere jeden Snack bewusst und achte auf die unterschiedlichen Geschmäcker und Texturen
- **Reflexion:** Welcher Snack ist dein Favorit und warum?

Übung 4: Achtsames Essen
- **Beschreibung:** Bereite ein Picknick in der Natur vor
- **Durchführung:** Iss langsam und achtsam, während du die Aromen und Texturen wahrnimmst
- **Reflexion:** Wie verändert sich dein Erlebnis, wenn du achtsam isst?

Übung 5: Geschmacksmeditation
- **Beschreibung:** Nimm ein Stück Obst oder eine Nuss mit nach draußen
- **Durchführung:** Schließe die Augen und koste langsam, während du dich auf den Geschmack konzentrierst
- **Reflexion:** Was passiert mit deinem Körper und Geist, während du bewusst schmeckst?

(Fortsetzung)

Tab. 4.24 (Fortsetzung)

5. Fühlen
Übung 1: Bodenkontakt
- **Beschreibung:** Setze dich auf den Boden oder stehe barfuß auf der Erde
- **Durchführung:** Achte auf das Gefühl des Bodens unter dir
- **Reflexion:** Wie fühlt sich der Kontakt zur Erde an? Gibt dir das ein Gefühl von Stabilität?

Übung 2: Naturmaterialien
- **Beschreibung:** Sammle verschiedene Naturmaterialien (z. B. Blätter, Steine, Moos)
- **Durchführung:** Fühle die Texturen und beschreibe sie
- **Reflexion:** Welche Materialien fühlen sich am angenehmsten an und warum?

Übung 3: Wettererfahrung
- **Beschreibung:** Gehe nach draußen und spüre das Wetter (z. B. Sonne, Wind, Regen)
- **Durchführung:** Achte darauf, wie sich die verschiedenen Wetterbedingungen auf deinem Körper anfühlen
- **Reflexion:** Wie beeinflusst das Wetter deine Stimmung?

Übung 4: Bewegung in der Natur
- **Beschreibung:** Mache einen Spaziergang oder eine kleine Wanderung
- **Durchführung:** Achte auf die Bewegungen deines Körpers und das Gefühl der Bewegung
- **Reflexion:** Wie fühlt sich dein Körper an, wenn du dich in der Natur bewegst?

Übung 5: Körper-Scan
- **Beschreibung:** Setze oder lege dich in die Natur
- **Durchführung:** Mache einen Body-Scan, indem du dich auf verschiedene Körperteile konzentrierst und spürst, wie diese sich anfühlen
- **Reflexion:** Welche Spannungen oder Entspannung nimmst du wahr?

NNBI nachhaltige und naturbasierte Intervention

4.3 · Resilienztraining in und mit Natur

Abb. 4.7 Eierschachtel Spiel EGGSAMPLE. (Eigene Darstellung, erstellt mit Canva. © Dr. med. Kristin Köhler, 2025)

Laut UNEP[5] (2021) ist der Zugang zu gesunden Naturumgebungen ein grundlegender Bestandteil der globalen Gesundheitsgerechtigkeit und fördert sowohl psychische als auch physische Resilienz. Der IPCC (2022) verweist auf die universelle Bedeutung indigenen Wissens zur Förderung ökologischer Gesundheit und stellt fest, dass diese Praktiken resilienzstärkend und stressregulierend wirken (Abb. 4.7).

4.3.1 Die 7 Säulen der Resilienz – Erweiterung des klassischen Resilienzmodells durch biomimetische Prinzipien

Das Konzept der „7 Säulen der Resilienz" nach Ursula Nuber (1999) beschreibt zentrale individuelle Ressourcen wie Optimismus, Akzeptanz, Lösungsorientierung, Selbstpflege, Netzwerkorientierung, Selbstwirksamkeit und Zukunftsorientierung. Diese Prinzipien bieten wertvolle Ansatzpunkte für die Stärkung individueller Bewältigungskompetenzen in unterschiedlichen Lebensbereichen.

Gleichzeitig zeigt ein Blick auf natürliche Systeme, dass Resilienz weit über individuelle Fähigkeiten hinausgeht. Sie ist ein emergentes Phänomen, das aus dem Zusammenspiel systemischer, sozialer und ökologischer Faktoren entsteht. Tiere, Pflanzen und Ökosysteme entwickeln seit Jahrmillionen dynamische Anpassungsmechanismen, die auf Prinzipien wie Allostase, Redundanz, zyklischer Regeneration und symbiotischer Vernetzung basieren.

---

5 Making peace with nature. ▶ https://www.unep.org/resources/making-peace-nature 26.04.2025.

Resilienz sollte als dynamische Interaktion zwischen individuellen, gemeinschaftlichen und ökosystemischen Ressourcen verstanden werden. NNBI können hier einen wertvollen Beitrag leisten, diese Dimensionen bewusst wahrzunehmen, zu stärken und nachhaltig in das eigene Leben zu integrieren. Gerade im Zeitalter globaler sozial-ökologischer Krisen ist eine solche erweiterte Perspektive auf Resilienz unverzichtbar. Sie ermöglicht nicht nur die Förderung persönlicher Widerstandskraft, sondern auch die Stärkung kollektiver Zukunftsfähigkeit im Sinne einer regenerativen, planetaren Gesundheitskultur im Kontext.

Übung zur Resilienz (R)1 – EGGSAMPLE-Resilienz

Übungsimpulse Ähnlich wie in der Übungsanleitung zu den Antreibern im Bereich mentalen Stressmanagements im EGGSAMPLE können TN auch nach Antworten und Naturprinzipien für die oben aufgelisteten Resilienzsäulen mit einer Eierschachtel suchen und beobachten, wie sich diese Prinzipien in der Natur zeigen bzw. vergegenständlichen: z. B. Wie manifestiert sich das Prinzip Netzwerken in der Natur? Danach können hier „Ich-Sätze" für den Alltagstransfer als neue Glaubenssätze formuliert werden. In der folgenden Tabelle findest du Beispiele für mögliche Erkenntnisprozesse (◘ Tab. 4.25 und 4.26).

Übung R2 – Ameisenhaufen – Kooperation

In der westlichen Gesellschaft ist häufig ein mechanistisches Denkmodell vorherrschend, das Phänomene zu separieren, zu vereinzeln und aus einer reduktionistischen Perspektive zu betrachten geneigt ist. Dieses Denkmuster führt dazu, dass die systemische Perspektive in den Hintergrund rückt, die für das Verständnis komplexer Zusammenhänge und die Bewältigung von Stress und Herausforderungen jedoch wichtig ist.

Ziel dieser Übung ist eine Perspektivenerweiterung, nämlich den Fokus wieder auf das Wesentliche zu lenken und die Vorzüge eines systemischen Zusammenwirkens zu untersuchen.

Folgende Erkenntnisse können mittels dieser Übung gefunden werden:
- **Umfassendes Verständnis:** Dank der systemischen Perspektive können wir erfassen, dass das Ganze mehr ist als die Summe seiner Einzelteile. Dies bedeutet in der Kommunikation, dass wir immer neben einzelnen Äußerungen auch den gesamten Kontext und die Beziehungen zwischen den Kommunizierenden in Betracht ziehen (Watzlawick et al., 1967) sollten.
- **Verbundenheit:** Wir sehen uns als Teil eines umfassenderen Ganzen. Dadurch wird ein Zugehörigkeits- und Verantwortungsgefühl gestärkt, was sich zum Vorteil für unser Wohlergehen und unsere Stressresilienz auswirken kann.
- **Flexibilität:** Auf Stress reagiert ein dynamisches Ganzes flexibler. Vernetzte und anpassungsfähige Systeme können Herausforderungen besser meistern als isolierte Einheiten.
- **Gemeinsame Schwarmintelligenz:** Die Einsicht „Ich im Wir" trägt zur Kooperation bei und eröffnet den Zugriff auf gemeinschaftliche Ressourcen und Erkenntnisse.

4.3 · Resilienztraining in und mit Natur

Tab. 4.25 Naturprinzipien für Resilienz

R1	Future-Skill-Kompetenz: systemisches Denken		
Resilienz-säulen	Beobachtungen: Mögliche Inspirationen aus dem Naturraum	Exemplarische Sätze für Individuelle Resilienz (Ich-Satz)	Exemplarische Sätze für Kollektive Resilienz (Wir-Satz) im öko-systemischen Sinne
Optimismus	**Flora:** Pionierpflanzen wie Birken besiedeln Lichtungen. **Fauna:** Spechte nutzen abgestorbene Bäume als neue Nahrungsquelle.	Ich sehe Herausforderungen als Chancen und wachse daran	Wir sehen im Klimawandel nicht nur die Herausforderung, sondern auch die Chance, innovative und nachhaltige Lösungen zu entwickeln
Akzeptanz	**Flora:** Buchen passen sich durch veränderte Blattstrukturen an Trockenheit an. **Fauna:** Wildtiere ändern ihre Fressgewohnheiten bei Nahrungsknappheit.	Ich akzeptiere Veränderungen als Teil des Lebens	Wir akzeptieren, dass Ökosysteme sich verändern, und passen unsere Schutzstrategien entsprechend an
Lösungs-orientierung	**Flora:** Efeu entwickelt Haftwurzeln zum Klettern. **Fauna:** Eichhörnchen legen Nahrungsvorräte für den Winter an.	Ich suche aktiv nach kreativen Lösungen für Probleme	Wir entwickeln gemeinsam kreative Ansätze zur Reduzierung von CO_2-Emissionen und zur Anpassung an den Klimawandel
Verantwortung	**Flora:** Altbäume geben Nährstoffe an Jungbäume weiter. **Fauna:** Ameisen pflegen Blattläuse für deren Honigtau.	Ich übernehme Verantwortung für mein Handeln und meine Entscheidungen	Wir übernehmen kollektiv Verantwortung für den Schutz und die Regeneration unserer Ökosysteme
Netzwerk-orientierung	**Flora:** Bäume und Pilze bilden Mykorrhiza-Symbiosen. **Fauna:** Mistkäfer und Wildschweine verbreiten Samen.	Ich baue und pflege unterstützende Beziehungen	Wir fördern globale Partnerschaften und Netzwerke für Klimaschutz und ökologische Nachhaltigkeit. Gemeinschaft ist der stärkste Wirkfaktor für sozio-ökologische Transformation.
Zukunfts-orientierung	**Flora:** Eichen produzieren in Mastjahren viele Eicheln. **Fauna:** Biber bauen Dämme und gestalten ihren Lebensraum.	Ich plane vorausschauend und setze mir Ziele	Wir entwickeln langfristige Strategien für eine nachhaltige Zukunft und setzen uns ambitionierte Klimaziele für eine lebensfähige Zukunft
Selbstwirksamkeit	**Flora:** Fichten bilden nach Borkenkäferbefall verstärkt Harz. **Fauna:** Wölfe passen Jagdstrategien an verschiedene Beutetiere an.	Ich vertraue auf meine Fähigkeiten, Herausforderungen zu meistern	Wir vertrauen auf unsere kollektive Kraft, positive Veränderungen für Umwelt und Klima zu bewirken

◘ **Tab. 4.26** Resilienzfaktoren in der Natur

Ökosystem Resilienzfaktoren	Erklärung (Beispiel)	Bsp.: Transferfragen für humanes Resilienzmanagement
Biodiversität	Die Vielfalt der Arten erhöht die Anpassungsfähigkeit (Artenreicher Wald übersteht Schädlingsbefall besser)	1. Wie kann ich mein „Repertoire" an Bewältigungsstrategien erweitern? 2. Wie kann ich von anderen lernen, die unterschiedliche Ansätze zur Stressbewältigung nutzen? 3. Wie kann ich meine sozialen Kontakte aufbauen, um unterschiedliche Unterstützung zu erhalten?
Vernetzung	Die Verbindungen zwischen Bäumen und Mykorrhiza-Myzel ermöglicht Austausch	1. Wie kann ich mein Unterstützungsnetzwerk stärken und erweitern? 2. Wie kann ich aktiv neue Kontakte knüpfen, um meine Ressourcen zu erweitern? 3. Was sind meine wichtigsten Kontakte in stressigen Zeiten?
Anpassungsfähigkeit	Fähigkeit, sich an veränderte Bedingungen anzupassen (Pflanzen ändern Blattstruktur bei Trockenheit)	1. Wie kann ich meine Flexibilität im Umgang mit Veränderungen verbessern? 2. Welche Strategien kann ich entwickeln, um schneller auf unerwartete Situationen zu reagieren? 3. Wie kann ich mich besser auf zukünftige Veränderungen vorbereiten?
Regenerationsfähigkeit	Fähigkeit zur Erholung nach Störungen (Wald wächst nach Brand wieder nach, Graswuchs nach Trockenheit)	1. Welche Aktivitäten helfen mir, nach stressigen Zeiten wieder zu Kräften zu kommen? 2. Wie kann ich sicherstellen, dass ich regelmäßig Pausen einlege? 3. Welche Rolle spielt Selbstfürsorge in meinem Alltag? 4. Wie kann ich meine Schlafgewohnheiten verbessern, um besser regenerieren zu können?
Selbstorganisation	Implizite Schwarmintelligenz als Fähigkeit, sich ohne externe Steuerung im System selbst zu organisieren (Vogelschwärme, Ameisenstaat, Bienen)	1. Welche Tools kann ich anwenden, um meine Zeit und Ressourcen besser zu verwalten? 2. Wie kann ich meine Ziele konsequent verfolgen? 3. Wie kann ich meine Prioritäten besser setzen, um effektiver zu arbeiten?

Das in ▶ Kap. 2 dargestellte Konzept von Ubuntu, einer afrikanischen Philosophie, hebt diese systemische Perspektive hervor. Die Übersetzung von Ubuntu lautet „Ich bin, weil wir sind". Dies hebt die Verbundenheit aller Menschen hervor. Diese Denkweise fördert Empathie, Zusammenarbeit und gegenseitige Unterstützung, was besonders in Stresssituationen hilfreich sein kann. Das Konzept des WEQ von Peter Singer (We-Intelligence Quotient) beschreibt eine vergleichbare Fähigkeit: die effektive Arbeit in Gruppen und die Nutzung kollektiver Intelligenz (Spiegel, 2015). Laut dem WEQ können wir komplexe Probleme besser lösen und Stress effektiver bewältigen, wenn wir zusammenarbeiten und systemisch denken, anstatt individuell und isoliert zu handeln. Indem wir die systemische Perspektive in der „Ameisen-Übung" anwenden, werden wir die Vorzüge dieses Denkansatzes für Kommunikation, Teamentwicklung und Stressmanagement praktisch erleben und darüber nachdenken (◘ Tab. 4.27).

Die Aufgabe kann ebenso indoor online mit Videos von anderen Tiergruppen wie einem Bienenstock oder z. B. Berggorillas eingeleitet werden.

Übung R3 – Resilienz am Beispiel eines Baumes erlernen

Diese Übung hilft dir, dich an das dir inneliegende Potenzial zur Resilienz zu erinnern und dies zu stärken, indem du es dir von der Weisheit der äußeren Natur abschaust. Die Übung fördert Selbstreflexion, Kreativität und Naturverbundenheit (◘ Tab. 4.28).

4.4 Bildung für nachhaltige Entwicklung am Vorbild der Natur

4.4.1 Die Natur als Vorbild für umfassende Nachhaltigkeit und Gesundheit

Kernprinzipien der Nachhaltigkeit von der Natur lernen

Für viele Prinzipien, die sich auf nachhaltige und menschliche Lebensweisen anwenden lassen, ist die Natur eine Quelle der Inspiration. Aufbauend auf ▶ Abschn. 2.4 und Tabelle Naturprinzipien für Resilienz werden hier weitere wichtige Prinzipien am Vorbild der Natur erarbeitet.

Tab. 4.27 Ameisenhaufen – Kooperation

R2	Future-Skill-Kompetenz: soziale Mitverantwortung (Commons-Kompetenz)		
Oberkategorie	NNBI Mentales Stressmanagement – Nachhaltigkeit/Netzwerk		
	Ameisen-Netzwerk: Gemeinsam durch das System	Naturraum	Ameisenhaufen oder Ameisenstraße z. B. im Wald
Lernziel der Übung	– Achtsame Naturbeobachtung – Erkennen von Zusammenarbeitsstrategien und Kommunikation – Erkennen von Mikro- Makroebene und Verbindungen – Naturverbundenheit	Material	%
Zielgruppe	Menschen mit Stressbelastung und Kommunikationsschwierigkeiten; Menschen, die in der Gruppe nachhaltige Transformation anstreben	Dauer	ca. 1,5 h

Übungsanleitung	Einzelübung oder Gruppenübung (16 TN)
	1. Individuelle Ameisenbeobachtung (20 min):
	– Suche einen Ameisenhaufen oder eine Ameisenstraße
	– Beobachte achtsam einzelne Ameisen und notiere:
	  a) Bewegungsformen: Laufmuster, Geschwindigkeit, Richtungswechsel
	  b) Aussehen: Größe, Farbe, Körperteile (besonders Antennen und Mandibeln)
	  c) Aufgaben: Sammeln von Nahrung, Nestbau, Verteidigung
	  d) Transportverhalten: Was und wie wird transportiert? (z. B. Nahrung, Baumaterial, andere Ameisen)
	2. Systembetrachtung (20 min):
	– Erweitere deinen Blick auf das gesamte Ameisenvolk und
	– beobachte:
	  a) Arbeitsteilung: Verschiedene Rollen und Aufgaben im Staat
	  b) Kommunikation: Interaktionen zwischen Ameisen, Austausch von Informationen
	  c) Organisationsstruktur: Bildung von „Arbeitsgruppen" oder Spezialisierungen
	  d) Reaktion auf Störungen: Wie reagiert das System auf äußere Einflüsse?
	  e) Pfadbildung: Entstehung und Nutzung von Ameisenstraßen
	– Achte auf Muster in der kollektiven Bewegung und Organisation
	3. Gruppenreflexion (25 min):
	– Diskutiere in der Gruppe:
	– Welche Parallelen siehst du zu menschlichen Organisationen im Mikromanagement und Makromanagement und im Umgang mit Stress? Wie könnte das Prinzip der Arbeitsteilung und flexiblen Anpassung auf menschliche Systeme übertragen werden?
	4. Transfer (15 min):
	– Erarbeite in Kleingruppen Ideen, wie die Erkenntnisse auf den Alltag und Unternehmen übertragen werden können, insbesondere im Hinblick auf:
	  a) Flexible Arbeitsstrukturen
	  b) Teamarbeit und klare Aufgabenverteilung zur Stressreduktion
	  c) Entwicklung von Frühwarnsystemen für Überlastung
	  d) Schaffung einer Unternehmenskultur, die Resilienz und gegenseitige Unterstützung fördert
	– Präsentiere deine Ideen der gesamten Gruppe		

TN Teilnehmer:in/Teilnehmende
NNBI nachhaltige und naturbasierte Intervention

4.4 · Bildung für nachhaltige Entwicklung am Vorbild der Natur

Tab. 4.28 Resilienz am Beispiel eines Baumes erlernen

R3	Future-Skill-Kompetenz: systemisches Denken		
Oberkategorie	NNBI Mentales Stressmanagement – Achtsamkeit – innere Haltung – Loslassen		
Name der Übung	**Resilienz vom Baum lernen**	**Naturraum**	Nähe zu Baum
Lernziel der Übung	– Erkennen und Anwenden der Resilienzprinzipien – Naturverbundenheit	**Material**	%
Zielgruppe	Menschen die nachhaltige Transformation und Resilienz anstreben, Einzel- oder Gruppenübung	**Dauer**	ca. 2 h

Übungsanleitung	1. **Individuelle Reflexion (ca. 30 min):**
	– Wähle ein aktuelles Problem oder einen Stressor in deinem Leben
	– Suche dir einen Baum in deiner Umgebung
	– Führe die folgende Meditation durch:
	  a) **Wurzeln – Akzeptanz:** Betrachte die Wurzeln und reflektiere, wie du deine Situation akzeptieren kannst, um Dich ganz im Hier und Jetzt mit der gegenwärtigen Situation zu verbinden
	  b) **Stamm – Optimismus:** Sieh den Stamm an und überlege, wie du eine positive Einstellung bewahren kannst und wie du darauf vertrauen kannst, dass du Stärke und Kreativität als Lösung in Dir trägst
	  c) **Äste – Selbstwirksamkeit:** Beobachte die Äste und denke darüber nach, welche Handlungsmöglichkeiten du hast
	  d) **Blätter – Netzwerk:** Betrachte das Blätterdach und überlege, wer dich unterstützen könnte
	  e) **Jahresringe – Lösungsorientierung:** Stelle dir die Jahresringe vor und reflektiere, was du aus früheren Erfahrungen lernen kannst
	2. **Kreative Umsetzung (ca. 45 min):**
	– Erforsche alle Qualitäten von a) bis e) mit deinen Sinnen: Wie zeigt sich Dir die Verankerung der Wurzeln und das unendliche Netzwerk, das den Baum mit allen anderen Bäumen über Pilze verbindet? Taste und umfasse den Stamm. Wie fühlt sich die schützende Rinde und die Stabilität und Stärke des Stammes an? Breite deine Arme aus und spüre, wie sich die Tragkraft und Weite in deinen Armen und in den Ästen anfühlt. Lausche dem Wind in den Blättern, genieße den Schatten des Blätterdaches und die Sonne, die durch das Geäst hindurch blinzelt
	– Male ein Bild deines Resilienz-Baumes. Schreibe zu jeder „Etage" (Wurzeln, Stamm, Äste, Blätter, Jahresringe) eine wichtige Erkenntnis in Bezug auf dein gewähltes Problem/Stressor
	3. **Austausch in Dyaden (ca. 30 min):**
	– Tausche dich mit einem Partner über deine Erfahrungen und Erkenntnisse aus
	– Teilt eure Bilder und diskutiert, was ihr voneinander lernen könnt
	4. **Präsentation in der nächsten Session:**
	– Bereite dich darauf vor, dein Bild und deine wichtigsten Erkenntnisse in der Gruppe vorzustellen		

NNBI nachhaltige und naturbasierte Intervention

4.4.2 Interdependenz – Ein naturbasierter Ansatz über wechselseitige Verbundenheit und Zusammenarbeit

Das zentrale Narrativ in Bezug auf ein ökosystemisches Gesundheitsverständnis ist sowohl die theoretische Erkenntnis als auch die praktische Erfahrung „Teil der Natur zu sein" und existenzielle Wechselwirkungen anzuerkennen. Nur auf dieser Grundlage ist ein respektvoller und realistischer und darauf aufbauender nachhaltiger Umgang mit den planetaren Ressourcen erst möglich.

Durch die Integration dieser vielfältigen Perspektiven können wir ein umfassendes Bewusstsein für unsere Interdependenz entwickeln. Diese verschiedenen Ansätze verbinden sich zu einem klaren Bild davon, wie wir als Teil eines lebendigen Netzwerks agieren, und bieten uns Wege, diese Verbundenheit auf körperlicher, mentaler und affektiver Ebene zu erleben und zu reflektieren (◘ Tab. 4.29).

Übung Netzwerk (N)1 – Interdependenz – Wechselseitige Abhängigkeit in der Natur
(Siehe ◘ Tab. 4.30).

Übung N2 – Eingebundensein in ein lebendiges Netzwerk
(Siehe ◘ Tab. 4.31).

Übung N3 – Der Atem des Baumes (Eingebundensein in Kreisläufe)
(Siehe ◘ Tab. 4.32).

Diese Imaginationsübung fördert das Bewusstsein für die wechselseitige Abhängigkeit zwischen Mensch und Natur und vertieft das Gefühl der Verbundenheit mit der Mitwelt.

Übung N4 – Imaginationsreise Der Fluss des Lebens
(Siehe ◘ Tab. 4.33).

Tab. 4.29 Überblick Interdependenz

Ebene	Interdependenz im Ökosystem	Mensch im System	Zitat und Ich-Satz
Ökologische Ebene	– Nahrungsnetz: Organismen sind durch Räuber-Beute-Beziehungen und Nahrungszyklen verbunden	– Ressourcennutzung: Menschen nutzen natürliche Ressourcen wie Wasser, Boden und Energie	*Wir sind hier, um aus unserer Illusion der Getrenntheit zu erwachen.* –nach Thich Nhat Hanh. Ich erkenne, dass mein Wohlbefinden untrennbar mit der Gesundheit der Erde verbunden ist.
	– Kreisläufe von Nährstoffen: Kohlenstoff-, Stickstoff- und Wasserzyklen verbinden biotische und abiotische Komponenten	– Umweltverschmutzung: Menschliche Aktivitäten beeinflussen die Nährstoffkreisläufe und verschmutzen die Umwelt	„*Die dringende Herausforderung, unser gemeinsames Haus zu schützen, schließt die Sorge ein, die gesamte Menschheitsfamilie in der Suche nach einer nachhaltigen und ganzheitlichen Entwicklung zu vereinen.*" – (Laudato si', Nr. 13) Ich fühle die Verantwortung, die Erde für zukünftige Generationen zu bewahren.
	– Interdependenz von Arten: Alle Lebewesen haben einen intrinsischen Wert und sind miteinander verbunden	– Abhängigkeit von Biodiversität: Menschen sind auf eine vielfältige Natur angewiesen, um ihre Bedürfnisse zu decken	*Jedes Lebewesen hat seinen Platz im großen Gefüge des Lebens.* – Ich schätze die Vielfalt der Natur als Quelle meiner Inspiration und meines Lebens.
	– Indigene Weisheit: Die Natur wird als lebendiges System betrachtet, in dem Menschen, Tiere und Pflanzen in einem Gleichgewicht leben	– Respekt vor natürlichen Ressourcen: Indigene Kulturen fördern nachhaltige Praktiken und den Schutz der Umwelt	*Die Erde ist nicht ein Erbe unserer Vorfahren, sondern ein Darlehen unserer Kinder.* – indigenes Sprichwort. Ich erkenne, dass ich für die kommenden Generationen handeln muss

(Fortsetzung)

◼ **Tab. 4.29** (Fortsetzung)

Ebene	Interdependenz im Ökosystem	Mensch im System	Zitat und Ich-Satz
Gesundheit und Wohlbefinden	– Wirkungen auf die Gesundheit: Die Gesundheit von Organismen beeinflusst die Stabilität des Ökosystems	– Umweltgesundheit: Umweltbedingungen beeinflussen die menschliche Gesundheit, z. B. durch Luft- und Wasserqualität	*Die Gesundheit der Erde ist die Gesundheit der Menschen.* – nach Thich Nhat Hanh. Ich verstehe, dass meine Gesundheit von der Gesundheit der Umwelt abhängt.
	– Ökosystemdienstleistungen: Ökosysteme bieten z. B. Dienste wie Wasserreinigung, Bestäubung und Klimaregulierung	– Abhängigkeit von Dienstleistungen: Menschen sind auf diese Ökosystemdienstleistungen für Ernährung und Lebensqualität angewiesen	*Wir müssen lernen, die Erde als Teil von uns selbst zu sehen.* – nach Bruno Latour. Ich erkenne, dass ich Teil eines größeren Ganzen bin und Verantwortung dafür trage.
	– Holistische Gesundheit: Menschliche Gesundheit ist wechselseitig mit der Gesundheit des Ökosystems verbunden	– Traditionelles Wissen: Indigene Völker nutzen Heilpflanzen und natürliche Heilmethoden für die Gesundheit	*Gesundheit ist nicht nur das Fehlen von Krankheit, sondern das Vorhandensein von Wohlbefinden.* Ich strebe danach, in Harmonie mit der Natur zu leben.
Wirtschaftliche Ebene	– Ressourcenkreisläufe: Ökosysteme unterstützen Wirtschaftssysteme durch die Bereitstellung von Rohstoffen	– Wirtschaftliche Aktivitäten: Landwirtschaft, Fischerei und Forstwirtschaft sind auf gesunde Ökosysteme angewiesen	*Die Wirtschaften ist ein Teil der Natur.* Ich sehe die Notwendigkeit, wirtschaftliche Entscheidungen im Einklang mit der Natur zu treffen.
	– Energieflüsse: Energieflüsse im Ökosystem beeinflussen die Produktivität und das Wachstum	– Wirtschaftliche Einflüsse: Die Zerstörung von Ökosystemen kann wirtschaftliche Verluste und Instabilität verursachen	*Nachhaltigkeit ist der Schlüssel zu einer gesunden Zukunft.* – Ich engagiere mich für nachhaltige Praktiken in meinem Alltag.
	– Nachhaltige Praktiken: Abkehr von kurzfristigen Gewinnen hin zu nachhaltigen wirtschaftlichen Ansätzen	– Gemeinschaftsressourcen: Indigene Gemeinschaften verwalten Ressourcen gemeinschaftlich, was zu nachhaltiger Nutzung führt	*Wir können nicht nur für uns selbst leben, sondern müssen auch für uns als Gemeinschaft sorgen.* Ich fühle mich verpflichtet, die Ressourcen meiner Gemeinschaft zu schützen.

(Fortsetzung)

◘ **Tab. 4.29** (Fortsetzung)

Ebene	Interdependenz im Ökosystem	Mensch im System	Zitat und Ich-Satz
Soziale und kulturelle Ebene	– Kulturelle Bedeutung: Viele Kulturen haben spezifische Beziehungen und Abhängigkeiten zu ihrer Umgebung	– Kulturelle Verbindungen: Menschen haben kulturelle und spirituelle Bindungen zu Landschaften und Natur	*Die Natur ist eine wunderbare Lehrerin.* Ich lerne von der Natur und lasse mich von ihr inspirieren.
	– Gemeinschaftliche Abhängigkeiten: Gemeinschaften sind oft durch gemeinschaftliche Nutzung und Pflege von Ressourcen verbunden	– Soziale Strukturen: Menschliche Gemeinschaften sind durch gemeinsame Nutzung von natürlichen Ressourcen verbunden	*Gemeinschaft ist der Schlüssel zu einem guten Leben.* Ich erkenne, dass wir gemeinsam stärker sind und die Natur besser schützen können.
	– Kulturelle Verbundenheit: Menschen sollten eine spirituelle Verbindung zur Erde haben	– Verantwortung der Gemeinschaft: Indigene Weisheit betont den Schutz der Natur und die Verantwortung der Gemeinschaft	*Wir sind Teil eines großen Netzwerks des Lebens.* Ich fühle mich als Teil dieses Netzwerks und handle entsprechend.
Politische und globale Ebene	– Regulierung und Schutz: Schutzgebiete und Umweltgesetze regulieren die Nutzung und den Schutz von Ökosystemen	– Politische Maßnahmen: Menschen beeinflussen und werden durch politische Entscheidungen zu Umweltschutz und Ressourcennutzung betroffen	*Nature for Care ist die Grundlage des Lebens.* – Ich glaube, dass ethische Entscheidungen in der Politik entscheidend für den Schutz der Umwelt sind.
	– Internationale Zusammenarbeit: Globale Umweltprobleme erfordern Zusammenarbeit zwischen Ländern	– Globale Herausforderungen: Der Mensch trägt Verantwortung für Probleme wie Klimawandel und Biodiversitätsverlust	*Die Erde gehört uns allen, und wir müssen gemeinsam handeln.* Ich setze mich für globale Zusammenarbeit im Umweltschutz ein.
	– Umweltschutzgesetze: Prinzipien der Tiefenökologie können politische Maßnahmen beeinflussen	– Indigene Stimmen: Indigene Gemeinschaften fordern Berücksichtigung ihrer Rechte in politischen Entscheidungsprozessen	*Die Stimme der Erde muss gehört werden.* Ich unterstütze die Stimmen derjenigen, die für den Schutz der Erde kämpfen.

(Fortsetzung)

◘ **Tab. 4.29** (Fortsetzung)

Ebene	Interdependenz im Ökosystem	Mensch im System	Zitat und Ich-Satz
Technologische Ebene	– Technologische Einflüsse: Technologische Entwicklungen können Ökosysteme beeinflussen, z. B. durch Landwirtschaftstechniken	– Technologische Abhängigkeit: Menschen nutzen Technologie zur Verbesserung der Lebensqualität, was ökologische Auswirkungen haben kann	*Technologie, Wirtschaft und Fortschritt sollten der Natur dienen, nicht sie dominieren.* – nach Heidegger und Einstein. Ich strebe danach, Technologie verantwortungsvoll zu nutzen.
	– Innovationen für Umweltschutz: Technologie kann zur Lösung von Umweltproblemen eingesetzt werden, z. B. erneuerbare Energien	– Nachhaltigkeit durch Technik: Technologische Innovationen können helfen, nachhaltige Praktiken zu fördern	*Die Zukunft gehört denjenigen, die sie nachhaltig gestalten.* Ich arbeite daran, innovative Lösungen für eine nachhaltige Zukunft zu finden.

Übung N5 – Teil der Natur sein

Hier ist eine Tabelle, die die Aspekte, wie wir Teil der Natur sind, zusammen mit passenden Zitaten, Beispielen und Übungsanleitungen zur Selbsterfahrung darstellt (◘ Tab. 4.34):

Übung N6 – Ein Brief an die Natur (Naturverbundenheit)

(Siehe ◘ Tab. 4.35).

Übung N7 – Waldsoziogramm (Lernen von der Natur)

(Siehe ◘ Tab. 4.36).

4.4 · Bildung für nachhaltige Entwicklung am Vorbild der Natur

Tab. 4.30 Interdependenz – Wechselseitige Abhängigkeit in der Natur

N1	Future-Skill-Kompetenz: systemisches Denken		
Oberkategorie	Interdependenz		
Name der Übung	**Interdependent on each other**	**Naturraum**	Im Freien: Wiese, Waldlichtung, Park
Lernziel der Übung	**Kognitives Lernziel:** Die TN erkennen und verstehen die wechselseitigen Abhängigkeiten zwischen verschiedenen natürlichen Ressourcen und deren Bedeutung für das Ökosystem **Emotionales Lernziel:** Die TN entwickeln ein Gefühl der Verbundenheit mit der Natur und schätzen die Bedeutung ihrer Lieblingsressource **Soziales Lernziel:** Die TN lernen, wie sie durch Kommunikation und Zusammenarbeit mit anderen die Interdependenz in der Natur erleben können **Zwischenmenschlich:** Die Übung fördert den Austausch und die Interaktion zwischen den TN, was das Bewusstsein für die gegenseitige Abhängigkeit stärkt **Individuell:** Jeder TN reflektiert über seine persönliche Verbindung zu einer natürlichen Ressource und deren Bedeutung für sein Wohlbefinden	**Material**	Äste und Naturmaterialien zum Bilden eines Kreises, Verschiedene natürliche Gegenstände (Steine, Blätter, Zweige, etc.) zur Symbolisierung der Ressourcen
Zielgruppe	Stressbelastete Menschen, die sich eingebunden fühlen wollen und Halt suchen	**Dauer**	1 h
Übungsanleitung	Schritte der Übung 1. **Einführung:** Erkläre den TN das Konzept der wechselseitigen Abhängigkeit und wie es in der Natur vorkommt. 2. **Ressourcenauswahl:** Jeder TN denkt sich eine Lieblingsressource aus der Natur aus, die ihm in irgendeiner Weise gut tut (z. B. Sonnenlicht, Wasser, Nahrung, Erdboden). 3. **Vorstellung:** Die TN stellen sich reihum in die Mitte und nennen ihre gewählte Ressource. 4. **Verbindungen herstellen:** Nachdem ein TN seine Ressource genannt hat, stellen sich die anderen TN nacheinander dazu und erläutern, womit diese Ressource verbunden ist und wie sie wechselseitig wirkt. Dies kann auch Querverbindungen zu anderen Ressourcen umfassen. 5. **Fortsetzung:** Der nächste TN in der Mitte nennt nun seine Ressource, und der Prozess wiederholt sich, bis alle TN ihre Ressourcen präsentiert haben. 6. **Reflexion:** Nachdem alle TN aufgestellt sind, diskutiert gemeinsam, was durch diese Aufstellung klar wird. Welche Muster oder Verbindungen sind sichtbar geworden? Transferfrage: – Was wird durch diese Aufstellung klar, und wie können wir diese Erkenntnisse in unserem täglichen Leben umsetzen, um die wechselseitige Abhängigkeit in der Natur und unsere Rolle darin besser zu verstehen?		

TN Teilnehmer:in/Teilnehmende

Tab. 4.31 Eingebundensein in ein lebendiges Netzwerk

N2	Future-Skill-Kompetenz: systemisches Denken		
Oberkategorie	Interdependenz		
Name der Übung	**Tragfähiges Netzwerk**	**Naturraum**	Im Freien Wiese oder Park, Lichtung im Wald
Lernziel der Übung	**Ein tragfähiges Netzwerk bilden** **Kognitives Lernziel:** Die TN erkennen die wechselseitigen Abhängigkeiten zwischen Menschen und der Natur sowie die Bedeutung dieser Verbindungen für das persönliche Wohlbefinden. **Emotionales Lernziel:** Die TN entwickeln ein Gefühl der Verbundenheit mit anderen und der Natur, indem sie ihre eigenen Erfahrungen und Ressourcen teilen. **Soziales Lernziel:** Die TN lernen, wie Kommunikation und Interaktion ein Netzwerk von Beziehungen schaffen, das die Unterstützung und den Austausch fördert Erfahrungsebene. **Zwischenmenschlich:** Die Übung fördert den Austausch und die Interaktion zwischen den TN, wodurch ein Gefühl der Gemeinschaft und Verbundenheit entsteht. **Individuell:** Jeder TN reflektiert über seine persönliche Verbindung zur Natur und zu anderen, was das individuelle Bewusstsein für Abhängigkeiten stärkt.	**Material**	Äste und Naturmaterialien zum Bilden eines Kreises, Verschiedene natürliche Gegenstände (Steine, Blätter, Zweige, etc.) zur Symbolisierung der Ressourcen
Zielgruppe	Stressbelastete Menschen, die Netzwerke/Kooperationen stärken wollen	**Dauer**	1 h

(Fortsetzung)

◘ **Tab. 4.31** (Fortsetzung)

Übungsabfolge	Schritte der Übung
	1. **Einführung:** Erkläre den TN das Konzept der wechselseitigen Abhängigkeit und wie Menschen mit der Natur verbunden sind.
2. **Kreisbildung:** Lass die TN einen großen Kreis bilden.
3. **Wollknäuel werfen:** Gib einem TN ein Wollknäuel. Dieser TN nennt eine Ressource aus der Natur, mit der er verbunden ist (z. B. Wasser, Luft, Sonne) und wirft das Wollknäuel zu einem anderen TN, der ebenfalls seine Ressource nennt.
4. **Netzbildung:** Der Prozess wird fortgesetzt, bis alle TN ihre Ressourcen genannt haben und ein Netz aus dem Wollfaden entstanden ist, das die Verbindungen zwischen den TN symbolisiert.
5. **In die Hocke gehen:** Lass alle TN in die Hocke gehen und die Augen schließen. Gib dann ein Signal, indem du dreimal am Wollfaden ziehst.
6. **Signal weitergeben:** Die TN geben das Signal an den nächsten TN weiter, ohne zu sprechen, und erleben, wie das Netzwerk auf die Bewegung reagiert.
7. **Den Planeten in eine nachhaltige Zukunft tragen:** Lass das Netz zusammenziehen, dass es eine Wasserball-Weltkugel trägt. Lass nun die Gruppe den Planeten eine definierte Strecke mit dem Netz tragen.
8. **Reflexion und Diskussion:** Nach der Übung setzen sich die TN wieder auf. Diskutiert gemeinsam, was die TN durch die Übung erfahren haben. Frage, wie sich das Netzwerk anfühlte und welche Erkenntnisse über die wechselseitige Abhängigkeit gewonnen wurden.
Transferfrage:
– Was hast du durch diese Übung über deine Verbindung zur Natur und zu anderen Menschen gelernt, und wie kannst du diese Erkenntnisse in deinem Alltag umsetzen?

TN Teilnehmer:in/Teilnehmende

Tab. 4.32 Der Atem des Baumes (Eingebundensein in Kreisläufe)

N3	Future-Skill-Kompetenz: naturbezogene Resonanzfähigkeit		
Oberkategorie	Interdependenz		
Name der Übung	**Der Atem des Baumes**	Naturraum	Im Freien, baumnah, Wald, Wiese, Park, Garten, Friedhof
Lernziel der Übung	Diese Imaginationsübung fördert das Bewusstsein für die wechselseitige Abhängigkeit zwischen Mensch und Natur und vertieft das Gefühl der Verbundenheit mit der Mitwelt		
Zielgruppe	Stressbelastete Menschen, die sich einsam fühlen und Kraft tanken wollen		
Übungsabfolge	Anleitung zur Imaginationsübung 1. **Vorbereitung:** Suche dir einen ruhigen Platz in der Nähe eines Baumes. Setze dich bequem hin, sodass du den Baum gut sehen kannst. Achte darauf, dass du dich wohlfühlst und ungestört bist. 2. **Atemfokus:** Schließe sanft deine Augen und atme tief durch die Nase ein. Halte einen Moment inne und spüre, wie sich dein Bauch und deine Brust mit Luft füllen. Atme dann langsam durch den Mund aus und lasse alle Anspannung los. 3. **Visualisierung:** Stelle dir vor, dass du mit jedem Atemzug eine unsichtbare Verbindung zu dem Baum aufbaust. Visualisiere, wie ein feines, glitzerndes Spinnennetz zwischen dir und dem Baum entsteht. Dieses Netz symbolisiert die Verbindung zwischen euch. 4. **Atemkreislauf:** Während du weiter atmest, stelle dir vor, dass der Baum Sauerstoff in dein Körpergewebe abgibt, während du ihm Kohlendioxid zurückgibst. Spüre, wie dieser Austausch geschieht und wie sich ein harmonischer Kreislauf zwischen euch bildet. 5. **Wellenartiger Fluss:** Lasse deinen Atem in einem sanften, wellenartigen Rhythmus fließen. Atme tief ein und stelle dir vor, wie der Baum auch atmet – seine Blätter bewegen sich sanft im Wind, während sie die Luft aufnehmen und wieder abgeben. 6. **Verbindung spüren:** Bleibe einige Minuten in dieser Vorstellung. Spüre die Energie, die zwischen dir und dem Baum fließt. Lass dich von dem Gefühl der Verbundenheit und des Austauschs tragen. 7. **Rückkehr:** Wenn du bereit bist, atme noch einmal tief ein und aus. Öffne sanft deine Augen und nimm dir einen Moment, um die Umgebung wahrzunehmen, bevor du wieder aufstehst. Reflexionsfrage – Was macht diese Aufgabe mit dir? Reflektiere darüber, wie sich dein Körper und Geist während dieser Übung angefühlt haben. Welche Emotionen oder Gedanken sind aufgetaucht? Wie hat die Vorstellung, Teil eines natürlichen Atemkreislaufs zu sein, deine Verbindung zur Natur beeinflusst? Diese Imaginationsübung fördert das Bewusstsein für die wechselseitige Abhängigkeit zwischen Mensch und Natur und vertieft das Gefühl der Verbundenheit mit der Umwelt.		
Gruppengröße	max. 16 Personen		

Tab. 4.33 Imaginationsreise Der Fluss des Lebens

N4	Future-Skill-Kompetenz: zukunftsorientierte Gestaltungskompetenz		
Oberkategorie	Interdependenz		
Name der Übung	**Der Fluss des Lebens**	**Naturraum**	Fluss
Lernziel der Übung	Bewusstsein für die eigene Verbindung mit der Natur entwickeln, Achtsamkeit und Präsenz im Moment fördern, Entspannung und Stressreduktion anregen Körperempfindungen und innere Bilder verknüpfen (Imaginationskraft), Resilienz durch das Erleben von Kreisläufen und Erneuerung stärken, Gefühl von Selbsttranszendenz und Zugehörigkeit zu einem größeren Ganzen erleben, Symbolkraft des Wassers (Fließen, Transformation, Regeneration) als Ressource verstehen	**Material**	Herumliegende Naturmaterialien: Steine, Äste, Muscheln, Blätter, etc.
Zielgruppe	Stressbelastete Personen, die sich nach Verbundenheit sehnen und Kraft tanken wollen	**Dauer**	1 h
Übungsabfolge	Einleitung zur Imaginationsreise – Der Weg des Wassers Schließe sanft deine Augen und nimm einen tiefen Atemzug. Lasse den Alltag für einen Moment hinter dir und öffne dich für eine innere Reise – eine Reise mit dem Wasser, das durch dich fließt und dich auf subtile Weise mit der Natur verbindet. **Station 1: Der Berg** Stell dir vor, du stehst am Fuße eines majestätischen Berges. Die Luft ist klar und kühl. Aus der Ferne hörst du das leise Plätschern eines Baches, gespeist vom schmelzenden Schnee des Gipfels. Spüre, wie das Wasser seinen Weg nimmt – frisch, klar, lebendig. Es beginnt seine Reise … und du begleitest es. **Station 2: Der Bach** Folge dem kleinen Bach, der sich durch ein sattgrünes Tal windet. Das Wasser ist rein, die Steine am Grund leuchten im Sonnenlicht. Tauche deine Hände hinein. Spüre die kühle Frische, wie sie deine Haut berührt. Stell dir vor, wie dieses Wasser durch deinen Körper fließt, jede Zelle belebt – du bist ein Teil dieses Kreislaufs. **Station 3: Der Fluss** Der Bach wächst zu einem kraftvollen Fluss heran. Er bahnt sich seinen Weg durch Wälder und Ebenen, lebendig und dynamisch. Lass dich vom Rhythmus des Wassers tragen. Spüre, wie seine Energie durch dich hindurchströmt – verbindend, durchlässig, kraftvoll. Du bist nicht getrennt vom Fluss – du bist mittendrin, Teil seines Pulses. **Station 4: Das Meer** Der Fluss erreicht das weite, offene Meer. Du stehst am Ufer, während die Wellen in ruhigem Takt den Strand berühren. Atme die salzige Luft ein. Spüre die Weite, die Tiefe, das Leben. Stell dir vor, wie das Wasser, das durch dich floss, nun in die Weiten des Ozeans übergeht – du bist Teil des großen Ganzen. **Station 5: Verdampfen** Die Sonne scheint sanft über dem Meer. Beobachte, wie das Wasser in die Luft aufsteigt – in feinen Tropfen, fast unsichtbar. Spüre, wie auch du leichter wirst, dich erhebst – als Teil dieses unsichtbaren Aufstiegs. Du bist Wasser, du bist Bewegung, du bist Transformation. **Station 6: Die Wolken** Die Tropfen sammeln sich zu Wolken, die still über die Landschaft ziehen. Lass dich mitnehmen. Spüre die Leichtigkeit, die Weite, das Loslassen. Du bist nun Teil eines Netzwerks, das Himmel und Erde verbindet – schwebend, wartend, beobachtend. **Station 7: Der Regen** Die Wolken öffnen sich – Tropfen fallen zur Erde zurück. Spüre, wie der Regen dich berührt. Du bist dieser Regen – nährend, belebend, verbindend. Du kehrst zurück zur Erde, um Neues wachsen zu lassen. Du bist Teil dieses unaufhörlichen Kreislaufs des Lebens. Abschluss Bleibe einen Moment in dieser inneren Verbundenheit. Du bist nicht getrennt von der Natur – du bist Teil von ihr. Das Wasser, das dich begleitet hat, fließt nicht nur durch Flüsse, Meere und Wolken – es fließt durch dich. Nimm diese Erfahrung mit in deinen Alltag – als Erinnerung daran, dass alles verbunden ist. Wenn du bereit bist, atme noch einmal tief ein und aus und öffne dann sanft deine Augen.		

TN Teilnehmer:in/Teilnehmende

Tab. 4.34 Teil der Natur sein – Überblick

N5	Future-Skill-Kompetenz: naturbezogene Resonanzfähigkeit		
Kategorie	Zitat	Beispiele	Übungsimpulse zur Selbsterfahrung
Biologische Verbindung	*Der Mensch ist ein Teil der Natur und nicht etwas, was über ihr steht.* – nach Albert Einstein	Menschliche Anatomie und Physiologie, die an die Umwelt angepasst sind	**Naturbeobachtung:** Verbringe Zeit in der Natur und achte auf die Lebewesen um dich herum. Notiere, wie du dich mit ihnen verbunden fühlst.
Wechselseitige Abhängigkeit	*„Wir sind nicht die Herren der Erde, sondern ihre Hüter"* – Unbekannt	Abhängigkeit von Wasser, Luft und Nahrung aus der Natur	**Atemübung:** Setze dich unter einen Baum und atme bewusst ein und aus. Spüre, wie du Sauerstoff aufnimmst und Kohlendioxid abgibst.
Kulturelle Dimension	*„Die Natur ist der Ursprung aller Kultur."* – Unbekannt	Traditionen und Bräuche, die mit der Natur verbunden sind	**Kulturelle Reflexion:** Schreibe über eine Tradition in deiner Familie, die mit der Natur verbunden ist. Wie beeinflusst sie dein Leben?
Erfahrungen in der Natur	*„In der Natur finden wir die Quelle unserer Inspiration."* – Unbekannt	Kindheitserinnerungen an das Spielen im Freien	**Naturerinnerung:** Gehe an einen Ort aus deiner Kindheit, an dem du viel Zeit in der Natur verbracht hast, und reflektiere über deine Erfahrungen. Male mit kindlicher Hand ein Bild darüber.
Einfluss auf die Umwelt	*„Wir haben die Erde nicht von unseren Vorfahren geerbt, sondern von unseren Kindern geliehen."* – häufig als Indianisches Sprichwort zitiert, Quelle nicht belegt	Umweltverschmutzung, Klimawandel durch menschliches Handeln	**Umweltbewusstsein:** Mache eine Liste von Gewohnheiten, die du ändern kannst, um umweltfreundlicher zu leben. Wo kannst du dich nicht motorisiert fortbewegen? Wo kannst du Energie sparen, Müll vermeiden, Plastik einsparen, Recycling nutzen, Fleisch vermeiden und saisonal und regional genießen? Inwiefern sind das Co-Benefits?
Natur als Lebensraum	*„Die Natur ist unser Zuhause, und wir sind ihre Gäste."* – Unbekannt	Lebensräume wie Wälder, Berge, Seen, die uns umgeben	**Naturverbindung:** Verbringe Zeit in deinem Lieblingsnaturraum und reflektiere, was dieser Ort für dich bedeutet. Wieso tut er dir gut?
Spirituelle Verbindung	*„Die Natur ist der beste Lehrer."* – Unbekannt	Meditative Praktiken in der Natur wie Achtsamkeit	**Meditation:** Praktiziere eine geführte Meditation in der Natur, um deine Verbindung zur Umwelt zu vertiefen.
Nachhaltigkeit und Verantwortung	*„Nachhaltigkeit bedeutet, die Bedürfnisse der Gegenwart zu erfüllen, ohne die Möglichkeiten künftiger Generationen zu gefährden."* – Unbekannt[6]	Initiativen zur Müllvermeidung, Recycling und Naturschutz	**Nachhaltigkeitsprojekt:** Setze dir ein persönliches Ziel zur Reduzierung von Plastik oder Abfall in deinem Alltag für eine Woche mit einem anderen Menschen. Mache im Unternehmen eine Challenge mit einem anderen Team. Wo kannst du proaktiv zur z.B. Regeneration, Aufforstung, Biodiversitätsförderung, Begrünung, Aufklärung beitragen?

6 Quelle: ▶ https://www.globaleslernen.de/de 5.05.2025.

4.4 · Bildung für nachhaltige Entwicklung am Vorbild der Natur

Tab. 4.35 Ein Brief an die Natur (Naturverbundenheit)

N6	Future-Skill-Kompetenz: naturbezogene Resonanzfähigkeit		
Oberkategorie	Verbundenheit		
Name der Übung	Brief an die Natur – Ein Dialog mit „Mutter" Erde	**Naturraum**	Im Freien, idealerweise in einem Waldstück oder auf einer Lichtung
Lernziel der Übung	Diese Übung fördert das Bewusstsein für die Verbindung zwischen dir und der Natur. Sie hilft dir, deine Gedanken und Gefühle über die Mitwelt zu klären und eine tiefere Wertschätzung für die Erde zu entwickeln. Diese Übung des „Green Journalings" ermöglicht es dir, deine innere Natur zu erkunden und die äußere Natur als Teil deiner eigenen Identität zu erkennen.	**Material**	Äste und Naturmaterialien, verschiedene natürliche Gegenstände (Steine, Blätter, Zweige, etc.) zur Symbolisierung der Ressourcen
Zielgruppe	Stressbelastete Menschen, die nach Halt und Verbundenheit suchen	**Dauer**	1 h
Übungsabfolge	Übungsanleitung 1. **Vorbereitung:** Suche dir einen ruhigen Ort, an dem du dich wohlfühlst und ungestört bist. Nimm dir Zeit, um dich zu entspannen und deine Gedanken zu sammeln. Du kannst auch eine Tasse Tee oder Wasser bereitstellen, um dich zu erden. Verbinde dich mit allen 5 Sinnen mit diesem Ort: Was siehst du? Was hörst du hier? Was riechst Du? Wie schmeckt die Luft oder etwas essbares in deiner Nähe? Wie fühlen sich der Boden, die Sträucher, die Bäume, der Wind hier an? Lass dir Zeit um anzukommen. 2. **Visualisierung:** Setze dich dann bequem hin, schließe die Augen und atme tief durch. Stelle dir vor, die Natur ist eine liebevolle Mutter, die dich umarmt und nährt – ähnlich wie das Konzept der Pachamama. Spüre die Verbindung zwischen dir und der Erde, die dich trägt. 3. **Reflexion:** Denke darüber nach, was die Natur für dich bedeutet. Welche Gefühle, Erinnerungen und Erfahrungen verbindest du mit ihr? Überlege, wie die äußere Natur in dir und deiner inneren Natur selbst widergespiegelt wird. 4. **Brief schreiben:** Öffne deine Augen und nimm ein Blatt Papier und einen Stift. Beginne, einen Brief an die Natur zu schreiben. Du kannst z. B. mit „Liebe Mutter Natur" beginnen und deine Gedanken, Gefühle und Dankbarkeit ausdrücken. Teile mit, was du von der Natur gelernt hast, wie sie dich beeinflusst und was du dir für die Zukunft wünschst oder womit du vielleicht haderst, was dir Sorgen bereitet. 5. **Abschluss:** Wenn du deinen Brief fertiggestellt hast, lies ihn laut vor. Du kannst ihn auch an einem schönen Ort in der Natur ablegen oder aufbewahren, um ihn später wieder zu lesen. 6. **Reflexion:** Nimm dir einen Moment, um über das Geschriebene nachzudenken. Wie fühlst du dich nach dem Schreiben des Briefes? Was hast du über deine Beziehung zur Natur erfahren?		

Tab. 4.36 Waldsoziogramm (Lernen von der Natur)

N7	Zugeordnete Future-Skill-Kompetenz: systemisches Denken		
Oberkategorie	Interdependenz		
Name der Übung	**Waldsoziogramm**	**Naturraum**	Wald
Lernziel der Übung	Die TN erkennen durch die symbolische Darstellung des Waldökosystems ihre eigene Rolle in vernetzten Systemen, stärken ihr Bewusstsein für Verbundenheit und entwickeln Impulse für achtsame, kooperative Konfliktlösungen – inspiriert von der Weisheit natürlicher Prozesse.	**Material**	Alle verfügbaren Naturmaterialien, die herumliegen und nicht gepflückt werden müssen
Zielgruppe:	Teams, die Teamstruktur naturverbunden stärken wollen innerhalb eines Transformationsprozesses	**Dauer**	1,5 h
Übungsabfolge	**Ablauf:** **1. Einstieg (15 min)** – Die TN versammeln sich im Kreis in einem Waldgebiet. Die Leitung für diese Übung erklärt, dass jeder TN in dieser Übung einen Teil des Waldes repräsentieren wird und dass wir die Verbundenheit und das Netzwerk im Wald nutzen werden, um über uns selbst, unsere Verbindungen und unsere Fähigkeiten zur Konfliktlösung nachzudenken – Jeder TN soll kurz in sich gehen und sich überlegen: „Welches Element des Waldes bin ich?". Dies könnte ein Baum, ein Tier, eine Pflanze, ein Pilz, ein Bach oder ein anderes Element sein. Die Wahl sollte intuitiv erfolgen und mit dem eigenen Gefühl der Verbindung zur Natur zusammenhängen **2. Soziogramm aufbauen (30 min)** – Nachdem jeder TN sein Element gewählt hat, stellt sich jeder an einen Ort, der seiner Rolle im Wald entspricht. Die TN positionieren sich so, dass ein grobes „Ökosystem" entsteht – Mithilfe von Seilen oder Schnüren werden Verbindungen zwischen den TN hergestellt. Zum Beispiel: Der Baum versorgt den Pilz mit Nährstoffen, der Bach spendet Wasser, die Tiere verbreiten Samen usw. Jeder TN hält ein Ende des Seils, das zu einem anderen TN führt, um die Vernetzung zu symbolisieren – Während die Verbindungen aufgebaut werden, soll jeder TN erklären, welche Rolle er spielt und wie er mit den anderen im Wald verbunden ist. Es soll auch darüber nachgedacht werden, was passiert, wenn eine dieser Verbindungen gestört oder unterbrochen wird **3. Reflexion: „Ich bin Teil der Natur" (20 min)** – Die Gruppe setzt sich im Kreis zusammen und reflektiert über die Übung. Die Leitung stellt folgende Fragen: – Wie fühlt es sich an, ein Teil dieses Netzwerks zu sein? – Was hat dich bei der Auswahl deines Elements geleitet? – Welche Verbindungen im Wald haben dich besonders beeindruckt? – Die TN sollen darüber nachdenken, wie sie selbst Teil eines größeren Netzwerks in ihrem Leben sind (z. B. in ihrer Familie, in ihrer Gemeinschaft) und welche Verbindungen sie pflegen **4. Innere Weisheit und Konfliktlösungen: Lernen vom Wald (30 min)** – Die Leitung führt eine kurze Diskussion über die Weisheit, die im Netzwerk des Waldes liegt. Es wird betont, dass der Wald als Modell für das Lernen von Konfliktlösungen dienen kann – Die Gruppe bespricht: – Wie löst der Wald „Konflikte" (z. B. Konkurrenz um Ressourcen)? – Was können wir von den natürlichen Prozessen im Wald lernen, wenn es darum geht, Konflikte in unserem Leben zu lösen? – Wie kann die innere Weisheit, die wir in der Natur erleben, uns im Alltag helfen? – Jeder TN wird ermutigt, eine konkrete Situation aus seinem Leben zu benennen, in der er etwas aus dem „Waldnetzwerk" anwenden könnte, um eine Lösung zu finden **5. Abschluss (15 min)** – Zum Abschluss setzt sich die Gruppe erneut in einen Kreis. Jeder TN kann einen Gedanken, eine Erkenntnis oder eine Absicht teilen, die er aus der Übung mitnimmt – Die Leitung fasst die wichtigsten Punkte zusammen und betont, dass die Natur und insbesondere der Wald uns als Lehrer dienen können, um tiefere Verbindungen zu erkennen und Herausforderungen mit mehr Weisheit zu begegnen		

TN Teilnehmer:in/Teilnehmende

Literatur

Abbott, N. J., et al. (2010). Structure and function of the blood-brain barrier. *Neurobiology of Disease, 37*(1), 13–25. ► https://doi.org/10.1016/j.nbd.2009.07.030.

Alberts, B., et al. (2022). *Molecular biology of the cell* (7. Aufl.). W.W: Norton.

Antonelli, M., Donelli, D., Carlone, L., Maggini, V., Firenzuoli, F., & Bedeschi, E. (2021). Effects of forest bathing (shinrin-yoku) on individual well-being: An umbrella review. *International Journal of Environmental Health Research, 32*(6), 1842–1867. ► https://doi.org/10.1080/09603123.2021.1919293.

Bear Chief, R., Choate, P., & Lindstrom, G. (2022). Reconsidering Maslow and the hierarchy of needs from a First Nations' perspective. *Aotearoa New Zealand Social Work, 34*(2), 30–41. ► https://doi.org/10.11157/anzswj-vol34iss2id959.

Bely, A. E., & Nyberg, K. G. (2009). Evolution of animal regeneration: Re-emergence of a field. *Trends in Ecology & Evolution, 25*(3), 161–170. ► https://doi.org/10.1016/j.tree.2009.08.005.

Blanke, E. S., Krämer, S., Loy, L. S., Liebmann, C., Nestler, S., & Kunzmann, U. (2025 in press). Beyond individual stress reduction – The Mindful Students Program benefits university students and their environment. In Mindfulness. Preprint: ► https://doi.org/10.31219/osf.io/f4ahq.

Campbell, N. A., et al. (2020). *Biology: A global approach* (12. Aufl.). Pearson.

Cline, L. (2015). *Kintsugi: The poetics of healing*. Reaktion Books.

Geiger, S. M., Böhme, T., Fischer, D., Frank, P., Grossman, P., Schrader, U., Stanszus, L., & Sundermann, A. (2018). BiNKA – Bildung für nachhaltigen Konsum durch Achtsamkeitstraining. Ergebnisse eines Interventionsprojekts. Technische Universität Berlin. Verfügbar unter: ► https://www.researchgate.net/publication/323337572_BiNKA_-_Bildung_fur_nachhaltigen_Konsum_durch_Achtsamkeitstraining_Ergebnisse_eines_Interventionsprojekts.

Geiger, S. M., Grossman, P., & Schrader, J. (2019). Mindfulness and sustainability: Correlation or causation? *Current Opinion in Psychology, 28*, 23–27. ► https://doi.org/10.1016/j.copsyc.2018.09.010.

Goyal, M., Singh, S., Sibinga, E. M. S., Gould, N. F., Rowland-Seymour, A., Sharma, R., ... & Haythornthwaite, J. A. (2014). Meditation programss for psychological stress and well-being: A systematic review and meta-analysis. *JAMA Internal Medicine, 174*(3), 357–368. ► https://doi.org/10.1001/jamainternmed.2013.13018

Guo, S., & DiPietro, L. A. (2010). Factors affecting wound healing. *Journal of Dental Research, 89*(3), 219–229. ► https://doi.org/10.1177/0022034509359125.

Gunderson, L. H., & Holling, C. S. (Hrsg.). (2002). *Panarchy: Understanding transformations in human and natural systems*. Island Press.

Hölzel, B. K., Carmody, J., Vangel, M., Congleton, C., Yerramsetti, S. M., Gard, T., & Lazar, S. W. (2011). Mindfulness practice leads to increases in regional brain gray matter density. *Psychiatry Research: Neuroimaging, 191*(1), 36–43. ► https://doi.org/10.1016/j.pscychresns.2010.08.006.

Intergovernmental Panel on Climate Change (IPCC). (2022). Climate Change 2022: Impacts, Adaptation and Vulnerability. Contribution of Working Group II to the Sixth Assessment Report of the IPCC. Cambridge University Press ► https://www.ipcc.ch/report/ar6/wg2/

Janeway, C. A., et al. (2001). *Immunobiology* (5. Aufl.). Garland Science.

Kabat-Zinn, J. (2016). Gesund durch Meditation: Das große Buch der Selbstheilung mit MBSR (6. Aufl., A. Kamphausen, Übers.). Knaur MensSana. (Originalarbeit veröffentlicht 1990).

Kaluza, G. (1990). *Multimodales Stressmanagement: Grundlagen und Trainingsmanual*. Springer.

Kaplan, S. (1995). The restorative benefits of nature: Toward an integrative framework. *Journal of Environmental Psychology, 15*(3), 169–182.

King, G., & Stanford, J. (2006). Biomechanics of turtle shells. *Journal of Experimental Biology, 209*(17), 3339–3347.

Li, Q. (2018). *Forest bathing: How trees can help you find health and happiness*. Viking.

Megginson, L. C. (1963). Lessons from Europe for American business. *Southwestern Social Science Quarterly, 44*(1), 3–13.

Mommert-Jauch, S. (2023). *Embodiment – Die verkörperte Seele: Psychotherapie, Körper und Bewusstsein im Dialog*. Carl-Auer.Nuber, U. (1999). Resilienz – Die Kunst der psychischen Widerstandskraft. *Psychologie Heute, 5*, 24–30.

Odum, E. P., & Barrett, G. W. (2005). *Fundamentals of ecology* (5. Aufl.). Brooks/Cole.

Partch, C. L., Green, C. B., & Takahashi, J. S. (2014). Molecular architecture of the mammalian circadian clock. *Trends in Cell Biology, 24*(2), 90–99. ▶ https://doi.org/10.1016/j.tcb.2013.07.002.

Proksch, E., Brandner, J. M., & Jensen, J. M. (2008). The skin: An indispensable barrier. *Experimental Dermatology, 17*(12), 1063–1072. ▶ https://doi.org/10.1111/j.1600-0625.2008.00786.x.

Ricard, M. (2010). *Altruismus: Die Macht des Mitgefühls*. Lotos Verlag.

Schindeler, A., McDonald, M. M., Bokko, P., & Little, D. G. (2008). Bone remodeling during fracture repair: The cellular picture. *Seminars in Cell & Developmental Biology, 19*(5), 459–466. ▶ https://doi.org/10.1016/j.semcdb.2008.07.004.

Siegel, D. J. (2010). The Mindful Brain: Reflection and Attunement in the Cultivation of Well-Being.

Singer, T. (2013). Mitgefühl: In Alltag und Forschung – Wie das Mitfühlen erforscht wird und warum es uns allen nützt. Einleitung. In D. Goleman (Hrsg.), *Mitgefühl in der Wirtschaft. Wie Unternehmen neue Wege gehen* (S. 3–18). Arbor Verlag.

Spiegel, P. (2015). WeQ – More than IQ: Abschied von der Ich-Kultur. oekom Verlag.

Stern, D. N. (1985). *The interpersonal world of the infant: A view from psychoanalysis and developmental psychology*. Basic Books.

United Nations Environment Programme (UNEP). (2021). *Making Peace with Nature: A scientific blueprint to tackle the climate, biodiversity and pollution emergencies*. UNEP. ▶ https://www.unep.org/resources/making-peace-nature.

Waldinger, R. J., & Schulz, M. S. (2023). *The good life: Lessons from the world's longest scientific study of happiness*. Simon & Schuster.

Walker, L. R., & del Moral, R. (2009). Primary succession and ecosystem rehabilitation. Cambridge University Press. ▶ https://www.researchgate.net/publication/216814999_Primary_Succession_and_Ecosystem_Rehabilitation.

Walker, M. (2017). *Why we sleep: Unlocking the power of sleep and dreams*. Scribner.

Watzlawick, P., Beavin, J. H., & Jackson, D. D. (1967). *Menschliche Kommunikation: Formen, Störungen*. Huber.

Whyte, K. P. (2018). Settler colonialism, ecology, and environmental injustice. *Environment and Society, 9*(1), 125–144.

Weiterführende Literatur

Bennett, N., & Lemoine, J. (2014). What VUCA really means for you. *Harvard Business Review, 92*(1/2), 27–33. Available at SSRN: ▶ https://ssrn.com/abstract=2389563.

Heidegger, M. (1977). The Question Concerning Technology. In D. F. Krell (Hrsg.), *Basic Writings* (S. 307–342). Harper & Row.

Kaluza, G. (2015). Gelassen und sicher im Stress: Das Stresskompetenz-Buch: Stress erkennen, verstehen, bewältigen (6. Aufl.). Springer. ▶ https://doi.org/10.1007/978-3-662-45807-5.

Papst Franziskus. (2015). *Laudato si': Über die Sorge für das gemeinsame Haus*. Libreria Editrice Vaticana.

Whitmee, S., Haines, A., Beyrer, C., Boltz, F., Capon, A. G., de Souza Dias, B. F., ... & Yach, D. (2015). Safeguarding human health in the Anthropocene epoch: Report of The Rockefeller Foundation–Lancet Commission on planetary health. *The Lancet, 386*(10007), 1973–2028. ▶ https://doi.org/10.1016/S0140-6736(15)60901-1.

OECD. (2019). *OECD learning compass 2030: A series of concept notes*. ▶ https://www.oecd.org/education/2030-project/.

Raworth, K. (2017). *Doughnut economics: Seven ways to think like a 21st-century economist*. Chelsea Green Publishing.

UNESCO. (2020). *Education for sustainable development: A roadmap*. ▶ https://unesdoc.unesco.org/ark:/48223/pf0000374802.

WBGU – Wissenschaftlicher Beirat der Bundesregierung Globale Umweltveränderungen. (2019). *Unsere gemeinsame digitale Zukunft*. ▶ https://www.wbgu.de.

Ausblick und kritische Analyse – Perspektiven für nachhaltige und naturbasierte Interventionen (NNBI)

Inhaltsverzeichnis

5.1 Nature-Based Prescribing – Internationale Konzepte und Erfahrungen – 252

5.2 Digitale Naturzugänge – Potenziale und Grenzen – 253
5.2.1 App Nature Notes – 254
5.2.2 App NatureDose® – 254
5.2.3 Hybride Modelle und Virtual-Reality-Anwendungen – 255

5.3 Biophile Raumgestaltung für urbane Arbeits- und Lebenswelten – 256
5.3.1 Biophile Stadträume – 256
5.3.2 Biophile Innenraumgestaltung – 260

5.4 Soziale Gerechtigkeit und Teilhabe durch NNBI – 260
5.4.1 Barrierefreie Naturzugänge, partizipative Planung und Co-Creation – 261

© Der/die Autor(en), exklusiv lizenziert an Springer-Verlag GmbH, DE, ein Teil von Springer Nature 2025
K. Köhler, *Future Skills: Nachhaltiges und naturbasiertes Ressourcen- und Stressmanagement*,
https://doi.org/10.1007/978-3-662-71605-2_5

5.5	**Planetary Health als Leitbild für zukünftige Gesundheitsstrategien** – 262	
5.5.1	Resilienzförderung durch nachhaltige und naturbasierte Ansätze – 263	
5.5.2	Ein zukunftsfähiges integratives Gesundheitsverständnis – 263	
5.6	**Forschungsstand, Kritik und Weiterentwicklung von NBI zu NNBI** – 263	
5.6.1	Kritische Analyse bisheriger NBI-Forschung – 263	
5.6.2	Aktuell laufende Forschungsprojekte – 264	
5.6.3	Begriffsvielfalt und Kontextsensibilität in der NBI-Forschung – 267	
5.6.4	Forschungslücken und Weiterentwicklungsbedarf bei naturbasierten Ansätzen – 267	
5.7	**Fazit: Naturverbundenheit und Nachhaltigkeit als Schlüsselkompetenzen für Planetary Health** – 268	
5.7.1	Natur jenseits der Romantisierung: Zwischen Gesundung, Gefahr und planetarer Verantwortung – 268	
5.7.2	Manifest der ökosystemischen Gesundheit – 270	
5.8	**Wegweiser für eine regenerative Zukunft – Executive Summary** – 272	
5.8.1	Wiederverbindung von Mensch und Natur als Basis für Gesundheit und Resilienz – 272	
5.8.2	Systemisches Denken: Gesundheit als Netzwerk verstehen und gestalten – 273	
5.8.3	Prävention neu definieren: Regeneration statt Reparatur – 273	
5.8.4	Integriertes Handeln: Brücken zwischen Sektoren bauen – 273	
5.8.5	Planetare Verantwortung: Gesundheit als ethisches Zukunftsprojekt – 274	
5.8.6	Key Learnings – 274	
5.9	**Tooltkit IV – Dein Future-Skill-Impuls** – 274	
	Literatur – 276	

Trailer

Dieses Kapitel untersucht die zukünftigen Perspektiven von naturbasierten und nachhaltigen Interventionen (NNBI) im Kontext von Stressbewältigung, Resilienzförderung und gesellschaftlicher Transformation im Sinne regenerativer und ökosystemischer Gesundheit. Zukunftsweisende Ansätze, die Naturerleben als Ressource für mentale Gesundheit, soziale Inklusion und Nachhaltigkeit betrachten, werden im Sinne eines ökosystemischen Gesundheitsverständnisses dargestellt. Das Ziel besteht darin, aktuelle Forschung sowie praxisnahe Innovationen und transformative Potenziale dieser Ansätze kritisch zu reflektieren – aus einer interdisziplinären, partizipativen und systemischen Perspektive. Die Strukturierung erfolgt anhand einer thematischen Einteilung von spezifischen Anwendungsbereichen (Nature Prescribing, urbane Natur-Räume, digitale Modelle) über Gerechtigkeit und Planetary Health bis zu Forschungslücken. Die Modelle bieten erfahrungsbasierte Anregungen, die in Bildungs-, Gesundheits- oder Stadtentwicklungsprozesse eingebunden werden können. Dieses Kapitel ist für Personen gedacht, die in Bereichen wie Beratung, Bildung, Gesundheitswesen, Leadership oder gesellschaftlichem Wandel an der Zukunft mitwirken möchten. Es richtet sich an alle, die Systeme nicht nur analysieren, sondern regenerativ transformieren wollen – unter Berücksichtigung von wechselseitiger Verbundenheit, ethischer Verantwortung und planetarer Kohärenz.

❓ Einleitungsfragen

1. Wie kann Natur in Zukunft auch mitten in der Stadt oder sogar digital wechselseitig Gesundheit stärken?
2. Wie können Naturerlebnisse inklusiv, gerecht und für alle zugänglich werden?
3. Wie sieht eine Zukunft aus, in der menschliche und planetare Gesundheit zusammen gedacht werden?

> *Human health depends on thriving natural system and on recognizing that we are part of, not separate from nature.*
> – The Rockefeller–Lancet Commission on Planetary Health (Whitme et al., 2015)

Der Einsatz naturbasierter und nachhaltiger Interventionen (NNBI) eröffnet Lösungswege für ökologische, soziale, wirtschaftliche, technologische und therapeutische Fragestellungen. Angesichts globaler Entwicklungen wie Klimawandel, Urbanisierung, Reizverdichtung und die Zunahme psychischer Belastungen wird deutlich, dass innovative integrative Ansätze dringend erforderlich sind. Dieses Kapitel beleuchtet Chancen und Grenzen von NNBI und zeigt auf, wie diese in einer zunehmend komplexen Welt zielgerichtet eingesetzt werden können.

5.1 Nature-Based Prescribing[1] – Internationale Konzepte und Erfahrungen

In diesem Abschnitt werden internationale Modelle für naturbasierte Interventionen (NBI) vorgestellt. „Green Prescribing" oder als „Nature Prescriptions" bekannt – stellt als klassische NBI einen neuartigen Ansatz im Gesundheitswesen dar, bei dem Ärzt:innen, Therapeut:innen oder andere medizinische Fachkräfte den Kontakt zur Natur als Bestandteil einer Behandlung verordnen. Hierbei wird die Natur gezielt als therapeutisches Mittel eingesetzt, um die körperliche und psychische Gesundheit zu fördern. Im Fokus stehen dabei Aktivitäten wie Spaziergänge im Wald, Gartenarbeit, Wandern oder einfach das Verweilen in natürlichen Umgebungen. Das Ziel ist es, Stress zu reduzieren, die Stimmung aufzuhellen, mehr Bewegung zu ermöglichen und das allgemeine Wohlbefinden zu verbessern.

In den vergangenen Jahren hat dieser naturbasierte Ansatz weltweit Fuß gefasst und wird in diversen Ländern bereits mit Erfolg angewandt.

Neuseeland nimmt eine Vorreiterrolle ein, da dort seit 2020 das nationale Programm „Green Prescriptions"[2] besteht. Ärzt:innen können ihren Patient:innen hier gezielte Naturaktivitäten verschreiben, um chronischen Erkrankungen entgegenzuwirken oder sie zu verhindern. Die Regierung unterstützt das Programm, das Aktivitäten wie Wandern, Gartenarbeit und andere Outdoor-Tätigkeiten umfasst (New Zealand Ministry of Health, 2020).

In **Schottland** existieren ebenfalls vergleichbare Initiativen. Hausärzt:innen regen ihren Patient:innen unter dem Begriff „Nature Prescriptions"[3] an, sich häufiger in der Natur aufzuhalten. Der Zugang zur Natur wird durch spezielle Workbooks mit Vorschlägen für Aktivitäten und Orte erleichtert. Diese Programme haben vor allem das Ziel, psychische Erkrankungen wie Depressionen und Angststörungen zu verringern (NHS Scotland, 2021).

Auch in **Kanada**, vor allem in British Columbia, werden NBI angewendet. Es existieren Programme, in denen Ärzt:innen Patient:innen in Nationalparks oder andere naturnahe Bereiche schicken, um deren Gesundheit zu fördern. Besonders erwähnenswert sind Initiativen, die traditionelle Praktiken von indigenen Gemeinschaften mit zeitgenössischer NBI verknüpfen (Parks Canada, 2022).

In **Japan** ist das Konzept des „Waldbadens" (Shinrin-Yoku[4]) schon seit geraumer Zeit etabliert. Ärzt:innen und Therapeut:innen raten ihren Patienten, sich in Wäldern aufzuhalten, um Stress abzubauen und das Immunsystem zu stärken. Waldtherapie-Pfade und -Programme sind Teil der Gesundheitsvorsorge und werden auch verschrieben (Japanese Ministry of Agriculture, Forestry and Fisheries, 2019).

---

1 ▶ https://www.sciencedirect.com/science/article/pii/S0160412024003878 (21.03.2025).
2 ▶ https://info.health.nz/services-support/support-services/green-prescriptions (20.03.2025).
3 ▶ https://www.rspb.org.uk/about-us/annual-report/nature-boosts-health-and-wellbeing (20.03.2025).
4 ▶ https://www.infom.org/ (20.03.25.).

Das „Park Prescriptions-Programm" (Park Rx[5]) in den **USA** ermutigt Patient:innen auf ärztlichen Rat hin, zur Verbesserung ihrer Gesundheit Zeit in Parks zu verbringen. Initiativen dieser Art wurden beispielsweise in San Francisco und Washington, D.C., schon erfolgreich realisiert. Das Programm soll Bewegung anregen und der Entstehung chronischer Krankheiten wie Diabetes sowie Herz-Kreislauf-Erkrankungen vorbeugen (National Park Service, 2021).

In **Schweden** gehören NBI ebenfalls zur Gesundheitsversorgung. Ärzte raten oft zu Aktivitäten wie Wandern oder Skifahren in der Natur, um die körperliche und psychische Gesundheit zu fördern. Die schwedische Regierung fördert diese Ansätze, da sie als kosteneffektiv und ohne Nebenwirkungen angesehen werden (Swedish Environmental Protection Agency, 2020).

Die Vorzüge des Nature-Based Prescribing sind offensichtlich und etablieren sich mittlerweile auch langsam in Deutschland: Es handelt sich um einen ganzheitlichen Ansatz, der keine negativen Nebenwirkungen hat und gleichzeitig die körperliche, psychische und soziale Gesundheit fördert – und das bei geringen Kosten. Weltweit wird dieser Ansatz angesichts der wachsenden wissenschaftlichen Anerkennung der positiven Auswirkungen der Natur auf die Gesundheit immer bedeutender, und er könnte in der Zukunft eine zentrale Rolle in der ökosystemischen Gesundheitsversorgung spielen.

Auch in Deutschland etablieren sich mittlerweile naturtherapeutische und naturbasierte Angebote in zahlreichen Gesundheitseinrichtungen als auch im Bereich der Prävention. Jedoch wird hier die Natur als Gesundheitsressource unilateral bespielt, um einen Gesundheitsnutzen für die Menschen zu erzielen. Daher ist eine Erweiterung des Gesundheitsbegriffes hier verstärkt notwendig, insofern, dass Gesundheit auch als wechselseitiges Konstrukt anerkannt wird und die Gesundheit des Ökosystems immer auch einen impliziten Teilauftrag von derartigen Interventionen darstellen sollte.

5.2 Digitale Naturzugänge – Potenziale und Grenzen

Digitale und hybride Naturzugänge spielen eine Schlüsselrolle in der Zukunft von NNBI, um eine größere Reichweite und Nachhaltigkeit zu gewährleisten. Sie ermöglichen es, einen gerechten Zugang zur Natur unabhängig von individuellen Begrenzungen zu gestalten. Und digitale Technologien wie Virtual Reality (VR) und immersive 360°-Filme bieten eine nachhaltige Alternative zu physischen Naturerlebnissen an. Diese Ansätze schonen natürliche Ressourcen und sind besonders für Menschen geeignet, die aufgrund von Krankheits-, Mobilitäts- bzw. Freiheitsbeschränkungen oder urbanen Lebensbedingungen keinen oder eingeschränkten Zugang zur Natur haben. Studien belegen, dass auch derartige virtuelle Erlebnisse (wenn auch weniger robust) sowohl die psychische Gesund-

---

5 ▶ https://www.parkrx.org/ (20.03.25).

Abb. 5.1 App Nature Notes. (Quelle: Miles Richardson. Mit freundlicher Genehmigung)

heit fördern als auch Stress reduzieren können (Anderson et al., 2017, S. 3). Exemplarisch werden hier verschiedene Apps (McEwan et al., 2019) vorgestellt.

5.2.1 App Nature Notes

Die App Nature Notes wurde von Prof. Dr. Miles Richardson in der Universität Derby mit seinem Team entwickelt. Sie ermutigt Nutzer:innen täglich (in Anlehnung an Martin Seligmann) "3 good things" in der Natur zu bemerken und aufzuschreiben. Diese können die Häufigkeit der Erinnerungen einstellen und optional Fotos und Standorte hinzufügen. Die App zielt darauf ab, die Naturverbundenheit und das Wohlbefinden zu steigern, indem sie Menschen dazu anregt, alltägliche Naturerlebnisse bewusster wahrzunehmen (◘ Abb. 5.1 und 5.2).

5.2.2 App NatureDose®

Die App NatureDose®, von Jared Hanley entwickelt, ist eine exemplarische App, die die Zeit misst, die Nutzer in der Natur verbringen. Sie verwendet eine patentierte Technologie, um den wöchentlichen Dosis Natur in Minuten zu verfolgen. Die App bietet Funktionen wie tägliche Aufschlüsselungen, Vergleiche

5.2 · Digitale Naturzugänge – Potenziale und Grenzen

Abb. 5.2 Natureindrücke abfotografieren. (Quelle: Kristin Köhler, 2025)

von Woche zu Woche und die Möglichkeit, individuelle Ziele für die Naturexposition zu setzen. Zusätzlich gibt sie Tipps zur Optimierung der Outdoor-Zeit und kann den relativen Anteil an vorteilhafter Natur in einer Umgebung bestimmen (NatureScore; Abb. 5.3).

5.2.3 Hybride Modelle und Virtual-Reality-Anwendungen

Hybride Modelle vereinen physisch-sinnliche und digital-visuelle (wenn auch weniger robust als reale Naturerfahrungen [Menzel et al., 2022; Menzel & Reese, 2022, Menzel & Reese, 2021]) Naturerfahrungen, um sowohl Zugänglichkeit als auch Umweltverträglichkeit zu sichern. Diese Kombination von physischen und digitalen Naturzugängen (Berman et al., 2008) kann in Zukunft helfen, die Übernutzung besonders sensibler Naturräume zu reduzieren und dennoch niedrigschwellige Naturbezüge zu ermöglichen. Besucher von Parks oder Mooren, Wäldern könnten beispielsweise durch VR-Technologien über Ökosysteme informiert werden, bevor sie diese betreten, um ein verantwortungsbewusstes Verhalten zu fördern. Weiterhin können sich bewegungseingeschränkte Patienten z. B. zur Schmerzreduktion, zur Stressreduktion, zur Stimmungsstabilisierung oder Entspannung in virtuellen Naturräumen regenerieren. Gleichzeitig ermöglicht die Verbindung physischer und virtueller Erlebnisse eine größtmögliche Teilhabe und Inklusion. Naturkontakt fördert hier die grundlegende Beziehung zur Natur, die umweltbewusstes Handeln motiviert (Abb. 5.4).

Abb. 5.3 App NatureDose®. (Quelle: Jared Hanley, NatureQuant. Mit freundlicher Genehmigung)

5.3 Biophile Raumgestaltung für urbane Arbeits- und Lebenswelten

5.3.1 Biophile Stadträume

Die Gestaltung nachhaltiger Lebens- und Arbeitsräume, insbesondere Städte ist eine zentrale Herausforderung des 21. Jahrhunderts. Laut der Weltbank (2022) können naturbasierte Ansätze in urbanen Strategien ein effektives Mittel sein, um soziale Resilienz und psychische Gesundheit in einem von Klimawandel und Urbanisierung geprägten Zeitalter zu stärken.[6] Nachhaltige und naturbasierte

---

6 ▸ https://hdl.handle.net/10986/36507 Katalog für Naturbasierte Lösungen der Weltbank.

5.3 · Biophile Raumgestaltung für urbane Arbeits- und Lebenswelten

◘ **Abb. 5.4** Exemplarisch: Meta-Quest-Technologie für virtuelle Naturerfahrungen. (Quelle: Kristin Köhler, 2025)

Lösungen können hier dabei helfen, ökologische und gesundheitliche Zielsetzungen im Raum miteinander zu verbinden. In afrikanischen Metropolen zeigen SEI Africa (2020) auf, wie naturbasierte Urbanisierungslösungen zur sozialen Gerechtigkeit, Gesundheitsförderung und Klimaanpassung beitragen. Mentale Gesundheit und Klimagesundheit können hier im Win-Win zusammen gestaltet werden. So kann z. B. eine vertikale Hauswandbegrünung oder eine Dachbegrünung im urbanen Raum einerseits Biodiversität fördern, Kühlung und Lärmschutz als auch Feinstaubemission für die Bewohner:innen des Hauses ermöglichen und andererseits auch die mentale Gesundheit durch Naturverbundenheit stärken. Grüne Infrastrukturen wie Parks, vertikale Gärten, begrünte Dächer oder einfach Baumanpflanzungen reduzieren also nicht nur den CO_2-Ausstoß, sondern verbessern auch die Lebensqualität und das Wohlbefinden in städtischen Räumen nachweislich. Das UN-Habitat (2022)[7] verknüpft in ihrer transkulturellen Strategie urbane Naturzugänge mit psychischer Gesundheit – ein Ansatz, der in der biophilen Stadtentwicklung zunehmend an Bedeutung gewinnt.

Zahlreiche Studien belegen: Regelmäßiger Kontakt mit urbaner Natur reduziert nachweislich Stress, stärkt die psychische Gesundheit und fördert soziale Kohäsion. Bereits Hartig et al. (1991) zeigten, dass Aufenthalte in natür-

---

[7] ▶ https://unhabitat.org/annual-report-2022 24.052025.

lichen Umgebungen – im Vergleich zu urbanen Settings – signifikante Erholungseffekte auf Kognition und Stimmung haben.

Eine randomisierte Studie von South et al. (2018) in Philadelphia belegt, dass die aktive Begrünung brachliegender Flächen depressive Symptome bei Anwohner:innen deutlich senkt und psychische Belastungen reduziert – besonders in sozioökonomisch benachteiligten Quartieren.

Auch in Deutschland zeigt sich dieser Effekt: Marselle et al. (2020) fanden, dass eine höhere Dichte von Straßenbäumen im Wohnumfeld mit einer um durchschnittlich 4 % geringeren Verschreibungsrate von Antidepressiva einhergeht – ein besonders deutlicher Zusammenhang bei vulnerablen Bevölkerungsgruppen.

Diese Evidenz unterstreicht die gesundheitsfördernde Wirkung urbaner Begrünung und ihre Schlüsselrolle in einer klimaresilienten, sozial gerechten Stadtentwicklung.

Beispiele biophiler Gebäude in der Stadt Im Folgenden werden architektonische Beispiele für biophile Stadtgestaltung präsentiert, die das Potenzial von naturintegrierten Lebensräumen verdeutlichen (◯ Abb. 5.5).

Der Kö-Bogen II im Zentrum Düsseldorfs zeichnet sich durch die europaweit größte begrünte Gebäudefassade aus. Etwa acht Kilometer Hainbuchenhecken umhüllen den Gewerbe- und Bürokomplex und machen ihn zu einem herausragenden Beispiel urbaner Begrünung und verbessern damit das innerstädtische Mikroklima.

Stadtbegrünungsprojekte wie die **„High Line"** in New York City kombinieren Erholungsräume mit ökologischer Nachhaltigkeit, indem sie städtische Biodiversität fördern und die urbane Hitzeinselnproblematik adressieren.

Weitere Beispiele für horizontale Begrünung kommen aus Singapur mit dem

- **Capita Spring:** Dieses Hochhaus ist ein Vorreiter für den vertikalen Urbanismus und beinhaltet 8.300 Quadratmeter Grünfläche mit etwa 80.000 Pflanzen.
- **Marina One:** Dieser Gebäudekomplex umfasst ein dreidimensionales „Green Heart", das über mehrere Stockwerke reicht. 350 verschiedene Baum- und Pflanzenarten beherbergt, darunter 700 Bäume, auf einer Grünfläche von 37.000 Quadratmetern. Es bietet 125 % Renaturierung und 175 % öffentlich zugänglicher Raum auf der Grundfläche (◯ Abb. 5.6)[8]

Gemeinschaftsgärten in Städten sind eine weitere nachhaltige, naturbasierte Maßnahme, die gesellschaftliche Resilienz und Umweltbewusstsein auf vielfältige

---

8 Die Angabe von „125 % Renaturierung" und „175 % öffentlich zugänglicher Raum" bezieht sich auf das Verhältnis der tatsächlich gestalteten bzw. nutzbaren Flächen zur Grundstücksfläche. Durch vertikale Stapelung von Grünflächen sowie die mehrgeschossige Integration öffentlich zugänglicher Wege, Plätze und Aufenthaltsräume ergibt sich eine Nutzfläche, die die ursprüngliche Grundfläche übersteigt. So entspricht die begrünte Fläche 125 % der Grundstücksgröße, während durch gestapelte, durchlässige Raumgestaltung 175 % als öffentlich zugänglich gelten.

5.3 · Biophile Raumgestaltung für urbane Arbeits- und Lebenswelten

◘ **Abb. 5.5** Kö-Bogen II in Düsseldorf. (Quelle:© HGEsch Photography, ingenhoven associates. Mit freundlicher Genehmigung)

◘ **Abb. 5.6** Marina One in Singapur. (Quelle © HGEsch Photography, ingenhoven associates. Mit freundlicher Genehmigung)

Weise stärkt. Diese grünen Räume bieten aus wissenschaftlicher Sicht nicht nur ökologische Vorteile wie die Förderung der Biodiversität, die Minderung von Urban Heat Islands und die Verbesserung der Luftqualität, sondern auch bedeutende psychologische und soziale Effekte. Kaplan & Kaplan (1989) zeigen, dass der Zugang zur Natur das Wohlbefinden steigert und die kognitive Funktion fördert, was nachweislich positive Auswirkungen auf die psychische Gesundheit und Stressbewältigung hat.

Gemeinschaftsgärten leisten zudem einen Beitrag zur Förderung eines gerechten Zugangs zu Grünflächen, was vor allem in urbanen Gebieten von großer Bedeutung ist. In zahlreichen Städten sind naturnahe Flächen oft ungleich verteilt, wodurch marginalisierte Gemeinschaften von den gesundheitlichen und sozialen Vorteilen der Natur abgeschnitten werden. Gemeinschaftsgärten stellen eine Lösung dar, indem sie allen Stadtbewohner:innen den Zugang zu grünem Raum ermöglichen, unabhängig von ihrem sozioökonomischen Status, und gleichzeitig soziale Gerechtigkeit fördern (Wolch et al., 2014).

Diese Initiativen können daher nicht nur zur Nachhaltigkeit und Biodiversität beitragen, sondern auch als bedeutende Instrumente der sozialen Inklusion und Stärkung des Gemeinschaftsgefühls in städtischen Umfeldern angesehen werden. Sie stellen einen praktischen Ansatz zur Umwandlung urbaner Räume in resilientere, nachhaltigere und gerechtere Städte dar (◘ Abb. 5.7).

5.3.2 Biophile Innenraumgestaltung

Klimaneutrale oder klimapositive Gebäude mit Arbeitsplätzen, die natürliche Elemente wie Pflanzen, Holz und Tageslichtsimulationen integrieren, schaffen eine gesundheitsfördernde Umgebung. Solche „biophilen Designs" können nicht nur das Wohlbefinden der Mitarbeitenden steigern, sondern auch die Produktivität und Kreativität fördern (Ríos-Rodríguez et al., 2023). – Auch hier können wir von Co-Benefits sprechen.

Beispiele
The Spheres (Seattle): Ein Beispiel für sphärische, biophile Architektur. Diese Glaskuppeln beherbergen über 40.000 Pflanzen und dienen als naturnahes Arbeitsumfeld für Amazon-Mitarbeiter.
Das **Umweltbundesamt** in Dessau verfügt über einen begrünten Innenhof, zu dem alle Bürofenster ausgerichtet sind (◘ Abb. 5.8).

5.4 Soziale Gerechtigkeit und Teilhabe durch NNBI

Gesundheitsangebote, die auf die Natur zurückgreifen, müssen so konzipiert werden, dass sie allen Menschen zugänglich sind – ohne Rücksicht auf Alter, Herkunft, Mobilität oder Bildungsniveau.

◘ **Abb. 5.7** Gemeinschaftsgartenimpressionen. (Mit freundlicher Genehmigung von Bunte Gärten Leipzig e. V. [bunte gärten leipzig])

5.4.1 Barrierefreie Naturzugänge, partizipative Planung und Co-Creation

Um soziale und gesundheitliche Ungleichheiten zu reduzieren, ist es notwendig, barrierefreie Zugänge zur Natur zu schaffen. Niedrigschwellige Angebote wie kleine urbane Grünflächen, z. B. Parks, Gemeinschaftsgärten, Urban Farming oder digitale Alternativen können hier eine größere Inklusion ermöglichen und gleichzeitig Bildungsarbeit zu Gesundheit und Co-Benefits leisten. Partizipation ist entscheidend, um die Akzeptanz und Wirksamkeit von NNBI zu erhöhen. Menschen aus der Gemeinschaft können hier aktiv in Planung und Pflege von Grünflächen eingebunden werden, um sicherzustellen, dass diese ihren Bedürfnissen entsprechen (Whitmee et al., 2015). Teilhabe erhöht nicht nur die

☐ **Abb. 5.8** Umweltbundesamt. (Quelle: Martin Stallmann/Umweltbundesamt. Mit freundlicher Genehmigung)

Akzeptanz, sondern fördert auch die soziale Kohärenz – ein entscheidender Faktor für gesundheitsfördernde Lebens- und Lernumfelder.

5.5 Planetary Health als Leitbild für zukünftige Gesundheitsstrategien

Der jüngste Lancet Countdown on Health and Climate Change (2024) zeigt erneut mit eindrücklicher Klarheit: Die Auswirkungen der Klimakrise auf die psychische und physische Gesundheit eskalieren schneller als erwartet und betreffen zunehmend vulnerable Bevölkerungsgruppen weltweit (Romanello et al., 2024). Die enge Wechselwirkung zwischen klimabedingtem Stress, Biodiversitätsverlust und psychosozialer Destabilisierung macht es unumgänglich, präventive naturbasierte und systemisch gedachte Interventionen als zentrales Element zukünftiger Gesundheitsstrategien zu etablieren. NNBI-Ansätze können hier nicht nur einen Beitrag zur individuellen Resilienz leisten, sondern fördern auch die notwendige Regeneration sozialökologischer Systeme als integralen Bestandteil von Planetary Health. NNBI stellen nicht nur Gesundheitsmethoden dar, sondern auch Elemente einer weitreichenden planetaren Verantwortung. Das Konzept der Planetary Health verdeutlicht die enge Verbindung zwischen der menschlichen Gesundheit und dem Zustand der Erde. NNBI tragen hier in verschiedenen Sektoren dazu bei, diese beiden Dimensionen miteinander zu verknüpfen und die systemische Lebenswirklichkeit natürlicher Systeme im Gesundheitskontext widerzuspiegeln. Winona LaDuke (2017) beschreibt z. B., wie indigene Umweltgerechtigkeit tief mit regenerativen Naturpraktiken verwoben ist und zeigt, wie Ökologie als gesundheitsfördernde Intervention wirkt.

5.5.1 Resilienzförderung durch nachhaltige und naturbasierte Ansätze

NNBI unterstützen die Resilienz gegenüber den Auswirkungen des Klimawandels, indem sie Naturverbundenheit und nachhaltiges Verhalten als positives Narrativ stärken und ressourcenschädigendes Verhalten minimieren und somit CO_2-Emissionen reduzieren, Biodiversität und Ökosystemdienstleistungen fördern und das psychische Wohlbefinden stärken. Sie verbinden also individuelle Gesundheit mit planetarer Verantwortung und schaffen so ein integratives Paradigma auf Grundlage von Salutogenese (Whitmee et al., 2015).

5.5.2 Ein zukunftsfähiges integratives Gesundheitsverständnis

Ein ökosystemisches Gesundheitsverständnis, das die Gesundheit des Einzelnen, der Gemeinschaft und des Planeten gleichermaßen berücksichtigt, fordert ein Umdenken in der Gesundheitsversorgung. Der Übergang vom „EGO-System" zum „ECO-System" verdeutlicht die Notwendigkeit, Mensch und Natur als ein vernetztes System zu begreifen (Clayton & Myers, 2009).

5.6 Forschungsstand, Kritik und Weiterentwicklung von NBI zu NNBI

5.6.1 Kritische Analyse bisheriger NBI-Forschung

In den 1980er-Jahren nahm die Forschung zu den gesundheitlichen Vorteilen von Naturkontakten verstärkt Fahrt auf, wobei sich frühe Studien auf Stressreduktion und psychische Gesundheit konzentrierten (Ulrich, 1984).

Seitdem hat sich das Gebiet schnell entwickelt, und es gibt mittlerweile zahlreiche Metaanalysen, die die Wirksamkeit von NNBI analysieren.

Van den Bosch und Sang (2017) führten 2017 eine Metaanalyse durch, in der 143 Studien zusammengefasst wurden. Diese Analyse liefert konsistente Hinweise darauf, dass Stress reduziert und die psychische Gesundheit verbessert werden konnte.

In ihrer Umbrella-Studie überprüften Harper et al. (2021) 50 systematische Reviews und Metaanalysen und fanden ähnliche Ergebnisse: Der Kontakt zur Natur trägt zum Stressabbau, zum subjektiven Wohlbefinden und zur kognitiven Leistungsfähigkeit bei. Die Autoren erkannten jedoch methodische Schwierigkeiten, wie das Fehlen einer Standardisierung der Designs und Messinstrumente, die es schwieriger machen, die Ergebnisse miteinander zu vergleichen. Eine Betrachtung von nachhaltigen und naturbasierten Interventionen ist noch unzureichende beforscht. Oft wird jedoch zitiert, dass Naturverbundenheit der stärkste Prädiktor für nachhaltiges Verhalten ist. Kals et al. (1999). Die Autoren ihrer Untersuchung bestimmten die Dauer, die jemand im Freien verbringt, als wesentlichen Prädiktor für umweltschützendes und nachhaltiges Verhalten. Es wurde festgestellt, dass die Dauer der Naturaufenthalte in der Gegenwart wie auch in der Kindheit signifikant mit einer intensiveren Verbundenheit zur Natur und einem daraus hervorgehenden umweltbewussteren Verhalten korreliert. In der Umweltbewusstseinsstudie 2022 des Umweltbundesamts wird genauso hervorgehoben, wie wichtig Naturverbundenheit als erklärender Faktor für naturverträgliches Verhalten ist. Laut der Studie sind Naturverbundenheit, Problembewusstsein und soziale Normen zentrale psychologische Faktoren, die umweltfreundliches Verhalten beeinflussen. Howell et al. 2011). In dieser Studie wurde die Beziehung zwischen Naturverbundenheit und Wohlbefinden analysiert. Dabei zeigte sich, dass Menschen mit höherer Naturverbundenheit ein verbessertes Wohlbefinden und eine größere Neigung zu umweltfreundlichem Verhalten aufweisen.

5.6.2 Aktuell laufende Forschungsprojekte

1. „resonate"

Das **resonate**-Projekt[9] (Building individual and community RESilience thrOugh NATurE-based therapies) ist eine Forschungsinitiative mit einer Laufzeit von vier Jahren, die im Juni 2023 unter der Leitung der Universität Wien begonnen hat und bis Mai 2027 andauert. Das Projekt hat zum Ziel, die Effektivität und Umsetzbarkeit von naturbasierten Therapien (NBT) bei verschiedenen körperlichen und psychischen Gesundheitsproblemen zu untersuchen. „resonate" beinhaltet eine globale Überprüfung von Interventionen, neun gründliche Fallstudien zu NBT in Europa, darunter fünf randomisierte kontrollierte Studien, sowie die

---

[9] ▶ https://resonate-horizon.eu/

Abb. 5.9 Logo „resonate". (Quelle: Mit freundlicher Genehmigung)

Etablierung von drei naturbasierten Resilienzzentren. Das Konsortium vereint 14 Partner, überwiegend Universitäten aus ganz Europa, und erhält Beratungen von internationalen Fachleuten. Ein zentrales Projektziel besteht darin, Gesundheitsfachkräften, politischen Entscheidungsträgern und weiteren Interessierten frei zugängliche Leitfäden für NBT bereitzustellen, um sie bei der Umsetzung und Bewertung entsprechender Interventionen zu unterstützen (Abb. 5.9).

2. GreenME-Projekt[10]

(Greening Mental Health Care) ist ein unter Horizon Europe gefördertes EU-Forschungsprojekt. Es soll eine systematische Einbindung naturbasierter Interventionen in die psychosoziale Versorgung Europas erfolgen. Sechs europäische Länder testen innovative Ansätze praktisch und wissenschaftlich, um evidenzbasierte, inklusive und nachhaltige Modelle für die Nutzung von Natur- und Wassererfahrungen im Bereich der psychischen Gesundheit zu entwickeln – vor allem für vulnerable Bevölkerungsgruppen. Das Projekt bringt Forschungseinrichtungen, Kliniken, Kommunen und zivilgesellschaftliche Organisationen in einem transdisziplinären Ansatz zusammen (Abb. 5.10).

3. RECETAS[11]

Das europäische Forschungsprojekt RECETAS „Re-imagining Environments for Connection and Engagement: Testing Actions for Social Prescribing in Natural Spaces" wird im Rahmen des EU-Horizon-2020-Programms gefördert. Ziel ist es, innovative, naturbasierte Ansätze im Rahmen des Social Prescribing zu entwickeln und zu testen, um Einsamkeit und soziale Isolation zu reduzieren. Social Prescribing meint dabei nichtmedizinische, personenzentrierte Verordnungen durch Fachpersonen im Gesundheitswesen, die auf soziale, wirtschaftliche und kulturelle Einflussfaktoren von Gesundheit und Wohlbefinden abzielen.

Kern des Projekts ist die Intervention „Friends in Nature (FiN)", in der über einen Zeitraum von zehn Wochen naturbasierte Gruppenerfahrungen in urbanen Räumen angeboten und sozial begleitet werden. Diese sollen insbesondere

---

10 ▶ https://greenme-project.eu/

11 ▶ https://www.recetasproject.eu/

Abb. 5.10 Logo „GreenME". (Quelle: Mit freundlicher Genehmigung)

vulnerable Zielgruppen stärken, indem sie soziale Teilhabe und gesundheitsbezogene Lebensqualität fördern. Aktuell laufen randomisierte kontrollierte Studien in Barcelona (Spanien), Helsinki (Finnland) und Prag (Tschechien) sowie begleitende Prä-Post-Erhebungen in Cuenca (Ecuador), Melbourne (Australien) und Marseille (Frankreich). Zusätzlich werden gesundheitsökonomische Analysen durchgeführt. Erste Ergebnisse stehen noch aus, könnten aber neue Perspektiven auf Prävention und Versorgung im urbanen Kontext eröffnen (Abb. 5.11).

4. NatureLAB[12]

Das interdisziplinäre EU-Projekt NatureLAB "Nature-based Living Lab for Mental Health and Wellbeing" nutzt sogenannte Living Labs – praxisnahe Reallabore – um naturbasierte Interventionen für die psychische Gesundheit zu entwickeln, zu erproben und zu erweitern. Das Projekt unterstützt die Kooperation zwischen Wissenschaft, Politik, Praxis und Zivilgesellschaft. Es soll konkret eruiert werden, auf welche Weise Naturzugang als Ressource für mentales Wohlbefinden – etwa durch Parks, Gärten oder naturnahe Stadträume – besser in Gesundheitsstrategien eingebaut werden kann (Abb. 5.12).

Abb. 5.11 Logo „RECETAS". (Mit freundlicher Genehmigung)

Abb. 5.12 Logo „NATURELAB". (Quelle: Mit freundlicher Genehmigung)

---

12 ▶ https://naturelab-project.eu/

5.6.3 Begriffsvielfalt und Kontextsensibilität in der NBI-Forschung

Ein zentrales Problem in der Forschung ist die Diversität der untersuchten Naturräume. Studien umfassen städtische Parks, Wälder, Gewässer und Küstenlandschaften. Die Ergebnisse werden durch die besonderen Merkmale dieser Räume (wie Biodiversität, Größe und Zugänglichkeit) maßgeblich beeinflusst (Frumkin et al., 2017). Laut Harper et al. (2021) machen diese Unterschiede eine Generalisierung der Ergebnisse schwierig. Außerdem sind die spezifischen Wirkmechanismen, durch die die positiven Effekte von Naturräumen vermittelt werden, oft nicht eindeutig nachvollziehbar.

5.6.4 Forschungslücken und Weiterentwicklungsbedarf bei naturbasierten Ansätzen

> *The planet does not need more successful people. It desperately needs more peacemakers, healers, restorers, storytellers, and lovers of every kind of life.*
> – nach Orr, 1994

Forschungen zu naturbasierten Interventionen bilden die wichtigste Grundlage für die Erweiterung zu nachhaltigen als auch naturbasierten Interventionen. Laut der Umbrella-Studie von Harper et al. (2021) haben zahlreiche Studien zu NBI jedoch noch methodische Schwächen. Die Designs, Messinstrumente und Definitionen von „Natur", die in den Untersuchungen verwendet werden, unterscheiden sich erheblich, was die Vergleichbarkeit der Ergebnisse erschwert. Darüber hinaus liegt der Fokus der meisten Studien auf kurzfristigen Effekten, wobei es hingegen nur wenige Langzeitstudien gibt. Diese Lücke macht es schwieriger, die Wirksamkeit von NBI final zu bewerten.

Ein weiterer kritischer Punkt ist, wie kulturelle und geografische Unterschiede die Wahrnehmung und Wirksamkeit von Naturräumen beeinflussen. Harper et al. (2021) fordern eine stärkere Berücksichtigung dieser Kontexte in zukünftigen Studien sowie die Entwicklung standardisierter Methoden zur Reduzierung der Heterogenität in der Forschung.

Obwohl die Forschung zu NBI vielversprechende Ergebnisse hervorgebracht hat, schränken methodische Schwächen und eine begrenzte Vergleichbarkeit der Studien deren Aussagekraft bisher noch ein. Institutionen sowohl in Deutschland als auch auf internationaler Ebene tragen jedoch bereits signifikant zur Weiterentwicklung des Bereichs bei. Harper et al. (2021) legen mit ihren Ergebnissen aus der Umbrella-Studie dar, dass es zum vollen Ausschöpfen des Potenzials von NBI notwendig ist, Langzeitstudien durchzuführen, standardisierte Methoden zu verwenden und kulturelle Kontexte stärker in Betracht zu ziehen. Eine Untersuchung der wechselseitigen Gesundheitsbenefits sollte daher in Zukunft zusätzlich untersucht werden.

Ausblick zu NNBI

Nachhaltige und naturbasierte Interventionen (NNBI – Nature-based and Nature-sustaining Behavioral Interventions) sind bislang noch nicht systematisch erforscht, sondern nur erfahrungsbasiert erprobt. Im Unterschied zu klassischen naturbasierten Ansätzen integrieren sie nicht nur Naturerleben zur Gesundheitsförderung, sondern auch den Aspekt der ökologischen Interdependenz – also die bewusste Mitverantwortung für natürliche Systeme.

Dafür braucht es neue Forschungsdesigns, Wirkmodelle und Evaluationskriterien, die bislang fehlen. Die Etablierung von NNBI als eigenständiges Feld ist ein offenes, aber dringliches Forschungsdesiderat – mit hoher Relevanz für planetare Gesundheit und nachhaltige Prävention.

5.7 Fazit: Naturverbundenheit und Nachhaltigkeit als Schlüsselkompetenzen für Planetary Health

5.7.1 Natur jenseits der Romantisierung: Zwischen Gesundung, Gefahr und planetarer Verantwortung

Natur ist nicht nur Idylle. Sie ist auch Ambivalenz, Prozess und Potenzial zur Irritation. Der gegenwärtige Diskurs über NBI betont häufig die salutogenen Wirkungen von Naturkontakt – Stressreduktion, emotionale Regeneration, Stärkung der Resilienz (Bratman et al., 2019; Twohig-Bennett & Jones, 2018). Doch eine einseitig verklärende Perspektive birgt die Gefahr, die Natur zu instrumentalisieren – als „grüne Pille oder grünes Rezept" im Dienste menschlicher Optimierung. Dieser Abschnitt plädiert für ein differenzierteres Naturverständnis im Kontext nachhaltiger Transformation und ein interdependentes bilaterales Gesundheitsverständnis.

Die dunkle Seite der Natur: Realität statt Romantik

> *Wilderness is not only a site for escape, it is also a place of potential terror, a reminder that the nonhuman world does not exist to meet our needs.*
> – nach William Cronon, 1995

Ob Zeckenbiss, Pollenallergie, Waldbrand oder Sturmflut – Natur birgt Risiken und Gefahren. Umweltpsychologische Studien zeigen, dass Natur auch Bedrohung und Kontrollverlust auslösen kann, insbesondere bei den zunehmenden Wetterextremen oder in unübersichtlichen Wildräumen (Smith et al., 2011). Der anthropozentrische Wunsch, Natur ausschließlich als heilende Kulisse zu denken, verkennt ihre Dynamik, Unverfügbarkeit und Widerständigkeit. Die Anerkennung dieser Ambivalenz ist essentiell, um ethisch verantwortlich mit naturbasierten Settings umzugehen.

Therapeutische Landschaften als Resonanzräume, nicht als Bühnen

Das Konzept der therapeutischen Landschaften (Gesler, 1993; ▶ Abschn. 2.6.6) verweist auf die multiplen Dimensionen gesundheitsfördernder Räume – physisch, sozial, symbolisch. Entscheidend ist hier nicht die „Natur an sich", sondern ihre Beziehungshaftigkeit. Wie Rosa (2019) betont, ist Resonanz kein Objekt, sondern ein Antwortgeschehen. Natur wird also nicht konsumiert, sondern begegnet uns – manchmal sanft, manchmal fordernd. Dies erfordert von anleitenden Personen ein hohes Maß an Präsenz, Ambiguitätstoleranz und ökologischer Demut.

Naturethik im Zeitalter der planetaren Erschöpfung

In einer Ära ökologischer Kipppunkte ist jede Naturintervention politisch. Die Gefahr liegt darin, mit scheinbar „grünen" Programmen systemisch zerstörerische Strukturen zu stabilisieren – etwa durch „Wellbeing-Washing" in Unternehmen. Natur darf nicht zum Werkzeug individualisierter humaner Stressbewältigung degradiert werden, während ihre ökosystemischen Grundlagen weiter erodieren. Natur als Co-Therapeutin zu begreifen, heißt auch, ihr Eigenrecht anzuerkennen (Kopnina & Washington, 2016) – und nicht nur ihre Nützlichkeit für menschliche Regeneration.

Kritik und Ausblick: Von der Nutzung zur Beziehung

NNBI müssen daher mehr sein als ein Update klassischer Stressmanagementmethoden. Sie sollten Erfahrungsräume eröffnen, die Natur nicht als Kulisse, sondern als Mitwelt begreifen. Dazu gehört auch, sich der Ambivalenz dieser Beziehung zu stellen – der Wertschätzung ihrer Schönheit wie dem Respekt ihrer Gefahr. Transformation gelingt nicht durch Optimierung von Naturzugang, sondern durch Veränderung unserer Haltungen, Narrative und Systeme. Eine ethische Praxis der NNBI erfordert daher eine ökologische Reife: die Fähigkeit, mit der Verletzlichkeit von Mensch und Natur zugleich umzugehen.

Ein zukunftsfähiger Ansatz naturbasierter Interventionen muss sich an dieser erweiterten Naturethik orientieren:
- Nicht nur was bringt mir Natur?, sondern: Was braucht sie von uns, um zu überleben?
- Nicht nur, wie kann ich regenerieren?, sondern: Wie können wir gemeinsam regenerieren – Mensch und Mitwelt?

Denn wenn wir die Natur als stillen Dienstleister begreifen, reproduzieren wir die Denkfehler, die zu ihrer Zerstörung führten (Kopnina & Washington, 2016). Die Antwort liegt nicht in einer neuen Nutzung, sondern in einer neuen Beziehung: kongruent, ökologisch informiert und relational bewusst.

Keine humane Gesundheit ohne planetare Gesundheit

Die Klimakrise ist nicht nur ein ökologisches, sondern ein psychologisches Phänomen. Sie erzeugt Angst, Ohnmacht, Trauer – und konfrontiert uns mit der Zerbrechlichkeit unserer Welt. Natur kann hier Resonanzraum sein – nicht trotz ihrer Gefährdung, sondern gerade deshalb.

Natur als Interventionsraum muss also neu gedacht werden
- Nicht als Rückzugspunkt, sondern als Beziehungspunkt.
- Nicht als Heilsversprechen, sondern als Mitwelt im Krisenzustand.
- Nicht als Mittel, sondern als Mitwesen.

5.7.2 Manifest der ökosystemischen Gesundheit

(Siehe ◘ Abb. 5.13).

◘ Abb. 5.13 Ökosystemisches Gesundheitsmanifest. (Eigene Darstellung, erstellt mit Canva. © Dr. med. Kristin Köhler, 2025)

Eine neue Haltung für die Gesundheit des Lebens auf diesem Planeten

Gesundheit ist nicht das Gegenteil von Krankheit, sondern die Qualität unserer Beziehung zu allem Lebendigen in und um uns.

1. **Gesundheit ist ökologisch**
   Sie entsteht nicht im Individuum, sondern in Netzwerken: aus dem Zusammenspiel von Planet, Gesellschaft, Körper, Psyche und Kultur.
2. **Gesund ist, was verbunden ist**
   Verbindung – zur Natur, zu anderen, zu sich selbst – ist Voraussetzung für Resilienz, Sinn und Wohlbefinden.
3. **Heilung ist mehr als Reparatur**
   Regeneration bedeutet Wiederanbindung: an Rhythmen, an Ressourcen, an natürliche Systeme.
4. **Nachhaltigkeit ist Fürsorge**
   Nachhaltiges Leben ist nicht Verzicht, sondern Ausdruck von Verantwortung, Achtsamkeit und Beziehungskompetenz.
5. **Transformation beginnt im Inneren**
   Gesellschaftlicher Wandel braucht seelische Prozesse – Reflexion, Ermächtigung und Mut zur Gestaltung.

Dieses Manifest bietet Orientierung, stellt eine Einladung dar und verkörpert eine Haltung – für ein neues Verständnis von Gesundheit in einer lebendigen und verbundenen Welt.

Regenerative Gesundheitskompetenz – Planetary Health Literacy im 21. Jahrhundert

Regenerative Gesundheitskompetenz bezeichnet die Fähigkeit, Gesundheit nicht nur als individuellen Zustand, sondern als dynamisches, ökosystemisch eingebettetes Geschehen zu verstehen und zu fördern.

Sie erweitert klassische Gesundheitskompetenz um drei Dimensionen:

1. **Ökosystemisches Verständnis von Gesundheit:** Gesundheit entsteht in Wechselwirkung biologischer, psychischer, sozialer und ökologischer Prozesse.
2. **Regenerationsfähigkeit:** Nicht nur Prävention und Reparatur, sondern die aktive Wiederherstellung funktionaler Beziehungsnetzwerke – innerhalb des Körpers wie zwischen Mensch und Mitwelt.
3. **Planetare Verantwortung:** Gesundheit wird als abhängig von resilienten ökologischen Systemen begriffen.

Im Sinne der Planetary Health ist regenerative Gesundheitskompetenz daher keine rein medizinische Disziplin, sondern eine transdisziplinäre Kulturkompetenz – relevant für Bildung, Politik, Organisationen und individuelle Lebensführung. Gesundheitskompetenz im 21. Jahrhundert heißt: ökologisch eingebettete Resilienz verstehen, fördern und verantworten

Die Integration der Kombination von nachhaltigen als auch naturbasierten Interventionen auf Grundlage eines ökosystemischen Gesundheitsverständnisses in Bildung, Stadt-Raum-Planung und Gesundheitssysteme bietet in Zukunft eine innovative Gelegenheit, individuelle und kollektive Gesundheit mit ökologischer Nachhaltigkeit niedrigschwellig zu verbinden. Langfristige Studien, interdisziplinäre Kooperationen und technologische Innovationen sind jedoch entscheidend, um das Potenzial der Kombination von NNBI voll auszuschöpfen. Besonders als Leitbild und Handlungspfad für Planetary Health können NNBI einen wertvollen Beitrag leisten, die drängenden Herausforderungen unserer Zeit im Angesicht multipler ökologischer und sozialer Krisen zu bewältigen und eine nachhaltige, resiliente Gesellschaft zu schaffen. Die Essenz dieses Kapitels lässt sich mit einem Zitat des senegalesischen Forstwissenschaftlers Baba Dioum zusammenfassen: Bildung plus Erleben und Verbundenheit sind der Schlüssel zu einer regenerativen Zukunft.

> *In the end, we will conserve only what we love; we will love only what we understand; and we will understand only what we are taught.*
> – nach Baba Dioum, Senegalesischer Forstwissenschaftler, IUCN General Assembly, New Delhi, 1968.

5.8 Wegweiser für eine regenerative Zukunft – Executive Summary

Regenerative Gesundheit im Anthropozän: NNBI als Future Skill für Planetary Health.

Gesundheit im Anthropozän erfordert eine radikale Neubewertung unseres Verhältnisses zur Natur. NNBI eröffnen neue Wege, um individuelle Resilienz, soziale Kohärenz und ökologische Stabilität systemisch zu stärken.

Dieses Buch zeigt, wie Future Skills wie ökologische Kohärenz, systemisches Denken und regenerative Innovationskraft gezielt gefördert werden können – um Planetary Health nicht nur zu bewahren, sondern aktiv zu gestalten.

Die zentralen Impulse im Überblick:

5.8.1 Wiederverbindung von Mensch und Natur als Basis für Gesundheit und Resilienz

Impulse:
- Förderung von Nature-Based Prescribing, z. B. durch grüne Rezepte in medizinischer Versorgung
- Integration biophiler Raumgestaltung in Bildungseinrichtungen, Gesundheitseinrichtungen und Einrichtungen der Öffentlichkeit oder Wirtschaft und Stadträumen

- Entwicklung virtueller Naturerfahrungen zur barrierefreien Inklusion und Stressregulation für Menschen mit Einschränkungen

Future Skills: Ökologische Empathie, Naturwahrnehmung, Resilienz
   Zielgruppen: Medizin, Stadtplanung, digitale Innovation, Sozialarbeit

5.8.2 Systemisches Denken: Gesundheit als Netzwerk verstehen und gestalten

Impulse:
- Integration von Planetary Health Literacy in Bildungsprogramme
- Förderung von Green Health im betrieblichen Gesundheitsmanagement

Future Skills: Systemisches Denken, adaptive Problemlösung, Kooperationsfähigkeit
   Zielgruppen: Bildungswesen, Unternehmen, Public-Health-Management

5.8.3 Prävention neu definieren: Regeneration statt Reparatur

Impulse:
- Aufbau urbaner Naturinseln in belasteten Stadtvierteln
- Förderung naturbasierter und nachhaltiger Stresspräventionsprogramme in Schulen und Pflegeeinrichtungen

Future Skills: Selbstregulation, nachhaltige Gesundheitskompetenz, kreative Anpassungsfähigkeit
   Zielgruppen: Prävention, Schulen, Sozialpolitik, Pflegeeinrichtungen

5.8.4 Integriertes Handeln: Brücken zwischen Sektoren bauen

Impulse:
- Aufbau sektorübergreifender Resilienznetzwerke zwischen Gesundheitswesen, Umweltinitiativen und Bildungsakteuren
- Einrichtung von Living Labs für naturbasierte Gesundheitsförderung

Future Skills: Intersektorale Zusammenarbeit, Transformationskompetenz, Netzwerkintelligenz
   Zielgruppen: Kommunen, NGO, Stiftungen, Politik

5.8.5 Planetare Verantwortung: Gesundheit als ethisches Zukunftsprojekt

Impulse:
- Entwicklung einer regenerativen Gesundheitskompetenz als neue Bildungssäule
- Verankerung regenerativer Gerechtigkeit in Gesundheits- und Nachhaltigkeitspolitiken

Future Skills: Planetare Verantwortung, ethische Entscheidungsfähigkeit, regenerative transformative Führung

Zielgruppen: Politik, Hochschulen, Nachhaltigkeitsinitiativen

Regenerative Gesundheit bedeutet, die lebendige Verbundenheit von Mensch und Natur bewusst zu pflegen und neu zu gestalten. Naturbasierte und nachhaltige Interventionen (NNBI) bieten konkrete Werkzeuge, um Zukunftsfähigkeit und Planetary Health nicht nur einzufordern, sondern praktisch zu leben.

Dieses Buch liefert Inspiration, konkrete Impulse und strategische Anleitungen für alle, die Gesundheit, Bildung und Nachhaltigkeit mutig und visionär neu gestalten möchten.

5.8.6 Key Learnings

- NNBI sind zentrale Zukunftskompetenzen für Planetary Health und globale Resilienzförderung.
- Hybride Modelle, die digitale und physische Naturerfahrungen verbinden, erweitern die Reichweite naturbasierter Interventionen, erfordern jedoch kritische Kontextsensibilität.
- Soziale Gerechtigkeit und Inklusion sind essenziell, um Naturzugänge für alle Menschen barrierefrei und gerecht zu gestalten.
- Aktuelle internationale Forschungsprojekte untersuchen aktuell die Wirkung integrativer Naturansätze auf mentale Gesundheit und soziale Kohäsion.
- NNBI sind nicht nur therapeutische Ansätze, sondern integrative Bausteine für eine regenerative, resiliente Zukunft.

5.9 Tooltkit IV – Dein Future-Skill-Impuls

Blick in deine Zukunft im Jahr 2045
Setze dich ruhig und aufrecht hin.
Atme regelmäßig. Atme tief. Spüre den Bodenkontakt.
Schließe bei Bedarf die Augen.
Stelle dir vor, es ist das Jahr 2045.

Lasse noch einmal alle Learnings aus dem Buch vor deinem geistigen Auge vorbeiziehen: Über das lebendige Netzwerk, dessen Teil du bist, die lebensnotwendige Regeneration, die Inspirationen aus Naturzeiten und die wohltuende Verbundenheit. Und dann stelle dir vor:

Du lebst in einem Alltag, in dem mentale Gesundheit in funktionale, naturbasierte und gemeinschaftlich getragene Strukturen eingebettet ist. Nun lass genau das vor deinem inneren Auge entstehen, was dir guttut und im Einklang mit deiner inneren und äußeren Natur ist. Dein Körper und dein Geist sind weise, lass dich von ihnen führen.

- In welcher Art von Gebäude lebst du? Welche Formen hat es und welche Farben?
- Welche Materialien und Bauweisen erkennst du?
- Was ist in der näheren Umgebung sichtbar, z. B. Bäume, Pflanzen, Wasserflächen, Wege?
- Welche Tätigkeiten führst du regelmäßig im Freien aus? Sport, Entspannung, Freunde treffen, Arbeitswege? Über welche Sinneswahrnehmungen spürst du das Außen?
- In welcher Weise sind Natur, Bäume, Pflanzen, Tiere Teil deines Arbeits- oder Lebensraums? Welche Beziehung hast du zur Natur? Was tust du ganz konkret jeden Tag, um sie zu erhalten, zu wertschätzen, Dankbarkeit zu kultivieren?
- Welche guten Rhythmen geben deinem Leben Stabilität und Ruhe?
- Wie viel Zeit ist für Arbeit, Fortbewegung, Versorgung, Rückzug und Pausen vorgesehen? Wie regenerierst du dich am besten?
- Mit welchen Verkehrsmitteln legst du deine Wege zurück?
- Kannst du Bewegung genießen?
- Wofür stehst du morgens auf? Welchen Mehrwert bringst du mit deiner Arbeit in die Welt?
- Mit wem bist du verbunden? Inwiefern stärkt dich dein Netzwerk?
- Wo in deinem Körper und wie spürst du, dass du lebendig bist?

Und nun halte ich kurz inne. Bleib kurz ruhig sitzen.
Bitte beantworte jetzt Folgendes schriftlich:
- Was hat sich besonders gut angefühlt – körperlich, kognitiv, verhaltensbezogen?
- Was lässt sich jetzt schon in deinen aktuellen Lebens- oder Berufsalltag integrieren?
- Was ist dein nächster konkreter, durchführbarer Schritt in diese Richtung? Schreibe ihn jetzt auf und setze ihn um.

… und schicke mir ein Foto davon: info@verde-gesund.de.
Thriving togehter through reconnection & regeneration.
Dr. Kristin Köhler.

Literatur

Anderson, A. P., Mayer, M. D., Fellows, A. M., Cowan, D. R., Hegel, M. T., & Buckey, J. C. (2017). Relaxation with immersive natural scenes presented using virtual reality. *Aerospace Medicine and Human Performance, 88*(6), 520–526. ▶ https://doi.org/10.3357/AMHP.4747.2017

Bratman, G. N., Anderson, C. B., Berman, M. G., Cochran, B., de Vries, S., Flanders, J., ... & Daily, G. C. (2019). Nature and mental health: An ecosystem service perspective. *Science Advances, 5*(7), eaax0903. ▶ https://doi.org/10.1126/sciadv.aax0903

Clayton, S., & Myers, G. (2009). *Conservation psychology: Understanding and promoting human care for nature.* Wiley-Blackwell.

Frumkin, H., Bratman, G. N., Breslow, S. J., Cochran, B., Kahn, P. H., Jr., Lawler, J. J., Levin, P. S., Tandon, P. S., Varanasi, U., Wolf, K. L., & Wood, S. A. (2017). Nature contact and human health: A research agenda. *Environmental Health Perspectives, 125*(7), Article 075001. ▶ https://doi.org/10.1289/EHP1663

Gesler, W. M. (1993). Therapeutic landscapes: Theory and a case study of Epidauros, Greece. *Environment and Planning D: Society and Space, 11*(2), 171–189. ▶ https://doi.org/10.1068/d110171

Harper, N. J., Fernee, C. R., & Gabrielsen, L. E. (2021). Nature's role in outdoor therapies: An umbrella review. *International Journal of Environmental Research and Public Health, 18*(10), 5117. ▶ https://doi.org/10.3390/ijerph18105117Children&NatureNetwork+9PMC+9Sites+9

Hartig, T., Mang, M., & Evans, G. W. (1991). Restorative effects of natural environment experiences. *Environment and Behavior, 23*(1), 3–26. ▶ https://doi.org/10.1177/0013916591231001

Howell, A. J., Dopko, R. L., Passmore, H.-A., & Buro, K. (2011). Nature connectedness: Associations with well-being and mindfulness. *Personality and Individual Differences, 51*(2), 166–171. ▶ https://doi.org/10.1016/j.paid.2011.03.037

Kals, E., Schumacher, D., & Montada, L. (1999). Emotional affinity toward nature as a motivational basis to protect nature. *Environment and Behavior, 31*(2), 178–202. ▶ https://doi.org/10.1177/00139169921972056

Kaplan, R., & Kaplan, S. (1989). *The experience of nature: A psychological perspective.* Cambridge University Press.

Kopnina, H., & Washington, H. (2018). Anthropocentrism: More than Just a Misunderstood Problem. *Journal of Agricultural and Environmental Ethics, 31*(1), 109–127. ▶ https://doi.org/10.1007/s10806-018-9711-1

Marselle, M. R., Stadler, J., Korn, H., Irvine, K. N., Bonn, A., & Eichenberg, D. (2020). Urban street tree biodiversity and antidepressant prescriptions. *Scientific Reports, 10*, 22445. ▶ https://doi.org/10.1038/s41598-020-79924-5

McEwan, K., Richardson, M., Sheffield, D., Ferguson, F. J., & Brindley, P. (2019). A smartphone app for improving mental health through connecting with urban nature. *International Journal of Environmental Research and Public Health, 16*(18), 3373. ▶ https://doi.org/10.3390/ijerph16183373

Menzel, C., Stahlberg, J., & Reese, G. (2022). Digital shinrin-yoku: Do nature experiences in virtual reality reduce stress and increase well-being as strongly as similar experiences in a physical forest? *Virtual Reality.* ▶ https://doi.org/10.1007/s10055-022-00631-9

Menzel, C., & Reese, G. (2021). Implicit associations with nature and urban environments: Effects of lower-level processed image properties. *Frontiers in Psychology, 12*, 1490. ▶ https://doi.org/10.3389/fpsyg.2021.591403

Menzel, C., & Reese, G. (2022). Seeing nature from low to high levels: Mechanisms underlying the restorative effects of viewing nature images. *Journal of Environmental Psychology, 81*, Article 101804. ▶ https://doi.org/10.1016/j.jenvp.2022.101804

Ríos-Rodríguez, M. L., Testa Moreno, M., & Moreno-Jiménez, P. (2023). Nature in the office: A systematic review of nature elements and their effects on worker stress response. *Healthcare, 11*(21), 2838. ▶ https://doi.org/10.3390/healthcare11212838

Romanello, M., McGushin, A., Di Napoli, C., Drummond, P., Hughes, N., Jamart, L., & Hamilton, I. (2024). The 2024 report of the Lancet Countdown on health and climate change: Facing record-breaking threats from delayed action. *The Lancet, 403*(10331), 1811–1852. ▶ https://doi.org/10.1016/S0140-6736(24)01822-1

Rosa, H. (2019). *Resonanz: Eine Soziologie der Weltbeziehung*. Suhrkamp.

Smith, J. W., Davenport, M. A., Anderson, D. H., & Leahy, J. E. (2011). Place meanings and desired management outcomes. *Landscape and Urban Planning, 101*(4), 359–370. ▶ https://doi.org/10.1016/j.landurbplan.2011.03.002

South, E. C., Hohl, B. C., Kondo, M. C., MacDonald, J. M., & Branas, C. C. (2018). Effect of greening vacant land on mental health of community-dwelling adults: A cluster randomized trial. *JAMA Network Open, 1*(3), Article e180298. ▶ https://doi.org/10.1001/jamanetworkopen.2018.0298

Twohig-Bennett, C., & Jones, A. (2018). The health benefits of the great outdoors: A systematic review and meta-analysis of greenspace exposure and health outcomes. *Environmental Research, 166*, 628–637. ▶ https://doi.org/10.1016/j.envres.2018.06.030

Ulrich, R. S. (1984). View through a window may influence recovery from surgery. *Science, 224*(4647), 420–421. ▶ https://doi.org/10.1126/science.6143402

van den Bosch, M., & Sang, Å. O. (2017). Urban natural environments as nature-based solutions for improved public health – A systematic review of reviews. *Environmental Research, 158*, 373–384. ▶ https://doi.org/10.1016/j.envres.2017.05.040

Whitmee, S., Haines, A., Beyrer, C., Boltz, F., Capon, A. G., de Souza Dias, B. F., & Yach, D. (2015). Safeguarding human health in the Anthropocene epoch: Report of The Rockefeller Foundation-Lancet Commission on planetary health. *The Lancet, 386*(10007), 1973–2028. ▶ https://doi.org/10.1016/S0140-6736(15)60901-1

Wolch, J. R., Byrne, J., & Newell, J. P. (2014). Urban green space, public health, and environmental justice: The challenge of making cities „just green enough". *Landscape and Urban Planning, 125*, 234–244. ▶ https://doi.org/10.1016/j.landurbplan.2014.01.017

Weiterführende Literatur

de Bell, S., Alejandre, J. C., Menzel, C., Sousa-Silva, R., Straka, T. M., Berzborn, S., Bürck-Gemassmer, M., Dallimer, M., Dayson, C., Fisher, J. C., Haywood, A., Herrmann, A., Immich, G., Keßler, C. S., Köhler, K., Lynch, M., Marx, V., Michalsen, A., Mudu, P., ... Bonn, A. (2024). Nature-based social prescribing programmes: Opportunities, challenges, and facilitators for implementation. *Environment International, 190*, Article 108801. ▶ https://doi.org/10.1016/j.envint.2024.108801

LaDuke, W. (2005). *Recovering the Sacred: The Power of Naming and Claiming*. South End Press.

World Bank. (2021). A Catalogue of Nature-Based Solutions for Urban Resilience. © World Bank. ▶ http://hdl.handle.net/10986/36507

White, M. P., Yeo, N. L., Vassiljev, P., Lundstedt, R., Wallergård, M., Albin, M., & Lõhmus, M. (2023). Linking nature-based interventions and planetary health: A conceptual model. *The Lancet Planetary Health, 7*(1), e16–e27. ▶ https://doi.org/10.1016/S2542-5196(22)00307-5

Serviceteil

Glossar – Schlüsselbegriffe für ökosystemische Gesundheit und Systemtransformation – 280

Literatur – 304

© Der/die Herausgeber bzw. der/die Autor(en), exklusiv lizenziert an Springer-Verlag GmbH, DE, ein Teil von Springer Nature 2025
K. Köhler, *Future Skills: Nachhaltiges und naturbasiertes Ressourcen- und Stressmanagement*,
https://doi.org/10.1007/978-3-662-71605-2

Glossar – Schlüsselbegriffe für ökosystemische Gesundheit und Systemtransformation

Einleitung

In einer Zeit zunehmender planetarer Belastungen und psychischer Überforderungen wird ein vertieftes Verständnis zentraler Konzepte essenziell. Dieses Glossar versammelt ausgewählte Schlüsselbegriffe aus Planetary Health, Mental Health, systemischem Denken, naturbasierter Regeneration und Future Skills. Alphabetisch innerhalb thematischer Cluster geordnet, laden die Begriffe dazu ein, Gesundheit, Resilienz und Nachhaltigkeit als miteinander verwobene Systeme zu begreifen – und Zukunftsfähigkeit neu zu denken.

Cluster 1

Planetary Health, ökologische Resilienz und nachhaltige Entwicklung

- **Antvhropozän**

Den Ausdruck „Anthropozän" prägten Crutzen und Stoermer (2000), um eine neue geologische Epoche zu kennzeichnen, in der menschliches Handeln maßgeblich das Erdsystem beeinflusst. Das Konzept macht deutlich, dass zentrale Umweltveränderungen wie der Klimawandel, der Verlust biologischer Vielfalt und die Störung biogeochemischer Kreisläufe zunehmend durch anthropogene Einflüsse angetrieben werden – und nicht mehr primär durch natürliche Prozesse erklärbar sind (Crutzen & Stoermer, 2000).

Die Einführung des Anthropozäns markiert somit einen Paradigmenwechsel in der Umweltwissenschaft: Der Mensch wird als geophysikalischer Faktor betrachtet, dessen Einwirkungen mit anderen planetarischen Kräften vergleichbar sind (Crutzen, 2000).

(vgl. Crutzen & Stoermer, 2000). →siehe auch **Planetare Belastungsgrenzen**. **Im Buch behandelt in:** ▶ Abschn. 1.1.1 und ▶ Abschn. 1.3.4

- **Biodiversitätsverlust (als Stressor)**

Biodiversitätsverlust wirkt als signifikanter ökologischer Stressor, der die Widerstandskraft und Funktionalität von Ökosystemen schwächt. Er bedroht nicht nur die Artenvielfalt, sondern auch menschliche Gesundheit und ökonomische und soziopolitische Stabilität (IPBES, 2019). **Im Buch behandelt in:** ▶ Abschn 1.5.1 und ▶ Abschn 1.6.2

Glossar – Schlüsselbegriffe für ökosystemische Gesundheit …

- **Biomimikry**

Biomimikry beschreibt einen innovationsorientierten Ansatz, bei dem die Lösungen der Natur – ihre Designs, Prozesse und Systeme – als Modelle für nachhaltige Technologien und gesellschaftliche Strukturen genutzt werden. Ziel ist es, durch Adaptation natürlicher Prinzipien Effizienz und Resilienz menschlicher Systeme zu steigern (Benyus, 1997). **Im Buch behandelt in:** ▶ Abschn. 1.12

- **Co-Benefits**

Co-Benefits sind positive Nebeneffekte von Maßnahmen im Umwelt- und Klimaschutz, die zusätzliche Vorteile für humane Gesundheit, Wirtschaft oder soziale Gerechtigkeit generieren. Beispiele sind bessere Luftqualität oder erhöhte Lebensqualität durch urbane Begrünung (Haines et al., 2009, Haines 2017). **Im Buch behandelt in:** ▶ Abschn. 1.6.2 und 1.12

- **Cradle to Cradle und Kreislaufwirtschaft**

Das Cradle-to-Cradle-Konzept (C2C) strebt eine Produktgestaltung an, bei der sämtliche Materialien entweder in den biologischen oder technischen Kreislauf zurückgeführt werden können – und somit kein Abfall entsteht. Dieses Denkmodell bildet eine wesentliche Grundlage der Kreislaufwirtschaft, die auf eine nachhaltige Nutzung von Ressourcen in Produktion und Konsum abzielt (Braungart & McDonough, 2002). →siehe auch **Nachhaltigkeit. Im Buch behandelt in:** ▶ Abschn. 1.12

- **Donutökonomie**

Die Donutökonomie, entwickelt von Kate Raworth, beschreibt ein Wirtschaftsmodell, das planetare Belastungsgrenzen und soziale Mindeststandards gleichzeitig respektiert. Ziel ist eine regenerative, distributive Ökonomie im Gleichgewicht mit ökologischer Tragfähigkeit (Raworth, 2017). →siehe auch **Planetare Belastungsgrenzen, Nachhaltigkeit. Im Buch behandelt in:** ▶ Abschn. 1.12

- **Effizienz**

Effizienz bezeichnet das Verhältnis von eingesetzten Ressourcen zu erzieltem Nutzen. In nachhaltigen Kontexten bedeutet Effizienz nicht nur Ressourcenschonung, sondern auch die Minimierung negativer Auswirkungen auf Umwelt und Gesellschaft (Schneidewind, 2018). →siehe auch **Suffizienz, Konsistenz. Im Buch behandelt in:** ▶ Abschn. 1.12

- **Erdsystem**

Das Erdsystem umfasst die Gesamtheit aller Wechselwirkungen zwischen Atmosphäre, Hydrosphäre, Lithosphäre, Biosphäre und menschlichen Gesellschaften. Es bildet die funktionale Einheit, in der planetare Gesundheit und systemische Risiken entstehen (Steffen et al., 2004). →siehe auch **Erdsystemstress, Klimastress. Im Buch behandelt in:** ▶ Abschn. 1.5.1 und 1.5.3

- **Erdsystemstress/Klimastress**

Erdsystemstress bezeichnet die Belastung des planetaren Systems durch anthropogene Eingriffe, während Klimastress spezifisch die Auswirkungen des Klimawandels auf soziale, ökologische und ökonomische Systeme beschreibt. Beide Konzepte unterstreichen die Dringlichkeit umfassender Transformationen (IPCC, 2021). →siehe auch **Planetary Health**, **Klimakrise**. **Im Buch behandelt in:** ▶ Abschn. 1.5.2 und 1.6.3

- **Klimagerechtigkeit**

Klimagerechtigkeit rückt die ungleiche Verteilung von Verursachung und Betroffenheit im Kontext des Klimawandels in den Fokus und fordert eine sozial ausgewogene Ausgestaltung klimapolitischer Maßnahmen. Sie verbindet den Anspruch ökologischer Nachhaltigkeit mit dem Prinzip sozialer Gerechtigkeit (Schlosberg & Collins, 2014). **Im Buch behandelt in:** ▶ Abschn. 1.6.2

- **Klimawandel und Klimakrise**

Klimawandel bezeichnet jede über längere Zeiträume (typischerweise Jahrzehnte oder länger) andauernde Veränderung des Klimas, die sich durch statistisch signifikante Abweichungen von Mittelwerten und/oder Variabilitäten klimatischer Eigenschaften ausdrückt (IPCC, 2021). Der aktuell beobachtete Klimawandel – insbesondere die globale Erwärmung – ist überwiegend anthropogen bedingt, vor allem durch den verstärkten Ausstoß von Treibhausgasen infolge menschlicher Aktivitäten.

Die wesentlichen wissenschaftlich belegten Merkmale des gegenwärtigen Klimawandels umfassen:
- eine signifikante Erwärmung der globalen Oberflächentemperaturen,
- einen Meeresspiegelanstieg infolge thermischer Ausdehnung und Eisschmelze,
- eine Zunahme der Häufigkeit und Intensität von Extremwetterereignissen (z. B. Hitzewellen, Starkniederschläge, Dürren),
- sowie Verschiebungen von Klimazonen und einen Verlust an Biodiversität.

Die Klimakrise stellt eine existenzielle Bedrohung dar, die natürliche und soziale Systeme tiefgreifend beeinflusst. Sie erfordert umfassende, transformative Reaktionen auf globaler, nationaler und individueller Ebene (IPCC, 2021). **Im Buch behandelt in:** ▶ Abschn. 1.5.2

- **Kipppunkte**

Kipppunkte bezeichnen empfindliche Schwellen in dynamischen Systemen, bei deren Überschreitung sich tiefgreifende und potenziell unumkehrbare Veränderungen vollziehen. Im Klimakontext betreffen sie unter anderem das Abschmelzen großer Eisschilde oder das mögliche Kollabieren von Ökosystemen wie tropischen Regenwäldern (vgl. Lenton et al., 2008). →siehe auch **Erdsystemstress**. **Im Buch behandelt in:** ▶ Abschn. 1.8.1

- **Konsistenz**

Konsistenz beschreibt Ansätze, die darauf abzielen, technische Prozesse in Einklang mit natürlichen Kreisläufen zu bringen, etwa durch biologisch abbaubare Materialien oder regenerative Energiesysteme. Im Unterschied zur Effizienz wird der gesamte Stoffstrom nachhaltig gestaltet (vgl. Schneidewind, 2018). →siehe auch **Effizienz, Suffizienz. Im Buch behandelt in:** ▶ Abschn. 1.12

- **Metakrise**

Der Begriff Metakrise beschreibt die simultane Überlagerung multipler globaler Krisen – ökologischer, sozialer, ökonomischer und politischer Natur – und die daraus entstehenden systemischen Wechselwirkungen. Die Klimakrise wird oft als ein Teil einer umfassenderen Metakrise verstanden (vgl. Rifkin, 2019). →siehe auch **Klimakrise, Planetary Health. Im Buch behandelt in:** ▶ Abschn. 1.5.2 und 1.12

- **Mitwelt**

Der Begriff Mitwelt wurde sprachhistorisch erstmals 1809 von Joachim Heinrich Campe eingeführt und bezeichnete die zeitgenössische Umwelt des Menschen (Campe, 1809). Philosophisch wurde „Mitwelt" von Martin Heidegger in *Sein und Zeit* (1927) vertieft, wo er die Mitwelt als jene Welt beschreibt, die der Mensch in Koexistenz mit anderen teilt (Heidegger, 1927). In der existenziellen Psychotherapie, insbesondere bei Ludwig Binswanger, steht „Mitwelt" für die Dimension sozialer Beziehungen innerhalb des menschlichen Existenzfeldes (Binswanger, 1963). →siehe auch **Natur, Umwelt, Ökosystem. Im Buch behandelt in:** ▶ Abschn. 1.1.1

- **Nachhaltigkeit**

Nachhaltigkeit beschreibt ein Handlungsprinzip, das auf eine verantwortungsvolle Nutzung natürlicher, wirtschaftlicher und sozialer Ressourcen abzielt, um die langfristige Funktionsfähigkeit dieser Systeme zu gewährleisten. Ziel ist es, die Bedürfnisse der Gegenwart zu erfüllen, ohne die Lebensgrundlagen künftiger Generationen zu gefährden. Dabei werden auch die ökologischen, technologischen und gesellschaftlichen Rahmenbedingungen als begrenzende Faktoren berücksichtigt (vgl. World Commission on Environment and Development [WCED], 1987). →siehe auch **Suffizienz, Effizienz, Konsistenz. Im Buch behandelt in:** ▶ Abschn. 1.12

- **Natur**

Natur umfasst die Gesamtheit aller lebendigen und nicht-lebendigen Bestandteile der Erde – von Ökosystemen bis zu geologischen Strukturen –, unabhängig von menschlicher Gestaltung. Sie bildet die Grundlage allen Lebens und evolutiver Anpassung (Wilson, 1984). →siehe auch **Mitwelt, Ökosystem. Im Buch behandelt in:** ▶ Abschn. 1.1.1

- **Ökologische Dysregulation/Stress im Ökosystem**

Ökologische Dysregulation bezeichnet den Verlust der Stabilität und Resilienz natürlicher Systeme infolge externer Belastungen wie Klimawandel, Landnutzungsänderungen oder Umweltverschmutzung. Als Reaktion darauf kommt es z. B. zu einer Abnahme der Biodiversität sowie zu Funktionseinbußen innerhalb der Ökosysteme (Steffen et al., 2015). →siehe auch **Biodiversitätsverlust**, **Erdsystemstress**. **Im Buch behandelt in:** ▶ Abschn. 1.5.1 und 1.5.3

- **Ökologische Kohärenz**

Ökologische Kohärenz bezeichnet die Fähigkeit von Landschaften, Ökosystemen und biologischen Gemeinschaften, miteinander in stabilen, funktionalen Beziehungen zu stehen, die Biodiversität und Resilienz fördern (Lawton et al., 2010). **Im Buch behandelt in:** ▶ Abschn. 1.5.1

- **Ökologischer Stress**

Ökologischer Stress beschreibt die Belastung von Ökosystemen durch physikalische, chemische oder biologische Faktoren, die über ihre Anpassungs- und Regenerationsfähigkeit hinausgehen. Solche Belastungen führen zu Degradation, Artenverlust und Funktionsstörungen (Odum, 1985). **Im Buch behandelt in:** ▶ Abschn. 1.5.1 und 1.5.3

- **Ökosystem**

Ein Ökosystem ist ein lebendiges, sich wandelndes Gefüge aus biologischen Organismen und ihrer physikalisch-chemischen Umwelt, in dem durch vielfältige Wechselwirkungen Stoff- und Energieflüsse gesteuert werden. Diese Systeme bilden die Basis für biologische Vielfalt, klimatische Ausgeglichenheit und das langfristige Wohlergehen des Menschen (vgl. Odum, 1971). →siehe auch **Natur**, **Mitwelt**. **Im Buch behandelt in:** ▶ Abschn. 1.5.1

- **Ökosystemische Gesundheit**

Ökosystemische Gesundheit betont die Bedeutung vitaler, belastbarer Ökosysteme für die menschliche Gesundheit und das langfristige Überleben der Gesellschaften. Sie stellt eine Erweiterung traditioneller Public-Health-Konzepte in Richtung ökologischer Systeme dar (Rapport et al., 1998). →siehe auch **Planetary Health**, **Öko-systemische Gesundheit**. **Im Buch behandelt in:** ▶ Abschn. 1.5.1 und 1.6.7

- **Planetare Belastungsgrenzen**

Das Modell der planetaren Grenzen definiert ökologische Schwellen, deren Einhaltung entscheidend ist, um die Funktionsfähigkeit und Stabilität des Erdsystems langfristig zu sichern. Zu diesen kritischen Bereichen zählen unter anderem der Klimawandel, der Verlust biologischer Vielfalt sowie Störungen in den biogeochemischen Kreisläufen (vgl. Rockström et al., 2009). →siehe auch **Anthropozän**, **Planetary Health**. **Im Buch behandelt in:** ▶ Abschn. 1.5.2

Glossar – Schlüsselbegriffe für ökosystemische Gesundheit ...

- **Planetary Health**

Planetary Health baut auf dem Ansatz der Public Health auf, geht jedoch darüber hinaus, indem es die enge Verflechtung (Interdependenz) zwischen menschlicher Gesundheit und den ökologischen Lebensgrundlagen betont. Der Ansatz fordert eine integrative, systemische Sichtweise auf gesundheitliche, ökologische und gesellschaftliche Herausforderungen (vgl. Whitmee et al., 2015). → siehe auch **One Health, Öko-systemische Gesundheit. Im Buch behandelt in:** ▶ Abschn. 1.1 und 1.6.7

- **Solastalgie**

Solastalgie bezeichnet den Schmerz und die emotionale Belastung, die Menschen empfinden, wenn ihre vertraute Umwelt durch ökologische Veränderungen – etwa Klimawandel oder Umweltzerstörung – verloren geht (Albrecht et al., 2007). → siehe auch **Verlustschmerz, Klimakrise. Im Buch behandelt in:** ▶ Abschn. 1.6.3

- **Suffizienz**

Suffizienz verfolgt das Ziel, den Ressourcenverbrauch durch bewusste Begrenzung von Konsum und Energieeinsatz zu reduzieren. Suffizienz umfasst nicht nur individuelle Lebensstile, sondern auch gesellschaftliche und institutionelle Veränderungen. Im Gegensatz zu Effizienz und Konsistenz setzt Suffizienz auf veränderte Bedürfnisse und Lebensstile als Hebel nachhaltiger Transformation (Paech, 2012). → siehe auch **Effizienz, Konsistenz. Im Buch behandelt in:** ▶ Abschn. 1.12

- **Umwelt**

Umwelt umfasst alle äußeren Einflüsse und Bedingungen, die auf ein Individuum oder ein System einwirken. Aus der Perspektive von Planetary Health wird Umwelt nicht mehr als statischer Hintergrund, sondern als dynamisches Mitgestaltungssystem verstanden, das in Wechselwirkung mit menschlicher Gesundheit steht (World Health Organization [WHO], 2016). → siehe auch **Mitwelt, Natur. Im Buch behandelt in:** ▶ Abschn. 1.1.1

- **Umweltstress**

Umweltstress bezeichnet die physischen, chemischen und sozialen Belastungen, die durch Umweltveränderungen entstehen und auf biologische wie soziale Systeme wirken. Dazu zählen etwa Lärm, Luftverschmutzung oder Hitzewellen (Evans & Cohen, 1987). → siehe auch **Klimastress, Erdsystemstress. Im Buch behandelt in:** ▶ Abschn. 1.5.1 und 1.6

Cluster 2

Mentale Gesundheit, Stressregulation und Resilienz

- **Achtsamkeit**

Achtsamkeit beschreibt die bewusste, nicht wertende Wahrnehmung des gegenwärtigen Moments. Sie fördert emotionale Selbstregulation, Stressbewältigung und Resilienz und bildet eine Brücke zwischen individueller Gesundheit (Kabat-Zinn, 1990) und systemischer Kohärenz. →siehe auch **Self-Compassion. Im Buch behandelt in:** Abschn.1.3.1

- **Allgemeines Anpassungssyndrom (Selye)**

Das allgemeine Anpassungssyndrom beschreibt die universelle Stressreaktion von Organismen in drei Phasen: Alarmreaktion, Widerstandsphase und Erschöpfungsphase. Es veranschaulicht die biologischen Grundlagen von Stressbewältigung und Belastungsgrenzen (Selye, 1956). **Im Buch behandelt in:** Abschn.1.4.1

- **Bio-psycho-soziales Modell**

Das bio-psycho-soziale Modell vereint biologische, psychologische und soziale Dimensionen zur Erklärung von Gesundheit und Krankheit. Es eröffnet eine systemische Sichtweise auf individuelle Widerstandskraft und die Entstehung psychischer Belastungen (vgl. Engel, 1977). **Im Buch behandelt in:** ▶ Abschn. 1.4

- **Burnout**

Burnout ist ein Syndrom, das durch emotionale Erschöpfung, Depersonalisation und reduzierte Leistungsfähigkeit gekennzeichnet ist, verursacht durch chronische Überlastung und fehlende Regeneration (Maslach & Leiter, 2016). →siehe auch **Resilienz. Im Buch behandelt in:** ▶ Abschn. 1.3.4

- **Coping**

Coping umfasst jene mentalen und praktischen Bewältigungsstrategien, mit denen Menschen versuchen, psychisch belastende oder als überfordernd wahrgenommene Situationen zu regulieren und zu verarbeiten (vgl. Lazarus & Folkman, 1984). →siehe auch **Ressourcenaktivierung. Im Buch behandelt in:** ▶ Abschn. 1.4.2

- **Chronischer Stress**

Chronischer Stress entsteht, wenn Belastungen über längere Zeiträume bestehen bleiben, ohne ausreichende Erholungsphasen. Er beeinträchtigt emotionale Regulation, Immunsystem und neuronale Strukturen. McEwen (1998) prägte den Begriff der „allostatischen Belastung", um die kumulativen biologischen Kosten chronischer Stressreaktionen zu beschreiben, insbesondere wenn Erholung fehlt und Stresssysteme dauerhaft aktiviert bleiben (McEwen, 1998). →siehe auch **Allgemeines Anpassungssyndrom. Im Buch behandelt in:** ▶ Abschn. 1.4.1

Glossar – Schlüsselbegriffe für ökosystemische Gesundheit ...

- **Dysregulation**

Dysregulation bezeichnet die gestörte Fähigkeit, emotionale oder physiologische Prozesse innerhalb adaptiver Grenzen zu steuern. Sie gilt als zentraler Risikofaktor für psychische und somatische Erkrankungen (van der Kolk, 2014). → siehe auch **Affect Regulation Theory. Im Buch behandelt in:** ▶ Abschn. 1.4.1

- **Mental Load**

Mental Load beschreibt die unsichtbare, kognitive und emotionale Belastung durch das Organisieren und Erinnern zahlreicher Aufgaben, insbesondere in Care-Arbeitskontexten. Mental Load gilt als bedeutender Stressfaktor für mentale Gesundheit (Daminger, 2019). → siehe auch **Coping, Care-Ethik. Im Buch behandelt in:** ▶ Abschn. 1.6.3

- **Mentale Gesundheit und Green Mental Health**

Mentale Gesundheit bezeichnet nicht lediglich die Abwesenheit psychischer Erkrankungen, sondern einen dynamischen Zustand des Wohlbefindens, in dem Individuen ihre Fähigkeiten ausschöpfen, mit den normalen Belastungen des Lebens umgehen, produktiv arbeiten und einen Beitrag zu ihrer Gemeinschaft leisten können (WHO, 2022). Mentale Gesundheit ist dabei eng mit individuellen, sozialen und strukturellen Faktoren wie sozialer Teilhabe, ökonomischen Bedingungen und kulturellen Kontexten verbunden. Green Mental Health ist ein ökosystemisch erweitertes Konzept psychischer Gesundheit, das Naturverbundenheit, Stresskompetenz, Resilienz und Regeneration miteinander verschränkt, um sowohl individuelles Wohlbefinden als auch kollektive Zukunftsfähigkeit und planetare Gesundheit zu fördern. → siehe auch **Resilienz, Salutogenese. Im Buch behandelt in:** ▶ Abschn. 1.3

- **Psychophysiologie des Stresses**

Die Psychophysiologie des Stresses untersucht die Wechselwirkungen zwischen psychischen Stressoren und physiologischen Reaktionen wie der Ausschüttung von Stresshormonen (z. B. Cortisol) sowie Veränderungen im autonomen Nervensystem (McEwen, 1998). → siehe auch **Chronischer Stress. Im Buch behandelt in:** ▶ Abschn. 1.4.1

- **Psychophysiologische Stressreaktionen**

Psychophysiologische Stressreaktionen umfassen körperliche Veränderungen infolge psychischer Belastung, einschließlich Aktivierung des sympathischen Nervensystems, Steigerung der Herzfrequenz und des Blutdrucks sowie der Freisetzung von Stresshormonen wie Kortisol (Sapolsky, 2004). Diese Reaktionen dienen kurzfristig der Anpassung an akute Anforderungen, können jedoch bei chronischer Aktivierung zu einer erhöhten allostatischen Last führen und langfristig das Risiko für kardiovaskuläre Erkrankungen, Immunschwächen und psychische Störungen steigern. → siehe auch **Stresssysteme. Im Buch behandelt in:** ▶ Abschn. 1.4.1

- **Psychosoziale Regeneration**

Psychosoziale Erholung umfasst Prozesse der Wiederherstellung und des Schutzes emotionaler und sozialer Ressourcen nach Belastung, wie sie im Rahmen der Conservation of Resources Theorie beschrieben werden (Hobfoll, 1989). Nach Hobfoll (1989) entsteht Stress insbesondere durch den tatsächlichen Verlust, die Bedrohung oder das unzureichende Wiedererlangen wertvoller Ressourcen, während der gezielte Ressourcengewinn – etwa durch soziale Unterstützung, achtsamkeitsbasierte Praktiken oder Naturkontakt – Resilienz fördert. Praktiken wie Achtsamkeit, soziale Unterstützung und Naturerleben gelten als evidenzbasierte Strategien zur Förderung von Resilienz und Ressourcenaktivierung. →siehe auch **Ressourcenaktivierung. Im Buch behandelt in:** ▶ Abschn. 1.4.2

- **Polyvagaltheorie**

Die Polyvagaltheorie erklärt, wie der Vagusnerv emotionale Regulation, soziale Bindung und Stressverarbeitung beeinflusst. Sie beschreibt drei Hauptzustände: soziale Verbundenheit, Kampf-Flucht-Reaktion und Immobilisationsreaktion (Porges, 2011). →siehe auch **Somatic Experiencing**, **Embodiment. Im Buch behandelt in:** ▶ Abschn. 1.4.1

- **Somatic Experiencing**

Somatic Experiencing ist ein körperzentrierter traumatherapeutischer Ansatz, der darauf abzielt, das Nervensystem bei der Verarbeitung überwältigender Erfahrungen zu unterstützen. Im Zentrum steht die langsame Hinwendung zu subtilen körperlichen Empfindungen, wodurch überdauernde Reaktionsmuster wie Erstarrung oder Übererregung allmählich reguliert und die Selbststeuerungsfähigkeit des autonomen Nervensystems gestärkt werden (vgl. Levine, 1997). →siehe auch **Polyvagaltheorie**, **Dysregulation. Im Buch behandelt in:** ▶ Abschn. 1.4.1

- **Embodiment**

Embodiment bezeichnet die theoretische Perspektive, dass kognitive, emotionale und soziale Erfahrungen untrennbar mit körperlichen Prozessen verknüpft sind und erst im Zusammenspiel von Körper und Umwelt emergieren. In der Stress- und Resilienzforschung wird der Körper nicht nur als Träger von Symptomen, sondern als aktiver Mitgestalter von Bewältigungsprozessen verstanden (vgl. Varela et al., 1991). →siehe auch **Somatic Experiencing. Im Buch behandelt in:** ▶ Abschn. 1.4.1

- **Ressourcenermüdung/Ressourcenübernutzung**

Ressourcenermüdung beschreibt die Erschöpfung individueller, sozialer oder ökologischer Ressourcen durch Überbeanspruchung ohne ausreichende Regeneration. Sie führt zu Stress, Burnout oder Systemversagen (Hobfoll, 1989). →siehe auch **Psychosoziale Regeneration. Im Buch behandelt in:** ▶ Abschn. 1.4.2 und 1.5.3

- **Stress (biologisch, psychologisch, ökologisch)**

Stress beschreibt die adaptive Antwort von Organismus und Psyche auf externe oder interne Anforderungen. Kurzfristige Stressreaktionen fördern die Bewältigung durch Aktivierung physiologischer Systeme (z. B. HPA-Achse, Sympathikus). Bei chronischer Belastung kann es zur Überlastung dieser Systeme kommen, was als allostatische Last bezeichnet wird und mit einem erhöhten Risiko für Erkrankungen einhergeht (Selye, 1956; McEwen, 1998). → siehe auch **Psychophysiologie des Stresses, Stresssysteme. Im Buch behandelt in:** ▶ Abschn. 1.4 und 1.5.1

- **Stress Recovery Theory (SRT)**

Die Stress Recovery Theory (SRT) geht davon aus, dass natürliche Umgebungen die Erholung von stressbedingten physiologischen und emotionalen Aktivierungen fördern, indem sie spezifisch positive Affektzustände wie Interesse und Sicherheit anregen und gleichzeitig negative Emotionen reduzieren. Diese Prozesse führen zu messbaren physiologischen Entspannungsreaktionen, etwa einer Senkung von Herzfrequenz und Blutdruck (Ulrich, 1983). → siehe auch **Naturbasierte Interventionen. Im Buch behandelt in:** ▶ Abschn. 1.6.4

- **Stressreaktion (vergleichend Mensch/Erdsystem)**

Stressreaktionen von biologischen Organismen und Erdsystemen zeigen analoge Muster: Auf externe Belastungen folgen Phasen einer initialen Aktivierung, gefolgt von Anpassungsprozessen, die bei andauernder Überforderung unter Abnahme der Resilienz und unter Funktionsverlusten zum Kippen bzw. zu einem Systemkollaps führen können. Während im biologischen Bereich eine erhöhte allostatische Last zur Dysregulation führt (McEwen, 1998), beschreibt das Konzept der planetaren Grenzen die Belastbarkeit globaler ökologischer Systeme gegenüber anthropogenen Stressoren (Steffen et al., 2015). → siehe auch **Stresssysteme, Erdsystemstress** → siehe auch **Planetary Health, Resilienz. Im Buch behandelt in:** ▶ Abschn. 1.5.3 und 1.6.3

- **Ressourcenaktivierung**

Ressourcenaktivierung bezeichnet die gezielte Aktivierung psychischer, sozialer und umweltbezogener Ressourcen zur besseren Bewältigung von Stressbelastungen. Während psychologische Theorien vor allem innere und zwischenmenschliche Potenziale betonen (Grawe, 2004), zeigen neuere Forschungsergebnisse, dass auch Naturerfahrungen zur Resilienzstärkung beitragen können (Kaplan & Kaplan, 1989; Mayer, 2021). → siehe auch **Coping, Psychosoziale Regeneration. Im Buch behandelt in:** ▶ Abschn. 1.4.2

- **Stress-Toleranzfenster**

Das Window of Tolerance beschreibt den Bereich neurophysiologischer Erregung, innerhalb dessen Individuen emotional reguliert, kognitiv flexibel und sozial anschlussfähig bleiben. Wird dieser Bereich durch Überstimulation (Hyperarousal) oder Unterstimulation (Hypoarousal) verlassen, kann es zu Zuständen eingeschränkter Selbstregulation kommen, die mit Überforderung, Dissoziation oder impulsivem Verhalten einhergehen (Siegel, 1999). →siehe auch **Polyvagaltheorie, Somatic Experiencing. Im Buch behandelt in:** ▶ Abschn. 1.4.1

- **Self-Compassion**

Self-Compassion beschreibt eine mitfühlende Haltung sich selbst gegenüber in belastenden Situationen, die durch freundliche Selbstzuwendung, achtsame Wahrnehmung und das Bewusstsein geteilter Menschlichkeit gekennzeichnet ist. Als psychologische Ressource trägt sie zur Stärkung emotionaler Resilienz bei und wirkt schädlichen Mustern übermäßiger Selbstkritik entgegen (Neff, 2011). →siehe auch **Achtsamkeit. Im Buch behandelt in:** ▶ Abschn. 1.3.2

- **Care-Ethik**

Die Care-Ethik stellt Fürsorge, Beziehung und konkrete Verantwortung in den Mittelpunkt moralischen Handelns und unterscheidet sich damit von abstrakten Gerechtigkeitstheorien (Gilligan, 1982). In aktuellen Debatten um mentale Gesundheit wird dieses Ethikmodell erweitert, indem es psychosoziale Bedürfnisse und die ökologische Eingebundenheit des Menschen als zentrale Voraussetzungen für eine gerechte und resilienzfördernde Gesellschaft betont. →siehe auch **Mental Load, Self-Compassion. Im Buch behandelt in:** ▶ Abschn. 1.6.2 und 1.6.3

Cluster 3

Systemisches Denken, Komplexitätsmanagement und Transformation

- **Adaptiver Zyklus/Panarchy-Zyklus**

Der adaptive Zyklus beschreibt einen wiederkehrenden Prozess in komplexen Systemen, der aus vier Phasen besteht: der explorativen Nutzung von Ressourcen (Exploitation), der Akkumulation und Stabilisierung (Conservation), dem Zusammenbruch etablierter Strukturen (Release) und der nachfolgenden Phase der Neuordnung (Reorganization). Das Panarchy-Modell erweitert dieses Konzept, indem es die Verschachtelung solcher Zyklen über verschiedene räumliche und zeitliche Ebenen hinweg beschreibt und die Wechselwirkungen zwischen schnellen und langsamen Dynamiken betont (Gunderson & Holling, 2002). →siehe auch **Resiliente Systeme, Transformation. Im Buch behandelt in:** ▶ Abschn. 1.8.3

- **Akteur-Netzwerk-Theorie (ANT)**

Die Akteur-Netzwerk-Theorie (ANT) versteht soziale, technische und natürliche Elemente als gleichberechtigte Handlungsträger in Netzwerken. Veränderungen und Strukturen ergeben sich aus Prozessen der Übersetzung und Verknüpfung dieser heterogenen Akteure, ohne dass einem von ihnen ein methodischer Vorrang eingeräumt wird (Latour, 2005). →siehe auch **Netzwerkintelligenz. Im Buch behandelt in:** ▶ Abschn. 1.2.2

- **Interdependenz, Interconnectedness, Interbeeing**

Interdependenz bezeichnet die wechselseitige Abhängigkeit zwischen den Elementen eines Systems, bei der Veränderungen in einem Teilbereich dynamische Effekte auf andere Systemteile haben können. Diese Vernetztheit macht komplexe Systeme anpassungsfähig, aber auch störanfällig und potenziell fragil (Meadows, 2008). Der Begriff *interconnectedness*, wie er im systemischen Denken verwendet wird, betont die strukturelle Verflochtenheit von ökologischen, sozialen und ökonomischen Subsystemen. In der spirituell-philosophischen Perspektive des *Interbeing* (Hanh, 1998) wird diese wechselseitige Verbundenheit als Grundlage ethischer Verantwortung verstanden, da kein Element unabhängig vom Ganzen existiert. → siehe auch **Systemisches Denken. Im Buch behandelt in:** ▶ Abschn. 1.2.2

- **Resilienz kollektiv**

Kollektive Resilienz bezeichnet die Fähigkeit sozialer Gemeinschaften, auf Belastungen flexibel zu reagieren, Kernfunktionen aufrechtzuerhalten und sich durch die Mobilisierung sozialer, ökonomischer und informationsbezogener Ressourcen weiterzuentwickeln. Sie beruht auf Prozessen der Vernetzung, adaptiven Organisation und sozialen Unterstützung und ermöglicht es Gemeinschaften, nicht nur Krisen zu überstehen, sondern auch daraus zu lernen und sich zu transformieren (Norris et al., 2008). → siehe auch **Transformation, Sozio-ökologische Resilienz. Im Buch behandelt in:** ▶ Abschn. 1.8.3

- **Systemisches Denken**

Systemisches Denken ist die Fähigkeit, komplexe Zusammenhänge in dynamischen Systemen zu erfassen – einschließlich ihrer Wechselwirkungen, Rückkopplungen, zeitlichen Verzögerungen und nichtlinearen Entwicklungen. Anstelle linearer Ursache-Wirkung-Logiken tritt ein integratives Verständnis, das emergente Eigenschaften, systemische Begrenzungen und langfristige Auswirkungen einbezieht (vgl. Meadows, 2008). → siehe auch **Komplexität, Rückkopplungseffekte. Im Buch behandelt in:** ▶ Abschn. 1.2

- **Systemische Überforderung**

Systemische Überforderung tritt auf, wenn die Belastungen ein System so weit destabilisieren, dass Anpassungsmechanismen versagen und Kipppunkte überschritten werden. Sie ist ein zentrales Risiko in sozial-ökologischen Transformationsprozessen (Scheffer et al., 2001). → siehe auch **Kipppunkte, Zusammenbruch oder Anpassung. Im Buch behandelt in:** ▶ Abschn. 1.8.1

- **Systemzusammenbruch/Kipppunkte**

Ein Systemzusammenbruch tritt ein, wenn ein Kipppunkt überschritten wird und sich ein System aufgrund selbstverstärkender Rückkopplungen in ein alternatives Regime transformiert. Solche Regimewechsel können sowohl in ökologischen als auch in gesellschaftlichen Systemen auftreten und sind häufig mit einem Verlust an Funktionen oder Diensten verbunden, die für menschliches Wohlergehen wesentlich sind (Folke et al., 2010). →siehe auch **Disruption**, **Kollaps von Ökosystemen. Im Buch behandelt in:** ▶ Abschn. 1.8.1

- **Sozio-ökologische Transformation**

Sozio-ökologische Transformation bezeichnet grundlegende Veränderungen in den dynamischen Wechselbeziehungen zwischen gesellschaftlichen und ökologischen Systemen, die auf Nachhaltigkeit, Resilienz und soziale Gerechtigkeit abzielen. Sie erfordert ein Verständnis für strukturelle Machtverhältnisse, kulturelle Deutungsmuster und technische Infrastrukturen gleichermaßen und setzt kollektives Handeln sowie interdisziplinäre Kooperation voraus (O'Brien & Sygna, 2013). →siehe auch **Transdisziplinarität**, **Planetary Health. Im Buch behandelt in:** ▶ Abschn. 1.8.2

- **Transformation durch Beziehung zur Natur**

Die bewusste (Wieder-)Herstellung einer emotionalen Beziehung zur Natur wird in kulturkritischen, bildungs- und tiefenökologischen Diskursen als notwendige Antwort auf die zunehmende Entfremdung zwischen Mensch und Umwelt verstanden. Psychologisch betrachtet beschreibt Naturverbundenheit ein subjektives Gefühl emotionaler Zugehörigkeit zur natürlichen Welt, wie es etwa durch die *Connectedness to Nature Scale* erfasst wird (Mayer & Frantz, 2004). Diese Verbundenheit steht in empirischen Studien in positivem Zusammenhang mit proökologischem Verhalten, subjektivem Wohlbefinden und prosozialem Engagement (Nisbet et al., 2009; Lumber et al., 2017; Ives et al., 2018). Zwar wird der Begriff nicht direkt im Kontext systemischer Transformation verwendet, doch lassen sich Wirkzusammenhänge zur Förderung nachhaltiger Lebensweisen, psychischer Resilienz und sozialer Verbundenheit plausibel ableiten. →siehe auch **Naturbasierte Gesundheit**, **Regeneration. Im Buch behandelt in:** ▶ Abschn. 1.8.4

- **Netzwerk**

Ein Netzwerk ist ein System aus miteinander verbundenen Knotenpunkten – etwa Individuen, Organisationen oder ökologischen Einheiten –, dessen Struktur maßgeblich die Verteilung von Information, die Stabilität gegenüber Störungen und das Innovationspotenzial beeinflusst. Abhängig von Eigenschaften wie Zentralität, Redundanz und Konnektivität kann ein Netzwerk kollektive Anpassungsfähigkeit und strukturelle Resilienz fördern (Barabási, 2002). →siehe auch **Netzwerkintelligenz. Im Buch behandelt in:** ▶ Abschn. 1.2.2

Cluster 4

Naturbasierte Gesundheit, Ökosystemische Resilienz und Salutogenese

- **Biodiversität**

Biologische Vielfalt, auch als Biodiversität bezeichnet, umfasst die Gesamtheit des Lebens auf der Erde in all seinen Dimensionen – von der genetischen Variabilität innerhalb einzelner Arten über die Vielfalt der Arten selbst bis hin zur Verschiedenartigkeit der Ökosysteme, in denen diese Organismen existieren und interagieren. Diese drei Ebenen sind eng miteinander verknüpft und bilden die Grundlage für widerstandsfähige, stabile und lebensfördernde Umweltbedingungen. Die Konvention über die biologische Vielfalt (CBD, 1992) beschreibt Biodiversität als die Vielfalt lebender Organismen aus allen Lebensräumen, einschließlich terrestrischer, mariner und aquatischer Systeme sowie der sie verbindenden ökologischen Zusammenhänge. Biodiversität ist unverzichtbar für das Funktionieren von Ökosystemen und das menschliche Wohlergehen. Sie stärkt die ökologische Resilienz, wirkt systemischen Zusammenbrüchen entgegen und ist ein zentraler Faktor für die Gesundheit von Mensch und Planet (IPBES, 2019). → siehe auch **Ökologische Kohärenz. Im Buch behandelt in:** ▶ Abschn. 1.5.1

- **Biophilic Design**

Biophilic Design beschreibt die gezielte Integration von Naturbezügen in die gebaute Umwelt mit dem Ziel, das psychische, physische und soziale Wohlbefinden des Menschen zu fördern. Es basiert auf der Hypothese, dass Menschen eine evolutionär verankerte Affinität zur Natur besitzen (Kellert, 2008; Wilson, 1984). Im Kontext klimagesunden Bauens erweitert sich das Konzept um die Prinzipien klimapositiver Gestaltung: Gebäude werden nicht nur ressourcenschonend errichtet, sondern tragen aktiv zur Regeneration natürlicher Systeme bei – etwa durch CO_2-Bindung, Biodiversitätsförderung oder mikroklimatische Ausgleichsleistungen. Biophile und klimapositive Ansätze verbinden sich so zu einem transformativen Designverständnis, das Gesundheit, Resilienz und planetare Grenzen zugleich adressiert. → siehe auch **Biophilie. Im Buch behandelt in:** ▶ Abschn. 1.6.4

- **Biophilie**

Biophilie bezeichnet die angeborene emotionale Affinität des Menschen zu anderen Lebewesen und natürlichen Prozessen. Sie ist tief in der evolutionären Geschichte des Menschen verankert und beeinflusst Gesundheit und Resilienz (Wilson, 1984). → siehe auch **Naturverbundenheit. Im Buch behandelt in:** ▶ Abschn. 1.3.1

- **Deep Ecology/Tiefenökologie**

Die Tiefenökologie postuliert einen fundamentalen Wandel in der Beziehung zwischen Mensch und Natur, indem sie allen Lebewesen und ökologischen Gemeinschaften einen intrinsischen Wert zuschreibt, unabhängig von ihrem Nutzen für den Menschen. Sie fordert eine Abkehr von anthropozentrischem Denken hin zu einer ökozentrischen Ethik, die die wechselseitige Verbundenheit allen Lebens betont (Naess, 1989). →siehe auch **Ökologisches Selbst. Im Buch behandelt in:** ▶ Abschn. 1.1.1

- **Ecosystem Services/Ökosystemdienstleistungen**

Ökosystemdienstleistungen umfassen die direkten und indirekten Beiträge von Ökosystemen zum menschlichen Wohlbefinden, darunter die Bereitstellung von Ressourcen wie Trinkwasser, die Bestäubung von Pflanzen sowie kulturelle Leistungen wie emotionale Erholung. Sie werden klassifiziert in Versorgungs-, Regulierungs-, kulturelle und unterstützende Dienstleistungen (MEA, 2005).
→siehe auch **Naturbasierte Interventionen. Im Buch behandelt in:** ▶ Abschn. 1.5.1

- **Embodiment in Naturprozessen**

Embodiment in Naturprozessen bezeichnet die bewusste Verkörperung ökologischer Rhythmen – etwa durch achtsame Atmung, Bewegung oder Meditation in natürlichen Umgebungen –, wodurch somatische und psychische Prozesse in Resonanz mit Umweltmustern treten. In Anlehnung an ökopsychologische Perspektiven (Roszak et al., 1995) und moderne Embodimentforschung fördert diese Praxis Resilienz und unterstützt eine kohärente Stressregulation durch die Aktivierung parasympathischer Mechanismen. →siehe auch **Somatic Experiencing, Achtsamkeit. Im Buch behandelt in:** ▶ Abschn. 1.6.4

- **Green Care**

Green Care bezeichnet organisierte gesundheitsfördernde und therapeutische Aktivitäten, die Natur, Pflanzen, Tiere und Landschaftserfahrungen gezielt in Präventions-, Therapie- und Rehabilitationskonzepte integrieren. Dazu zählen unter anderem gärtnerische Tätigkeiten, tiergestützte Interventionen oder betreute Naturaufenthalte. Während Green Care traditionell auf psychisches und physisches Wohlbefinden zielt (Sempik et al., 2010), werden zunehmend auch ökologische Nachhaltigkeitsaspekte und sozial-ökologische Public-Health-Strategien integriert. →siehe auch **Eco-Therapie, Naturbasierte Interventionen. Im Buch behandelt in:** ▶ Abschn. 1.6.4

- **Green HRM (Human Resource Management)**

Green Human Resource Management (Green HRM) bezeichnet die Integration umweltbezogener Ziele und Praktiken in zentrale personalwirtschaftliche Funktionen wie Rekrutierung, Mitarbeiterschulung und Führungskräfteentwicklung. Ziel ist es, ökologisch verantwortliches Verhalten in Organisationen nicht nur individuell, sondern strukturell zu verankern und so zur unternehmensweiten Nachhaltigkeit beizutragen (Renwick et al., 2013). → siehe auch **Organisationsentwicklung (regenerativ)**. **Im Buch behandelt in:** ▶ Abschn. 1.12.

- Indigenes Wissen/Philosophien (z. B. Pachamama, Ubuntu, Kaitiakitanga)

Indigene Wissenssysteme verbinden ökologische Spiritualität, soziale Kohärenz und nachhaltiges Wirtschaften, wobei sie Lebensgemeinschaften als wechselseitig abhängige Netzwerke verstehen. Philosophien wie *Pachamama* aus den andinen Kulturen oder *Ubuntu* aus afrikanischen Kontexten betonen die Verbundenheit und die ethische Verantwortung gegenüber allen Lebensformen. In Anlehnung an Perspektiven wie jene von Kimmerer (2013) wird Natur nicht als Ressource, sondern als Verwandte und Partnerin betrachtet. → siehe auch **Mitwelt, Weltanschauungen & Umweltethik. Im Buch behandelt in:** ▶ Abschn. 1.6.5

- Naturbasierte Interventionen (NBI)

Naturbasierte Interventionen (NBI) sind strukturierte gesundheitsfördernde Maßnahmen, die gezielt den Aufenthalt in oder die Interaktion mit natürlichen Umgebungen einsetzen, um psychisches Wohlbefinden, Resilienz und körperliche Gesundheit zu stärken. Zu den häufig eingesetzten Formaten zählen Waldbaden, Gartentherapie oder naturgestütztes Coaching. Empirische Studien zeigen, dass regelmäßiger Naturkontakt mit positiven Effekten auf Stressregulation, Stimmungslage und kognitive Funktionen verbunden ist (Bratman et al., 2019). → siehe auch **Nature-Based Prescribing, Green Care. Im Buch behandelt in:** ▶ Abschn. 1.6.4

- Naturbasierte und nachhaltige Interventionen (NNBI)

Naturbasierte Interventionen (NNBI) entwickeln klassische gesundheitsfördernde Ansätze weiter, indem sie zunehmend um ökologische Nachhaltigkeitsperspektiven erweitert werden. Neben der Förderung individuellen Wohlbefindens adressieren sie explizit auch die Stärkung von Naturverbundenheit und proökologischem Verhalten (Bratman et al., 2019; Whitburn et al., 2020; Guazzini et al., 2025). → siehe auch **Planetary Health. Im Buch behandelt in:** ▶ Abschn. 1.6.4

- Naturdefizit/Nature Deficit Disorder

Der Begriff „Naturdefizit-Syndrom", eingeführt von Louv (2013), bezeichnet ein gesellschaftskritisches Konzept, das auf mögliche psychische und physische Belastungen durch mangelnden Kontakt mit natürlichen Umwelten hinweist – insbesondere im Kindesalter. Genannt werden dabei unter anderem erhöhte Stressreaktionen, verminderte Konzentrationsfähigkeit sowie eine wachsende emotionale Distanz zur natürlichen Umwelt. → siehe auch **Naturverbundenheit, Stressregulation durch Naturkontakt. Im Buch behandelt in:** ▶ Abschn. 1.6.4

- Nature-Based Prescribing

Nature-Based Prescribing bezeichnet ärztlich initiierte Empfehlungen oder Verordnungen für gezielte Aufenthalte in natürlichen Umgebungen, mit dem Ziel, gesundheitsfördernde oder therapeutische Effekte zu erzielen. Erste empirische Studien legen nahe, dass regelmäßiger Naturkontakt positiv auf psychisches Wohlbefinden, Stressregulation und körperliche Gesundheit wirken kann (Shanahan et al., 2016). →siehe auch **Naturbasierte Interventionen**, **Green Care**. Im Buch behandelt in: ▶ Abschn. 1.6.4

- **Naturerleben als Gesundheitsressource**

Zahlreiche empirische Studien zeigen, dass regelmäßiger Aufenthalt in natürlichen Umgebungen mit positiven Wirkungen auf die psychische und physische Gesundheit verbunden ist. Naturkontakt kann zur Reduktion physiologischer Stressindikatoren beitragen, das Immunsystem stimulieren und das emotionale Wohlbefinden stabilisieren (Frumkin et al., 2017). →siehe auch **Stressregulation durch Naturkontakt**, **Naturbasierte Interventionen**. Im Buch behandelt in: ▶ Abschn. 1.6.4

- **Naturraum als Resonanzraum**

Naturräume können als relationale Resonanzräume verstanden werden, in denen sich emotionale, kognitive und körperliche Prozesse in wechselseitiger Beziehung entfalten. Diese Resonanzerfahrungen fördern nicht nur Erholung und Stressregulation, sondern ermöglichen auch tiefgreifende Wandlungsprozesse durch die symbolische Spiegelung innerer Zustände (Rosa, 2016). →siehe auch **Embodiment in Naturprozessen**, **Eco-Therapie**. Im Buch behandelt in: ▶ Abschn. 1.6.4

- **Naturtherapie**

Naturtherapie umfasst methodisch geleitete Prozesse, in denen Naturerfahrungen gezielt zur Förderung psychischer Stabilität, Selbstregulation und ressourcenorientierter Entwicklung eingesetzt werden. Sie findet Anwendung in Prävention, Rehabilitation und Psychotherapie – sowohl im Einzel- als auch im Gruppensetting. Neben naturbezogener Selbsterfahrung betont sie insbesondere Beziehung, Resonanz und die Wiederverbindung mit dem Lebendigen als therapeutische Faktoren (Jordan & Hinds, 2016; Knümann, 2021). →siehe auch **Green Care**, **Eco-Therapie**. Im Buch behandelt in: ▶ Abschn. 1.6.4

- **Naturverbundenheit**

Naturverbundenheit beschreibt die emotionale, kognitive und spirituelle Beziehung des Menschen zur Natur. Sie korreliert positiv mit psychischem Wohlbefinden, proökologischem Verhalten und Resilienz (Mayer & Frantz, 2004). →siehe auch **Biophilie**, **Transformation durch Beziehung zur Natur**. Im Buch behandelt in: ▶ Abschn. 1.3.1

- **Ökosystemische Resilienz**

Ökosystemische Resilienz beschreibt die Fähigkeit eines natürlichen Systems, auf externe Störungen nicht nur mit Widerstand, sondern auch mit Anpassung oder Reorganisation zu reagieren – ohne dabei seine grundlegenden Funktionen, Strukturen und Regelkreise dauerhaft zu verlieren. Sie ist ein Maß für die langfristige Stabilität und Transformationsfähigkeit ökologischer Netzwerke (Folke et al., 2010). →siehe auch **Ökologische Kohärenz, Resilienz kollektiv. Im Buch behandelt in:** ▶ Abschn. 1.5.1

- **Ökologisches Selbst**

Das ökologische Selbst bezeichnet eine erweiterte Form des Selbstverständnisses, bei der die eigene Identität bewusst als Teil der Natur und des planetaren Systems erlebt wird. Es bildet eine Grundlage für tiefenökologische Perspektiven (Naess, 1989). →siehe auch **Tiefenökologie, Mitwelt. Im Buch behandelt in:** ▶ Abschn. 1.1.1

- **Waldbaden/Shinrin Yoku**

Unter dem Begriff „Shinrin Yoku" – übersetzt als „Waldbaden" – wird eine ursprünglich aus Japan stammende Praxis verstanden, bei der sich Menschen bewusst und achtsam in Waldlandschaften aufhalten, um ihre physische und psychische Gesundheit zu stärken. Empirische Studien zeigen, dass regelmäßiger Aufenthalt im Wald mit einer Senkung von Stressmarkern, einer Aktivierung immunologischer Prozesse und einer Steigerung emotionalen Wohlbefindens einhergeht (Li, 2010). →siehe auch **Naturbasierte Interventionen. Im Buch behandelt in:** ▶ Abschn. 1.6.4

- **Stressregulation durch Naturkontakt**

Naturkontakt aktiviert parasympathische Prozesse, senkt Cortisolspiegel und fördert emotionale Kohärenz. Naturräume bieten Erholung für erschöpfte Aufmerksamkeits- und Emotionssysteme (Bratman et al., 2019; Kaplan, 1995). →siehe auch **Stress Recovery Theory, Attention Restoration Theory. Im Buch behandelt in:** ▶ Abschn. 1.6.4

- **Urban Health und grüne Infrastruktur**

Urban Health beschäftigt sich mit den Auswirkungen städtischer Lebensbedingungen auf die Gesundheit. Grüne Infrastruktur (Parks, Stadtwälder, Grünflächen) verbessert Luftqualität, reduziert Hitzeinseln und fördert psychische Resilienz im urbanen Raum (Frumkin et al., 2017). →siehe auch **Naturbasierte Interventionen, Stressregulation durch Naturkontakt. Im Buch behandelt in:** ▶ Abschn. 1.6.4 und 1.12.

- **Ubuntu (Ich bin, weil wir sind)**

Ubuntu ist ein aus südafrikanischen Philosophien stammendes relationales Weltverständnis, das die untrennbare Verbundenheit des Individuums mit der Gemeinschaft betont. Es basiert auf der Annahme, dass das Selbst nur in Beziehung zu anderen existiert – ausgedrückt in der oft zitierten Formel: „Ich bin, weil wir sind". Dieses Verständnis unterstützt integrative Gesundheits- und Resilienzansätze, die kollektive Verantwortung, soziale Kohärenz und ökologische Ethik in den Mittelpunkt stellen (Ramose, 2002; Mbiti, 1969). →siehe auch **Indigenes Wissen, Care-Ethik. Im Buch behandelt in:** ▶ Abschn. 1.6.5

- **Future Skills**

Future Skills bezeichnen transdisziplinäre Schlüsselkompetenzen, die Individuen dazu befähigen, in dynamisch-komplexen Systemen reflektiert, kooperativ und verantwortungsvoll zu handeln. Dazu zählen u. a. systemisches Denken, Resilienzfähigkeit, Nachhaltigkeitsbewusstsein und Co-Kreationskompetenz. Diese Fähigkeiten gelten als zentral für zukunftsorientiertes Lernen, transformative Bildung und gesellschaftliche Resilienz (Wiek et al., 2011). Die im Buch vorgestellten Future Skills stellen eine gezielte Auswahl transformativer Schlüsselkompetenzen dar, die sich unmittelbar aus dem Green-Health-Modell ableiten und im Rahmen nachhaltiger- und naturbasierter Interventionen (NNBI) gezielt kultiviert werden können – sie beanspruchen nicht, das gesamte Spektrum an Future Skills abzudecken, sondern fokussieren auf jene, die besonders relevant für die Entwicklung regenerativer Gesundheitskompetenz sind. →siehe auch **Bildung für nachhaltige Entwicklung**, WEQ. Im Buch behandelt in: ▶ Abschn. 1.12.

- **Co-Creation**

Co-Creation bezeichnet partizipative Gestaltungsprozesse, in denen unterschiedliche Akteur:innen – menschliche und nicht-menschliche – kooperativ neue Lösungswege entwickeln. In transformativen Kontexten gewinnt dieser Ansatz zunehmend an Bedeutung, da er nicht nur auf interdisziplinäre Zusammenarbeit, sondern auch auf Beziehungsgestaltung mit sozialen und ökologischen Systempartnern setzt. Damit gilt Co-Creation als zentrale Kompetenz in komplexen Veränderungsprozessen, insbesondere im Bereich sozial-ökologischer Transformation (Prahalad & Ramaswamy, 2004; Kuenkel, 2019). →siehe auch **Transdisziplinarität**, **Sektorenkopplung**. Im Buch behandelt in: ▶ Abschn. 1.8.2 und 1.12.

- **Bildung für nachhaltige Entwicklung (BNE).**

Bildung für nachhaltige Entwicklung (BNE) zielt darauf ab, Menschen dazu zu befähigen, reflektierte Entscheidungen im Sinne ökologischer, sozialer und ökonomischer Nachhaltigkeit zu treffen. Sie fördert systemisches Denken, Zukunftsbewusstsein, globale Verantwortung und die Bereitschaft, individuelle wie kollektive Transformationsprozesse aktiv mitzugestalten (UNESCO, 2017). →siehe auch **Future Skills**, **Planetary Health**. Im Buch behandelt in: ▶ Abschn. 1.12

Cluster 5

Future Skills, regenerative Kompetenzen und nachhaltige Führung

- **Anpassungsfähigkeit (Adaptive Capacity)**

Anpassungsfähigkeit bezeichnet die Fähigkeit von Individuen, Organisationen und komplexen Systemen, auf sich wandelnde Umweltbedingungen, Unsicherheiten oder Krisen nicht nur reaktiv zu reagieren, sondern proaktiv, lernfähig und flexibel darauf zu antworten. Sie umfasst kognitive, emotionale, soziale und strukturelle Dimensionen und ist essenziell für zukunftsfähige Entwicklung unter VUCA-Bedingungen (Volatilität, Unsicherheit, Komplexität, Ambiguität). Als integrativer Future Skill steht sie in engem Zusammenhang mit Resilienz und Transformationskompetenz (Folke et al., 2010). →siehe auch **Resilienz, Sozio-ökologische Transformation. Im Buch behandelt in:** ▶ Abschn. 1.8.3 und 1.12

- Design Thinking

Design Thinking ist ein iterativer und kollaborativer Ansatz zur Lösung komplexer Probleme, der konsequent von den Bedürfnissen der Nutzer:innen ausgeht. Durch kreative Ideengenerierung, interdisziplinäre Zusammenarbeit und frühzeitiges Prototyping werden neue Lösungsräume erschlossen. Der Prozess fördert Empathie, partizipative Gestaltungskompetenz und eine konstruktive Fehlerkultur – Schlüsselqualifikationen für Innovation und soziale Transformation (Brown, 2009). →siehe auch **Co-Creation, Future Skills. Im Buch behandelt in:** ▶ Abschn. 1.12

- Organisationsentwicklung (regenerativ)

Regenerative Organisationsentwicklung zielt nicht nur auf Stabilisierung oder Effizienz, sondern auf die aktive Wiederherstellung, Erneuerung und Belebung sozialer, ökologischer und ökonomischer Systeme. Sie fördert lebendige Strukturen, die das Gedeihen von Mensch und Mitwelt ermöglichen, anstatt lediglich Schäden zu kompensieren. In Anlehnung an Laloux (2014) wird Organisation als ein evolutionärer Organismus verstanden, der sich selbstorganisierend entfaltet, sinnorientiert handelt und in Resonanz mit seinem Umfeld steht (Fullerton, 2015; Laloux, 2014). →siehe auch **Green HRM, Future Skills. Im Buch behandelt in:** ▶ Abschn. 1.12

- Prävention & Salutogenese

Prävention umfasst zielgerichtete Maßnahmen zur Vermeidung von Krankheiten sowie zur Stabilisierung gesundheitsförderlicher Lebensbedingungen. Während klassische Präventionsmodelle häufig defizitorientiert arbeiten, rückt das salutogenetische Paradigma – eingeführt von Aaron Antonovsky – die Entstehung und Erhaltung von Gesundheit in den Mittelpunkt. Zentral sind dabei Sinnstiftung, Kohärenzerleben und die Aktivierung individueller sowie sozialer Ressourcen (Antonovsky, 1979). →siehe auch **Resilienz, Future Skills. Im Buch behandelt in:** ▶ Abschn. 1.4.2 und 1.12

- Ressourcen und Ressourcenmanagement

Ressourcen umfassen materielle, soziale, emotionale und kognitive Faktoren, die Individuen und Systeme nutzen können, um Entwicklungsprozesse zu gestalten, Herausforderungen zu bewältigen und Resilienz aufzubauen. Ressourcenmanagement beschreibt die Fähigkeit, vorhandene Potenziale bewusst zu identifizieren, zu erhalten, zu stärken und kontextsensibel zur Wirkung zu bringen. Im Sinne des

Conservation-of-Resources-Modells (Hobfoll, 1989) stehen dabei nicht nur die Verfügbarkeit, sondern auch der Schutz und gezielte Aufbau von Ressourcen im Zentrum gesundheitsbezogener Handlungskompetenz. →siehe auch **Ressourcenaktivierung**, **Selbstführung**. **Im Buch behandelt in:** ▶ Abschn. 1.4.2

WEQ (Wir-Intelligenz) bezeichnet die kollektive Gestaltungs- und Problemlösungskompetenz sozialer Gruppen, die durch gelingende Kommunikation, geteilte Werte, Perspektivenvielfalt und co-kreative Prozesse entsteht. Im Unterschied zum individuellen IQ fokussiert WEQ die Fähigkeit, als Gemeinschaft kreative Synergien zu bilden, komplexe Herausforderungen kooperativ zu bewältigen und gemeinsam Resilienz aufzubauen. Die empirische Forschung zur kollektiven Intelligenz (z. B. Woolley et al., 2010) zeigt, dass Faktoren wie soziale Sensitivität, Gleichverteilung von Redeanteilen und kollektive Reflexionsfähigkeit entscheidend für Gruppenerfolg sind. Der Begriff WEQ wurde im deutschsprachigen Raum von Peter Spiegel (2012) als Schlüsselkompetenz für transformative Prozesse eingeführt. In Abgrenzung dazu beschreibt Schwarmintelligenz kollektives Verhalten dezentral organisierter Individuen (z. B. in Tiergruppen oder algorithmisch vernetzten Mensch-Maschine-Systemen), das ohne zentrale Steuerung emergente Lösungen hervorbringt. Während Schwarmintelligenz eher automatisierte, instinktgeleitete Muster betont, ist WEQ an Bewusstheit, Beziehungsqualität und Sinnorientierung gebunden – besonders relevant in sozial-ökologischen Transformationskontexten. →siehe auch **Co-Creation**, **Partizipation**. **Im Buch behandelt in:** ▶ Abschn. 1.12

- **Regenerative Gesundheit**

Regenerative Gesundheit bezeichnet einen integrativen Ansatz, der Gesundheit nicht isoliert als individuellen Zustand versteht, sondern als dynamisches und emergentes Phänomen im Zusammenspiel biologischer, psychischer, sozialer und ökologischer Systeme. Im Zentrum steht die Fähigkeit dieser Systeme, Erneuerungsprozesse einzuleiten, Resilienz aufzubauen und förderliche Beziehungen zwischen Mensch und Umwelt zu gestalten. Regenerative Gesundheit legt besonderen Wert auf Kohärenz, Ressourcenmobilisierung und systemische Anpassungsfähigkeit – insbesondere vor dem Hintergrund multipler globaler Herausforderungen wie Klimawandel, Biodiversitätsverlust und psychosozialer Belastungen (Prescott & Logan, 2017). →siehe auch **Planetary Health**, **Salutogenese**, **Öko-systemische Gesundheit**. **Im Buch behandelt in:** ▶ Abschn. 1.5.1 und 1.6.7

- **Regeneratives Leadership**

Regeneratives Leadership versteht Führung als gestaltenden Teil lebendiger, dynamischer Systeme. Im Unterschied zu nachhaltiger Führung, die auf Ressourcenschonung und Stabilität zielt, strebt regeneratives Leadership die aktive Wiederherstellung und Förderung von Vitalität in Teams, Organisationen und ökologischen Kontexten an. Dabei werden Prinzipien wie Zirkularität, Diversität, Dezentralität und Resonanz aus der Systemtheorie in Führungsprozesse übersetzt. Führung wird als co-kreativer, beziehungsorientierter Prozess verstanden, der auf die Stärkung von Resilienz, Gesundheit und Zukunftsfähigkeit in sozial-ökologischen Systemen abzielt (vgl. Fullerton, 2015; Wheatley, 2006). → siehe auch **Future Skills, Systemisches Denken, Transformation durch Beziehung zur Natur. Im Buch behandelt in:** ▶ Abschn. 1.12 und 1.8.2

Begriffslandkarte

In Zeiten multipler planetarer, psychischer und sozialer Krisen gewinnt ein integratives Verständnis von Gesundheit, Nachhaltigkeit und Transformation zunehmend an Relevanz. Vor diesem Hintergrund bedarf es einer begrifflichen Klärung, die zentrale Konzepte systemisch einordnet und interdisziplinär anschlussfähig macht. Die vorliegende Begriffslandkarte bietet eine strukturierte Übersicht über Schlüsselbegriffe aus den Bereichen Planetary Health, nachhaltige Gesundheitsförderung, naturbasierte Interventionen, systemisches Denken und transformatives Lernen.

Ziel ist es, zentrale Terminologien nicht nur definitorisch zu erfassen, sondern in ihren wechselseitigen Bezügen darzustellen. Damit leistet diese Übersicht einen Beitrag zur theoretischen Fundierung, zur didaktischen Strukturierung sowie zur methodischen Orientierung in Lehre, Forschung und Praxis.

Die Auswahl und Clusterung der Begriffe folgt dem Anspruch, Anschlussfähigkeit für folgende Kontexte herzustellen:
- Hochschuldidaktik und BNE-Curricula
- Public Health, Umwelt- und Gesundheitspsychologie
- Coaching, Training und psychosoziale Praxis
- Nachhaltigkeits- und Organisationsentwicklung

Die Begriffslandkarte dient somit als konzeptionelles Fundament für eine transdisziplinäre und zukunftsgerichtete Auseinandersetzung mit nachhaltiger, regenerativer Gesundheitskompetenz im Anthropozän.

Gesundheit & Stress

- **Biopsychosoziales Modell** (Engel 1977)
- **Stressmodelle**
  - Selye (GAS)
  - Lazarus & Folkman (transaktionales Modell)
  - Hobfoll (Ressourcenverlusttheorie)
- **Salutogenese** (Antonovsky)
- **Systemische Resilienz**
  - Interindividuell, organisational, ökosystemisch
  - Nature-based Biopsychosocial Resilience Theory (NBBRT)
- **Klimastress/psychosoziale Belastung**

Naturbasierte Regeneration

- **Biophilie-Hypothese** (Wilson)
- **Attention Restoration Theory (ART)** (Kaplan & Kaplan)
- **Stress Recovery Theory (SRT)** (Ulrich)
- **Naturbasierte Interventionen (NBI)**
    - Green Care, Waldtherapie, achtsamkeitsbasierte Naturtherapie, Gartentherapie
- **Nachhaltige NBIs (NNBI)**
    - Triangulationsmodell: Mensch – Anleitung – Natur
    - Bottom-up, Top-down, Integrale Ebene

Planetary Health & Nachhaltigkeit

- **Planetary Health Framework** (Whitmee et al. 2015)
- **Planetare Belastungsgrenzen** (Steffen et al.)
- **Biodiversitätsverlust & Ökosystemstress**
- **Donut-Ökonomie** (Raworth)
- **Suffizienz – Effizienz – Konsistenz**
- **Commons-basierte Gesundheitsbildung**
- **Co-Benefits in Klima- und Gesundheitspolitik**

Systemisches Denken

- **Systemtheorie** (Meadows, Capra)
- **Rückkopplung, Interdependenz, Emergenz**
- **Gaia-Hypothese** (Lovelock, Margulis)
- **VUCA-Modell**
- **Soziale Kipppunkte** (WGBU)
- **„Dragons of Inaction"** (Gifford)

Bildung & Transformation

- **Future Skills** (OECD, WBGU)
    - Selbstführung, systemische Urteilskraft, ökologische Handlungskompetenz
- **Bildung für nachhaltige Entwicklung (BNE)**
- **Embodied Learning**
- **Transformative Bildung** (Mezirow)
- **Naturbasierte Didaktik & Reflexionsformate**
    - Imaginationsreisen, Interdependenzübungen, Systemaufstellungen

Psychologische & ethische Dimensionen

- Klimapsychologie/Ökopsychologie
- Resonanztheorie (Rosa)
- Indigene Wissenssysteme
- Verantwortungsethik (Jonas)
- Moralische Disruption/ökologische Handlungslähmung

Verbindende Achsen & Schlüsselrelationen

Achse	Inhaltliche Relation	Leitfrage(n)	Kompetenzorientiertes Lernziel
System ↔ Subjekt	Systemisches Denken versus individuelles Erleben	– Wie beeinflussen sich individuelle Erfahrungen und systemische Strukturen wechselseitig? – Wie lassen sich subjektive Perspektiven in systemischen Analysen abbilden?	Lernende erkennen die Wechselwirkung zwischen individuellen Zuständen und systemischen Rahmenbedingungen und können diese in Analyse und Praxis berücksichtigen
Stress ↔ Ressourcen	Belastung, Regulation, Salutogenese	– Was sind zentrale Ressourcen zur Stressbewältigung – individuell, sozial, ökologisch? – Wie unterscheiden sich pathogene und salutogene Perspektiven?	Lernende analysieren Stress aus biopsychosozialer und ökosystemischer Perspektive und entwickeln ressourcenorientierte Interventionsansätze
Mensch ↔ Mitwelt	Interdependenz im Anthropozän	– Wie hängen menschliche Gesundheit und Umweltzustand zusammen? – Was bedeutet Naturverbundenheit als Gesundheitsfaktor?	Lernende reflektieren ökologische Zusammenhänge und können deren Bedeutung für psychosoziale Gesundheit modellhaft erklären
Wissen ↔ Transformation	Didaktik, Resonanz, Umsetzung	– Wie wird Wissen wirksam? – Welche Rolle spielen Resonanz, Reflexion und Verkörperung für transformative Lernprozesse?	Lernende können zwischen informierendem und transformativem Wissen unterscheiden und Methoden für handlungsorientiertes Lernen anwenden
Gesundheit ↔ Naturverbundenheit ↔ Nachhaltigkeit	Co-Benefits, Planetary Literacy, Policy-Integration	– Wie lassen sich Gesundheitsförderung, Naturverbundenheit und Nachhaltigkeit integrieren? – Welche Synergien entstehen?	Lernende erkennen Co-Benefits zwischen Gesundheitsförderung und Umweltstrategien und entwerfen integrative Handlungskonzepte (z. B. NNBI, BGM, BNE)

Literatur

Albrecht, G., Sartore, G.-M., Connor, L., Higginbotham, N., Freeman, S., Kelly, B., Stain, H., Tonna, A., & Pollard, G. (2007). Solastalgia: The distress caused by environmental change. *Australasian Psychiatry, 15*(Suppl. 1), S95–S98. ▶ https://doi.org/10.1080/10398560701701288. 10.1080/10398560701701288.

Antonovsky, A. (1979). *Health, stress, and coping*. Jossey-Bass.

Barabási, A.-L. (2002). *Linked: The new science of networks*. Perseus Publishing.

Barnosky, A. D., Hadly, E. A., Bascompte, J., Berlow, E. L., Brown, J. H., Fortelius, M., & Smith, A. B. (2012). Approaching a state shift in Earth's biosphere. *Nature, 486*(7401), 52–58. ▶ https://doi.org/10.1038/nature11018. 10.1038/nature11018.

Benyus, J. M. (1997). *Biomimicry: Innovation Inspired by Nature*. William Morrow.

Binswanger, L. (1963). *Being-in-the-World: Selected Papers of Ludwig Binswanger*. Basic Books.

Bratman, G. N., Anderson, C. B., Berman, M. G., Cochran, B., de Vries, S., Flanders, J., ... & Daily, G. C. (2019). Nature and mental health: An ecosystem service perspective. *Science Advances, 5*(7), eaax0903. ▶ https://doi.org/10.1126/sciadv.aax0903

Braungart, M., & McDonough, W. (2002). *Cradle to Cradle: Remaking the Way We Make Things*. North Point Press.

Brown, T. (2009). *Change by design: How design thinking creates new alternatives for business and society*. Harvard Business Press.

Campe, J. H. (1809). *Wörterbuch der deutschen Sprache*. Schulbuchhandlung.

Convention on Biological Diversity (CBD). (1992). *Convention on biological diversity*. United Nations. Verfügbar unter: ▶ https://www.cbd.int/doc/legal/cbd-en.pdf.

Couzin, I. D. (2009). Collective cognition in animal groups. *Trends in Cognitive Sciences, 13*(1), 36–43. ▶ https://doi.org/10.1016/j.tics.2008.10.002. 10.1016/j.tics.2008.10.002.

Crutzen, P. J., & Stoermer, E. F. (2000). The Anthropocene. *IGBP Global Change Newsletter, 41*, 17–18.

Crutzen, P. J. (2002). Geology of mankind. *Nature, 415*(6867), 23. ▶ https://doi.org/10.1038/415023a. 10.1038/415023a.

Daminger, A. (2019). The cognitive dimension of household labor. *American Sociological Review, 84*(4), 609–633. ▶ https://doi.org/10.1177/0003122419859007. 10.1177/0003122419859007.

Engel, G. L. (1977). The need for a new medical model: A challenge for biomedicine. *Science, 196*(4286), 129–136. ▶ https://doi.org/10.1126/science.847460. 10.1126/science.847460.

Evans, G. W., & Cohen, S. (1987). Environmental stress. In D. Stokols & I. Altman (Eds.), *Handbook of Environmental Psychology* (Vol. 1, S. 571–610). Wiley.

Folke, C., Carpenter, S. R., Walker, B., Scheffer, M., Chapin, T., & Rockström, J. (2010). Resilience thinking: Integrating resilience, adaptability and transformability. *Ecology and Society, 15*(4), 20. ▶ https://doi.org/10.5751/ES-03610-150420. 10.5751/ES-03610-150420.

Frumkin, H., Bratman, G. N., Breslow, S. J., Cochran, B., Kahn, P. H., Lawler, J. J., & Wood, S. A. (2017). Nature contact and human health: A research agenda. *Environmental Health Perspectives, 125*(7), Article 075001. ▶ https://doi.org/10.1289/EHP1663. 10.1289/EHP1663.

Fullerton, J. (2015). *Regenerative capitalism: How universal principles and patterns will shape our new economy*. Capital Institute.

Gilligan, C. (1982). *In a different voice: Psychological theory and women's development*. Harvard University Press.

Grawe, K. (2004). *Neuropsychotherapie*. Hogrefe.

Guazzini, A., Pesce, A., & Gini, G. (2025). Nature Connectedness and Pro-Environmental Behavior: A Systematic Review. *Sustainability, 17*(8), 3686. ▶ https://doi.org/10.3390/su17083686. 10.3390/su17083686.

Gunderson, L. H., & Holling, C. S. (Eds.). (2002). *Panarchy: Understanding transformations in human and natural systems*. Island Press.

Literatur

Haines, A., McMichael, A. J., Smith, K. R., Roberts, I., Woodcock, J., Markandya, A., & Wilkinson, P. (2009). Public health benefits of strategies to reduce greenhouse-gas emissions: Overview and implications for policy makers. *The Lancet. 374*(9707), 2104–2114. ► https://doi.org/10.1016/S0140-6736(09)61759-1. 10.1016/S0140-6736(09)51759-1.

Haines, A. (2017). Health co-benefits of climate action. *The Lancet Planetcry Health, 1*(1), e4–e5. ► https://doi.org/10.1016/S2542-5196(17)30003-7. 10.1016/S2542-5196(17)30003-7.

Hanh, T. N. (1998). *Interbeing: Fourteen guidelines for engaged Buddhism* (3rd ed.). Parallax Press.

Heidegger, M. (1927). *Sein und Zeit*. Niemeyer.

Hobfoll, S. E. (1989). Conservation of resources: A new attempt at conceptualizing stress. *American Psychologist, 44*(3), 513–524. ► https://doi.org/10.1037/0003-066X.44.3.513. 10.1037/0003-066X.44.3.513.

IPBES. (2019). *Summary for policymakers of the global assessment report on biodiversity and ecosystem services*. IPBES Secretariat. ► https://www.ipbes.net/news/Media-Release-Global-Assessment

IPCC. (2021). *Climate Change 2021: The Physical Science Basis. Contribution of Working Group I to the Sixth Assessment Report of the Intergovernmental Panel on Climate Change*. Cambridge University Press. ► https://www.ipcc.ch/report/ar6/wg1/

IPCC. (2022). *Climate Change 2022: Impacts, Adaptation and Vulnerability. Contribution of Working Group II to the Sixth Assessment Report of the Intergovernmental Panel on Climate Change*. Cambridge University Press. ► https://www.ipcc.ch/report/ar6/wg2/

Ives, C. D., et al. (2018). Reconnecting with nature for sustainability. *Sustainability Science, 13*(5), 1389–1397. ► https://doi.org/10.1007/s11625-018-0542-9. 10.1007/s11625-018-0542-9.

Jordan, M., & Hinds, J. (2016). *Ecotherapy: Theory, research and practice*. Macmillan International Higher Education.

Kabat-Zinn, J. (1990). *Full catastrophe living: Using the wisdom of your body and mind to face stress, pain, and illness*. Delacorte Press.

Kaplan, S. (1995). The restorative benefits of nature: Toward an integrative framework. *Journal of Environmental Psychology, 15*(3), 169–182. ► https://doi.org/10.1016/0272-4944(95)90001-2. 10.1016/0272-4944(95)90001-2.

Kaplan, R., & Kaplan, S. (1989). *The experience of nature: A psychological perspective*. Cambridge University Press.

Kellert, S. R. (2008). *Biophilic design: The theory, science, and practice of bringing buildings to life*. Wiley.

Kimmerer, R. W. (2013). *Braiding Sweetgrass: Indigenous wisdom, scientific knowledge, and the teachings of plants*. Milkweed Editions.

Knümann, S. (2021). *Naturtherapie: Grundlagen. Methoden und Praxis ökologischer Heilwege*: Kösel Verlag.

Kuenkel, P. (2019). *The art of leading collectively. Co-creating a sustainable, socially just future*. Chelsea Green Publishing.

Latour, B. (2005). *Reassembling the social: An introduction to actor-network-theory*. Oxford University Press.

Laloux, F. (2014). *Reinventing Organizations: A guide to creating organizations inspired by the next stage of human consciousness*. Nelson Parker.

Lawton, J. H., Brotherton, P. N. M., Brown, V. K., Elphick, C., Fitter, A. H., Forshaw, J., … Wynne, G. R. (2010). *Making space for nature: A review of England's wildlife sites and ecological network*. Report to Defra.

Lazarus, R. S., & Folkman, S. (1984). *Stress, appraisal, and coping*. Springer Publishing.

Lenton, T. M., Held, H., Kriegler, E., Hall, J. W., Lucht, W., Rahmstorf, S., & Schellnhuber, H. J. (2008). Tipping elements in the Earth's climate system. *PNAS, 105*(6), 1786–1793. ► https://doi.org/10.1073/pnas.0705414105. 10.1073/pnas.0705414105.

Levine, P. A. (1997). *Waking the tiger: Healing trauma*. North Atlantic Books.

Li, Q. (2010). Effect of forest bathing trips on human immune function. *Environmental Health and Preventive Medicine, 15*(1), 9–17. ► https://doi.org/10.1007/s12199-008-0068-3. 10.1007/s12199-008-0068-3.

Louv, R. (2013). *Das letzte Kind im Wald: Geben wir unseren Kindern die Natur zurück* (Übers. A. Dörries). Beltz.

Lumber, R., Richardson, M., & Sheffield, D. (2017). Beyond knowing nature: Contact, emotion, compassion and meaning predict connectedness with nature. *Journal of Environmental Psychology, 55*, 26–33.

Maslach, C., & Leiter, M. P. (2016). *Burnout – Die unerkannte Krankheit* (Original: Burnout: A multidimensional perspective). Springer.

Mayer, C. -H. (2021). *The meaning of sense of coherence in transcultural management*. Springer.

Mayer, F. S., & Frantz, C. M. (2004). The connectedness to nature scale: A measure of individuals' feeling in community with nature. *Journal of Environmental Psychology, 24*(4), 503–515. ▸ https://doi.org/10.1016/j.jenvp.2004.10.001.

Mbiti, J. S. (1969). *African religions and philosophy*. Heinemann.

McEwen, B. S. (1998). Protective and damaging effects of stress mediators. *New England Journal of Medicine, 338*(3), 171–179. ▸ https://doi.org/10.1056/NEJM199801153380307. 10.1056/NEJM199801153380307.

Meadows, D. H. (2008). *Thinking in systems: A primer*. Chelsea Green Publishing.

Millennium Ecosystem Assessment (MEA). (2005). *Ecosystems and human well-being: Synthesis*. Island Press.

Naess, A. (1989). *Ecology, community and lifestyle: Outline of an ecosophy*. Cambridge University Press.

Neff, K. D. (2011). *Self-compassion: The proven power of being kind to yourself*. William Morrow.

Nisbet, E. K., Zelenski, J. M., & Murphy, S. A. (2009). The nature relatedness scale: Linking individuals' connection with nature to environmental concern and behavior. *Environment and Behavior, 41*(5), 715–740.

Norris, F. H., Stevens, S. P., Pfefferbaum, B., Wyche, K. F., & Pfefferbaum, R. L. (2008). Community resilience as a metaphor, theory, set of capacities, and strategy for disaster readiness. *American Journal of Community Psychology, 41*(1–2), 127–150. ▸ https://doi.org/10.1007/s10464-007-9156-6. 10.1007/s10464-007-9156-6.

O'Brien, K., & Sygna, L. (2013). Responding to climate change: The three spheres of transformation. In M. Moser & K. Boykoff (Eds.), *Successful adaptation to climate change: Linking science and policy in a rapidly changing world*. Routledge.

Odum, E. P. (1971). *Fundamentals of ecology* (3. Aufl.). W.B: Saunders.

Odum, E. P. (1985). Trends expected in stressed ecosystems. *BioScience, 35*(7), 419–422. ▸ https://doi.org/10.2307/1310021. 10.2307/1310021.

Paech, N. (2012). *Befreiung vom Überfluss: Auf dem Weg in die Postwachstumsökonomie*. Oekom Verlag.

Porges, S. W. (2011). *The Polyvagal Theory: Neurophysiological Foundations of Emotions, Attachment, Communication, and Self-Regulation*. W. W. Norton & Company.

Prahalad, C. K., & Ramaswamy, V. (2004). *The future of competition: Co-creating unique value with customers*. Harvard Business Press.

Prescott, S. L., & Logan, A. C. (2017). *Evolutionary determinants of health: Revisiting the second Darwinian revolution*. John Wiley & Sons.

Ramose, M. B. (2002). *African philosophy through Ubuntu*. Mond Books.

Rapport, D. J. (1998). Defining ecosystem health. In D. J. Rapport (Hrsg.), *Ecosystem Health* (S. 18–33). Blackwell Science.

Rapport, D. J., Costanza, R., & McMichael, A. J. (1998). Assessing ecosystem health. *Trends in Ecology & Evolution, 13*(10), 397–402. ▸ https://doi.org/10.1016/S0169-5347(98)01449-9. 10.1016/S0169-5347(98)01449-9.

Raworth, K. (2017). *Doughnut economics: Seven ways to think like a 21st-century economist*. Chelsea Green Publishing.

Renwick, D. W. S., Redman, T., & Maguire, S. (2013). Green Human Resource Management: A review and research agenda. *International Journal of Management Reviews, 15*(1), 1–14. ▸ https://doi.org/10.1111/j.1468-2370.2011.00328.x. 10.1111/j.1468-2370.2011.00328.x.

Rifkin, J. (2019). *The Green New Deal: Why the fossil fuel civilization will collapse by 2028, and the bold economic plan to save life on Earth*. St: Martin's Press.

Rockström, J., Steffen, W., Noone, K., Persson, Å., Chapin, F. S., Lambin, E. F., & Foley, J. A. (2009). A safe operating space for humanity. *Nature, 461*(7263), 472–475. ▸ https://doi.org/10.1038/461472a. 10.1038/461472a.

Rosa, H. (2016). *Resonanz: Eine Soziologie der Weltbeziehung*. Suhrkamp.

Roszak, T., Gomes, M. E., & Kanner, A. D. (Eds.). (1995). *Ecopsychology: Restoring the earth, healing the mind*. Sierra Club Books.

Sapolsky, R. M. (2004). *Why zebras don't get ulcers: The acclaimed guide to stress, stress-related diseases, and coping*. Holt Paperbacks.

Scheffer, M., Carpenter, S., Foley, J. A., Folke, C., & Walker, B. (2001). Catastrophic shifts in ecosystems. *Nature, 413*(6856), 591–596. ▶ https://doi.org/10.1038/35098000. 10.1038/35098000.

Schlosberg, D., & Collins, L. B. (2014). From environmental to climate justice: Climate change and the discourse of environmental justice. *Wiley Interdisciplinary Reviews: Climate Change, 5*(3), 359–374. ▶ https://doi.org/10.1002/wcc.275. 10.1002/wcc.275.

Schneidewind, U. (2018). *Die große Transformation: Eine Einführung in die Kunst gesellschaftlichen Wandels*. Fischer Verlag.

Selye, H. (1956). *The stress of life*. McGraw-Hill.

Sempik, J., Hine, R., & Wilcox, D. (Eds.). (2010). *Green care: A conceptual framework*. Loughborough University.

Shanahan, D. F., Bush, R., Gaston, K. J., Lin, B. B., Dean, J., Barber, E., & Fuller, R. A. (2016). Health benefits from nature experiences depend on dose. *Scientific Reports, 6*, 28551. ▶ https://doi.org/10.1038/srep28551. 10.1038/srep28551.

Siegel, D. J. (1999). *The developing mind: How relationships and the brain interact to shape who we are*. Guilford Press.

Spiegel, P. (2012). *Wir-Intelligenz: Die kreative Macht der Zusammenarbeit*. Scorpio Verlag.

Steffen, W., Sanderson, A., Tyson, P. D., Jäger, J., Matson, P. A., Moore III, B., ... & Wasson, R. J. (2004). *Global Change and the Earth System: A Planet Under Pressure*. Springer-Verlag.

Steffen, W., Richardson, K., Rockström, J., Cornell, S. E., Fetzer, I., Bennett, E. M., & Sörlin, S. (2015). Planetary boundaries: Guiding human development on a changing planet. *Science, 347*(6223), 1259855. ▶ https://doi.org/10.1126/science.1259855. 10.1126/science.1259855.

Stevenson, M. P., Schilhab, T., & Bentsen, P. (2018). Attention restoration theory II: A systematic review to clarify attention processes affected by exposure to natural environments. *Journal of Toxicology and Environmental Health, Part B, 21*(4), 227–268. ▶ https://doi.org/10.1080/10937404.2018.1505571. 10.1080/10937404.2018.1505571.

Ulrich, R. S. (1983). Aesthetic and affective response to natural environment. In I. Altman & J. F. Wohlwill (Hrsg.), *Behavior and the natural environment* (S. 85–125). Plenum Press.

UNESCO. (2017). *Education for Sustainable Development Goals: Learning Objectives*. United Nations Educational, Scientific and Cultural Organization. ▶ https://unesdoc.unesco.org/ark:/48223/pf0000247444

van der Kolk, B. A. (2014). *The body keeps the score: Brain, mind, and body in the healing of trauma*. Viking.

Varela, F. J., Thompson, E., & Rosch, E. (1991). *The embodied mind: Cognitive science and human experience*. MIT Press.

Walker, B., & Salt, D. (2006). *Resilience thinking. Sustaining ecosystems and people in a changing world*. Island Press.

Wheatley, M. J. (2006). *Leadership and the new science: Discovering order in a chaotic world* (3rd ed.). Berrett-Koehler.

Whitburn, J., Linklater, W. L., & Abrahamse, W. (2020). Meta-analysis of human connection to nature and proenvironmental behavior. *Conservation Biology, 34*(1), 180–193. ▶ https://doi.org/10.1111/cobi.13381. 10.1111/cobi.13381.

Whitmee, S., Haines, A., Beyrer, C., Boltz, F., Capon, A. G., de Souza, F., Dias, B., & Yach, D. (2015). Safeguarding human health in the Anthropocene epoch: Report of The Rockefeller Foundation-Lancet Commission on planetary health. *The Lancet, 386*(10007), 1973–2028. ▶ https://doi.org/10.1016/S0140-6736(15)60901-1. 10.1016/S0140-6736(15)60901-1.

Wiek, A., Withycombe, L., & Redman, C. L. (2011). Key competencies in sustainability: A reference framework for academic program development. *Sustainability Science, 6*(2), 203–218. ▶ https://doi.org/10.1007/s11625-011-0132-6. 10.1007/s11625-011-0132-6.

Wilson, E. O. (1984). *Biophilia*. Harvard University Press.

Woolley, A. W., Chabris, C. F., Pentland, A., Hashmi, N., & Malone, T. W. (2010). Evidence for a collective intelligence factor in the performance of human groups. *Science, 330*(6004), 686–688. ► https://doi.org/10.1126/science.1193147. 10.1126/science.1193147.

World Commission on Environment and Development. (1987). *Our common future*. Oxford University Press.

World Health Organization. (2016). *Health as the pulse of the new urban agenda: United Nations conference on housing and sustainable urban development (Habitat III)*. WHO Press.

World Health Organization. (2018). *Mental health: Strengthening our response*. ► https://www.who.int/news-room

World Health Organization. (2022). *World mental health report: Transforming mental health for all*. ► https://www.who.int/publications/i/item/9789240049338

MIX
Papier aus verantwortungsvollen Quellen
Paper from responsible sources
FSC® C105338

FSC
www.fsc.org

If you have any concerns about our products,
you can contact us on
ProductSafety@springernature.com

In case Publisher is established outside the EU,
the EU authorized representative is:
**Springer Nature Customer Service Center GmbH
Europaplatz 3, 69115 Heidelberg, Germany**

Printed by Libri Plureos GmbH
in Hamburg, Germany